机器视觉理论与实践

张德好 著

清華大學出版社
北京

内 容 简 介

本书介绍了机器视觉的基本理论，内容涵盖视觉系统的构成、标定和视觉测量、检测。本书将理论与实践密切结合，不仅以简明方式提供了理论综述和数学背景，还基于作者多年项目经验，提供了面向问题的算法设计过程，同时穿插了数值优化的编程技术。本书通过具体案例的应用实践，加深读者对相关方法的理解，提高灵活运用和解决实际问题的能力。

本书适合计算机科学与技术、人工智能、自动化等相关领域专业技术人员作为参考书。

图书在版编目（CIP）数据

机器视觉理论与实践 / 张德好著. -- 北京 ：清华大学出版社，2024. 9. -- ISBN 978-7-302-67399-6

Ⅰ. TP302.7

中国国家版本馆 CIP 数据核字第 20249PR457 号

责任编辑：贾　斌　张爱华
封面设计：刘　键
责任校对：申晓焕
责任印制：曹婉颖

出版发行：清华大学出版社
网　　址：https://www.tup.com.cn，https://www.wqxuetang.com
地　　址：北京清华大学学研大厦 A 座　　**邮　　编**：100084
社 总 机：010-83470000　　**邮　　购**：010-62786544
投稿与读者服务：010-62776969，c-service@tup.tsinghua.edu.cn
质量反馈：010-62772015，zhiliang@tup.tsinghua.edu.cn
课件下载：https://www.tup.com.cn，010-83470236
印 装 者：三河市君旺印务有限公司
经　　销：全国新华书店
开　　本：185mm×260mm　　**印　张**：16　　**字　　数**：392 千字
版　　次：2024 年 10 月第 1 版　　**印　　次**：2024 年 10 月第1 次印刷
印　　数：1～2000
定　　价：69.00 元

产品编号：103828-01

前言

机器视觉一直是工业领域的重要研究方向，探讨机器视觉的图书很多，其中一部分聚焦图像处理与分析的理论和算法，也有一些偏重具体的案例，例如人脸识别、视频跟踪等具体项目实现。本书基于作者在企业内部的培训内容，以测量和检测为主线，将基础理论与项目实践紧密结合，介绍机器视觉的理论算法和关键技术，同时展示若干完整项目案例。

本书理论部分条理清晰、内容翔实。结构安排上按照循序渐进的原则，由浅入深地引出相关概念。例如，对于相机标定和点云配准所必需的非线性优化，首先介绍矩阵实现基变换和线性映射，然后自然过渡到矩阵等价和矩阵相似，其次为了求解最简形式而引出特征值分解和奇异值分解，从而得到求解超定方程的工程方法，最后归结于四大子空间。篇幅设计方面强调详略得当和主次分明，对于关键概念和重要方法不惜笔墨。例如，对于测量平差和状态估计的最小二乘法，从残差分项、目标函数等诸多角度进行阐述，通过不同视角予以强化加深。对于这类优化问题的构建和求解，不仅可以采用 Ceres 等通用平台，还可以灵活定制专用优化算法。

本书将理论内容尽量控制在维持自洽的最低限度，无意过多纠缠于烦琐的推导过程，力求避免出现为理论而理论的现象。例如，对于向量微积分、矩阵论以及射影几何等内容，均在使用之前的必需阶段才导入相关概念，尽量使得全书能够封闭，同时又不致过于发散而失焦。

理论应该结合实践，能够解决实际问题。本书不是对已有方法进行简单的罗列，而是强调具体工程实践应用。学术界和工业界已经存在 OpenCV 和 Halcon 等快速搭建解决方案的成熟平台，但是本书依然提供了一个精简版本的图像处理和分析(IPA)软件框架，对各类常用算法进行了无依赖的纯 C/C++实现。其意义在于，唯有深刻理解具体算法的底层实现细节，才能娴熟而高效地运用各种高度封装的检测算子。同时考虑工业应用一般需要 7×24 小时不间断运行，软件框架对此需求也进行了合理优化。

实践和理论的结合上力求自然衔接，平滑过渡。例如第 1 章，在介绍优化理论之后，即以破损照片复原为例，介绍点云配准的应用，给出 L-M 算法和加权 L-M 算法的实现；然后考虑噪声引出粗差剔除问题，通过 3D(三维)空间的平面拟合给出迭代加权 M 估计算法的实现，通过 2D(二维)空间的圆弧拟合给出 RANSC 算法的实现。再如第 2 章，在坐标系变换和刚体运动内容结束之后，即通过眼在手(Eye in Hand)形式的关节机械手柔性测量应用，对理论内容进行实践和验证。

实践性在本书中还体现为工程性。现实中的任务很少体现为单一技术，基本都呈现出多学科融合的工程属性。例如金属表面的漏镀检测，书中详细介绍了度量空间选择、高维数据降维、主元分析、特征挖掘、评价函数构造、模型训练等各个不同领域的工程环节。对于工作中如何分析问题、寻找解决方案并设计算法实现，书中提供全景式的案例展示。

书中融合作者研发的多个实际项目，介绍了若干具体案例，涉及切割刀口深度测量、激光打标机校准、切割机摆盘上料、印刷机对位纠偏和芯片基线检测、金属漏镀颜色检测以及贴片机、芯片测试机等项目。这些案例均在正文中依次分析了项目需求，阐述了设计思路，并对关键环节进行细致的说明和解释。希望通过以上案例，能够引起读者对于机器视觉的更多兴趣。

全书共7章。第1章为优化方法，介绍最优化理论和方法；第2章为空间几何，介绍欧氏空间以及射影空间的坐标系变换与刚体运动；第3章为相机模型与标定，介绍2D/3D射影相机模型和仿射相机模型的标定与校准；第4章为工业测量应用，介绍尺寸测量和结构恢复的若干案例；第5章为图像处理与分析，介绍图像预处理技术和特征检测算法；第6章为颜色检测应用，介绍常见色度空间和颜色检测应用；第7章为视觉系统硬件构成，介绍相机、镜头和光源等硬件的选型与设计。

机器视觉涉及的知识领域较广，技术更新较快。限于作者水平，书中难免存在疏漏之处，欢迎读者批评指正。

张德好

2024年7月于杭州

目录

第1章

优化方法

优化就是求解目标函数 $f(\boldsymbol{x})$的极值：

$$\hat{\boldsymbol{x}} = \underset{\boldsymbol{x}}{\operatorname{argmin}}\,\underbrace{f(\boldsymbol{x})}_{\text{目标函数}}$$

通常求解全局极值难度较大，一般考虑局部极值$\hat{\boldsymbol{x}}$：

$$f(\hat{\boldsymbol{x}}) \leqslant f(\boldsymbol{x}), \quad \|\boldsymbol{x}-\hat{\boldsymbol{x}}\| < \delta$$

根据约束有无，优化可以分为无约束优化和约束型优化两类。

(1) 无约束优化就是简单的函数极值问题。

$$\hat{\boldsymbol{x}} = \underset{\boldsymbol{x}\in D}{\operatorname{argmin}} f(\boldsymbol{x})$$

其中，$\boldsymbol{x}\in\mathbf{R}^d$ 为决策参数，多元数量值函数 $f(\cdot):\mathbf{R}^d \to \mathbf{R}$ 为目标函数，D 为变量 $\boldsymbol{x}$ 的约束集，也称可行域。

(2) 约束型优化是带有等式约束和/或不等式约束的优化。

$$\hat{\boldsymbol{x}} = \operatorname{argmin} f(\boldsymbol{x})$$

$$\text{s.t.}\begin{cases}\underbrace{g_i(\boldsymbol{x})=0, i=1,2,\cdots,m}_{\text{等式约束}} \\ \underbrace{h_i(\boldsymbol{x})\leqslant 0, i=1,2,\cdots,n}_{\text{不等式约束}}\end{cases}$$

根据函数形态，优化还可以分为线性优化和非线性优化两类：如果优化的目标函数和约束函数都是线性函数，则为线性优化，否则为非线性优化。

线性优化的主要解法是由基本解导出的单纯形法，即线性的凸优化方法。非线性优化主要适用数值解法，例如最速下降法、梯度下降法、牛顿法、高斯牛顿法以及支持向量机、神经网络等机器学习方法。这些优化求解算法均离不开梯度和雅可比矩阵、Hessian 矩阵，以下通过 1.1 节简要回顾这些基本概念。

1.1 多元微积分

仅有大小的量称为数量，也称为标量，例如温度、面积等；既有大小又有方向的量，称为向量，例如位移、速度等。

终点与起点重合的向量称为零向量，其大写形式一般记为斜体加黑的大写英文字母 $\boldsymbol{O}$，小写形式一般记为正体加黑的阿拉伯数字 $\mathbf{0}$。

在机器视觉讨论的三维空间中，向量可以表示为

$$\boldsymbol{a}=(a_1,a_2,a_3)^{\mathrm{T}}$$

其中，a_1,a_2,a_3 为向量的坐标。向量另一种等价表示方式是

$$\boldsymbol{a}=(a\cos\alpha,a\cos\beta,a\cos\gamma)^{\mathrm{T}}$$

其中，a 为向量的模即长度，α、β、γ 为向量的方向角，$\cos\alpha$、$\cos\beta$、$\cos\gamma$ 称为向量的方向余弦。

1.1.1 反对称矩阵

向量 $\boldsymbol{a}$ 与向量 $\boldsymbol{b}$ 的内积记作 $\boldsymbol{a}\cdot\boldsymbol{b}$，也称为点积或者数量积，定义为向量的模 $\|\boldsymbol{a}\|$ 和 $\|\boldsymbol{b}\|$ 与两向量夹角 θ 的余弦之积。即

$$\boldsymbol{a}\cdot\boldsymbol{b}=\|\boldsymbol{a}\|\|\boldsymbol{b}\|\cos\theta \tag{1-1}$$

它与以下代数定义是等价的：向量 $\boldsymbol{a}=(a_1,a_2,a_3)^{\mathrm{T}}$ 和 $\boldsymbol{b}=(b_1,b_2,b_3)^{\mathrm{T}}$ 的内积为

$$\boldsymbol{a}\cdot\boldsymbol{b}=a_1b_1+a_3b_3+a_3b_3 \tag{1-2}$$

非零向量 $\boldsymbol{a}$ 与 $\boldsymbol{b}$ 内积为零，等价于向量 $\boldsymbol{a}$ 和 $\boldsymbol{b}$ 垂直。即

$$\boldsymbol{a}\perp\boldsymbol{b}\Leftrightarrow\boldsymbol{a}\cdot\boldsymbol{b}=0$$

向量 $\boldsymbol{a}$ 与向量 $\boldsymbol{b}$ 的外积记作 $\boldsymbol{a}\times\boldsymbol{b}$，也称为叉积或者向量积，定义为垂直于两向量所在平面、方向由右手规则决定的向量，其大小为 $\|\boldsymbol{a}\|$ 和 $\|\boldsymbol{b}\|$ 与两向量夹角正弦之积。即

$$\boldsymbol{a}\times\boldsymbol{b}=\|\boldsymbol{a}\|\|\boldsymbol{b}\|\sin\theta \tag{1-3}$$

它与以下代数定义是等价的：向量 $\boldsymbol{a}=(a_1,a_2,a_3)^{\mathrm{T}}$ 与 $\boldsymbol{b}=(b_1,b_2,b_3)^{\mathrm{T}}$ 的外积为

$$\boldsymbol{a}\times\boldsymbol{b}=(a_2b_3-a_3b_2,a_3b_1-a_1b_3,a_1b_2-a_2b_1)^{\mathrm{T}} \tag{1-4}$$

非零向量 $\boldsymbol{a}$ 与 $\boldsymbol{b}$ 外积为零，等价于向量 $\boldsymbol{a}$ 和 $\boldsymbol{b}$ 平行。即

$$\boldsymbol{a}\parallel\boldsymbol{b}\Leftrightarrow\boldsymbol{a}\times\boldsymbol{b}=0$$

点积和叉积均具有极其明确的物理意义：点积描述了投影关系，叉积描述了旋转关系。

对于向量 $\boldsymbol{a}=(a_1,a_2,a_3)^{\mathrm{T}}$ 和 $\boldsymbol{b}=(b_1,b_2,b_3)^{\mathrm{T}}$，式(1-4)的叉积 $\boldsymbol{a}\times\boldsymbol{b}$ 可以写成如下矩阵形式：

$$\boldsymbol{a}\times\boldsymbol{b}=\begin{pmatrix}a_2b_3-a_3b_2\\a_3b_1-a_1b_3\\a_1b_2-a_2b_1\end{pmatrix}=\underbrace{\begin{pmatrix}0&-a_3&a_2\\a_3&0&-a_1\\-a_2&a_1&0\end{pmatrix}}_{\triangleq(\boldsymbol{a})_\times}\begin{pmatrix}b_1\\b_2\\b_3\end{pmatrix} \tag{1-5}$$

其中，矩阵 $(\boldsymbol{a})_\times$ 对角线上的元素为零，对角线两侧的对称元素反号，称为由向量 $\boldsymbol{a}$ 确定的反对称矩阵。通过反对称矩阵，两向量的叉积可以表示为矩阵和向量的乘积。

反对称矩阵 $(\boldsymbol{a})_\times$ 具有一些好的性质：

(1) $(\boldsymbol{a})_\times^{\mathrm{T}}=-(\boldsymbol{a})_\times$；

(2) $\forall\,\boldsymbol{a}\neq\mathbf{0}\Rightarrow\mathrm{rank}(\boldsymbol{a})_\times=2$；

(3) 向量的叉积可以表示为矩阵与向量相乘，$\forall\,\boldsymbol{a},\boldsymbol{b}\in\mathbf{R}^3\Rightarrow\boldsymbol{a}\times\boldsymbol{b}=(\boldsymbol{a})_\times\boldsymbol{b}$；

(4) 向量 $\boldsymbol{a}$ 既是 $(\boldsymbol{a})_\times$ 的右零空间 $(\boldsymbol{a})_\times\boldsymbol{a}=0$，也是 $(\boldsymbol{a})_\times$ 的左零空间 $\boldsymbol{a}(\boldsymbol{a})_\times=0$；

(5) $\forall\,\boldsymbol{a},\boldsymbol{b}\in\mathbf{R}^3\Rightarrow\boldsymbol{b}^{\mathrm{T}}(\boldsymbol{a})_\times\boldsymbol{b}=0$。

反对称矩阵通过 $\mathbf{R}^{3\times3}\ni(\boldsymbol{a})_\times\leftrightarrow\boldsymbol{a}\in\mathbf{R}^3$ 在矩阵和向量之间建立双向联系，在空间旋转的轴-角表示、立体视觉标定的罗德里格斯分解以及李群和李代数求解位姿变换中均有广泛应用。

1.1.2　梯度向量

给定函数 $\mathbf{R}^n\rightarrow\mathbf{R}^m$：

(1) 如果 $m=1$，函数称为数量值函数，一般表示为白体 $f(\cdot)$；

(2) 如果 $m>1$，函数称为向量值函数，一般表示为黑体 $\boldsymbol{f}(\cdot)$。

多元数量值函数 $f:\mathbf{R}^n\rightarrow\mathbf{R}$ 的一阶偏导数称为 f 的梯度向量，记作 ∇f。

$$\nabla f=\frac{\partial f}{\partial \boldsymbol{x}}=\frac{\partial(f)}{\partial(x_1,x_2,\cdots,x_n)}=\left(\frac{\partial f}{\partial x_1},\frac{\partial f}{\partial x_2},\cdots,\frac{\partial f}{\partial x_n}\right) \tag{1-6}$$

注意：本书梯度向量 ∇f 定义为行向量。

程序设计中可以将 ∇f 根据读音命名为 nabla_f。

也有部分资料将梯度向量定义成列向量，这通常可以通过上下文确定，一般不会引起混淆；梯度向量定义成行向量还是列向量，仅是表示的约定，并无本质不同。

多元向量值函数 $\boldsymbol{f}:\mathbf{R}^n\rightarrow\mathbf{R}^m$ 的一阶偏导数称为 $\boldsymbol{f}$ 的雅可比矩阵，记作 $\boldsymbol{J}_f$ 或 $\boldsymbol{J}(\boldsymbol{f})$。

$$\boldsymbol{J}_f=\frac{\partial \boldsymbol{f}}{\partial \boldsymbol{x}}=\frac{\partial(f_1,f_2,\cdots,f_m)}{\partial(x_1,x_2,\cdots,x_n)}=\begin{pmatrix}\dfrac{\partial f_1}{\partial x_1} & \dfrac{\partial f_1}{\partial x_2} & \cdots & \dfrac{\partial f_1}{\partial x_n}\\ \dfrac{\partial f_2}{\partial x_1} & \dfrac{\partial f_2}{\partial x_2} & \cdots & \dfrac{\partial f_2}{\partial x_n}\\ \vdots & \vdots & & \vdots\\ \dfrac{\partial f_m}{\partial x_1} & \dfrac{\partial f_m}{\partial x_2} & \cdots & \dfrac{\partial f_m}{\partial x_n}\end{pmatrix}_{m\times n} \tag{1-7}$$

数量值函数 $f:\mathbf{R}^n\rightarrow\mathbf{R}$ 的梯度 ∇f，是向量值函数 $\nabla f:\mathbf{R}^n\rightarrow\mathbf{R}^n$；该向量值函数 ∇f 的雅可比矩阵 $\boldsymbol{J}(\nabla f)$，称为数量值函数 f 的 Hessian 矩阵，记作 $\boldsymbol{H}_f$ 或 $\boldsymbol{H}(f)$。

$$\boldsymbol{H}_f=\begin{pmatrix}\dfrac{\partial^2 f}{\partial x_1^2} & \dfrac{\partial^2 f}{\partial x_1\partial x_2} & \cdots & \dfrac{\partial^2 f}{\partial x_1\partial x_n}\\ \dfrac{\partial^2 f}{\partial x_2\partial x_1} & \dfrac{\partial^2 f}{\partial x_2^2} & \cdots & \dfrac{\partial^2 f}{\partial x_2\partial x_n}\\ \vdots & \vdots & & \vdots\\ \dfrac{\partial^2 f}{\partial x_n\partial x_1} & \dfrac{\partial^2 f}{\partial x_n\partial x_2} & \cdots & \dfrac{\partial^2 f}{\partial x_n^2}\end{pmatrix} \tag{1-8}$$

可见数量值函数 $f:\mathbf{R}^n\rightarrow\mathbf{R}$ 的 Hessian 矩阵 $\boldsymbol{H}_f$ 就是 f 的二阶偏导 $\nabla^2 f$。

1.1.3　方向导数

一元数量值函数使用导数 $\dfrac{\mathrm{d}f}{\mathrm{d}x}$ 描述函数值 f 对自变量 x 的变化率，多元数量值函数使用偏导数$\dfrac{\partial f}{\partial x_i}$描述函数值 f 沿坐标轴 x_i 方向的变化率，它们都仅仅提供了有限几个特定方向（坐标轴方向）的变化率。

如果需要了解函数在非坐标轴方向上的变化，需要引入方向导数。方向导数即函数在任意给定方向的导数，其作为偏导数的推广，可以描述函数沿任意方向的变化率。

注意，方向导数是一个数量值。

以二维平面场为例，给定 $\mathbf{R}^2 \to \mathbf{R}$ 的二元数量值函数 $z=f(x,y)$和某一点 $\boldsymbol{M}_0(x_0,y_0)$，自 $\boldsymbol{M}_0$ 引出一条射线 $\boldsymbol{L}$，记射线 $\boldsymbol{L}$ 与 x 轴和 y 轴的夹角分别为 α 和 β，则射线 $\boldsymbol{L}$ 的单位向量为 $\hat{\boldsymbol{L}}=\cos\alpha\hat{\boldsymbol{x}}+\cos\beta\hat{\boldsymbol{y}}$；在射线 $\boldsymbol{L}$ 上任取异于 $\boldsymbol{M}_0$ 的另一点 $\boldsymbol{M}(x_0+\Delta x, y_0+\Delta y)$，令点 $\boldsymbol{M}$ 沿着射线 $\boldsymbol{L}$ 趋近 $\boldsymbol{M}_0$，将

$$\frac{f(\boldsymbol{M})-f(\boldsymbol{M}_0)}{\|\boldsymbol{M}\boldsymbol{M}_0\|}=\frac{\Delta z}{\sqrt{\Delta x^2+\Delta y^2}} \tag{1-9}$$

的极限定义为函数 f 在点 $\boldsymbol{M}_0$ 处沿方向 $\boldsymbol{L}$ 的方向导数，记作$\left.\dfrac{\partial f}{\partial \boldsymbol{L}}\right|_{\boldsymbol{M}_0}$、$f'_{\boldsymbol{L}}|_{\boldsymbol{M}_0}$ 或 $\mathrm{grad}_{\boldsymbol{L}} f(\boldsymbol{M}_0)$。

可以证明，如果函数 $z=f(x,y)$：$\mathbf{R}^2 \to \mathbf{R}$ 在点 $\boldsymbol{M}_0(x_0,y_0)$可微，则函数 f 在 $\boldsymbol{M}_0$ 处沿任意方向 $\boldsymbol{L}$ 的方向导数都存在。

$$\left.\frac{\partial z}{\partial \boldsymbol{L}}\right|_{\boldsymbol{M}_0}=\left.\frac{\partial z}{\partial x}\right|_{\boldsymbol{M}_0}\cos\alpha+\left.\frac{\partial z}{\partial y}\right|_{\boldsymbol{M}_0}\cos\beta \tag{1-10}$$

其中，α，β 为射线 $\boldsymbol{L}$ 的方向角。

借用梯度向量$\nabla f=\left(\dfrac{\partial f}{\partial x_1},\dfrac{\partial f}{\partial x_2},\cdots\right)$，并利用方向余弦，可以将射线 $\boldsymbol{L}$ 的单位向量记为 $\boldsymbol{e}=(\cos\alpha,\cos\beta,\cdots)$，则方向导数就是梯度$\nabla f$ 在方向 $\boldsymbol{e}$ 的投影。

$$f'_{\boldsymbol{L}}|_{\boldsymbol{M}_0}=\|\nabla f\|\|\boldsymbol{e}\|\cos\langle\nabla f,\boldsymbol{e}\rangle \tag{1-11}$$

上述结论可以推广到更高维的 n 维数量值函数 f：$\mathbf{R}^n \to \mathbf{R}$，从而得到多元函数 f 的方向导数：函数 f 的梯度∇f 在方向 $\boldsymbol{L}$ 的单位投影，称为函数 f 在 $\boldsymbol{M}_0$ 沿 $\boldsymbol{L}$ 的方向导数。

函数在某点的梯度向量方向上的方向导数为最大，即梯度向量是函数值的最快上升方向，反方向是最快下降方向，与梯度向量正交的方向上变化率为零。

1.1.4 向量微积分

对于多入多出的多元向量值函数，使用分项形式将会导致表达式松散而烦琐，因此通常采用整体的向量/矩阵形式，以下为部分常用公式。

（1）自变量求导：对于 $\boldsymbol{x}\in\mathbf{R}^n$，有

$$(\boldsymbol{x})'=(\boldsymbol{x}^{\mathrm{T}})'$$

（2）函数求导：记 $\boldsymbol{f}(\boldsymbol{x})=\boldsymbol{A}\boldsymbol{x}$，其中 $\boldsymbol{x}\in\mathbf{R}^n$，$\boldsymbol{A}\in\mathbf{R}^{m\times n}$ 为固定的常值矩阵，则

$$\frac{\partial \boldsymbol{f}}{\partial \boldsymbol{x}}=(\underbrace{\boldsymbol{A}}_{m\times n}\ \underbrace{\boldsymbol{x}}_{n\times 1})'=\underbrace{\boldsymbol{A}}_{m\times n},\quad \Delta\boldsymbol{f}=\boldsymbol{f}'\underbrace{\Delta\boldsymbol{x}}_{n\times 1}=\boldsymbol{A}\Delta\boldsymbol{x}$$

$$\frac{\partial \boldsymbol{f}}{\partial \boldsymbol{x}^{\mathrm{T}}}=(\underbrace{\boldsymbol{x}^{\mathrm{T}}}_{1\times n}\ \underbrace{\boldsymbol{A}^{\mathrm{T}}}_{n\times m})'=\underbrace{\boldsymbol{A}^{\mathrm{T}}}_{n\times m},\quad \Delta\boldsymbol{f}=\underbrace{\Delta\boldsymbol{x}^{\mathrm{T}}}_{1\times n}\boldsymbol{f}'=\Delta\boldsymbol{x}^{\mathrm{T}}\boldsymbol{A}^{\mathrm{T}}$$

（3）复合函数求导：记 $\boldsymbol{f}(\cdot)=(f_1(\boldsymbol{h}),f_2(\boldsymbol{h}),\cdots,f_F(\boldsymbol{h}))^{\mathrm{T}}$：$\mathbf{R}^H \to \mathbf{R}^F$，$\boldsymbol{h}(\cdot)=$

$(h_1(\boldsymbol{x}),h_2(\boldsymbol{x}),\cdots,h_H(\boldsymbol{x}))^{\mathrm{T}}:\mathbf{R}^N\rightarrow\mathbf{R}^H$，$\boldsymbol{x}=(x_1,x_2,\cdots,x_N)^{\mathrm{T}}\in\mathbf{R}^N$，则

$$\underbrace{\{\boldsymbol{f}[\boldsymbol{h}(\boldsymbol{x})]:\mathbf{R}^N\rightarrow\mathbf{R}^F\}'}_{F\times N}=\underbrace{\frac{\partial\boldsymbol{f}(\boldsymbol{h})}{\partial\boldsymbol{h}}}_{F\times H}\underbrace{\frac{\partial\boldsymbol{h}(\boldsymbol{x})}{\partial\boldsymbol{x}}}_{H\times N}$$

（4）函数四则运算求导：以乘法为例，此时函数 $\boldsymbol{f}$ 与函数 $\boldsymbol{g}$ 的维数需要一致，记该维数为 H，$\boldsymbol{f}=(f_1(\boldsymbol{x}),f_2(\boldsymbol{x}),\cdots,f_H(\boldsymbol{x}))^{\mathrm{T}}:\mathbf{R}^N\rightarrow\mathbf{R}^H$，$\boldsymbol{g}=(g_1(\boldsymbol{x}),g_2(\boldsymbol{x}),\cdots,g_H(\boldsymbol{x}))^{\mathrm{T}}:\mathbf{R}^N\rightarrow\mathbf{R}^H$，$\boldsymbol{x}=(x_1,x_2,\cdots,x_N)^{\mathrm{T}}\in\mathbf{R}^N$，则数量值函数 $\boldsymbol{f}^{\mathrm{T}}\boldsymbol{g}(\boldsymbol{x}):\mathbf{R}^N\rightarrow\mathbf{R}$ 的导数为

$$\underbrace{(\boldsymbol{f}^{\mathrm{T}}\boldsymbol{g})'}_{1\times N}=\underbrace{\underbrace{\boldsymbol{f}^{\mathrm{T}}}_{1\times H}\underbrace{\boldsymbol{g}'}_{H\times N}+\underbrace{\boldsymbol{g}^{\mathrm{T}}}_{1\times H}\underbrace{\boldsymbol{f}'}_{H\times N}}_{1\times N}$$

以上的 $\boldsymbol{f}$ 和 $\boldsymbol{g}$ 均为列向量函数，先不对行向量 $\boldsymbol{f}^{\mathrm{T}}$ 求导，求导结果保持行向量形式。

再如 $f(\boldsymbol{x})=\boldsymbol{x}^{\mathrm{T}}\boldsymbol{ABx}$，其中 $\boldsymbol{A}\in\mathbf{R}^{n\times p}$ 和 $\boldsymbol{B}\in\mathbf{R}^{p\times n}$ 为固定的常值矩阵，$\boldsymbol{x}\in\mathbf{R}^n$，则可以将 $\boldsymbol{x}^{\mathrm{T}}\boldsymbol{ABx}$ 视作函数 $\boldsymbol{x}^{\mathrm{T}}\boldsymbol{A}$ 与函数 $\boldsymbol{Bx}$ 的复合运算，有

$$\begin{aligned}f'&=\{(\boldsymbol{A}^{\mathrm{T}}\boldsymbol{x})^{\mathrm{T}}(\boldsymbol{Bx})\}'=(\boldsymbol{A}^{\mathrm{T}}\boldsymbol{x})^{\mathrm{T}}(\boldsymbol{Bx})'+(\boldsymbol{Bx})^{\mathrm{T}}(\boldsymbol{A}^{\mathrm{T}}\boldsymbol{x})'\\&=\boldsymbol{x}^{\mathrm{T}}\boldsymbol{AB}+\boldsymbol{x}^{\mathrm{T}}\boldsymbol{B}^{\mathrm{T}}\boldsymbol{A}^{\mathrm{T}}=\boldsymbol{x}^{\mathrm{T}}(\boldsymbol{AB}+\boldsymbol{B}^{\mathrm{T}}\boldsymbol{A}^{\mathrm{T}})\end{aligned}$$

或者将 $\boldsymbol{x}^{\mathrm{T}}\boldsymbol{ABx}$ 视作函数 $\boldsymbol{x}^{\mathrm{T}}$ 与函数 $\boldsymbol{ABx}$ 的复合运算，有

$$\begin{aligned}f'&=\{(\boldsymbol{x}^{\mathrm{T}})(\boldsymbol{ABx})\}'=(\boldsymbol{x}^{\mathrm{T}})(\boldsymbol{ABx})'+(\boldsymbol{ABx})^{\mathrm{T}}\boldsymbol{x}'\\&=\boldsymbol{x}^{\mathrm{T}}\boldsymbol{AB}+\boldsymbol{x}^{\mathrm{T}}\boldsymbol{B}^{\mathrm{T}}\boldsymbol{A}^{\mathrm{T}}=\boldsymbol{x}^{\mathrm{T}}(\boldsymbol{AB}+\boldsymbol{B}^{\mathrm{T}}\boldsymbol{A}^{\mathrm{T}})\end{aligned}$$

两者结果是相同的。

当然实际计算中需要满足矩阵满秩约束，否则只是在形式上的成立。

（5）工程实现中通常存在假设：例如常见的二次型 $f=\boldsymbol{x}^{\mathrm{T}}\boldsymbol{Qx}$，其中 $\boldsymbol{x}\in\mathbf{R}^n$，$\boldsymbol{Q}\in\mathbf{R}^{n\times n}$ 为常值矩阵，有

$$\begin{aligned}f'&=\{(\boldsymbol{x}^{\mathrm{T}})(\boldsymbol{Qx})\}'=(\boldsymbol{x}^{\mathrm{T}})(\boldsymbol{Qx})'+(\boldsymbol{Qx})^{\mathrm{T}}(\boldsymbol{x})'\\&=\boldsymbol{x}^{\mathrm{T}}\boldsymbol{Q}+\boldsymbol{x}^{\mathrm{T}}\boldsymbol{Q}^{\mathrm{T}}=\boldsymbol{x}^{\mathrm{T}}(\boldsymbol{Q}+\boldsymbol{Q}^{\mathrm{T}})\end{aligned}\tag{1-12}$$

其中，$\boldsymbol{Q}$ 一般不是对称矩阵。但是，在很多工程问题和软件代码实现中，基于某种先验知识，默认其为对称矩阵，从而有 $(\boldsymbol{x}^{\mathrm{T}}\boldsymbol{Qx})'=2\boldsymbol{x}^{\mathrm{T}}\boldsymbol{Q}^{\mathrm{T}}$，或者，$\boldsymbol{J}(\boldsymbol{x}^{\mathrm{T}}\boldsymbol{Qx})=2\boldsymbol{Qx}$，因此应该注意，式(1-12)的成立需要对矩阵 $\boldsymbol{Q}$ 的性质进行加强，即 $\boldsymbol{Q}=\boldsymbol{Q}^{\mathrm{T}}$。

1.2 线性优化

线性优化是在线性约束条件下求解线性目标函数的极值问题。

称一个优化问题为(约束型)线性优化问题，如果

（1）问题的解可以表示为 n 维决策向量：

$$\boldsymbol{x}=(x_1,x_2,\cdots,x_n)^{\mathrm{T}}$$

（2）问题的目标函数可以表示为线性形式：

$$f(\boldsymbol{x})=c_1x_1+c_2x_2+\cdots+c_nx_n$$

（3）问题的等式/不等式约束可以表示成线性形式：

$$\sum_{j=1}^{n}a_{ij}x_{ij}\geqslant(=,\leqslant)b_i,\quad i=1,2,\cdots,m\tag{1-13}$$

其中,参数的数量 n 称为问题的维,约束的数量 m 称为问题的阶。例如式(1-13)即为 n 维 m 阶线性优化问题,目标函数的系数 c_{ij} 称为价值系数,约束条件的系数 a_{ij} 称为约束系数,常数 b_i 称为资源系数。

线性优化的标准形式为

$$\min f(x_1,x_2,\cdots,x_n)=c_1x_1+c_2x_2+\cdots+c_nx_n$$

$$\text{s.t.}\begin{cases}\sum_{j=1}^{n}a_{ij}x_j=b_i,i=1,2,\cdots,m\\ x_1,x_2,\cdots,x_n\geqslant 0\end{cases}$$

矩阵形式是

$$\min f(\boldsymbol{x})=\boldsymbol{c}^{\mathrm{T}}\boldsymbol{x}$$

$$\text{s.t.}\begin{cases}\boldsymbol{Ax}=\boldsymbol{b}\\ \boldsymbol{x}\geqslant 0\end{cases}\tag{1-14}$$

其中,$\boldsymbol{x}=(x_1,x_2,\cdots,x_n)^{\mathrm{T}}$ 称为决策向量,$\boldsymbol{c}=(c_1,c_2,\cdots,c_n)^{\mathrm{T}}$ 称为价值向量,$\boldsymbol{A}=(a_{ij})_{m\times n}$ 称为约束矩阵,$\boldsymbol{b}=(b_1,b_2,\cdots,b_m)^{\mathrm{T}}$ 称为资源向量。

任意的线性优化问题最终都可以转换为上述等式约束的标准形式,方法如下:

(1) 若目标函数为极大值,则通过取反即可转换为极小值问题。

(2) 若约束条件为不等式,则考虑两种情况:①若不等式为≤,则可以在不等式左侧加上一个非负的松弛变量转换为等式;②若不等式为≥,则可以在不等式左侧减去一个非负的剩余变量转换为等式。

(3) 若存在无约束的变量 x_i,则可以将该变量转换为 $x_i=x_i'-x_i'',x_i'\geqslant 0,x_i''\geqslant 0$。

1.2.1 基本解

对于线性优化标准形式 $\boldsymbol{A}_{m\times n}\boldsymbol{x}_{n\times 1}=\boldsymbol{b}_{m\times 1}$ 的约束矩阵 $\boldsymbol{A}$,通过操作列向量可以重排为 $\boldsymbol{B}$ 和 $\boldsymbol{D}$ 的分块矩阵,即

$$\boldsymbol{A}\equiv\left\{\underbrace{\begin{pmatrix}b_{11}&\cdots&b_{1m}\\ \vdots&&\vdots\\ b_{m1}&\cdots&b_{mm}\end{pmatrix}}_{B}\quad\underbrace{\begin{pmatrix}d_{11}&\cdots&d_{1(n-m)}\\ \vdots&&\vdots\\ d_{m1}&\cdots&d_{m(n-m)}\end{pmatrix}}_{D}\right\}$$

其中,矩阵 $\boldsymbol{B}\in\mathbf{R}^{m\times m}$ 称为线性优化问题的基。根据 $\operatorname{rank}\boldsymbol{A}=m$,可知矩阵 $\boldsymbol{B}$ 非退化。根据 $\boldsymbol{B}$ 可以构造新的约束方程 $\boldsymbol{B}_{m\times m}\tilde{\boldsymbol{x}}_{m\times 1}=\boldsymbol{b}_{m\times 1}$,则由 $\det\boldsymbol{B}\neq 0$ 可知存在逆矩阵 $\boldsymbol{B}^{-1}$,从而可以解得

$$\tilde{\boldsymbol{x}}_{m\times 1}=\boldsymbol{B}_{m\times m}^{-1}\boldsymbol{b}_{m\times 1}\tag{1-15}$$

将此 m 维向量 $\tilde{\boldsymbol{x}}$ 补充 $n-m$ 个零元素,即扩充为 n 维向量 $\boldsymbol{x}=(\tilde{\boldsymbol{x}}^{\mathrm{T}},\boldsymbol{0}^{\mathrm{T}})^{\mathrm{T}}$,此 $\boldsymbol{x}=(\tilde{\boldsymbol{x}}_1\cdots\tilde{x}_m,0\cdots 0)^{\mathrm{T}}$ 称为优化问题 $\boldsymbol{Ax}=\boldsymbol{b}$ 在基 $\boldsymbol{B}$ 下的基本解。基本解 $\boldsymbol{x}$ 的元素称为基变量。进一步地,如果基本解 $\boldsymbol{x}=(x_1,x_2,\cdots,x_n)^{\mathrm{T}}$ 满足 $x_i\geqslant 0$,则 $\boldsymbol{x}$ 称为基本可行解。

1.2.2 单纯形

如果线性优化具有最优解,则其一定可以在基本可行解中找到。因此,可以先找到所有

基本可行解，然后代入目标函数，寻找最大值。但是 $m\times n$ 的系数矩阵具有 $\binom{n}{m}$ 个基本可行解，求解复杂度较高。

对于目标函数 $f(\boldsymbol{x})=\boldsymbol{c}^{\mathrm{T}}\boldsymbol{x}$，集合 $\{\boldsymbol{x}\in\mathbf{R}^n\mid\boldsymbol{c}^{\mathrm{T}}\boldsymbol{x}=c\}$ 构成超平面；上部 $H^{+}=\{\boldsymbol{x}\in\mathbf{R}^n\mid\boldsymbol{c}^{\mathrm{T}}\boldsymbol{x}\geqslant\boldsymbol{c}\}$ 为正闭半空间，下部 $H^{-}=\{\boldsymbol{x}\in\mathbf{R}^n\mid\boldsymbol{c}^{\mathrm{T}}\boldsymbol{x}\leqslant\boldsymbol{c}\}$ 为负闭半空间。对于约束函数 $\boldsymbol{A}_{m\times n}\boldsymbol{x}=\boldsymbol{b}_{m\times 1}$，集合 $\{\boldsymbol{x}\in\mathbf{R}^n\mid\boldsymbol{A}_{m\times n}\boldsymbol{x}\leqslant\boldsymbol{b}_{m\times 1}\}$ 构成多面凸集，而非空且有界的多面凸集构成凸多面体。可以证明，线性优化的基本可行解 $\boldsymbol{x}$ 对应凸多面体的顶点。

因此，逐次遍历顶点即可搜寻到线性优化的最优解，这种迭代算法称为单纯形法。单纯形法的基本思路是，先从可行域的某个顶点（对应一个基本可行解）开始，转换到另外一个顶点，直到目标函数达到最优，则所得即为最优解。相对于暴力尝试方法，单纯形法从一个基本可行解切换到另一个基本可行解时不是盲目尝试，而是首先沿着边切换到与其相邻的极点，然后只切换到能改良优化目标的极点。重复这样的做法，直到再也找不到可以改良目标的相邻极点，此时极点就是线性优化的最优解。

1.3 非线性优化

现实工程问题很多表现为非线性优化，（无约束）非线性优化问题的一般形式为

$$\hat{\boldsymbol{x}}=\underset{x\in D\subset\mathbf{R}^n}{\operatorname{argmin}}f(\boldsymbol{x}) \tag{1-16}$$

即在可行域 D 中求解全局最优点 $\hat{\boldsymbol{x}}$，使对于任意 $\boldsymbol{x}$ 有 $f(\hat{\boldsymbol{x}})\leqslant f(\boldsymbol{x})$。

当可行域 $D=\mathbf{R}^n$ 时，则为无约束非线性优化问题。

无约束非线性优化求解得到的一般是局部最优点，常用求解方法包括梯度下降法、最速下降法、牛顿法、高斯牛顿法、列文伯格-马夸尔特算法等，其共同的求解思路是从起始点 $\boldsymbol{x}^0$ 出发通过迭代公式 $\boldsymbol{x}^{k+1}=\boldsymbol{x}^k+\boldsymbol{t}^k\boldsymbol{p}^k$ 产生序列 $\{\boldsymbol{x}^i\}$ 逼近最优解，其中 $\boldsymbol{p}^k$ 为搜索方向，$\boldsymbol{t}^k$ 为搜索步长。

特别地，存在一类典型的小残差无约束非线性优化，称为**非线性最小二乘**（Non-linear Least Square，NLS）问题。例如无人驾驶 SLAM 中的定位，相机标定中利用最小化重投影误差优化相机内外参数等。

此类非线性最小二乘问题，观测样本残差（Residual）r_i 与决策向量 $\boldsymbol{x}\in\mathbf{R}^n$ 的映射关系 $r_i=r_i(\boldsymbol{x})\colon\mathbf{R}^n\to\mathbf{R}$ 通常是非线性的，例如三角函数、指数函数等。

$$r_i=r_i(x)\colon\mathbf{R}^n\to\mathbf{R},\quad i=1,2,\cdots,m$$

全部 m 个观测样本的残差 r_i 构成残差向量 $\boldsymbol{r}$：

$$\boldsymbol{r}=\boldsymbol{r}(\boldsymbol{x})\colon\mathbf{R}^n\to\mathbf{R}^m,\quad \boldsymbol{x}\in\mathbf{R}^n$$

目标函数 $f(\boldsymbol{x})$ 采用（加权）残差平方和：

$$f(\boldsymbol{x})=\frac{1}{2}\|\boldsymbol{r}\|^2=\frac{1}{2}\boldsymbol{r}^{\mathrm{T}}\boldsymbol{r}=\frac{1}{2}\sum_{i=1}^{m}\{\boldsymbol{r}_i(\boldsymbol{x})\}^2\colon\mathbf{R}^n\to\mathbf{R}$$

则非线性最小二乘问题就是寻优化参数 $\boldsymbol{x}$ 的某个解 $\hat{\boldsymbol{x}}$，使得目标函数 $f(\boldsymbol{x})$ 最小。

$$\hat{\boldsymbol{x}}=\underset{\boldsymbol{x}\in\mathbf{R}^n}{\operatorname{argmin}}f(\boldsymbol{x})$$

非线性最小二乘问题的迭代解法为：

(1) 给定起始点 $\boldsymbol{x}^0$,开始迭代;

(2) 寻找增量 $\Delta\boldsymbol{x}^k$,使得 $f(\boldsymbol{x}^k+\Delta\boldsymbol{x}^k)$极小;

(3) 若满足停止准则,则迭代停止;否则迭代更新,$\boldsymbol{x}^{k+1}=\boldsymbol{x}^k+\Delta\boldsymbol{x}^k$。

可见,非线性最小二乘问题的关键在于确定增量 $\Delta\boldsymbol{x}^k$,具体求解方法包括一阶的梯度下降法、最速下降法以及二阶的牛顿法、高斯牛顿法、列文伯格-马夸尔特算法等。

需要注意,上述一阶和二阶算法都需要假设目标函数 $f(\boldsymbol{x})$光滑可微,即函数 $f(\boldsymbol{x})$在 $\boldsymbol{x}$ 邻域可以进行泰勒展开:

$$f(\boldsymbol{x}+\Delta\boldsymbol{x})=f(\boldsymbol{x})+\nabla f(\boldsymbol{x})\Delta\boldsymbol{x}+\frac{1}{2}\Delta\boldsymbol{x}^{\mathrm{T}}\boldsymbol{H}_f(\boldsymbol{x})\Delta\boldsymbol{x}+o\|\Delta\boldsymbol{x}\|_F^3+\cdots \tag{1-17}$$

1.3.1 梯度下降法

将泰勒展开式(1-17)忽略二次及更高的项,只保留至一阶,则

$$f(\boldsymbol{x}+\Delta\boldsymbol{x})=f(\boldsymbol{x})+\nabla f(\boldsymbol{x})\Delta\boldsymbol{x} \tag{1-18}$$

可见只要$\nabla f(\boldsymbol{x})\Delta\boldsymbol{x}$ 为负,则目标函数 $f(\boldsymbol{x})$将是下降的。因此,选定负梯度$-\nabla f(\boldsymbol{x})$作为搜索方向,有

$$\Delta\boldsymbol{x}=-t\,\nabla f(\boldsymbol{x}) \tag{1-19}$$

其中,标量 t 为(最优)步长,该方法称为梯度下降法(Gradient Descent,GD)。

梯度下降法伪码如下。

算法 1-1 梯度下降法

```
1.   begin
2.       k: = 0, x: = x^0, found: = false, 设定超参数 ε>0
3.       while (k<k_max) and (not found)
4.           计算梯度∇f(x^k),以负梯度作为搜索方向 p^k = -∇f(x^k)
5.           if (‖∇f(x^k)‖≤ε)
6.               found: = true
7.           else
8.               搜索最优步长 t^k,使得目标函数 f(x^k + t^k p^k)最小
9.               更新迭代,x^{k+1} = x^k + t^k p^k
10.  end
```

算法 1-1 中步骤 4 确定了迭代方向,步骤 8 确定了步长。步长选择很重要,因为虽然迭代方向 $\boldsymbol{p}^k$ 是局部的下降最快方向,但是如果步长 t 选择不合适也会存在问题,例如图 1-1。

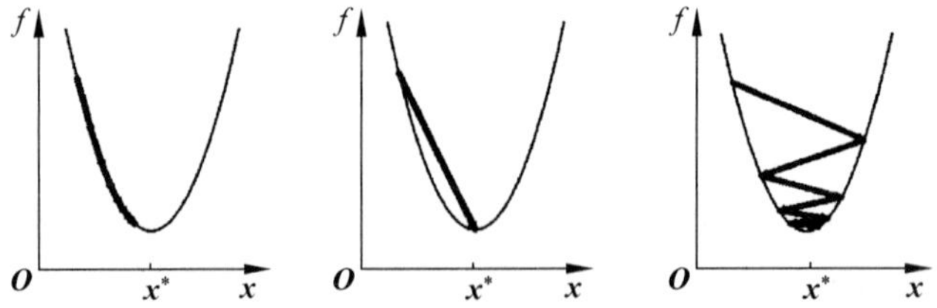

(a) 步长较小　(b) 步长适中　(c) 步长较大

图 1-1 迭代步长

图 1-1(a)的步长较小,图 1-1(c)的步长较大,步长过大和过小都效果不佳。可见步长 t 直接决定收敛速度,为此需要求解最优步长。

步骤 8 搜索最优步长时的目标函数值为

$$f(\boldsymbol{x}^{k+1})=f(\boldsymbol{x}^k+\boldsymbol{t}^k\boldsymbol{p}^k)$$

其中,$\boldsymbol{x}^k$ 和 $\boldsymbol{p}^k$ 均为固定的值,因此目标函数值是单变量 t^k 的函数,所以步骤 8 就是寻找最优步长 t^k 的最优值 $\hat{t}^k$。

$$\hat{t}^k=\underset{t_k\in\mathbf{R}}{\operatorname{argmin}}f(\boldsymbol{x}^k+\boldsymbol{t}^k\boldsymbol{p}^k)$$

这是一维搜索问题,求解方法很多,例如成功/失败法、0.618 黄金分割法以及插值法、斐波那契法等,也可以通过解析方法 $\frac{\mathrm{d}(\boldsymbol{x}^k+\boldsymbol{t}^k\boldsymbol{p}^k)}{\mathrm{d}\boldsymbol{t}^k}=0$ 来确定最优步长 $\hat{t}^k$。

算法 1-1 中步骤 5 以梯度的模 $\|\nabla f(\boldsymbol{x}^k)\|\leqslant\varepsilon$ 作为停止准则,实际数值计算中以梯度为基准作为停止准则未必恰当,可用的准则包括:

(1) 基于梯度的,$\|\nabla f(\boldsymbol{x}^k)\|\leqslant\varepsilon$。

(2) 基于目标函数的,$|f(\boldsymbol{x}^{k+1})-f(\boldsymbol{x}^k)|\leqslant\varepsilon$。

(3) 基于自变量的,$\|\boldsymbol{x}^{k+1}-\boldsymbol{x}^k\|\leqslant\varepsilon$。

(4) 基于上述组合而来的各类变种。

以下演示梯度下降法步骤。

具体地,设目标函数为 $f(\boldsymbol{x})=x_1-x_2+2x_1^2+2x_1x_2+x_2^2$,超参数 $\varepsilon=0.5$。

迭代第一次:

(1) 设置起始点,$\boldsymbol{x}^0=(0,0)^{\mathrm{T}}$。

(2) 计算梯度,根据$\nabla f=(1+4x_1+2x_2,-1+2x_1+2x_2)^{\mathrm{T}}$,可得$\nabla f(\boldsymbol{x}^0)=(1,-1)^{\mathrm{T}}$。

进行停止准则判断,根据$\|\nabla f(\boldsymbol{x}^0)\|=\sqrt{2}>\varepsilon$,需要继续。

(3) 取负梯度为迭代方向,$\boldsymbol{p}^0=-\nabla f(\boldsymbol{x}^0)=(-1,1)^{\mathrm{T}}$。

(4) 从 $\boldsymbol{x}^0=(0,0)^{\mathrm{T}}$ 出发,沿 $\boldsymbol{p}^0=(-1,1)^{\mathrm{T}}$ 方向,对 $f(\boldsymbol{x}^k+t\boldsymbol{p}^k)$搜索最优步长。此时自变量为

$$\begin{pmatrix}x_1\\x_2\end{pmatrix}=\boldsymbol{x}^0+t\boldsymbol{p}^0=\begin{pmatrix}0\\0\end{pmatrix}+t\begin{pmatrix}-1\\1\end{pmatrix}=\begin{pmatrix}-t\\t\end{pmatrix}$$

代入目标函数 $f(\boldsymbol{x})=x_1-x_2+2x_1^2+2x_1x_2+x_2^2$,有

$$f(\boldsymbol{x})=-t-(t)+2t^2+2(-t)t+t^2=t^2-2t$$

选择解析方法求解最优步长 t^0,根据$\frac{\mathrm{d}(t^2-2t)}{\mathrm{d}t}=0$ 解得

$$t^0=1$$

(5) 更新迭代。

$$\boldsymbol{x}^1=\boldsymbol{x}^0+t^0\boldsymbol{p}^0=\begin{pmatrix}0\\0\end{pmatrix}+1\begin{pmatrix}-1\\1\end{pmatrix}=\begin{pmatrix}-1\\1\end{pmatrix}$$

迭代第二次:

(1) 此时 $\boldsymbol{x}^1=(-1,1)^{\mathrm{T}}$。

(2) 由梯度$\nabla f=(1+4x_1+2x_2,-1+2x_1+2x_2)^{\mathrm{T}}$,得$\nabla f(\boldsymbol{x}^1)=(-1,-1)^{\mathrm{T}}$。

进行停止准则判断，$\|\nabla f(\boldsymbol{x}^1)\|=\sqrt{2}>\varepsilon$，需要继续。

(3) 迭代方向 $\boldsymbol{p}^1=-\nabla f(\boldsymbol{x}^1)=(1,1)^{\mathrm{T}}$。

(4) 从 $\boldsymbol{x}^1=(-1,1)^{\mathrm{T}}$ 出发，沿 $\boldsymbol{p}^1=(1,1)^{\mathrm{T}}$ 方向，对 $f(\boldsymbol{x}^k+t\boldsymbol{p}^k)$搜索最优步长。此时自变量为

$$\begin{pmatrix}x_1\\x_2\end{pmatrix}=\boldsymbol{x}^1+t\boldsymbol{p}^1=\begin{pmatrix}-1\\1\end{pmatrix}+t\begin{pmatrix}1\\1\end{pmatrix}=\begin{pmatrix}t-1\\t+1\end{pmatrix}$$

代入目标函数 $f(\boldsymbol{x})=x_1-x_2+2x_1^2+2x_1x_2+x_2^2$，有

$$f(\boldsymbol{x})=5t^2-2t-1$$

选择解析方法求解 t^1。

$$\frac{\mathrm{d}(5t^2-2t-1)}{\mathrm{d}t}=0\Rightarrow 10t-2=0\Rightarrow t^1=0.2$$

(5) 更新迭代。

$$\boldsymbol{x}^2=\boldsymbol{x}^1+t^1\boldsymbol{p}^1=\begin{pmatrix}-1\\1\end{pmatrix}+0.2\begin{pmatrix}1\\1\end{pmatrix}=\begin{pmatrix}-0.8\\1.2\end{pmatrix}$$

迭代第三次：

(1) 此时 $\boldsymbol{x}^2=(-0.8,1.2)^{\mathrm{T}}$。

(2) 由梯度$\nabla f=(1+4x_1+2x_2,-1+2x_1+2x_2)^{\mathrm{T}}$，得$\nabla f(\boldsymbol{x}^2)=(0.2,-0.2)^{\mathrm{T}}$。

进行停止准则判断，$\|\nabla f(\boldsymbol{x}^2)\|=\sqrt{0.2}\leqslant\varepsilon$，满足条件，可以停止。

输出 $\boldsymbol{x}^2$：

$$\boldsymbol{x}^2=(-0.8,1.2)^{\mathrm{T}}$$

即为 $f(\boldsymbol{x})=x_1-x_2+2x_1^2+2x_1x_2+x_2^2$ 极小值的数值近似解。

以上三次迭代过程如图 1-2 所示。

从图 1-2 可以发现梯度下降法的缺点，收敛路径在极值点附近呈现锯齿形状：开始时目标函数下降较快，接近极值点时收敛速度变慢。特别地，当目标函数等值线接近较为扁平的椭圆时收敛更慢，如图 1-3 所示。因此，实用中通常联合其他方法并用：前期使用梯度下降法，接近极值时改用收敛更快的其他方法。

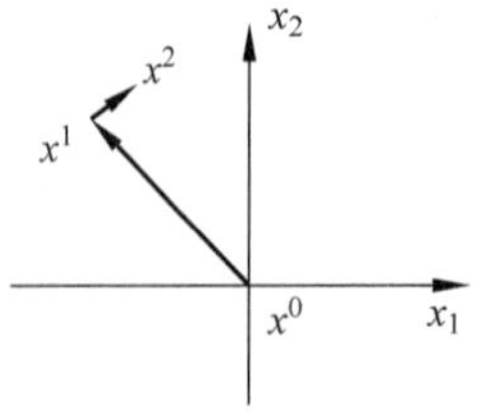

图 1-2 梯度下降法迭代过程

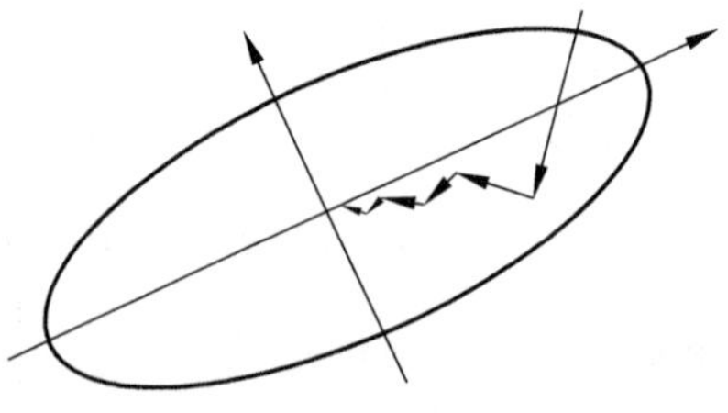

图 1-3 目标函数下降速度

梯度下降法的另一个原生缺点是，某位置的负梯度方向通常只在该点邻域附近有效；从某一轮次迭代的整个过程来看梯度可能是实时变化的。为了解决这个问题，产生了最速下降法。

1.3.2 最速下降法

梯度下降法以负梯度方向$-\nabla f(\boldsymbol{x})$作为目标函数值 $f(\boldsymbol{x})$下降最快方向，每次迭代时

将变量 $\boldsymbol{x}$ 沿着搜索方向移动单位步长 $\Delta\boldsymbol{x}=-\nabla f(\boldsymbol{x})$ 或者最优步长 $\Delta\boldsymbol{x}=-t\nabla f(\boldsymbol{x})$，使得目标函数 $f(\boldsymbol{x})$ 逐渐收敛。但是梯度下降法假设迭代过程中梯度固定不变，而实际上梯度可能随时变化，因此需要考虑梯度的梯度，即二阶导数，也即 Hessian 矩阵。迭代的收敛速度取决于函数 f 的 Hessian 矩阵的条件数。

如果决策向量各个分量相互独立，即 $\forall i\neq j \Rightarrow \partial^2 \boldsymbol{f}/\partial x_i \partial x_j=0$，则 Hessian 矩阵为对角阵，此时使用梯度下降法逼近的效果不错。但是，如果迭代过程中梯度发生了变化，梯度下降方向不再是最佳增量方向，最佳方向与基于梯度不变假设解得的增量方向存在差异，差异大小可以使用 Hessian 矩阵的条件数即 Hessian 矩阵的最大特征值与最小特征值之比来衡量(此时 Hessian 矩阵不是对角阵)：如果条件数并不大，则梯度下降法也能取得较好的效果，但是对于较大的条件数，由于梯度不变假设不成立，此时可以使用最速下降法或者其他方法。

最速下降法(Steepest Descent，SD)也属于一阶算法，同样基于一阶泰勒展开式：

$$f(\boldsymbol{x}+\Delta\boldsymbol{x})=f(\boldsymbol{x})+\nabla f(\boldsymbol{x})\boldsymbol{v} \tag{1-20}$$

其中，$\boldsymbol{v}$ 为增量搜索方向，$\boldsymbol{v}$ 不再要求一定是负梯度方向。最速下降法将搜索方向定义为单位范数步长内使目标函数下降最多的方向：

$$\begin{aligned}&\Delta\boldsymbol{x}_{\mathrm{NSD}}=\operatorname{argmin}\{\nabla f(\boldsymbol{x})\boldsymbol{v}\}\\&\text{s. t. } \|\boldsymbol{v}\|\leqslant 1\end{aligned} \tag{1-21}$$

其中，$\|\cdot\|$ 为某种范数(Norm)，最速下降法的搜索方向受到该范数性质的限制。如果取欧氏范数 $\|\cdot\|_F$，则最速下降法基本类似于梯度下降法。

由于最速下降法需要满足下降方向上移动单位步长处于范数集合内这个条件，因此根据所用范数不同将会得到不同结果。以向量 1－范数和矩阵 2－范数为例，其单位球分别为正菱形体和椭圆体：

(1) 向量 1－范数搜索方向为 $-\operatorname{sign}\{\nabla f(\boldsymbol{x})\}\boldsymbol{e}_i$，其中 $\boldsymbol{e}_i$ 为标准基向量。所以对于向量 1－范数来说，最快方向是沿着坐标轴下降，如图 1-4 所示。

(2) 矩阵 2－范数 $\|\boldsymbol{A}\|_2=\sqrt{\max\{\lambda_i(\boldsymbol{A}^{\mathrm{T}}\boldsymbol{A})\}}$ 的物理意义为最大拉伸系数，即在最大奇异值对应方向上取得最大值，此时最速下降方向为关于矩阵 $\boldsymbol{A}$ 的，$\boldsymbol{p}=-\boldsymbol{A}^{-1}\nabla f(\boldsymbol{x})$。可以看出，最速下降方向 $\Delta\boldsymbol{x}$ 在满足椭圆体内的条件下尽可能地在 $-\nabla f(\boldsymbol{x})$ 方向上延伸，如图 1-5 所示。

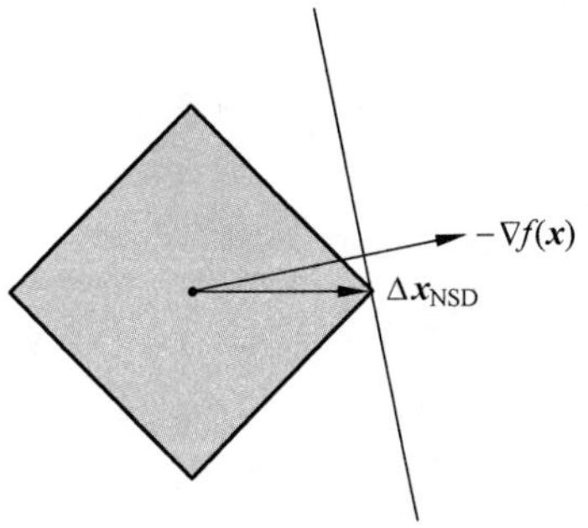

图 1-4 向量 1－范数

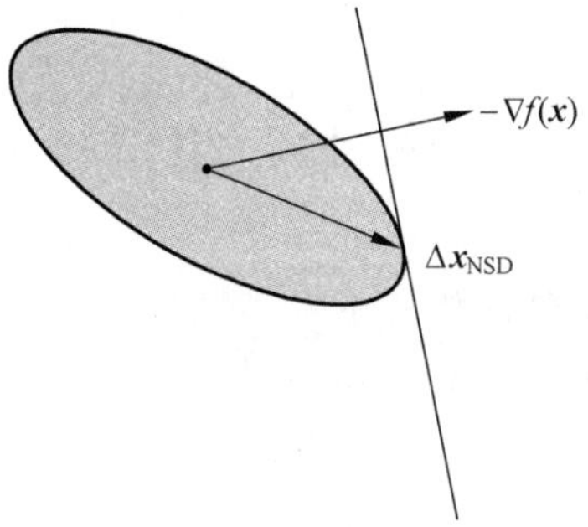

图 1-5 矩阵 2－范数

采用矩阵 2－范数时合理选取能矩阵 **A** 能够使计算更有效率，Hessian 矩阵就是很好的选择。使用 Hessian 矩阵 2－范数的无约束极值求解方法称为牛顿法，它是最速下降法的一种。

1.3.3 牛顿法

前述各种梯度算法，只使用到一阶微分，以下引入二阶微分。

将泰勒展开式(1-17)忽略三阶及更高阶的项，保留至二阶，则

$$f(\boldsymbol{x}+\Delta\boldsymbol{x})=f(\boldsymbol{x})+\nabla f(\boldsymbol{x})\Delta\boldsymbol{x}+\frac{1}{2}\Delta\boldsymbol{x}^{\mathrm{T}}\boldsymbol{H}_f(\boldsymbol{x})\Delta\boldsymbol{x} \tag{1-22}$$

将式(1-22)对 $\Delta\boldsymbol{x}$ 求导，并令其为 0，可得关于 $\Delta\boldsymbol{x}$ 的增量方程：

$$\boldsymbol{H}_f(\boldsymbol{x})\Delta\boldsymbol{x}+\boldsymbol{J}_f(\boldsymbol{x})=0 \tag{1-23}$$

从而得到迭代公式：

$$\Delta\boldsymbol{x}=-\boldsymbol{H}_f^{-1}(\boldsymbol{x})\boldsymbol{J}_f(\boldsymbol{x}) \tag{1-24}$$

其中，$\boldsymbol{J}_f$ 为目标函数 f 的雅可比矩阵，$\boldsymbol{H}_f$ 为目标函数 f 的 Hessian 矩阵，该方法称为牛顿法(Newton Method)。牛顿法用到二阶导数，需要计算 Hessian 矩阵。

以下演示牛顿法的算法步骤。

具体地，设目标函数为 $f(\boldsymbol{x})=-2x_1-x_1x_2+\frac{3}{2}x_1^2+\frac{1}{2}x_2^2$，超参数 $\varepsilon=0.5$。

第一次迭代：

(1) 设置起始点，$\boldsymbol{x}^0=(0,0)^{\mathrm{T}}$。

(2) 此时$\nabla f(\boldsymbol{x}^0)=(-2,0)$，$\|\nabla f(\boldsymbol{x}^0)\|=2>\varepsilon$，需要继续迭代。

函数 f 的雅可比矩阵和 Hessian 矩阵为

$$\boldsymbol{J}_f=\begin{pmatrix}-2-x_2+3x_1\\-x_1+x_2\end{pmatrix},\quad \boldsymbol{H}_f=\begin{pmatrix}3&-1\\-1&1\end{pmatrix}$$

计算可得

$$\boldsymbol{J}_f(\boldsymbol{x}^0)=\begin{pmatrix}-2\\0\end{pmatrix},\quad \boldsymbol{H}_f(\boldsymbol{x}^0)=\begin{pmatrix}3&-1\\-1&1\end{pmatrix},\quad \boldsymbol{H}_f^{-1}(\boldsymbol{x}^0)=\begin{pmatrix}\frac{1}{2}&\frac{1}{2}\\\frac{1}{2}&\frac{3}{2}\end{pmatrix}$$

(3) 更新迭代。

$$\boldsymbol{x}^1=\boldsymbol{x}_0-\boldsymbol{H}^{-1}(\boldsymbol{x}_0)\boldsymbol{J}(\boldsymbol{x}_0)=\begin{pmatrix}0\\0\end{pmatrix}-\begin{pmatrix}\frac{1}{2}&\frac{1}{2}\\\frac{1}{2}&\frac{3}{2}\end{pmatrix}\begin{pmatrix}-2\\0\end{pmatrix}=\begin{pmatrix}1\\1\end{pmatrix}$$

第二次迭代：

(1) 此时 $\boldsymbol{x}^1=(1,1)^{\mathrm{T}}$。

(2) 函数 f 的雅可比矩阵和 Hessian 矩阵为

$$\boldsymbol{J}_f=\begin{pmatrix}-2-x_2+3x_1\\-x_1+x_2\end{pmatrix},\quad \boldsymbol{H}_f=\begin{pmatrix}3&-1\\-1&1\end{pmatrix}$$

此时的$\nabla f(\boldsymbol{x}^1)=(0,0)$，$\|\nabla f(\boldsymbol{x}^1)\|=0<\varepsilon$，满足条件。

输出 $\boldsymbol{x}^1$：

$$\boldsymbol{x}^1=(1,1)^{\mathrm{T}}$$

即为 $f(\boldsymbol{x})=-2x_1-x_1x_2+\frac{3}{2}x_1^2+\frac{1}{2}x_2^2$ 极小值的近似解。

本例中，因为 f 是二次函数，二阶导数 $\boldsymbol{H}$ 为常数矩阵，所以从任意点出发仅需一步即可获得精确解。对于非二次的目标函数 f，得到的是近似解。

牛顿法典型缺点在于：

（1）如果初始点选取不当则可能不收敛于极小点，因此有必要添加控制步长的逻辑，即增加步长项♣，使得

$$\boldsymbol{x}_{k+1}\leftarrow\boldsymbol{x}_k-♣\boldsymbol{H}^{-1}(\boldsymbol{x}_k)\boldsymbol{J}(\boldsymbol{x}_k)$$

（2）Hessian 矩阵未必可逆，对此可以添加正则项 μ_k，使得

$$\boldsymbol{x}_{k+1}\leftarrow\boldsymbol{x}_k-(\boldsymbol{H}^{-1}(\boldsymbol{x}_k)+\mu_k\boldsymbol{I})^{\mathrm{T}}\boldsymbol{J}(\boldsymbol{x}_k)$$

牛顿法收敛较快，但是计算 Hessian 矩阵需要求解二阶导数，如果问题的规模较大，则需要大量运算。为了避免计算 Hessian 矩阵，产生了高斯牛顿法和列文伯格-马夸尔特算法。

1.3.4 高斯牛顿法

高斯牛顿法（Gauss-Newton Method，GN）也是二阶方法，但是并不直接计算 Hessian 矩阵，而是通过雅可比矩阵来近似 Hessian 矩阵，从而只需要计算一阶导数。

高斯牛顿法步骤为：

算法 1-2 高斯牛顿法

1. 给定起始点 $\boldsymbol{x}^0$，开始迭代
2. 计算雅可比矩阵 $\boldsymbol{J}_r$ 和目标函数 $f(\boldsymbol{x}^k)$，得到 $\boldsymbol{H}_r$ 和 $\boldsymbol{g}_r$
3. 求解增量方程 $\boldsymbol{H}_r\Delta\boldsymbol{x}=\boldsymbol{g}_r$ 得到 $\Delta\boldsymbol{x}^k$
4. 若 $\Delta\boldsymbol{x}^k$ 足够小，则迭代停止
5. 否则迭代更新，$\boldsymbol{x}^{k+1}=\boldsymbol{x}^k+\Delta\boldsymbol{x}^k$

可见高斯牛顿法最重要的是通过增量方程 $\boldsymbol{H}_r\Delta\boldsymbol{x}=\boldsymbol{g}_r$ 求解 $\Delta\boldsymbol{x}$，以下从三个角度分析。

1. 基于残差方程

不考虑整体的目标函数 $f(\boldsymbol{x})$，而是单独将第 i 项残差 $\boldsymbol{r}_i=\boldsymbol{r}_i(\boldsymbol{x}):\mathbf{R}^n\rightarrow\mathbf{R}$ 进行泰勒展开，假设二阶及更高阶的项可以忽略，保留至一阶：

$$\boldsymbol{r}_i(\boldsymbol{x}+\Delta\boldsymbol{x})=\boldsymbol{r}_i(\boldsymbol{x})+\nabla\boldsymbol{r}_i(\boldsymbol{x})\Delta\boldsymbol{x}\tag{1-25}$$

则目标函数 $f(\boldsymbol{x})$ 为

$$\begin{aligned}f(\boldsymbol{x})&=\frac{1}{2}\sum_{i=1}^{m}\{\boldsymbol{r}_i(\boldsymbol{x})+\nabla\boldsymbol{r}_i(\boldsymbol{x})\Delta\boldsymbol{x}\}^2\\&=\frac{1}{2}\|\boldsymbol{r}(\boldsymbol{x})+\boldsymbol{J}_r(\boldsymbol{x})\Delta\boldsymbol{x}\|_F^2\\&=\frac{1}{2}\left\{\boldsymbol{r}(\boldsymbol{x})^{\mathrm{T}}\boldsymbol{r}(\boldsymbol{x})+2\underbrace{\boldsymbol{r}(\boldsymbol{x})^{\mathrm{T}}}_{1\times m}\underbrace{\boldsymbol{J}_r(\boldsymbol{x})}_{m\times n}\underbrace{\Delta\boldsymbol{x}}_{n\times1}+\underbrace{\Delta\boldsymbol{x}^{\mathrm{T}}}_{1\times n}\underbrace{\boldsymbol{J}_r^{\mathrm{T}}(\boldsymbol{x})}_{n\times m}\underbrace{\boldsymbol{J}_r(\boldsymbol{x})}_{m\times n}\underbrace{\Delta\boldsymbol{x}}_{n\times1}\right\}\end{aligned}\tag{1-26}$$

其中，$\boldsymbol{J}_r$ 为残差向量 $\boldsymbol{r}=\boldsymbol{r}(\boldsymbol{x}):\mathbf{R}^n\rightarrow\mathbf{R}^m$ 的雅可比矩阵。

将式(1-26)对 $\Delta\boldsymbol{x}$ 求导,并令其为 0,得到增量方程:

$$\underbrace{\boldsymbol{J}_{\boldsymbol{r}}^{\mathrm{T}}(\boldsymbol{x})\boldsymbol{J}_{\boldsymbol{r}}(\boldsymbol{x})}_{n\times n}\Delta\boldsymbol{x}+\underbrace{\boldsymbol{J}_{\boldsymbol{r}}^{\mathrm{T}}(\boldsymbol{x})}_{n\times m}\boldsymbol{r}(\boldsymbol{x})=0 \tag{1-27}$$

引入两个助记符号:

$$\mathbf{R}^{n\times n}\ni\boldsymbol{H}_f\triangleq\boldsymbol{J}_{\boldsymbol{r}}^{\mathrm{T}}(\boldsymbol{x})\boldsymbol{J}_{\boldsymbol{r}}(\boldsymbol{x})$$

$$\mathbf{R}^{n\times 1}\ni\boldsymbol{g}_f\triangleq\boldsymbol{J}_{\boldsymbol{r}}^{\mathrm{T}}(\boldsymbol{x})\boldsymbol{r}(\boldsymbol{x})$$

即增量方程为

$$\boldsymbol{H}_f\Delta\boldsymbol{x}+\boldsymbol{g}_f=0 \tag{1-28}$$

即得高斯牛顿法的迭代公式:

$$\Delta\boldsymbol{x}=-\boldsymbol{H}_f^{-1}\boldsymbol{g}_f \tag{1-29}$$

2. 目标函数角度

高斯牛顿法也可以直接从整体的目标函数 $f(\boldsymbol{x})$得到。

考查目标函数 $f(\boldsymbol{x})$的一阶导数∇f:

$$\begin{aligned}\nabla f(\boldsymbol{x})&=\underbrace{\left(f=\frac{1}{2}\{\boldsymbol{r}(\boldsymbol{x})^{\mathrm{T}}\boldsymbol{r}(\boldsymbol{x})\}:\mathbf{R}^n\to\mathbf{R}\right)'}_{1\times n}\\&=\frac{1}{2}\frac{\partial\{\boldsymbol{r}(\boldsymbol{x})^{\mathrm{T}}\boldsymbol{r}(\boldsymbol{x})\}}{\partial\boldsymbol{x}}=\boldsymbol{r}(\boldsymbol{x})^{\mathrm{T}}\frac{\partial\boldsymbol{r}(\boldsymbol{x})}{\partial\boldsymbol{x}}\\&=\underbrace{\underbrace{\boldsymbol{r}(\boldsymbol{x})^{\mathrm{T}}}_{1\times m}\underbrace{\boldsymbol{J}_{\boldsymbol{r}}(\boldsymbol{x})}_{m\times n}}_{1\times n}\end{aligned}$$

其中,$\boldsymbol{J}_{\boldsymbol{r}}(\boldsymbol{x})$为残差向量 $\boldsymbol{r}=\boldsymbol{r}(\boldsymbol{x}):\mathbf{R}^n\to\mathbf{R}^m$ 的雅可比矩阵,从而

$$\boldsymbol{J}_f(\boldsymbol{x})=\nabla f(\boldsymbol{x})^{\mathrm{T}}=\{\boldsymbol{r}(\boldsymbol{x})^{\mathrm{T}}\boldsymbol{J}_{\boldsymbol{r}}(\boldsymbol{x})\}^{\mathrm{T}}=\underbrace{\boldsymbol{J}_{\boldsymbol{r}}^{\mathrm{T}}(\boldsymbol{x})\boldsymbol{r}(\boldsymbol{x})}_{n\times 1}$$

再由目标函数 $f(\boldsymbol{x})$的二阶导数

$$\begin{aligned}\nabla^2 f(\boldsymbol{x})&=\underbrace{\{\nabla f(\boldsymbol{x}):\mathbf{R}^n\to\mathbf{R}^n\}'}_{n\times n}=\frac{\partial\left\{\boldsymbol{r}(\boldsymbol{x})^{\mathrm{T}}\dfrac{\partial\boldsymbol{r}(\boldsymbol{x})}{\partial\boldsymbol{x}}\right\}}{\partial\boldsymbol{x}}\\&=\boldsymbol{r}(\boldsymbol{x})^{\mathrm{T}}\frac{\partial\left\{\dfrac{\partial\boldsymbol{r}(\boldsymbol{x})}{\partial\boldsymbol{x}}\right\}}{\partial\boldsymbol{x}}+\left\{\frac{\partial\boldsymbol{r}(\boldsymbol{x})}{\partial\boldsymbol{x}}\right\}^{\mathrm{T}}\frac{\partial\boldsymbol{r}(\boldsymbol{x})}{\partial\boldsymbol{x}}\\&=\underbrace{\boldsymbol{r}(\boldsymbol{x})^{\mathrm{T}}}_{n\times m}\underbrace{\frac{\partial^2\boldsymbol{r}(\boldsymbol{x})}{\partial\boldsymbol{x}^2}}_{m\times n}+\underbrace{\boldsymbol{J}_{\boldsymbol{r}}^{\mathrm{T}}(\boldsymbol{x})}_{n\times m}\underbrace{\boldsymbol{J}_{\boldsymbol{r}}(\boldsymbol{x})}_{m\times n}\end{aligned}$$

得到

$$\boldsymbol{H}_f(\boldsymbol{x})=\nabla^2 f(\boldsymbol{x})=\boldsymbol{J}_{\boldsymbol{r}}^{\mathrm{T}}(\boldsymbol{x})\boldsymbol{J}_{\boldsymbol{r}}(\boldsymbol{x})+\boldsymbol{r}(\boldsymbol{x})^{\mathrm{T}}\frac{\partial^2\boldsymbol{r}(\boldsymbol{x})}{\partial\boldsymbol{x}^2} \tag{1-30}$$

假设其中二阶项 $\boldsymbol{r}(\boldsymbol{x})^{\mathrm{T}}\dfrac{\partial^2\boldsymbol{r}(\boldsymbol{x})}{\partial\boldsymbol{x}^2}$很小,可以忽略,有

$$\boldsymbol{H}_f(\boldsymbol{x})=\nabla^2 f(\boldsymbol{x})=\boldsymbol{J}_{\boldsymbol{r}}^{\mathrm{T}}(\boldsymbol{x})\boldsymbol{J}_{\boldsymbol{r}}(\boldsymbol{x})$$

从而 $f(\boldsymbol{x}):\mathbf{R}^n \to \mathbf{R}$ 的二阶 $\boldsymbol{H}_f$ 可以通过 $\boldsymbol{r}(\boldsymbol{x}):\mathbf{R}^n \to \mathbf{R}^m$ 的一阶 $\boldsymbol{J}_r$ 近似得到。

至此也得到高斯牛顿法的迭代公式：

$$\Delta \boldsymbol{x} = -\underbrace{(\boldsymbol{J}_r^{\mathrm{T}}\boldsymbol{J}_r)^{-1}}_{\boldsymbol{H}(f)}\underbrace{(\boldsymbol{J}_r^{\mathrm{T}}\boldsymbol{r})}_{\boldsymbol{J}(f)} \tag{1-31}$$

3. 分项角度理解

高斯牛顿法还可以从分项角度叙述，这样可能更有利于理解。

对于函数 $f=f(\cdot)$，以 $\boldsymbol{J}_j(f)\triangleq\dfrac{\partial f(\boldsymbol{x})}{\partial \boldsymbol{x}_j}$ 和 $\boldsymbol{H}_{jk}(f)\triangleq\dfrac{\partial f(\boldsymbol{x})}{\partial x_j \partial x_k}$ 分别表示雅可比矩阵 $\boldsymbol{J}$ 和 Hessian 矩阵 $\boldsymbol{H}$ 中的分量元素，则对于目标函数

$$f(\boldsymbol{x}) = \frac{1}{2}\sum_{i=1}^{m}\boldsymbol{r}_i(\boldsymbol{x})^2 = \frac{1}{2}\boldsymbol{r}^{\mathrm{T}}\boldsymbol{r}$$

考查标准牛顿法时的迭代公式：

$$\boldsymbol{x}_{k+1} \leftarrow \boldsymbol{x}_k - \boldsymbol{H}^{-1}(\boldsymbol{x}_k)\boldsymbol{J}(\boldsymbol{x}_k)$$

其中，雅可比矩阵 $\boldsymbol{J}$ 的元素为

$$\boldsymbol{J}_j(f) = \sum_{i=1}^{m} r_i(\boldsymbol{x})\frac{\partial r_i(\boldsymbol{x})}{\partial x_j}$$

即

$$\underbrace{\boldsymbol{J}(f)}_{n\times 1} = \underbrace{\boldsymbol{J}^{\mathrm{T}}(\boldsymbol{r})}_{n\times m}\underbrace{\boldsymbol{r}}_{m\times 1} \tag{1-32}$$

其中，Hessian 矩阵 $\boldsymbol{H}$ 的元素为

$$\boldsymbol{H}_{jk}(f) = \sum_{i=1}^{m}\left\{\frac{\partial r_i(\boldsymbol{x})}{\partial x_j}\frac{\partial r_i(\boldsymbol{x})}{\partial x_k} + r_i(\boldsymbol{x})\frac{\partial^2 r_i(\boldsymbol{x})}{\partial x_j \partial x_k}\right\}$$

依然假设其中的二阶以及更高阶成分可以舍去，则

$$\underbrace{\boldsymbol{H}(f)}_{n\times n} = \underbrace{\boldsymbol{J}^{\mathrm{T}}(\boldsymbol{r})}_{n\times m}\underbrace{\boldsymbol{J}(\boldsymbol{r})}_{m\times n} \tag{1-33}$$

至此同样可得高斯牛顿法的迭代公式：

$$\Delta \boldsymbol{x} = -\underbrace{(\boldsymbol{J}_r^{\mathrm{T}}\boldsymbol{J}_r)^{-1}}_{\boldsymbol{H}(f)}\underbrace{(\boldsymbol{J}_r^{\mathrm{T}}\boldsymbol{r})}_{\boldsymbol{J}(f)} \tag{1-34}$$

前述目标函数为向量点乘的欧氏距离 $\boldsymbol{r}^{\mathrm{T}}\boldsymbol{r}$，自然地会考虑马氏距离 $\boldsymbol{r}^{\mathrm{T}}\boldsymbol{W}\boldsymbol{r}$，不过马氏距离中的 $\boldsymbol{W}\in\mathbf{R}^{m\times m}$ 是协方差矩阵，平差应用不需要如此复杂，可以将矩阵 $\boldsymbol{W}$ 稍微加强，假设为对角阵，这样成为决策变量 $\boldsymbol{x}$ 的权值矩阵，从而目标函数为

$$f(\boldsymbol{x}) = \frac{1}{2}\boldsymbol{r}^{\mathrm{T}}\boldsymbol{W}\boldsymbol{r}:\mathbf{R}^n \to \mathbf{R} \tag{1-35}$$

由于 $\boldsymbol{W}$ 为常值对称矩阵，以下不再从细节上考虑 $\boldsymbol{W}$ 和 $\boldsymbol{W}^{\mathrm{T}}$ 的区别。

此时，其一阶导数为

$$\begin{aligned}\nabla f(\boldsymbol{x}) &= \frac{1}{2}\frac{\partial(\boldsymbol{r}^{\mathrm{T}}\boldsymbol{W}\boldsymbol{r})}{\partial \boldsymbol{x}} = \frac{1}{2}\left(\boldsymbol{r}^{\mathrm{T}}\frac{\partial(\boldsymbol{W}\boldsymbol{r})}{\partial \boldsymbol{x}} + (\boldsymbol{r})^{\mathrm{T}}\frac{\partial(\boldsymbol{r}^{\mathrm{T}}\boldsymbol{W})}{\partial \boldsymbol{x}}\right)\\ &= \frac{1}{2}\left(\boldsymbol{r}^{\mathrm{T}}\boldsymbol{W}\frac{\partial \boldsymbol{r}}{\partial \boldsymbol{x}} + \boldsymbol{r}^{\mathrm{T}}\boldsymbol{W}^{\mathrm{T}}\frac{\partial \boldsymbol{r}}{\partial \boldsymbol{x}}\right) = \boldsymbol{r}^{\mathrm{T}}\boldsymbol{W}^{\mathrm{T}}\frac{\partial \boldsymbol{r}}{\partial \boldsymbol{x}}\\ &= \underbrace{\boldsymbol{r}(\boldsymbol{x})^{\mathrm{T}}}_{1\times m}\underbrace{\boldsymbol{W}^{\mathrm{T}}}_{m\times m}\underbrace{\boldsymbol{J}_r(\boldsymbol{x})}_{m\times n}\end{aligned}$$

其中，$\boldsymbol{J}_r(\boldsymbol{x})$为多元向量值函数 $\boldsymbol{r}(\cdot):\mathbf{R}^n\to\mathbf{R}^m$ 的雅可比矩阵，即

$$\boldsymbol{J}_f(\boldsymbol{x})=\nabla f(\boldsymbol{x})^{\mathrm{T}}=\boldsymbol{J}_r^{\mathrm{T}}(\boldsymbol{x})\boldsymbol{W}\boldsymbol{r}(\boldsymbol{x})$$

此时二阶导数为

$$\nabla^2 f(\boldsymbol{x})=\underbrace{(\nabla f(\boldsymbol{x}):\mathbf{R}^n\to\mathbf{R}^n)'}_{n\times n}=\frac{\partial\left\{\boldsymbol{r}^{\mathrm{T}}\boldsymbol{W}^{\mathrm{T}}\dfrac{\partial\boldsymbol{r}}{\partial\boldsymbol{x}}\right\}}{\partial\boldsymbol{x}}$$

$$=\boldsymbol{r}^{\mathrm{T}}\boldsymbol{W}^{\mathrm{T}}\frac{\partial^2\boldsymbol{r}(\boldsymbol{x})}{\partial\boldsymbol{x}^2}+\left(\frac{\partial\boldsymbol{r}}{\partial\boldsymbol{x}}\right)^{\mathrm{T}}\boldsymbol{W}\frac{\partial\boldsymbol{r}}{\partial\boldsymbol{x}}=\boldsymbol{r}^{\mathrm{T}}\boldsymbol{W}^{\mathrm{T}}\frac{\partial^2\boldsymbol{r}(\boldsymbol{x})}{\partial\boldsymbol{x}^2}+\left(\frac{\partial\boldsymbol{r}}{\partial\boldsymbol{x}}\right)^{\mathrm{T}}\boldsymbol{W}\frac{\partial\boldsymbol{r}}{\partial\boldsymbol{x}}$$

$$=\underbrace{\boldsymbol{r}(\boldsymbol{x})^{\mathrm{T}}}_{n\times m}\underbrace{\boldsymbol{W}^{\mathrm{T}}}_{m\times m}\underbrace{\frac{\partial^2\boldsymbol{r}(\boldsymbol{x})}{\partial\boldsymbol{x}^2}}_{m\times n}+\underbrace{\boldsymbol{J}_r^{\mathrm{T}}(\boldsymbol{x})}_{n\times m}\underbrace{\boldsymbol{W}}_{m\times m}\underbrace{\boldsymbol{J}_r(\boldsymbol{x})}_{m\times n}$$

即

$$\boldsymbol{H}_f(\boldsymbol{x})=\nabla^2 f(\boldsymbol{x})=\boldsymbol{J}_r^{\mathrm{T}}(\boldsymbol{x})\boldsymbol{W}\boldsymbol{J}_r(\boldsymbol{x})+\boldsymbol{r}(\boldsymbol{x})^{\mathrm{T}}\boldsymbol{W}^{\mathrm{T}}\frac{\partial^2\boldsymbol{r}(\boldsymbol{x})}{\partial\boldsymbol{x}^2}$$

假设其中二阶项可以忽略，则

$$\boldsymbol{H}_f(\boldsymbol{x})=\boldsymbol{J}_r^{\mathrm{T}}(\boldsymbol{x})\boldsymbol{W}\boldsymbol{J}_r(\boldsymbol{x})$$

至此可得迭代公式：

$$\Delta\boldsymbol{x}=-(\boldsymbol{J}_r^{\mathrm{T}}\boldsymbol{W}\boldsymbol{J}_r)^{\mathrm{T}}(\boldsymbol{J}_r^{\mathrm{T}}\boldsymbol{W}\boldsymbol{r}) \tag{1-36}$$

高斯牛顿法之所以舍弃 Hessian 矩阵中的二阶导数，主要原因在于牛顿法中 Hessian 矩阵的二阶项难以计算，或者计算的耗费较大，而计算梯度时已经获得现成的 $\boldsymbol{J}$，因此为了简化，采用一阶逼近二阶。

注意：这种近似存在前提条件即残差项 $\boldsymbol{r}_i(\boldsymbol{x})$接近于零，或者接近于线性函数，从而$\nabla^2\boldsymbol{r}(\boldsymbol{x})$接近零。也就是说，高斯牛顿法主要解决所谓的小残差问题。

一旦 Hessian 矩阵 $\boldsymbol{H}$ 中被忽略的二阶项并非很小，则高斯牛顿法收敛将会变慢，这种收敛速度变慢的情况在当前步骤存在较大残差项时更是经常出现。例如，待优化的参数向量接近鞍点位置，高斯牛顿法近似就不会十分准确。为了避免这种情况，需要进行合理的参数化，以及去除错误约束，或者使用鲁棒核函数（损失函数），以减小极端残差对优化过程的影响。

总结以上，高斯牛顿法的优点是：

(1) 易于实现，形式简单；

(2) 对于小残差问题，即 $\boldsymbol{r}$ 较小或接近线性，具有较快的局部收敛速度；

(3) 对于线性最小二乘问题，可以一步到达极值点。

当然高斯牛顿法也存在缺点，主要有：

(1) 对于并非特别严重的大残差问题，局部收敛速度较慢；

(2) 对于残差很大或者 $\boldsymbol{r}$ 的非线性程度很大的问题，算法可能不收敛；

(3) 每次迭代时要求雅可比矩阵满秩，否则算法是未定义的；

(4) 缺乏控制步长的逻辑，对病态雅可比矩阵也比较敏感。

对于上述缺点部分，可以考虑增加线性搜索策略，保证目标函数每一步下降，从而对于

几乎所有非线性最小二乘问题，都具有局部收敛性及总体收敛，此即所谓的阻尼高斯牛顿法。具体为

$$\boldsymbol{x}_{k+1} \leftarrow \boldsymbol{x}_k - \mu_k (\boldsymbol{J}_r^{\mathrm{T}}\boldsymbol{J}_r)^{\mathrm{T}}\boldsymbol{J}_r^{\mathrm{T}}\boldsymbol{r} \tag{1-37}$$

其中，μ_k 为一维搜索因子。

另外需要注意高斯牛顿法的停止规则是 $f(\boldsymbol{x}^{k+1})-f(\boldsymbol{x}^k)<\varepsilon$。

1.3.5 列文伯格-马夸尔特法

前述高斯牛顿法通过一阶雅可比矩阵 $\boldsymbol{J}_r$ 合成得到二阶 Hessian 矩阵 $\boldsymbol{H}_f$，考虑以下问题：

(1) 即使 Hessian 矩阵 $\boldsymbol{H}_f$ 正定，但是泰勒展开仅在 $\boldsymbol{x}$ 邻域成立，如果解得 $\Delta\boldsymbol{x}$ 较大，则已经超出模型假设，这个增量结果是不足信的。

(2) Hessian 矩阵未必正定，也就不一定有逆矩阵。工程应用中计算所得的 $\boldsymbol{H}_f$ 常常只是半正定的，因为可以证明 $\boldsymbol{J}_r^{\mathrm{T}}\boldsymbol{J}_r$ 至少是半正定的。此时如果用高斯牛顿法，不可逆的严重性稍微缓解，但是对于其他几种算法影响比较大。

(3) 即使 Hessian 矩阵 $\boldsymbol{H}_f$ 存在逆矩阵，依然难免出现数值计算上的病态，此时 $\Delta\boldsymbol{x}$ 对数值敏感，不稳定，导致逼近方向出现偏差，严重影响优化方向，算法未必收敛。

针对上述问题，逐步出现了各种改进方法。

1. 信赖域法

式(1-17)的泰勒展开仅在较小邻域成立，自然地，会考虑为增量 $\Delta\boldsymbol{x}$ 限制一个范围，这个范围称为信赖域（Trust Region，TR），此类方法统称为信赖域法。

将高斯牛顿法的目标函数

$$f(\boldsymbol{x})=\frac{1}{2}\|\boldsymbol{r}(\boldsymbol{x})+\boldsymbol{J}_r(\boldsymbol{x})\Delta\boldsymbol{x}\|_F^2$$

通过系数矩阵 $\boldsymbol{D}\in\mathbf{R}^{n\times n}$ 和信赖半径 π 约束 $\Delta\boldsymbol{x}$ 范围，有

$$\|\boldsymbol{D}\Delta\boldsymbol{x}\|_F^2<\pi \tag{1-38}$$

则成为约束型优化问题：

$$\Delta\boldsymbol{x}^k=\operatorname{argmin}\left\{f(\boldsymbol{x})=\frac{1}{2}\|\boldsymbol{r}(\boldsymbol{x})+\boldsymbol{J}_r(\boldsymbol{x})\Delta\boldsymbol{x}\|_F^2\right\}$$
$$\text{s.t. } \|\boldsymbol{D}\Delta\boldsymbol{x}\|_F^2<\pi \tag{1-39}$$

即得到列文伯格-马夸尔特(Levenberg-Marquardt，L-M)法。

算法 1-3 列文伯格-马夸尔特法

1. 初始化起始点 $\boldsymbol{x}^0$，初始化信赖半径 π，开始迭代
2. 求解 $\Delta\boldsymbol{x}=\operatorname{argmin}\left\{f(\boldsymbol{x})=\frac{1}{2}\|\boldsymbol{r}(\boldsymbol{x})+\boldsymbol{J}_r(\boldsymbol{x})\Delta\boldsymbol{x}\|_F^2\right\}$，使得 $\|\boldsymbol{D}\Delta\boldsymbol{x}\|_F^2<\pi$
3. 依据经验，启发式调整信赖域半径 π
4. 如果增量可信赖，则迭代更新，$\boldsymbol{x}^{k+1}=\boldsymbol{x}^k+\Delta\boldsymbol{x}$
5. 判断收敛：若不收敛则返回第 2 步继续，否则结束

2. 约束平差

算法 1-3 的关键在于步骤 2，这是一个带约束的平差问题，通过拉格朗日乘子 λ，构造拉

格朗日方程：

$$f(\boldsymbol{x})=\frac{1}{2}\|\boldsymbol{r}(\boldsymbol{x})+\boldsymbol{J}_r(\boldsymbol{x})\Delta\boldsymbol{x}\|_F^2+\frac{1}{2}\lambda\|\boldsymbol{D}\Delta\boldsymbol{x}\|_F^2$$

可以转换为无约束优化问题：

$$\min f(\boldsymbol{x})$$

考查该问题的目标函数 $f(\boldsymbol{x})$：

$$f(\boldsymbol{x})=\frac{1}{2}\left(\boldsymbol{r}(\boldsymbol{x})^{\mathrm{T}}\boldsymbol{r}(\boldsymbol{x})+2\boldsymbol{r}(\boldsymbol{x})^{\mathrm{T}}\boldsymbol{J}_r(\boldsymbol{x})\Delta\boldsymbol{x}+\Delta\boldsymbol{x}^{\mathrm{T}}\underbrace{\overbrace{\boldsymbol{J}_r^{\mathrm{T}}(\boldsymbol{x})}^{n\times m}\overbrace{\boldsymbol{J}_r(\boldsymbol{x})}^{m\times n}}_{n\times n}\Delta\boldsymbol{x}+\lambda\Delta\boldsymbol{x}^{\mathrm{T}}\underbrace{\boldsymbol{D}^{\mathrm{T}}\boldsymbol{D}}_{n\times n}\Delta\boldsymbol{x}\right)$$

右端对 $\Delta\boldsymbol{x}$ 求导，并令其为 0，得到关于增量线性方程：

$$\{\underbrace{\boldsymbol{J}_r^{\mathrm{T}}(\boldsymbol{x})\boldsymbol{J}_r(\boldsymbol{x})}_{\boldsymbol{H}_f\in\mathbf{R}^{n\times n}}+\lambda\boldsymbol{D}^{\mathrm{T}}\boldsymbol{D}\}\Delta\boldsymbol{x}+\underbrace{\boldsymbol{J}_r^{\mathrm{T}}(\boldsymbol{x})\boldsymbol{r}(\boldsymbol{x})}_{g_f\in\mathbf{R}^{n\times 1}}=0$$

即

$$(\boldsymbol{H}_f+\lambda\boldsymbol{D}^{\mathrm{T}}\boldsymbol{D})\Delta\boldsymbol{x}+\boldsymbol{g}_f=0 \tag{1-40}$$

则得迭代公式

$$\Delta\boldsymbol{x}=-(\boldsymbol{H}_f+\lambda\boldsymbol{D}^{\mathrm{T}}\boldsymbol{D})^{-1}\boldsymbol{g}_f \tag{1-41}$$

所得结果比高斯牛顿法结果多出了正则化项 $\lambda\boldsymbol{D}^{\mathrm{T}}\boldsymbol{D}$，从而一定程度上避免二乘问题线性方程组系数矩阵的非奇异问题和病态问题，提供更稳定、准确的增量 $\Delta\boldsymbol{x}$。

以下对其中的 λ 和 $\boldsymbol{D}$ 两个参数做以下说明。

迭代公式中乘子 λ 的作用为：

(1) 如果乘子 λ 较大，对角矩阵 $\boldsymbol{D}^{\mathrm{T}}\boldsymbol{D}$ 占据主导，说明二阶近似不佳，此时算法接近梯度下降法；

(2) 如果乘子 λ 较小，Hessian 矩阵 $\boldsymbol{H}_f$ 占据主导，说明二阶近似模型在该范围内工作较好，此时接近高斯牛顿法。

信赖域法中的系数矩阵 $\boldsymbol{D}$ 主要基于经验选择：

(1) 列文伯格的方法，将 $\boldsymbol{D}$ 取为单位矩阵，对三维空间就意味着增量 $\Delta\boldsymbol{x}$ 被限制在一个圆球内，只有圆球中的增量才被认为有效；

(2) 马夸尔特的方法，将 $\boldsymbol{D}$ 取为非负对角阵；

(3) 一般工程应用中，$\boldsymbol{D}$ 可以取方阵 $\boldsymbol{H}=\boldsymbol{J}_r^{\mathrm{T}}\boldsymbol{J}_r\in\mathbf{R}^{n\times n}$ 对角元素的平方根，如此增量 $\Delta\boldsymbol{x}$ 被限制在一个椭圆球内。

3. 阻尼法

列文伯格的方法将 $\boldsymbol{D}$ 强化为单位矩阵，自然地 $\boldsymbol{D}^{\mathrm{T}}\boldsymbol{D}$ 也是单位矩阵，因此可以用 $\mu\boldsymbol{I}$ 代替 $\lambda\boldsymbol{D}^{\mathrm{T}}\boldsymbol{D}$，其中标量 μ 称为阻尼系数，对于大的 $\Delta\boldsymbol{x}$ 起到惩罚作用，这样从信赖域法得到阻尼法(Damped Method)。

此时，无约束问题为

$$\min\left\{f(\boldsymbol{x})=\frac{1}{2}\|\boldsymbol{r}(\boldsymbol{x})+\boldsymbol{J}_r(\boldsymbol{x})\Delta\boldsymbol{x}\|_F^2+\frac{1}{2}\mu\|\Delta\boldsymbol{x}\|_F^2\right\}$$

目标函数为

$$f(\boldsymbol{x})=\frac{1}{2}\{\boldsymbol{r}(\boldsymbol{x})^{\mathrm{T}}\boldsymbol{r}(\boldsymbol{x})+2\boldsymbol{r}(\boldsymbol{x})^{\mathrm{T}}\boldsymbol{J}_r(\boldsymbol{x})\Delta\boldsymbol{x}+\Delta\boldsymbol{x}^{\mathrm{T}}\boldsymbol{J}_r^{\mathrm{T}}(\boldsymbol{x})\boldsymbol{J}_r(\boldsymbol{x})\Delta\boldsymbol{x}+\mu\Delta\boldsymbol{x}^{\mathrm{T}}\Delta\boldsymbol{x}\}$$

增量方程为

$$\underbrace{\{\boldsymbol{J}_r^{\mathrm{T}}(\boldsymbol{x})\boldsymbol{J}_r(\boldsymbol{x})}_{\boldsymbol{H}_f\in\mathbf{R}^{n\times n}}+\mu\boldsymbol{I}\}\Delta\boldsymbol{x}+\underbrace{\boldsymbol{J}_r^{\mathrm{T}}(\boldsymbol{x})\boldsymbol{r}(\boldsymbol{x})}_{\boldsymbol{g}_f\in\mathbf{R}^{n\times 1}}=0$$

即

$$(\boldsymbol{H}_f+\mu\boldsymbol{I})\Delta\boldsymbol{x}+\boldsymbol{g}_f=0 \tag{1-42}$$

迭代公式为

$$\Delta\boldsymbol{x}=-(\boldsymbol{H}_f+\mu\boldsymbol{I})^{-1}\boldsymbol{g}_f \tag{1-43}$$

显然，这就是前面1.3.4节中提到的带有阻尼系数的高斯牛顿法。

迭代公式中阻尼系数 μ 作用为：

(1) 对于 $\mu>0$，使得 $\boldsymbol{H}_f+\mu\boldsymbol{I}$ 正定，保证 $\Delta\boldsymbol{x}$ 为梯度下降的方向；

(2) 对于很大的阻尼 μ，$\Delta\boldsymbol{x}\approx-\mu^{-1}\boldsymbol{g}_f$，此时接近梯度下降法，此种情况一般出现在距离最终结果较远时；

(3) 对于较小的阻尼 μ，$\Delta\boldsymbol{x}\approx-\boldsymbol{H}_f^{-1}\boldsymbol{g}_f$，Hessian 矩阵占主导，二阶近似模型在此范围效果较好，此时接近高斯牛顿法。

列文伯格控制增量的重点在于阻尼系数 μ，因此合理选择阻尼系数 μ 很重要。

初始时，如果起始点 $\boldsymbol{x}^0$ 能够较好地近似结果，μ^0 应该选取一个较小的值，例如 1e−6；否则可以选择 1e−3 或者更大，例如 1。此外，还有一种策略将初始值 μ^0 取为 Hessian 矩阵的最大特征值：

$$\mu^0=\tau\cdot\max\{(\boldsymbol{H}_f)_{ii}\},\quad \tau\in[10^{-8},1],\quad \boldsymbol{H}_f=(\boldsymbol{J}_r^{\mathrm{T}}\boldsymbol{J}_r)(\boldsymbol{x}_0) \tag{1-44}$$

至于迭代过程中阻尼系数 μ 的调节，关键在于控制信赖域。最直观的就是依据实际函数和近似函数之间的差异：差异较小，说明泰勒展开式近似效果比较好，信赖域可以适当放大；如果差异较大，则需要缩小信赖域。因此定义增益率(Gain Ratio)为

$$\rho=\frac{f(\boldsymbol{x})-f(\boldsymbol{x}+\Delta\boldsymbol{x})}{\tilde{f}(\boldsymbol{0})-\tilde{f}(\Delta\boldsymbol{x})} \tag{1-45}$$

其中，f 为真实函数，分子即真实目标函数 f 经历了增量 $\Delta\boldsymbol{x}$ 后的变化情况；$\tilde{f}$ 为泰勒展开近似的函数，分母即近似函数经历了增量 $\Delta\boldsymbol{x}$ 后的变化情况。分母部分可以通过一阶泰勒展开得到：

$$\tilde{f}(\boldsymbol{0})-\tilde{f}(\Delta\boldsymbol{x})=-\Delta\boldsymbol{x}^{\mathrm{T}}\underbrace{\boldsymbol{J}_r^{\mathrm{T}}(\boldsymbol{x})\boldsymbol{r}(\boldsymbol{x})}_{\boldsymbol{g}_f\in\mathbf{R}^{n\times 1}}-\frac{1}{2}\Delta\boldsymbol{x}^{\mathrm{T}}\underbrace{\boldsymbol{J}_r^{\mathrm{T}}(\boldsymbol{x})\boldsymbol{J}_r(\boldsymbol{x})}_{\boldsymbol{H}_f(\boldsymbol{x})\in\mathbf{R}^{n\times n}}\Delta\boldsymbol{x}$$

即

$$\rho=\frac{f(\boldsymbol{x})-f(\boldsymbol{x}+\Delta\boldsymbol{x})}{-\Delta\boldsymbol{x}^{\mathrm{T}}\boldsymbol{g}_f-\frac{1}{2}\Delta\boldsymbol{x}^{\mathrm{T}}\boldsymbol{H}_f\Delta\boldsymbol{x}} \tag{1-46}$$

分子越大，f 下降很多，ρ 就越大，说明此时泰勒展开近似是比较准确的，应该减小阻尼系数。分子越小，f 下降较少，ρ 就越小，说明增量 $\Delta\boldsymbol{x}$ 太大，超出邻域很多，此时泰勒展开 $\tilde{f}$ 不能成为一个好的近似，需要增大阻尼系数。

以下为两种调节阻尼的推荐方案。

(1) 马夸尔特的调节方案。

$$
\begin{aligned}
&\text{if}(\rho < 1/4)\\
&\mu := 2\mu\\
&\text{elif}(\rho > 3/4)\\
&\mu := \mu/3
\end{aligned}
\tag{1-47}
$$

马夸尔特的方案中：

① 如果增益率 ρ 接近于 1，近似效果较好；

② ρ 越小说明实际函数比泰勒展开下降得少，需要增大阻尼系数 μ，缩小信赖域；

③ ρ 越大，说明实际函数比泰勒展开下降得多，需要减小阻尼系数 μ，加大信赖域。

(2) 尼尔森的调节方案。

$$
\begin{aligned}
&\text{if}(\rho > 0)\\
&\mu := \mu \cdot \max\{1/3, 1-(2\rho-1)^3\}\\
&\nu := 2\\
&\text{else}\\
&\mu := \mu \cdot \nu\\
&\nu = 2\nu
\end{aligned}
\tag{1-48}
$$

尼尔森的调节方案中，对于错误的增量即 $\rho<0$ 时，也就是函数值 f 不仅不降反而增大，因此迅速增大阻尼系数 μ，使得下一步 $\Delta\boldsymbol{x}$ 变得更小。

两种调节方案对比：尼尔森的调节方案比马夸尔特的调节方案增加一个参数 ν。其中常数的设置并不敏感，主要是选择合适的值避免振荡。

以下为使用尼尔森阻尼方案的列文伯格-马夸尔特法。

算法 1-4 尼尔森阻尼方案列文伯格-马夸尔特法

begin
    设定超参数 梯度判据 $\varepsilon_1>0$，增量判据 $\varepsilon_2>0$
    设定初值 $\boldsymbol{x}:=\boldsymbol{x}^0$，$\boldsymbol{\nu}:=2$，found: =**false**，$k:=0$
    $\boldsymbol{H}_f=(\boldsymbol{J}_r^{\mathrm{T}}\boldsymbol{J}_r)(\boldsymbol{x}^0)$，$\boldsymbol{g}_f=(\boldsymbol{J}_r^{\mathrm{T}}\boldsymbol{r})(\boldsymbol{x}^0)$
    计算阻尼初值 $\mu=\tau\cdot\max\{(\boldsymbol{H}_f)_{ii}\}$
    while $(k<k_{\max})$ **and** (**not** found)
        $k:=k+1$
        求解增量方程：$\underbrace{(\boldsymbol{H}_f(\boldsymbol{x}^k)+\mu\boldsymbol{I})}_{\boldsymbol{G}_f}\Delta\boldsymbol{x}+\boldsymbol{g}_f(\boldsymbol{x}^k)=0$
        if $(\|\Delta\boldsymbol{x}\|\leqslant\varepsilon_2(\|\boldsymbol{x}^k\|+\varepsilon_2))$ //判断增量判据 ε_2
            found: =**true**
        else
            计算增益率 $\rho=\dfrac{f(\boldsymbol{x}^k)-f(\boldsymbol{x}^k+\Delta\boldsymbol{x})}{-\Delta\boldsymbol{x}^{\mathrm{T}}\boldsymbol{g}_f(\boldsymbol{x}^k)-\frac{1}{2}\Delta\boldsymbol{x}^{\mathrm{T}}\boldsymbol{H}_f(\boldsymbol{x}^k)\Delta\boldsymbol{x}}$
            if $(\rho>0)$
                迭代更新 $\boldsymbol{x}^{k+1}=\boldsymbol{x}^k+\Delta\boldsymbol{x}$
                $\boldsymbol{H}_f=(\boldsymbol{J}_r^{\mathrm{T}}\boldsymbol{J}_r)(\boldsymbol{x}^{k+1})$，$\boldsymbol{g}_f=(\boldsymbol{J}_r^{\mathrm{T}}\boldsymbol{r})(\boldsymbol{x}^{k+1})$
                found: $=\|\boldsymbol{g}_f\|\leqslant\varepsilon_1$ //判断梯度判据 ε_1
                $\mu:=\mu\cdot\max\{1/3,1-(2\rho-1)^3\}$；$\nu:=2$
            else
                $\mu:=\mu\cdot\nu$；$\nu=2\nu$
end

算法 1-4 的终止迭代有三个条件：

(1) 梯度判据，$\|\boldsymbol{g}_f\| \leqslant \varepsilon_1$，$\varepsilon_1$ 是一个很小的正数；

(2) 增量判据，$\|\Delta\boldsymbol{x}\| \leqslant \varepsilon_2(\|\boldsymbol{x}\| + \varepsilon_2)$，即在 $\boldsymbol{x}$ 数值较大时使用前者(相对量)作为停止条件，在 $\boldsymbol{x}$ 数值较小时使用后者(绝对量)作为停止条件；

(3) 最大迭代次数，$k \geqslant k_{\max}$。

L-M 算法比高斯牛顿法更健壮，即使初始点距离局部最优点较远也能够到达最优点，不过，收敛速度方面要比高斯牛顿法稍慢一些。

1.4 优化估计应用

优化算法应用非常广泛，例如无人驾驶 SLAM 中的点云配准、VR/AR 中的三维注册，以及 2D/3D 的相机标定等。

例如，西安兵马俑残片和甘肃敦煌塑像碎片的点云配准，即为 3D 空间实际工程应用。为便于演示算法效果，本节以简化版本的 2D 配准为例，说明优化技术的工程应用。

图 1-6 中，照片破损后灰色的佩奇从合照中脱落。如何将残片粘贴到合照中，即求解以下参数：给定 2D 的点对 $\{\boldsymbol{M}_i=(U_i,V_i),\boldsymbol{m}_i=(u_i,v_i)\}_{i=1}^n$，求解平面刚体运动的平移参数 a、b 和弧度 θ。

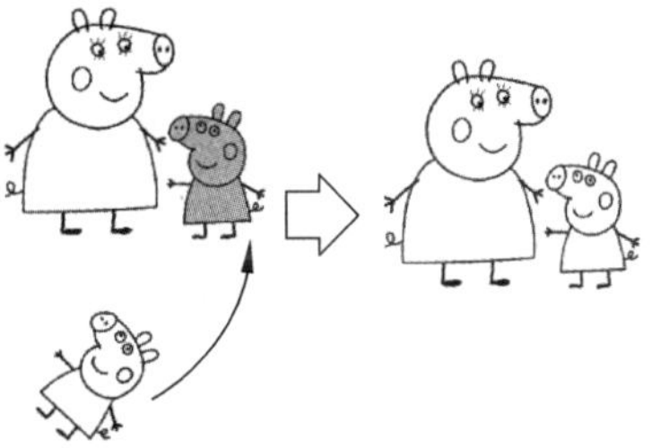

图 1-6 图像残片的优化配准

1.4.1 L-M 算法

使用 L-M 算法求解旋转角度 θ 和平移向量三个运动参数，假设先平移然后旋转，记平移参数为 a，b，旋转弧度为 t。根据齐次运动方程

$$\begin{pmatrix} u \\ v \\ 1 \end{pmatrix} = \begin{pmatrix} \cos t & -\sin t & 0 \\ \sin t & \cos t & 0 \\ 0 & 0 & 1 \end{pmatrix} \left(\begin{pmatrix} U \\ V \\ 1 \end{pmatrix} + \begin{pmatrix} a \\ b \\ 1 \end{pmatrix} \right) \tag{1-49}$$

由一组点对，可得方程组：

$$\begin{cases} u = \cos t(U+a) - \sin t(V+b) \\ v = \sin t(U+a) + \cos t(V+b) \end{cases} \tag{1-50}$$

可以仅用其中一个方程，当然也可以同时使用方程组，即可对决策参数 $\{t,a,b\}$ 进行优化。

不过由于三角函数非线性太强，配准结果可能效果不佳。因此，令 $s \triangleq \sin^2 t$，即

$$\begin{cases} \sin t = \sqrt{s} \\ \cos t = \sqrt{1-s} \end{cases}$$

则新方程组为

$$\begin{cases} u = (1-s)^{\frac{1}{2}}(U+a) - s^{\frac{1}{2}}(V+b) \\ v = s^{\frac{1}{2}}(U+a) + (1-s)^{\frac{1}{2}}(V+b) \end{cases} \tag{1-51}$$

记优化参数为 $\boldsymbol{x} \triangleq (s,a,b)^{\mathrm{T}}$，则残差函数为

$$r_i(\boldsymbol{x}):\mathbf{R}^3 \to \mathbf{R} = \boldsymbol{m}_i - \boldsymbol{M}_i(\boldsymbol{x})$$

$$= \underbrace{u+v}_{m_i} - \underbrace{s^{\frac{1}{2}}(U+a-V-b)+(1-s)^{\frac{1}{2}}(U+a+V+b)}_{\boldsymbol{M}_i(q)} \tag{1-52}$$

优化结果可以满足要求。

不过 $s \triangleq \sin^2 t$ 的变换丢失了旋转角度 t 的方向信号。

为此，将 $t \to 0$ 的三角函数进行泰勒级数展开：

$$\begin{cases} \sin t = t - \dfrac{1}{3!}t^3 + \dfrac{1}{5!}t^5 + o(t^5) \approx t - \dfrac{1}{3!}t^3 \\ \cos t = 1 - \dfrac{1}{2!}t^2 + \dfrac{1}{4!}t^4 + o(t^4) \approx 1 - \dfrac{1}{2!}t^2 \end{cases} \tag{1-53}$$

从而优化函数为

$$\begin{cases} u = \left(1 - \dfrac{1}{2!}t^2\right)(U+a) - \left(t - \dfrac{1}{3!}t^3\right)(V+b) \\ v = \left(t - \dfrac{1}{3!}t^3\right)(U+a) + \left(1 - \dfrac{1}{2!}t^2\right)(V+b) \end{cases} \tag{1-54}$$

记向量 $\boldsymbol{x} \triangleq (t,a,b)$ 为优化参数，则残差向量 $\boldsymbol{r}(\boldsymbol{x})$ 的分项为

$$r_i(\boldsymbol{x}) = \boldsymbol{m}_i - \boldsymbol{M}_i(\boldsymbol{x})$$

$$= (u+v) - \left(1 + t - \frac{1}{2}t^2 - \frac{1}{6}t^3\right)(U+a) - \left(1 - t - \frac{1}{2}t^2 + \frac{1}{6}t^3\right)(V+b) \tag{1-55}$$

关键代码如下：

```
//计算残差向量的分项 ri
//x(t,a,b) ---> ri(x): R3 -> R1
double res = (u + v)
    - (1.0 + *t_ - *t_**t_ / 2.0 - *t_**t_**t_ / 6.0) * (U + *a_)
    - (1.0 - *t_ - *t_**t_ / 2.0 + *t_**t_**t_ / 6.0) * (V + *b_);
rx_(i, 0) = res;
```

残差向量 $\boldsymbol{r}(\boldsymbol{x})$ 的雅可比矩阵 $\boldsymbol{J}_r$ 的分项元素为

$$\begin{cases} \dfrac{\partial r_i(t,a,b)}{\partial t} = \left(-1 + t + \dfrac{1}{2}t^2\right)(U+a) + \left(1 + t - \dfrac{1}{2}t^2\right)(V+b) \\ \dfrac{\partial r_i(t,a,b)}{\partial a} = -1 - t + \dfrac{1}{2}t^2 + \dfrac{1}{6}t^3 \\ \dfrac{\partial r_i(t,a,b)}{\partial b} = -1 + t + \dfrac{1}{2}t^2 - \dfrac{1}{6}t^3 \end{cases}$$

关键代码如下：

```
//计算雅可比矩阵的分项 Jri
//即决策向量 x(t,a,b)的一阶偏导
double Ji1,Ji2,Ji3;
Ji1 = (-1.0+ *t_ + *t_**t_/2.0) * (U+ *a_) + (1.0+ *t_ - *t_**t_/2.0) * (V+ *b_);
Ji2 = -1.0 - *t_ + *t_ * *t_ / 2.0 + *t_ * *t_ * *t_ / 6.0;
```

```
Ji3 = -1.0 + *t_ + *t_ * *t_ / 2.0 - *t_ * *t_ * *t_ / 6.0;
Jr_(i, 0) = Ji1;
Jr_(i, 1) = Ji2;
Jr_(i, 2) = Ji3;
```

获得残差向量 $\boldsymbol{r}(\boldsymbol{x})$ 和雅可比矩阵 $\boldsymbol{J}_r$ 之后，即可计算等效 Hessian 矩阵 $\boldsymbol{H}_f=\boldsymbol{J}_r^{\mathrm{T}}\boldsymbol{J}_r$ 和等效梯度 $\boldsymbol{g}_f=\boldsymbol{J}_r^{\mathrm{T}}\boldsymbol{r}$。

关键代码如下：

```
//计算等效 Hessian 矩阵 Hf_和等效梯度 gf_
void calc_Hf_and_gf()
{
    //目标函数 x(t,a,b) -> f(x): R3 -> R1 的二阶偏导
    //即 Hessian 矩阵,维度为 3×3
    Hf_ = Jr_.transpose() * Jr_;

    //目标函数 x(t,a,b) -> f(x): R3 -> R1 的等效梯度
    //维度为 3×1
    gf_ = -Jr_.transpose() * rx_;
}
```

优化结果如图 1-7 所示。

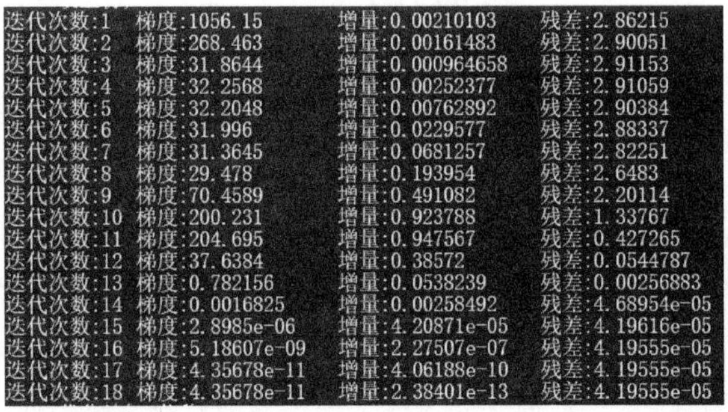

迭代次数:1	梯度:1056.15	增量:0.00210103	残差:2.86215
迭代次数:2	梯度:268.463	增量:0.00161483	残差:2.90051
迭代次数:3	梯度:31.8644	增量:0.000964658	残差:2.91153
迭代次数:4	梯度:32.2568	增量:0.00252377	残差:2.91059
迭代次数:5	梯度:32.2048	增量:0.00762892	残差:2.90384
迭代次数:6	梯度:31.996	增量:0.0229577	残差:2.88337
迭代次数:7	梯度:31.3645	增量:0.0681257	残差:2.82251
迭代次数:8	梯度:29.478	增量:0.193954	残差:2.6483
迭代次数:9	梯度:70.4589	增量:0.491082	残差:2.20114
迭代次数:10	梯度:200.231	增量:0.923788	残差:1.33767
迭代次数:11	梯度:204.695	增量:0.947567	残差:0.427265
迭代次数:12	梯度:37.6384	增量:0.38572	残差:0.0544787
迭代次数:13	梯度:0.782156	增量:0.0538239	残差:0.00256883
迭代次数:14	梯度:0.0016825	增量:0.00258492	残差:4.68954e-05
迭代次数:15	梯度:2.8985e-06	增量:4.20871e-05	残差:4.19616e-05
迭代次数:16	梯度:5.18607e-09	增量:2.27507e-07	残差:4.19555e-05
迭代次数:17	梯度:4.35678e-11	增量:4.06188e-10	残差:4.19555e-05
迭代次数:18	梯度:4.35678e-11	增量:2.38401e-13	残差:4.19555e-05

图 1-7　优化结果

1.4.2　加权 L-M 算法

配准结果有时整体效果良好，但是重点的局部细节失配。此时希望实现人工干预的调控功能，对于关键位置实现重点匹配。例如，图 1-8 中浅色圈注的佩奇耳朵部位需要重点关注，尽量实现精确配准。

图 1-8　重点关注区域

考虑目标函数为向量点乘形式 $f(\boldsymbol{x})=\boldsymbol{r}^{\mathrm{T}}\boldsymbol{r}$，呈现为欧氏距离，将其扩展为马氏距离 $\boldsymbol{r}^{\mathrm{T}}\boldsymbol{W}\boldsymbol{r}$，同时将协方差矩阵 $\boldsymbol{W}\in\mathbf{R}^{m\times m}$ 加强为对角阵：

$$\boldsymbol{W}=\mathrm{diag}(w_1,w_2,\cdots,w_m) \tag{1-56}$$

其中，$\boldsymbol{W}$ 即关于样本数据的权值矩阵，w_i 对应第 i 组样本数据的权值。

记 $\boldsymbol{x}\triangleq(t,a,b)$ 为优化参数，则

（1）残差向量 $\boldsymbol{r}(\boldsymbol{x})$ 可以通过分项元素 $r_i(\boldsymbol{x})=w_i\{\boldsymbol{m}_i-\boldsymbol{M}_i(\boldsymbol{x})\}$ 计算。

$$r_i(\boldsymbol{x})=w_i\left\{(u+v)-\left(1+t-\frac{1}{2}t^2-\frac{1}{6}t^3\right)(U+a)-\left(1-t-\frac{1}{2}t^2+\frac{1}{6}t^3\right)(V+b)\right\}$$

（2）残差向量 $\boldsymbol{r}(\boldsymbol{x})$ 的雅可比矩阵 $\boldsymbol{J}_r$ 可以通过分项元素计算。

$$\begin{cases}\dfrac{\partial r_i(t,a,b)}{\partial t}=w_i\left\{\left(-1+t+\dfrac{1}{2}t^2\right)(U+a)+\left(1+t-\dfrac{1}{2}t^2\right)(V+b)\right\}\\ \dfrac{\partial r_i(t,a,b)}{\partial a}=w_i\left\{-1-t+\dfrac{1}{2}t^2+\dfrac{1}{6}t^3\right\}\\ \dfrac{\partial r_i(t,a,b)}{\partial b}=w_i\left\{-1+t+\dfrac{1}{2}t^2-\dfrac{1}{6}t^3\right\}\end{cases}$$

获得残差向量 $\boldsymbol{r}(\boldsymbol{x})$ 和残差分量 $\boldsymbol{r}(\boldsymbol{x})$ 的雅可比矩阵 $\boldsymbol{J}_r$ 之后，对于等效 Hessian 矩阵 $\boldsymbol{H}_f=\boldsymbol{J}_r^{\mathrm{T}}\boldsymbol{J}_r$ 和等效梯度 $\boldsymbol{g}_f=\boldsymbol{J}_r^{\mathrm{T}}\boldsymbol{r}$ 可以重新推导，其实只是多出对角阵 $\boldsymbol{W}$ 而已。具体过程如下：

（1）此时的目标函数 $f(\boldsymbol{x})$ 为

$$f(\boldsymbol{x})=\frac{1}{2}\boldsymbol{r}^{\mathrm{T}}\boldsymbol{W}\boldsymbol{r}$$

（2）目标函数 $f(\boldsymbol{x})$ 的一阶导数为

$$\nabla f(\boldsymbol{x})=\frac{1}{2}\frac{\partial(\boldsymbol{r}^{\mathrm{T}}\boldsymbol{W}\boldsymbol{r})}{\partial\boldsymbol{x}}=\boldsymbol{r}(\boldsymbol{x})^{\mathrm{T}}\boldsymbol{W}^{\mathrm{T}}\boldsymbol{J}_r(\boldsymbol{x})$$

即雅可比矩阵为

$$\boldsymbol{J}_f(\boldsymbol{x})=\nabla f(\boldsymbol{x})^{\mathrm{T}}=\boldsymbol{J}_r^{\mathrm{T}}\boldsymbol{W}\boldsymbol{r}\tag{1-57}$$

（3）目标函数 $f(\boldsymbol{x})$ 的二阶导数为

$$\nabla^2 f(\boldsymbol{x})=(\nabla f(\boldsymbol{x}):\mathbf{R}^n\to\mathbf{R}^n)'=\boldsymbol{J}_r^{\mathrm{T}}(\boldsymbol{x})\boldsymbol{W}\boldsymbol{J}_r(\boldsymbol{x})+\boldsymbol{r}^{\mathrm{T}}(\boldsymbol{x})\boldsymbol{W}^{\mathrm{T}}\frac{\partial^2\boldsymbol{r}(\boldsymbol{x})}{\partial\boldsymbol{x}^2}$$

假设其中二阶项可以忽略，即 Hessian 矩阵为

$$\boldsymbol{H}_f(\boldsymbol{x})=\nabla^2 f(\boldsymbol{x})=\boldsymbol{J}_r^{\mathrm{T}}\boldsymbol{W}\boldsymbol{J}_r\tag{1-58}$$

（4）此时增量方程为

$$\Delta\boldsymbol{x}=-(\boldsymbol{J}_r^{\mathrm{T}}\boldsymbol{W}\boldsymbol{J}_r)^{\mathrm{T}}(\boldsymbol{J}_r^{\mathrm{T}}\boldsymbol{W}\boldsymbol{r})\tag{1-59}$$

注意：以上仅为算法优化部分，实际工程实现时还要考虑离群点的粗差剔除，可以使用 1.4.3 节的迭代加权法或者 1.4.4 节的 RANSAC 法。另外，还要考虑坐标的归一化问题。

1.4.3 迭代加权 M 估计

1.4.2 节的加权 L-M 算法中需要通过人工交互的方式提供权值系数，而图像优化配准中不可避免要遇到的问题是数据噪声。对于测量数据，误差是无处不在的，典型的包括两类：不精确测量导致的系统误差，服从高斯分布；错误测量导致的粗差，一般不服从高斯分布。后面这类样本数据点，一般称为离群值、粗差点、外点（Outliers）。

观测数据粗差剔除的常用算法包括 RANSAC 和 M 估计方法，M 估计一般通过迭代加权法（Iterative Reweighted Least Squares，IRLS，即迭代加权最小二乘）求解。

IRLS 原理是在迭代过程中通过残差更新权值，给粗差数据赋予接近于零的小权值，给可靠数据赋予接近于单位 1 的大权值。具体步骤为：首先初始化权值为单位权，进行最小二乘平差；然后根据平差结果，基于选定的权函数更新观测数据的权，利用新权值最小二乘平差；重复该过程直至系统收敛。

设问题包含 n 维决策参数 $\boldsymbol{x}\in\mathbf{R}^n$，给定 m 组观测数据 $\{\boldsymbol{p}_i,\boldsymbol{q}_i\}_{i=1}^{m}$，记第 i 组样本的残差为 $r_i=r_i(\boldsymbol{x})$，则 M 估计问题为

$$\hat{\boldsymbol{x}}=\underset{x\in\mathbf{R}^n}{\operatorname{argmin}}\left\{f(\boldsymbol{x})=\sum_{i=1}^{m}\rho(r_i)\right\} \tag{1-60}$$

其中，$\rho(\cdot)$为对称的、正定的权函数，$\rho(\cdot)$计算得到的是每个残差分项对系统的影响。

对照非线性优化最小二乘问题：

$$\hat{\boldsymbol{x}}=\underset{x\in\mathbf{R}^n}{\operatorname{argmin}}\left\{f(\boldsymbol{x})=\sum_{i=1}^{m}\frac{1}{2}(r_i)^2\right\}$$

可见它就是 $\rho(r_i)=\frac{1}{2}(r_i)^2$ 版本的 M 估计，即标准最小二乘是 M 估计的一种特殊退化。此外如果取 $\rho(r_i)=|r_i|$，此时 M 估计就退化为最小一乘法估计，即最小绝对偏差(Least Absolute Deviation，LAD)。

除了$\frac{1}{2}(\boldsymbol{r}_i)^2$ 的最小二乘和$|r_i|$的最小一乘外，回归 M 估计常用权函数还有：

(1) Welsh 函数。

$$w(v)=\exp\left(\frac{v}{c}\right)^2 \tag{1-61}$$

其中，c 为经验常数。

(2) Tukey 函数。

$$\rho(v)=\begin{cases}\frac{c^2}{6}\left(1-\left(1-\left(\frac{v}{c}\right)^2\right)^3\right), & |v|\leqslant c\\ \frac{c^2}{6}, & |v|>c\end{cases} \tag{1-62}$$

其中，c 为残差阈值。

Tukey 函数的图像很好：如果残差较小，$|r_i|\leqslant c$，则 $\rho(r_i)$随着$|r_i|$增加；如果残差较大，$|r_i|>c$，则函数 $\rho(r_i)$为固定值。

例如，Halcon 的圆弧拟合 fit_circle_contour_xld 算子，提供有 Huber 和 Tukey 两种权函数，默认采用 Tukey 函数。

以下通过一个具体示例说明 M 估计的应用。

对于 3D 空间中的平面拟合问题，给定点云数据$\mathcal{P}=\{\mathbf{R}^3\ni\boldsymbol{p}_i=(X_i,Y_i,Z_i)\}_{i=1}^{n}$，M 估计就是优化问题：

$$\min_{\boldsymbol{x}\in\mathbf{R}^3}\left\{\sum_{i=1}^{n}\rho(r_i)\right\} \tag{1-63}$$

其中，r_i 为第 i 点距离拟合平面的距离，权函数 $\rho(\cdot)$采用 Welsh 函数 $w(r)=\exp\left(\frac{r^2}{c^2}\right)$。

点 $\boldsymbol{p}_i$ 到平面的距离为 $\boldsymbol{p}_i$ 与平面任意一点 $\boldsymbol{q}$ 所组成的向量与法线 $\boldsymbol{n}$ 的数量积，将 $\boldsymbol{q}$ 利用质心 $\overline{\boldsymbol{p}}$ 进行中心化，记中心化之后的向量为 $\tilde{\boldsymbol{p}}_i=\boldsymbol{p}_i-\overline{\boldsymbol{p}}$，则 $\boldsymbol{p}_i$ 到平面的距离为 $\boldsymbol{r}_i=\|(\boldsymbol{p}_i-\overline{\boldsymbol{p}})\cdot\boldsymbol{n}\|$，$\|\boldsymbol{n}\|=1$，从而平面拟合问题为

$$\hat{\boldsymbol{n}}=\underset{\boldsymbol{n}\in\mathbf{R}^3}{\operatorname{argmin}}\sum_{i=1}^{n}w(r_i)r_i^2,\quad \|\boldsymbol{n}\|=1 \tag{1-64}$$

此为带范数约束的最小二乘问题，引入拉格朗日乘子：

$$\hat{\boldsymbol{n}}=\underset{\boldsymbol{n}\in\mathbf{R}^3}{\operatorname{argmin}}\sum_{i=1}^{n}\{w(r_i)[(\boldsymbol{p}_i-\overline{\boldsymbol{p}})\cdot\boldsymbol{n}]^{\mathrm{T}}[(\boldsymbol{p}_i-\overline{\boldsymbol{p}})\cdot\boldsymbol{n}]+\lambda(\boldsymbol{n}^{\mathrm{T}}\boldsymbol{n}-1)\} \tag{1-65}$$

对式(1-65)求导，并令导数为零，可得协方差矩阵：

$$\boldsymbol{C}=\boldsymbol{w}(\boldsymbol{p}_i-\overline{\boldsymbol{p}})^{\mathrm{T}}(\boldsymbol{p}_i-\overline{\boldsymbol{p}}) \tag{1-66}$$

通过对方阵 $\boldsymbol{C}$ 进行奇异值分解，则最小奇异值对应向量即为平面法向量 $\hat{\boldsymbol{n}}$，具体算法如算法 1-5 所示。

算法 1-5　迭代加权法

begin
　点云 $\mathcal{P}=\{\mathbf{R}^3\ni\boldsymbol{p}_i=(X_i,Y_i,Z_i)\}_{i=1}^{n}$，最大次数 $k_{\max}$，阈值 $\varepsilon>0$
　计算点云 $\mathcal{P}$ 质心 $\overline{\boldsymbol{p}}$，按列计算各列均值
　计算中心化 $\tilde{\boldsymbol{p}}=\boldsymbol{p}\dot{-}\overline{\boldsymbol{p}}$，其中 $\dot{-}$ 表示每行的行向量按列作减法
　基于单位权值计算点云数据 $\mathcal{P}$ 的协方差矩阵 $\boldsymbol{C}=\tilde{\boldsymbol{p}}^{\mathrm{T}}\tilde{\boldsymbol{p}}/N$
　分解 $(\lambda_1,\lambda_2,\lambda_3)=\mathrm{EVD}(\boldsymbol{C})$，$\lambda_1\leqslant\lambda_2\leqslant\lambda_3$，得对应向量 $\boldsymbol{e}_1,\boldsymbol{e}_2,\boldsymbol{e}_3$
　赋值初始法向量 $\boldsymbol{n}=\boldsymbol{e}_1$
　for $k=1$ **to** $k_{\max}$
　　$\boldsymbol{n}_{k-1}=\boldsymbol{n}$，$\overline{\boldsymbol{p}}^{(k-1)}=\overline{\boldsymbol{p}}$
　　通过 $\boldsymbol{r}_i=\|\underbrace{\boldsymbol{p}\dot{-}\overline{\boldsymbol{p}}}_{\tilde{\boldsymbol{p}}}\cdot\boldsymbol{n}\|$ 计算距离向量 $\boldsymbol{r}\in\mathbf{R}^N$
　　通过 $w(r_i)=\exp\left(\frac{r_i^2}{c^2}\right)$ 计算权值向量 $\boldsymbol{w}\in\mathbf{R}^N$
　　计算本次均值 $\overline{\boldsymbol{p}}^{(k)}=\boldsymbol{w}^{\mathrm{T}}(\underbrace{\boldsymbol{p}\dot{-}\overline{\boldsymbol{p}}}_{\tilde{\boldsymbol{p}}}\dot{-}\overline{\boldsymbol{p}}^{(k-1)})/\sum w_i$
　　计算本次协方差矩阵 $\boldsymbol{C}=\boldsymbol{w}(\boldsymbol{p}_i\dot{-}\overline{\boldsymbol{p}}\dot{-}\overline{\boldsymbol{p}}^{(k)})^{\mathrm{T}}(\boldsymbol{p}_i\dot{-}\overline{\boldsymbol{p}}\dot{-}\overline{\boldsymbol{p}}^{(k)})$
　　$(\lambda_1,\lambda_2,\lambda_3)=\mathrm{EVD}(\boldsymbol{C}_{3\times3})$，$\lambda_1\leqslant\lambda_2\leqslant\lambda_3$，对应向量为 $\boldsymbol{e}_1,\boldsymbol{e}_2,\boldsymbol{e}_3$
　　$\boldsymbol{n}=\boldsymbol{e}_1$
　　计算收敛判据 $\mathrm{convg}=\max\dfrac{|\boldsymbol{n}_{\mathrm{old}}-\boldsymbol{n}|}{|\boldsymbol{n}_{\mathrm{old}}|}$
　　if (convg $\leqslant\varepsilon$)
　　　break
end

1.4.4　粗差剔除 RANSAC

基于测量所得数据点对，无论是单目标定的投射矩阵，或是多目标定的本质矩阵、基础矩阵，以及点云配准的外参矩阵，都属于广泛意义上的模型估计。除 1.4.3 节的迭代加权 M 估计方法，随机采样一致性(RANdom SAmple Consensus，RANSAC)是另外一种外点检

测的迭代方法，该方法可以从一组包含离群值的观测数据中估计数学模型(的参数)，不使离群值对估计产生影响，在一定概率下得到合理结果。

RANSAC 最初用于解决图 1-9 所示的位置确定问题(Location Determination Problem，LDP)，即 SLAM 中相机的位姿估计问题：给定 3D 世界坐标系下 m 个坐标已知的控制点(地标)，以及图像中对应的 m 个投影，确定 3D 空间中的相机位姿。

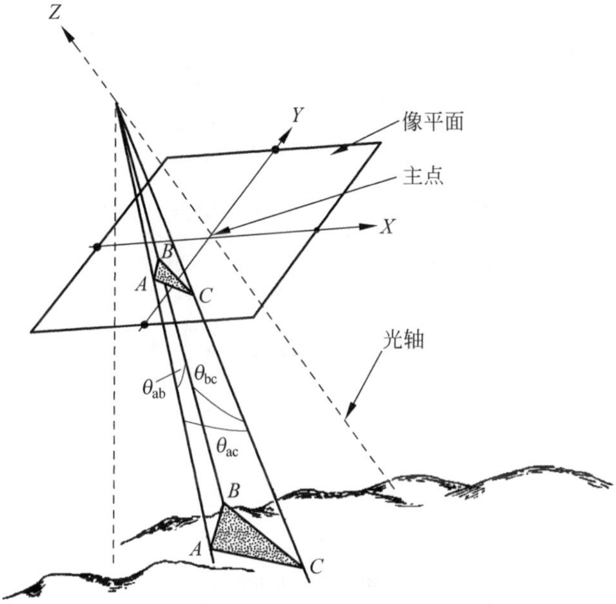

图 1-9 位置确定问题

RANSAC 基本假设如下：

(1) 整个数据集由内点和外点组成；

(2) 内点尽管存在噪声，但是其分布可以由参数化模型解释；

(3) 离群值来自错误测量方法、数据错误假设等，不适合模型解释。

RANSAC 可以理解为一种采样方式：使用比较小的数据子集，然后尽可能地使用一致的数据来扩大原来初始化的数据集，因此对于多项式拟合、混合高斯模型等在理论上都是适用的。

以下通过一个具体示例说明 RANSAC 的应用。

对于 2D 空间中的圆弧拟合，RANSAC 首先选择三个点构成一个子集，计算中心及半径，从而确定弧线，然后计算其他点是否足够靠近该圆弧，其他点的偏差足够小可以认为是测量的误差。如果有足够符合这个圆弧的点，则 RANSAC 将会使用平滑技术(最小二乘)来更好地估计这个圆的参数，从而相互一致的点的集合也就确定了，具体算法如算法 1-6 所示。

算法 1-6 RANSAC 算法

算法输入：
data，一组观测数据对

```
model,拟合模型,例如直线、二次曲线等
n,每次迭代时选择数据样本的数量
k,最大迭代次数
t,数据与模型匹配程度的阈值,即接受为内点的阈值
d,接受模型合适的最小内点数量阈值

算法输出:
best_model,最匹配的模型参数,即 model 的参数

//参数初始化
best_model = null                //最佳模型
best_error = inf                 //模型误差

for i = 0:k do
    //从数据集随机选择 N 组数据
    maybe_inliers : = (N random integers from 0:num_points)
    //根据以上 N 组数据求解模型参数
    maybe_model : = (find best params from N point pairs)

    consensus_set : = empty set
    total_error = 0

    //将 maybe_inliers 以外的其他数据逐一与模型进行比较
    for every point in data not in maybe_inliers do
        error = (square distance of the difference)
        //如果比较结果误差小于 t 则调节到 consensus_set 集合中
        if error < t
            consensus_set += 1
            total_error += error
    end

    //如果当前所得 consensus_set 集合中的数据量大于 d
    if consensus_set > d
        //则意味着该模型可能是个好模型(即好参数),度量之
        better_model : = maybe_model
        better_error : = total_error
        //如果当前模型与 consensus_set 中数据的误差
        //比之前所得最小误差更小则更新最小误差
        if better_error < best_error
            best_model : = better_model
            best_error : = better_error
        end
    end
end
```

RANSAC 除了数据和模型之外还需要根据特定问题和数据集通过实验确定合适的参数 n、k、t、d,其中 n、t、d 可以基于经验得到,k 可以根据公式计算。

图 1-10 为利用算法 1-6 计算单应矩阵时的匹配效果,其中图 1-10(a)为未剔除粗差的匹配结果,图 1-10(b)为使用 RANSAC 剔除粗差之后的匹配结果,可见效果改善明显。

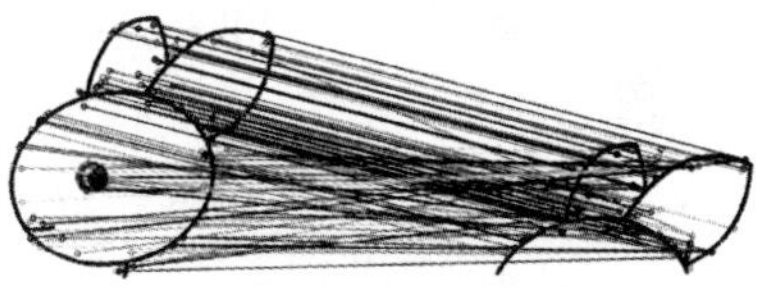

(a) 未剔除粗差的匹配结果

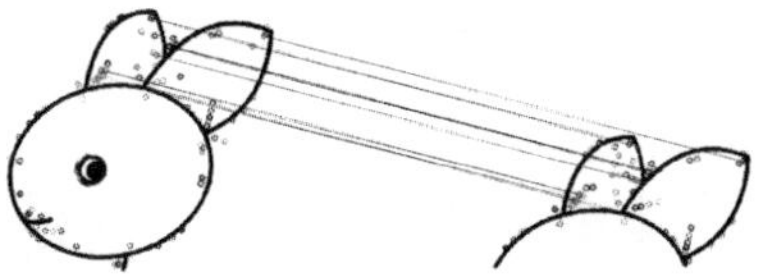

(b) 使用RANSAC剔除粗差之后的匹配结果

图 1-10 使用 RANSAC 剔除错误匹配

1.5 约束优化和多目标优化

非线性优化 $\hat{\boldsymbol{x}}=\underset{\boldsymbol{x}\in D\subset\mathbf{R}^N}{\operatorname{argmin}} f(\boldsymbol{x})$在无约束时可行域 $D=\mathbf{R}^n$，但实际问题通常存在一些约束条件。例如，圆拟合中心角之和需要等于 360°，每天工作时间不能超过 24 小时，等等，这些均构成约束优化。

约束非线性优化一般形式为

$$\min f(\boldsymbol{x})$$
$$\text{s.t.}\begin{cases} g_i(\boldsymbol{x})=0, & i=1,2,\cdots,m \\ h_j(\boldsymbol{x})\geqslant 0, & j=1,2,\cdots,p \end{cases} \tag{1-67}$$

其中 $\boldsymbol{x}\in\mathbf{R}^n$，$f:\mathbf{R}^n\to\mathbf{R}$，$g_i:\mathbf{R}^n\to\mathbf{R}$，$h_i:\mathbf{R}^n\to\mathbf{R}$ 均为数量值函数。

矩阵形式为

$$\min f(\boldsymbol{x})$$
$$\text{s.t.}\begin{cases} \boldsymbol{g}(\boldsymbol{x})=0 \\ \boldsymbol{h}(\boldsymbol{x})\geqslant 0 \end{cases}$$

其中，$\boldsymbol{g}:\mathbf{R}^n\to\mathbf{R}^m$ 和 $\boldsymbol{h}:\mathbf{R}^n\to\mathbf{R}^p$ 均为向量值函数。

1.5.1 等式约束

仅含等式约束的非线性优化为

$$\min f(\boldsymbol{x})$$
$$\text{s.t. } \boldsymbol{g}(\boldsymbol{x})=0 \tag{1-68}$$

其中，$\boldsymbol{x}\in\mathbf{R}^n$，$f(\cdot):\mathbf{R}^n\to\mathbf{R}$，$\boldsymbol{g}(\cdot)=(g_1(\cdot),g_2(\cdot),\cdots,g_m(\cdot))^{\mathrm{T}}:\mathbf{R}^n\to\mathbf{R}^m$，$m\leqslant n$，向量值函数 $\boldsymbol{g}$ 连续可微。

任何类似式(1-68)中的等式约束，都可以等价地分解为两个不等式约束：

$$\boldsymbol{g}(\boldsymbol{x})=0\Leftrightarrow\begin{cases} \boldsymbol{g}(\boldsymbol{x})\leqslant 0 \\ \boldsymbol{g}(\boldsymbol{x})\geqslant 0 \end{cases}$$

从而成为不等式约束，即可以使用 1.5.2 节不等式约束优化的通用方法，这是通用的解决方法。

当然单独处理约束问题也很常见。此时需要借助一些人为的技巧，尝试将等式约束优化转换为无约束优化，从而可以借用1.2节和1.3节的无约束优化方法。

例如，对于约束优化：

$$\min(x\sin x)$$
$$\text{s.t. } 2 \leqslant x \leqslant 6$$

针对 x 的约束 $2\leqslant x\leqslant 6$，设计以下函数进行转换：

$$[2,6]\ni x=\varphi(y)=\frac{6+2}{2}+\frac{6-2}{2}\left(\frac{2y}{1+y^2}\right),\quad y\in(-\infty,+\infty)$$

从而转换为无约束优化

$$\min\{\varphi(y)\sin(\varphi(y))\}$$

即

$$\min\left(4+2\,\frac{2y}{1+y^2}\right)\sin\left(4+2\,\frac{2y}{1+y^2}\right)$$

这样就可以使用1.3节的各种(无约束)非线性优化方法。

以下通过一个具体示例，演示求解约束型优化的拉格朗日乘子法。

简单起见，将向量值约束函数 $\boldsymbol{g}(\boldsymbol{x})=0$ 简化为数量值约束函数 $g(\boldsymbol{x})=0$，即考虑仅存在一个约束的情况，例如：

$$\min\{f(\boldsymbol{x})=-\exp(-(x_1x_2-1.5)^2-(x_2-1.5)^2)\}$$
$$\text{s.t. } g(\boldsymbol{x})=x_1-x_2^2=0$$

此时，简单地将约束函数 $x_1=x_2^2$ 代入目标函数，即成为无约束优化问题：

$$\min\{-\exp(-(x_2^3-1.5)^2-(x_2-1.5)^2)\}$$

对目标函数求导，并令导数为0：

$$\frac{\partial f}{\partial x_2}=6\exp(-(x_2^3-1.5)^2-(x_2-1.5)^2)\left(x_2^5-1.5x_2^2+\frac{1}{3}x_2-0.5\right)$$

解得 $x_2=1.165$，从而 $x_1=1.358$，即得到优化解：

$$\boldsymbol{x}^*=(1.358,1.165)$$

此时 $\boldsymbol{x}^*$ 的位置是目标函数 $f(\boldsymbol{x})$ 等高线与约束函数 $g(\boldsymbol{x})$ 相切的位置，即沿着 $g(\boldsymbol{x})$ 进行微小移动不改变 $f(\boldsymbol{x})$ 函数值。

由于 $g(\boldsymbol{x})$ 的梯度 $\nabla g(\boldsymbol{x})$ 垂直于 $g(\boldsymbol{x})$ 的等高线，$f(\boldsymbol{x})$ 的梯度 $\nabla f(\boldsymbol{x})$ 垂直于 $f(\boldsymbol{x})$ 的等高线，因此两者方向相同，仅幅度可能存在差异，假设幅度相差 λ 倍，即

$$\nabla f(\boldsymbol{x})=\lambda\,\nabla g(\boldsymbol{x})$$

其中，系数 λ 称为拉格朗日乘子，其通过以下拉格朗日方程给出：

$$\mathcal{L}(\boldsymbol{x},\lambda)=f(\boldsymbol{x})-\lambda g(\boldsymbol{x}) \tag{1-69}$$

通过 $\nabla\mathcal{L}(\boldsymbol{x},\lambda)=0$，可进行以下两种操作：

(1) $\mathcal{L}_x(\boldsymbol{x},\lambda)=0$，可以解得乘子 $\nabla f(\boldsymbol{x})=\lambda\,\nabla g(\boldsymbol{x})$；

(2) $\mathcal{L}_\lambda(\boldsymbol{x},\lambda)=0$，可以得到约束 $g(\boldsymbol{x})=0$。

进一步，增加约束数量，假设存在两个约束：

$$\min f(\boldsymbol{x})$$
$$\text{s.t. }\begin{cases}g_1(\boldsymbol{x})=0\\ g_2(\boldsymbol{x})=0\end{cases}$$

可以将其压缩为一个约束：

$$\min f(\boldsymbol{x})$$
$$\text{s.t. } \tilde{g}(\boldsymbol{x})=g_1^2(\boldsymbol{x})+cg_2^2(\boldsymbol{x})=0$$

依照前述拉格朗日乘子法$\nabla f(\boldsymbol{x})=\lambda\nabla\tilde{g}(\boldsymbol{x})$，即

$$\nabla f(\boldsymbol{x})-\underbrace{2\lambda g_1}_{\lambda_1}\nabla g_1+\underbrace{2c\lambda g_2}_{\lambda_2}\nabla g_2=0$$

可见，当存在 $\boldsymbol{m}$ 个约束，即约束方程为向量值函数 $\boldsymbol{g}(\boldsymbol{x})=0$ 时，拉格朗日方程为

$$f(\boldsymbol{x})-\sum_{i=1}^{m}\lambda_i g_i(\boldsymbol{x})=f(\boldsymbol{x})-\lambda\boldsymbol{g}(\boldsymbol{x})=0$$

不失一般性，以 3 个变元的目标函数和 N 个约束函数为例：

$$\min f(x_1,x_2,x_3)$$
$$\text{s.t. } g_i(x_1,x_2,x_3)=0,\quad i=1,2,\cdots,N \tag{1-70}$$

可以构造拉格朗日函数：

$$f(x_1,x_2,x_3,\lambda_1,\lambda_2,\lambda_3)=f(x_1,x_2,x_3)+\sum_{i=1}^{N}\lambda_i g_i(x_1,x_2,x_3)$$

矩阵形式为

$$\mathcal{L}(\boldsymbol{x},\boldsymbol{\lambda})=f(\boldsymbol{x})+\boldsymbol{\lambda}^{\mathrm{T}}\boldsymbol{g}(\boldsymbol{x}) \tag{1-71}$$

对 x_i 和 λ_i 求偏导，即可得到拉格朗日条件。

1.5.2 不等式约束

如 1.5.1 节所述，任何等式约束均可转换为不等式约束，不等式约束的优化具有如下形式：

$$\min f(\boldsymbol{x})$$
$$\text{s.t. } \boldsymbol{h}(\boldsymbol{x})\leqslant 0 \tag{1-72}$$

对于拉格朗日乘子法当中的乘子 μ，当解 $\boldsymbol{x}^*$ 位于不等式约束的边界上时，目标函数的梯度被约束函数严格限制，拉格朗日方程$\nabla f(\boldsymbol{x})-\mu\nabla h(\boldsymbol{x})=0$ 成立。而当解 $\boldsymbol{x}^*$ 不在边界上时，可以引入以下惩罚方案：

(1) 如果解 $\boldsymbol{x}^*$ 可行，即满足约束 $h(\boldsymbol{x})\leqslant 0$，目标函数依然为 $f(\boldsymbol{x})$；

(2) 如果解不可行，即不能满足约束，则惩罚性地增大目标函数，例如 $f(\boldsymbol{x})\to\infty$，即

$$\max\{\mathcal{L}(\boldsymbol{x},\mu)=f(\boldsymbol{x})+\mu h(\boldsymbol{x})\}$$

综合以上，原来不等式的约束优化成为新的优化：

$$\min\max\mathcal{L}(\boldsymbol{x},\mu) \tag{1-73}$$

这个重新构造的极小极大问题称为原始问题，原始问题解的极值点 $\boldsymbol{x}^*$ 需要满足：

(1) 解是可行的，$h(\boldsymbol{x}^*)\leqslant 0$；

(2) 惩罚指明正确方向，$\mu\geqslant 0$；

(3) $\mu h(\boldsymbol{x}^*)=0$，即边界可行点 $h(\boldsymbol{x})=0$ 而 $h(\boldsymbol{x})<0$ 的可行点 $\mu=0$；

(4) $\nabla f(\boldsymbol{x}^*)-\mu\nabla h(\boldsymbol{x}^*)=0$。

以上四点要求扩展到含有等式和不等式约束的优化问题：

$$\min f(\boldsymbol{x})$$
$$\text{s.t. }\begin{cases}\boldsymbol{g}(\boldsymbol{x})=0\\ \boldsymbol{h}(\boldsymbol{x})\leqslant 0\end{cases}$$

对应的要求就成为

(1) 可行性，$\begin{cases} \boldsymbol{g}(\boldsymbol{x}^*)=0 \\ \boldsymbol{h}(\boldsymbol{x}^*)\leqslant 0 \end{cases}$；

(2) 对偶可行性，$\boldsymbol{\mu}\geqslant 0$；

(3) 互补松弛，$\boldsymbol{\mu}\odot\boldsymbol{h}(\boldsymbol{x}^*)=0$，即$\boldsymbol{\mu}=0$ 或 $\boldsymbol{h}(\boldsymbol{x})=0$；

(4) 平稳性，目标函数与每个积极约束相切。

$$\nabla f(\boldsymbol{x}^*)-\sum_i \lambda_i \nabla g_i(\boldsymbol{x}^*)-\sum_i \mu_i \nabla h_i(\boldsymbol{x}^*)=0$$

上述要求称为 KKT 条件。此时拉格朗日方程为

$$\mathcal{L}(\boldsymbol{x},\boldsymbol{\lambda},\boldsymbol{\mu})=f(x)+\sum_i \lambda_i \nabla g_i(\boldsymbol{x})+\sum_i \mu_i \nabla h_i(\boldsymbol{x}^*)$$

矩阵形式为

$$\mathcal{L}(\boldsymbol{x},\boldsymbol{\lambda},\boldsymbol{\mu})=f(\boldsymbol{x})+\boldsymbol{\lambda}^{\mathrm{T}}\boldsymbol{g}(\boldsymbol{x})+\boldsymbol{\mu}^{\mathrm{T}}\boldsymbol{h}(\boldsymbol{x})$$

其中，$\boldsymbol{\lambda}$ 为拉格朗日乘子，$\boldsymbol{\mu}$ 为 KKT 乘子。由此得到新的优化问题：

$$\operatorname{minmax} \mathcal{L}(\boldsymbol{x},\boldsymbol{\lambda},\boldsymbol{\mu}) \tag{1-74}$$

然后，类似前述使用偏导条件，即可求得拉格朗日乘子向量和 KKT 乘子向量。

以上极小极大问题有时难以优化，可以证明，极小极大顺序能够交换，从而可以采用：

$$\operatorname{maxmin} \mathcal{L}(\boldsymbol{x},\boldsymbol{\lambda},\boldsymbol{\mu}) \tag{1-75}$$

该极大极小问题称为原始问题的对偶问题。

可以通过解决对偶问题来解决原始问题，例如核方法的支持向量机。

1.5.3 多目标优化

前述各节的目标函数均为数量值函数 $f(\boldsymbol{x})$，也就是单目标优化。向量值目标函数的优化问题 $\min\boldsymbol{f}(\boldsymbol{x})$称为多目标优化，此时需要同时优化多个目标函数，从而达到帕累托最优。

在单目标优化时，解的优劣判别是不言自明的：给定两个候选解 $\boldsymbol{x}$ 和 $\tilde{\boldsymbol{x}}$，如果 $f(\boldsymbol{x})<f(\tilde{\boldsymbol{x}})$，则 $\boldsymbol{x}$ 就优于 $\tilde{\boldsymbol{x}}$。在多目标优化中，目标函数 $\boldsymbol{f}(\boldsymbol{x})$返回 m 维的向量值，每个维度对应了一个指标。帕累托最优是指改善一个指标必须以恶化其他指标作为代价。其等价描述是：只有当 $\boldsymbol{x}$ 在至少一个指标表现更好，而在其他指标都不差时，才可以比较向量 $\boldsymbol{x}$ 和 $\tilde{\boldsymbol{x}}$ 的优劣。也就是称 $\boldsymbol{x}$ 优于 $\tilde{\boldsymbol{x}}$，如果

$$\begin{cases} \text{对于某些 } i, f_i(\boldsymbol{x})\leqslant f_i(\tilde{\boldsymbol{x}}) \\ \text{对于所有 } i, f_i(\boldsymbol{x})\leqslant f_i(\tilde{\boldsymbol{x}}) \end{cases}$$

多目标优化可以根据对指标的偏好把偏好程度编码为权值向量 $\boldsymbol{w}$，从而将多目标转换为单目标优化：

$$\min \boldsymbol{w}^{\mathrm{T}}\boldsymbol{f}(\boldsymbol{x}) \tag{1-76}$$

这种加权和方法中的权值向量 $\boldsymbol{w}$ 可以解释为每个指标所关联的成本，满足：

$$\boldsymbol{w}_i\geqslant 0,\quad \sum_i \boldsymbol{w}_i=1$$

例如对于双目标优化，通过设定 $w_2=1-w_1$，然后将 w_1 从 0 到 1 遍历二维权重空间，即可得到双目标的优化解。

第2章

空间几何

在机器视觉和计算机视觉中，矩阵的身影无处不在。无论欧氏几何抑或射影几何，矩阵均为最主要的工具。

本章首先在2.1节回顾矩阵实现基变换和线性映射的两个功能，构成其后两节的数理基础。然后在2.2节讨论2D和3D空间中的坐标系变换，为后续外部参数求解和空间结构恢复建立基础。最后在2.3节介绍射影空间的若干线性变换，从而引出第3章的相机模型和标定。

在本章中，与平移相关的描述称为位置(Position)，与旋转相关的描述称为姿态(Orientation)，既有平移又有旋转的描述称为位姿(Pose)，即位姿=位置+姿态。

2.1 矩阵的两个功能

在机器视觉中，需要重点把握矩阵的两个功能，即基变换和线性映射。

(1) 基变换就是从不同坐标系变换视角观测同一个固定目标，描述位姿；

(2) 线性映射则指目标从一个位姿变换到另一个位姿，描述了运动。

2.1.1 基变换

矩阵可以实现基的变换。

给定线性空间 $\mathbf{R}^n$ 和一个基 $\boldsymbol{\alpha}_1,\boldsymbol{\alpha}_2,\cdots,\boldsymbol{\alpha}_n$，任意一个抽象向量 $\boldsymbol{r}$ 可以表示成基$\{\boldsymbol{\alpha}_i\}$下的具体向量 $\boldsymbol{x}=(x_1,x_2,\cdots,x_n)^{\mathrm{T}}$：

$$\boldsymbol{r}=(\boldsymbol{\alpha}_1,\boldsymbol{\alpha}_2,\cdots,\boldsymbol{\alpha}_n)\underbrace{\begin{pmatrix}x_1\\x_2\\\vdots\\x_n\end{pmatrix}}_{\boldsymbol{x}}$$

如果选定空间 $\mathbf{R}^n$ 的另一个基 $\boldsymbol{\beta}_1,\boldsymbol{\beta}_2,\cdots,\boldsymbol{\beta}_n$，同样地，该抽象向量 $\boldsymbol{r}$ 可以表示成基$\{\boldsymbol{\beta}_i\}$下的具体向量 $\boldsymbol{y}=(y_1,y_2,\cdots,y_n)^{\mathrm{T}}$：

$$\boldsymbol{r}=(\boldsymbol{\beta}_1,\boldsymbol{\beta}_2,\cdots,\boldsymbol{\beta}_n)\underbrace{\begin{pmatrix}y_1\\y_2\\\vdots\\y_n\end{pmatrix}}_{\boldsymbol{y}}$$

两个基$\{\boldsymbol{\alpha}_i\}$和$\{\boldsymbol{\beta}_i\}$可以表示为

$$(\boldsymbol{\alpha}_1,\boldsymbol{\alpha}_2,\cdots,\boxed{\boldsymbol{\alpha}_j},\cdots,\boldsymbol{\alpha}_n)=(\boldsymbol{\beta}_1,\boldsymbol{\beta}_2,\cdots,\boldsymbol{\beta}_n)\underbrace{\begin{pmatrix}c_{11}&c_{12}&&c_{1j}&&c_{1n}\\c_{21}&c_{22}&\cdots&c_{2j}&\cdots&c_{2n}\\\vdots&\vdots&&\vdots&&\vdots\\c_{n1}&c_{n2}&&c_{nj}&&c_{nn}\end{pmatrix}}_{\text{转移矩阵}\boldsymbol{C}} \tag{2-1}$$

其中，矩阵 $\boldsymbol{C}$ 称为转移矩阵。

转移矩阵 $\boldsymbol{C}$ 的第 j 列 $\boldsymbol{c}_j=(c_{1j},c_{2j},\cdots,c_{nj})^{\mathrm{T}}$ 是旧基$\{\boldsymbol{\alpha}_j\}$的第 j 个基向量$\boldsymbol{\alpha}_j$ 在新基$\{\boldsymbol{\beta}_i\}$下的坐标。

根据抽象向量的恒等性 $\boldsymbol{r}\equiv\boldsymbol{r}$，有

$$(\boldsymbol{\beta}_1,\boldsymbol{\beta}_2,\cdots,\boldsymbol{\beta}_n)\underbrace{\begin{pmatrix}y_1\\y_2\\\vdots\\y_n\end{pmatrix}}_{\boldsymbol{y}}=(\boldsymbol{\alpha}_1,\boldsymbol{\alpha}_2,\cdots,\boldsymbol{\alpha}_n)\underbrace{\begin{pmatrix}x_1\\x_2\\\vdots\\x_n\end{pmatrix}}_{\boldsymbol{x}}=(\boldsymbol{\beta}_1,\boldsymbol{\beta}_2,\cdots,\boldsymbol{\beta}_n)\underbrace{\begin{pmatrix}c_{11}&c_{12}&\cdots&c_{1n}\\c_{21}&c_{22}&\cdots&c_{2n}\\\vdots&\vdots&&\vdots\\c_{n1}&c_{n2}&\cdots&c_{nn}\end{pmatrix}}_{\text{转移矩阵}\boldsymbol{C}}\underbrace{\begin{pmatrix}x_1\\x_2\\\vdots\\x_n\end{pmatrix}}_{\boldsymbol{x}}$$

根据$\{\boldsymbol{\beta}_i\}$作为基的线性无关性，有

$$\underbrace{\begin{pmatrix}y_1\\y_2\\\vdots\\y_n\end{pmatrix}}_{\boldsymbol{y}}=\underbrace{\begin{pmatrix}c_{11}&c_{12}&\cdots&c_{1n}\\c_{21}&c_{22}&\cdots&c_{2n}\\\vdots&\vdots&&\vdots\\c_{n1}&c_{n2}&\cdots&c_{nn}\end{pmatrix}}_{\text{转移矩阵}\boldsymbol{C}}\underbrace{\begin{pmatrix}x_1\\x_2\\\vdots\\x_n\end{pmatrix}}_{\boldsymbol{x}}$$

$$\boldsymbol{y}=\underbrace{\boldsymbol{C}}_{\text{转移矩阵}}\boldsymbol{x} \tag{2-2}$$

可见，通过$\boldsymbol{\alpha}=\boldsymbol{\beta}\boldsymbol{C}$ 将新基转移回旧基的转移矩阵 $\boldsymbol{C}$，以 $\boldsymbol{y}=\boldsymbol{C}\boldsymbol{x}$ 的形式将旧坐标 $\boldsymbol{x}$ 变换为新坐标 $\boldsymbol{y}$。

两个基$\{\boldsymbol{\alpha}_i\}$和$\{\boldsymbol{\beta}_i\}$还可以这样表示：

$$(\boldsymbol{\alpha}_1,\boldsymbol{\alpha}_2,\cdots,\boldsymbol{\alpha}_n)\underbrace{\begin{pmatrix}d_{11}&d_{12}&&d_{1j}&&d_{1n}\\d_{21}&d_{22}&\cdots&d_{2j}&\cdots&d_{2n}\\\vdots&\vdots&&\vdots&&\vdots\\d_{n1}&d_{n2}&&d_{nj}&&d_{nn}\end{pmatrix}}_{\text{过渡矩阵}\boldsymbol{D}}=(\boldsymbol{\beta}_1,\boldsymbol{\beta}_2,\cdots,\boldsymbol{\beta}_j,\cdots,\boldsymbol{\beta}_n) \tag{2-3}$$

其中，矩阵 $\boldsymbol{D}$ 称为过渡矩阵。

同样，根据抽象向量的恒等性 $\boldsymbol{r}\equiv\boldsymbol{r}$，有

$$(\boldsymbol{\beta}_1,\boldsymbol{\beta}_2,\cdots,\boldsymbol{\beta}_n)\underbrace{\begin{pmatrix}y_1\\y_2\\\vdots\\y_n\end{pmatrix}}_{\boldsymbol{y}}=(\boldsymbol{\alpha}_1,\boldsymbol{\alpha}_2,\cdots,\boldsymbol{\alpha}_n)\underbrace{\begin{pmatrix}x_1\\x_2\\\vdots\\x_n\end{pmatrix}}_{\boldsymbol{x}}=(\boldsymbol{\alpha}_1,\boldsymbol{\alpha}_2,\cdots,\boldsymbol{\alpha}_n)\underbrace{\begin{pmatrix}d_{11}&d_{12}&&d_{1n}\\d_{21}&d_{22}&\cdots&d_{2n}\\\vdots&\vdots&&\vdots\\d_{n1}&d_{n2}&&d_{nn}\end{pmatrix}}_{\text{过渡矩阵}\boldsymbol{D}}\underbrace{\begin{pmatrix}y_1\\y_2\\\vdots\\y_n\end{pmatrix}}_{\boldsymbol{y}}$$

根据$\{\boldsymbol{\alpha}_i\}$作为基的线性无关性，有

$$\underbrace{\begin{pmatrix}x_1\\x_2\\\vdots\\x_n\end{pmatrix}}_{\boldsymbol{x}}=\underbrace{\begin{pmatrix}d_{11}&d_{12}&&d_{1n}\\d_{21}&d_{22}&\cdots&d_{2n}\\\vdots&\vdots&&\vdots\\d_{n1}&d_{n2}&&d_{nn}\end{pmatrix}}_{\text{过渡矩阵}\boldsymbol{D}}\underbrace{\begin{pmatrix}y_1\\y_2\\\vdots\\y_n\end{pmatrix}}_{\boldsymbol{y}}$$

即

$$x=\underbrace{\boldsymbol{D}}_{\text{过渡矩阵}}\boldsymbol{y} \tag{2-4}$$

可见，通过$\boldsymbol{\alpha D}=\boldsymbol{\beta}$将旧基过渡至新基的过渡矩阵$\boldsymbol{D}$，以$\boldsymbol{x}=\boldsymbol{Dy}$的形式将新坐标$\boldsymbol{y}$变换为旧坐标$\boldsymbol{x}$。

在机器视觉中，多使用转移矩阵的形式。

2.1.2 线性映射

矩阵的另一个作用是实现线性映射。

对于某个线性映射$\mathcal{A}\in\mathcal{L}(U,V)$：

$$\mathcal{A}(\cdot):\mathbf{R}^n\supset U\to V\subset\mathbf{R}^m \tag{2-5}$$

给定输入空间的原像$\boldsymbol{u}\in U$，可以得到输出空间的像$\boldsymbol{v}=\mathcal{A}(u)\in V$，该映射$\mathcal{A}:\mathbf{R}^n\to\mathbf{R}^m$同构于一个矩阵$\mathbf{A}\in\mathbf{R}^{m\times n}$；矩阵$\mathbf{A}$中的元素，取决于基的选择。

选定输入空间U的一个基$\boldsymbol{\alpha}_1,\boldsymbol{\alpha}_2,\cdots,\boldsymbol{\alpha}_n$和输出空间$V$的一个基$\boldsymbol{\beta}_1,\boldsymbol{\beta}_2,\cdots,\boldsymbol{\beta}_m$，将映射$\mathcal{A}$作用于输入基$\{\boldsymbol{\alpha}_i\}$的各个坐标轴，即可得到矩阵$\mathbf{A}$：

$$(\mathcal{A}(\boldsymbol{\alpha}_1),\cdots,\boxed{\mathcal{A}(\boldsymbol{\alpha}_j)},\cdots,\mathcal{A}(\boldsymbol{\alpha}_n))=(\boldsymbol{\beta}_1,\boldsymbol{\beta}_2,\cdots,\boldsymbol{\beta}_m)\underbrace{\begin{pmatrix}a_{11}&&a_{1j}&&a_{1n}\\a_{21}&\cdots&a_{2j}&\cdots&a_{2n}\\\vdots&&\vdots&&\vdots\\a_{m1}&&a_{mj}&&a_{mn}\end{pmatrix}}_{\text{表示矩阵}\mathbf{A}} \tag{2-6}$$

矩阵$\mathbf{A}$称为线性映射$\mathcal{A}$在入口基$\{\boldsymbol{\alpha}_i\}$和出口基$\{\boldsymbol{\beta}_i\}$下的**表示矩阵**。

表示矩阵$\mathbf{A}$的第j列，是输入空间的坐标轴$\boldsymbol{\alpha}_j$经过线性映射$\mathcal{A}(\cdot)$之后在输出空间的坐标系$\{\boldsymbol{\beta}_i\}$下的坐标。

这样，抽象的映射$\mathcal{A}:\mathbf{R}^n\to\mathbf{R}^m$，经过选定基的坐标化，可以通过具体的矩阵$\mathbf{A}\in\mathbf{R}^{m\times n}$描述。

将算子$\mathcal{A}(\cdot)$从分块矩阵中提出，有

$$\mathcal{A}((\boldsymbol{\alpha}_1,\boldsymbol{\alpha}_2,\cdots,\boldsymbol{\alpha}_n))=(\boldsymbol{\beta}_1,\boldsymbol{\beta}_2,\cdots,\boldsymbol{\beta}_m)\mathbf{A}$$

式中，左侧是抽象的线性映射$\mathcal{A}$，右侧是具体的矩阵$\boldsymbol{A}$。

设输入空间U中的原像$\boldsymbol{u}$在入口基$\{\boldsymbol{\alpha}_i\}$下坐标化为具体向量$\boldsymbol{x}=(x_1,x_2,\cdots,x_n)^{\mathrm{T}}$：

$$\boldsymbol{u}=(\boldsymbol{\alpha}_1,\boldsymbol{\alpha}_2,\cdots,\boldsymbol{\alpha}_n)\underbrace{\begin{pmatrix}x_1\\x_2\\\vdots\\x_n\end{pmatrix}}_{\boldsymbol{x}}$$

输出空间V中的像$\boldsymbol{v}$在出口基$\{\boldsymbol{\beta}_i\}$下坐标化为具体向量$\boldsymbol{y}=(y_1,y_2,\cdots,y_m)^{\mathrm{T}}$：

$$\boldsymbol{v}=(\boldsymbol{\beta}_1,\boldsymbol{\beta}_2,\cdots,\boldsymbol{\beta}_m)\underbrace{\begin{pmatrix}y_1\\y_2\\\vdots\\y_m\end{pmatrix}}_{\boldsymbol{y}}$$

则根据抽象映射$\mathcal{A}(\boldsymbol{u})=\boldsymbol{v}$有

$$\mathcal{A}(\boldsymbol{u})=\mathcal{A}\left((\boldsymbol{\alpha}_1,\boldsymbol{\alpha}_2,\cdots,\boldsymbol{\alpha}_n)\underbrace{\begin{pmatrix}x_1\\x_2\\\vdots\\x_n\end{pmatrix}}_{\boldsymbol{x}}\right)=(\mathcal{A}(\boldsymbol{\alpha}_1),\mathcal{A}(\boldsymbol{\alpha}_2),\cdots,\mathcal{A}(\boldsymbol{\alpha}_n))\underbrace{\begin{pmatrix}x_1\\x_2\\\vdots\\x_n\end{pmatrix}}_{\boldsymbol{x}}$$

$$=(\boldsymbol{\beta}_1,\boldsymbol{\beta}_2,\cdots,\boldsymbol{\beta}_m)\underbrace{\begin{pmatrix}a_{11}&a_{12}&\cdots&a_{1n}\\a_{21}&a_{22}&\cdots&a_{2n}\\\vdots&\vdots&&\vdots\\a_{m1}&a_{m2}&\cdots&a_{mn}\end{pmatrix}}_{\text{表示矩阵}\boldsymbol{A}}\underbrace{\begin{pmatrix}x_1\\x_2\\\vdots\\x_n\end{pmatrix}}_{\boldsymbol{x}}=(\boldsymbol{\beta}_1,\boldsymbol{\beta}_2,\cdots,\boldsymbol{\beta}_m)\underbrace{\begin{pmatrix}y_1\\y_2\\\vdots\\y_m\end{pmatrix}}_{\boldsymbol{y}}$$

根据$\{\boldsymbol{\beta}_i\}$作为基的线性无关性，有

$$\boldsymbol{y}=\underbrace{\boldsymbol{A}}_{\text{表示矩阵}}\boldsymbol{x} \tag{2-7}$$

可见，具体的矩阵$\boldsymbol{A}$实现了抽象的映射$\mathcal{A}$，将某个输入基$\{\boldsymbol{\alpha}_i\}$下的坐标$\boldsymbol{x}$映射为输出基$\{\boldsymbol{\beta}_i\}$下的坐标$\boldsymbol{y}$。

2.1.3 矩阵等价与相似

观察前述线性映射矩阵表示

$$\underbrace{\mathcal{A}}_{\text{线性映射}}(\underbrace{(\boldsymbol{\alpha}_1,\boldsymbol{\alpha}_2,\cdots,\boldsymbol{\alpha}_n)}_{\text{输入空间的基}})=\underbrace{(\boldsymbol{\beta}_1,\boldsymbol{\beta}_2,\cdots,\boldsymbol{\beta}_m)}_{\text{输出空间的基}}\underbrace{\boldsymbol{A}}_{\text{表示矩阵}} \tag{2-8}$$

注意：左侧是十分抽象的线性映射，而右侧则是十分具体的矩阵乘法。

如果输入基$\{\boldsymbol{\alpha}_i\}$和输出基$\{\boldsymbol{\beta}_i\}$没有经过良好设计，则映射$\mathcal{A}$对应的表示矩阵$\boldsymbol{A}$可能并不友好。对友好矩阵的追求是线性代数、矩阵分析和高等代数的核心目标之一。

所谓好的矩阵，是指其含有尽量多的零，例如对角矩阵、上三角矩阵或者分块对角矩阵

等。因此，可以通过合理设计新的输入基和输出基，使表示矩阵 $\boldsymbol{A}$ 的形式简单，例如成为单位阵或者对角矩阵。

为此，在输入空间，选择某个过渡矩阵 $\boldsymbol{P}$，进行基变换，将旧的输入基 $\{\boldsymbol{\alpha}_i\}$ 过渡为新的输入基 $\{\alpha'_i\}$：

$$(\boldsymbol{\alpha}_1,\boldsymbol{\alpha}_2,\cdots,\boldsymbol{\alpha}_n)\underbrace{\boldsymbol{P}}_{\text{输入基的过渡矩阵}}=(\boldsymbol{\alpha}'_1,\boldsymbol{\alpha}'_2,\cdots,\boldsymbol{\alpha}'_n)$$

在输出空间，选择某个过渡矩阵 $\boldsymbol{Q}$，进行基变换，将旧的输出基 $\{\boldsymbol{\beta}_i\}$ 过渡为新的输出基 $\{\boldsymbol{\beta}'_i\}$：

$$(\boldsymbol{\beta}_1,\boldsymbol{\beta}_2,\cdots,\boldsymbol{\beta}_m)\underbrace{\boldsymbol{Q}}_{\text{输出基的过渡矩阵}}=(\boldsymbol{\beta}'_1,\boldsymbol{\beta}'_2,\cdots,\boldsymbol{\beta}'_m)$$

为了获得新输入基和新输出基下的新表示矩阵，将映射 $\mathcal{A}$ 作用于新输入基 $\{\boldsymbol{\alpha}'_i\}$ 的各个坐标轴：

$$\begin{aligned}\mathcal{A}((\boldsymbol{\alpha}'_1,\boldsymbol{\alpha}'_2,\cdots,\boldsymbol{\alpha}'_n))&=\mathcal{A}((\boldsymbol{\alpha}_1,\boldsymbol{\alpha}_2,\cdots,\boldsymbol{\alpha}_n)\underbrace{\boldsymbol{P}}_{\text{基变换}})=(\mathcal{A}(\boldsymbol{\alpha}_1),\mathcal{A}(\boldsymbol{\alpha}_2),\cdots,\mathcal{A}(\boldsymbol{\alpha}_n))\underbrace{\boldsymbol{P}}_{\text{基变换}}\\&=\mathcal{A}((\boldsymbol{\alpha}_1,\boldsymbol{\alpha}_2,\cdots,\boldsymbol{\alpha}_n))\underbrace{\boldsymbol{P}}_{\text{基变换}}=(\boldsymbol{\beta}_1,\boldsymbol{\beta}_2,\cdots,\boldsymbol{\beta}_m)\underbrace{\boldsymbol{A}}_{\text{表示矩阵}}\underbrace{\boldsymbol{P}}_{\text{基变换}}\end{aligned}$$

即

$$\mathcal{A}((\boldsymbol{\alpha}'_1,\boldsymbol{\alpha}'_2,\cdots,\boldsymbol{\alpha}'_n))=(\boldsymbol{\beta}_1,\boldsymbol{\beta}_2,\cdots,\boldsymbol{\beta}_m)\underbrace{\boldsymbol{A}}_{\text{表示矩阵}}\underbrace{\boldsymbol{P}}_{\text{基变换}}$$

记新输入基 $\{\boldsymbol{\alpha}'_i\}$ 和新输出基 $\{\boldsymbol{\beta}'_i\}$ 下的新表示矩阵为 $\boldsymbol{B}$，即

$$\mathcal{A}((\boldsymbol{\alpha}'_1,\boldsymbol{\alpha}'_2,\cdots,\boldsymbol{\alpha}'_n))=(\boldsymbol{\beta}'_1,\boldsymbol{\beta}'_2,\cdots,\boldsymbol{\beta}'_m)\underbrace{\boldsymbol{B}}_{\text{表示矩阵}}$$

则有

$$(\boldsymbol{\beta}_1,\boldsymbol{\beta}_2,\cdots,\boldsymbol{\beta}_m)\underbrace{\boldsymbol{A}}_{\text{表示矩阵}}\underbrace{\boldsymbol{P}}_{\text{基变换}}=(\boldsymbol{\beta}'_1,\boldsymbol{\beta}'_2,\cdots,\boldsymbol{\beta}'_m)\underbrace{\boldsymbol{B}}_{\text{表示矩阵}}$$

结合输出基的基变换：

$$(\boldsymbol{\beta}'_1,\boldsymbol{\beta}'_2,\cdots,\boldsymbol{\beta}'_m)=(\boldsymbol{\beta}_1,\boldsymbol{\beta}_2,\cdots,\boldsymbol{\beta}_m)\boldsymbol{Q}$$

则有

$$(\boldsymbol{\beta}_1,\boldsymbol{\beta}_2,\cdots,\boldsymbol{\beta}_m)\underbrace{\boldsymbol{A}}_{\text{表示矩阵}}\underbrace{\boldsymbol{P}}_{\text{基变换}}=(\boldsymbol{\beta}_1,\boldsymbol{\beta}_2,\cdots,\boldsymbol{\beta}_m)\underbrace{\boldsymbol{Q}}_{\text{基变换}}\underbrace{\boldsymbol{B}}_{\text{表示矩阵}}$$

根据 $\{\boldsymbol{\beta}_i\}$ 作为基的线性无关性，有

$$\underbrace{\boldsymbol{A}}_{\text{表示矩阵}}\underbrace{\boldsymbol{P}}_{\text{输入基变换}}=\underbrace{\boldsymbol{Q}}_{\text{输出基变换}}\underbrace{\boldsymbol{B}}_{\text{表示矩阵}} \tag{2-9}$$

从而得到比较好的新表示矩阵 $\boldsymbol{B}$：

$$\underbrace{\boldsymbol{B}}_{\text{表示矩阵}}=\underbrace{\boldsymbol{Q}^{-1}}_{\text{输出基变换}}\underbrace{\boldsymbol{A}}_{\text{表示矩阵}}\underbrace{\boldsymbol{P}}_{\text{输入基变换}} \tag{2-10}$$

称矩阵 $\boldsymbol{B}$ 与矩阵 $\boldsymbol{A}$ 等价。

新输入基 $\{\boldsymbol{\alpha}'_i\}$ 下坐标 $\boldsymbol{x}'$ 经过映射 $\mathcal{A}$ 后，在新输出基 $\{\boldsymbol{\beta}'_i\}$ 的坐标 $\boldsymbol{y}'$ 为

$$\boldsymbol{y}'=\underbrace{\boldsymbol{B}}_{\text{表示矩阵}}\boldsymbol{x}'$$

式 $\boldsymbol{y}'=\boldsymbol{B}\boldsymbol{x}'=\boldsymbol{Q}^{-1}\boldsymbol{A}\boldsymbol{P}\boldsymbol{x}'$ 中三个矩阵：$\boldsymbol{P}$ 和 $\boldsymbol{Q}$ 矩阵的作用是完成坐标系的基变换，矩阵 $\boldsymbol{A}$ 完成线性映射。具体如下。

(1) 过渡矩阵 $\boldsymbol{P}$ 是在输入空间进行基变换，将 $\{\boldsymbol{\alpha}'_i\}$ 下新坐标 $\boldsymbol{x}'$ 变回 $\{\boldsymbol{\alpha}_i\}$ 下旧坐标 $\boldsymbol{x}$：

$$\boldsymbol{x}=\boldsymbol{P}\boldsymbol{x}' \tag{2-11}$$

（2）表示矩阵 $\boldsymbol{A}$，将输入空间的旧输入基下的向量 $\boldsymbol{x}$ 执行线性映射 $\mathcal{A}$，得到输出空间的老输出基下的向量 $\boldsymbol{y}$：

$$\boldsymbol{y}=\boldsymbol{A}\boldsymbol{x}=\boldsymbol{A}\boldsymbol{P}\boldsymbol{x}' \tag{2-12}$$

（3）过渡矩阵 $\boldsymbol{Q}^{-1}$ 是在输出空间进行基变换，将 $\{\boldsymbol{\beta}_i\}$ 下旧坐标 $\boldsymbol{y}$ 变为 $\{\boldsymbol{\beta}'_i\}$ 下新坐标 $\boldsymbol{y}'$：

$$\boldsymbol{y}'=\boldsymbol{Q}^{-1}\boldsymbol{y}=\boldsymbol{Q}^{-1}\boldsymbol{A}\boldsymbol{P}\boldsymbol{x}' \tag{2-13}$$

可见，矩阵等价中的三个矩阵即三次变换。

存在一种特殊的情况，当线性映射 $\mathcal{A}(\cdot):\mathbf{R}^n\supset U\rightarrow V\subset\mathbf{R}^m$ 退化为线性变换 $\mathcal{A}(\cdot)$：$\mathbf{R}^n\supset W\rightarrow W\subset\mathbf{R}^n$ 时，等价关系 $\boldsymbol{AP}=\boldsymbol{QB}$ 退化为

$$\underbrace{\boldsymbol{A}}_{\text{表示矩阵}}\ \underbrace{\boldsymbol{P}}_{\text{基变换}}=\underbrace{\boldsymbol{P}}_{\text{基变换}}\ \underbrace{\boldsymbol{B}}_{\text{表示矩阵}} \tag{2-14}$$

即

$$\underbrace{\boldsymbol{B}}_{\text{表示矩阵}}=\underbrace{\boldsymbol{P}^{-1}}_{\text{基变换}}\ \underbrace{\boldsymbol{A}}_{\text{表示矩阵}}\ \underbrace{\boldsymbol{P}}_{\text{基变换}} \tag{2-15}$$

称矩阵 $\boldsymbol{B}$ 与矩阵 $\boldsymbol{A}$ 相似。

2.1.4 特征值分解与奇异值分解

根据矩阵相似的式子 $\boldsymbol{A}=\boldsymbol{PBP}^{-1}$，对于线性变换 $\mathcal{A}(\cdot):\mathbf{R}^n\rightarrow\mathbf{R}^n$，通过合理设计的基变换矩阵 $\boldsymbol{P}$，可以将表示矩阵 $\boldsymbol{A}$ 变为简单的矩阵 $\boldsymbol{B}$。

矩阵 $\boldsymbol{B}$ 的最简形式是对角阵，这可以通过特征值分解得到。

矩阵 $\boldsymbol{A}$ 与向量 $\boldsymbol{v}$ 相乘，就是对向量 $\boldsymbol{v}$ 进行线性变换（如旋转、伸缩、反射等），例如对称矩阵 $\boldsymbol{A}=\begin{pmatrix}3&0\\0&1\end{pmatrix}$ 的乘法 $\begin{pmatrix}3&0\\0&1\end{pmatrix}\begin{pmatrix}x\\y\end{pmatrix}=\begin{pmatrix}3x\\y\end{pmatrix}$，就是对 $\boldsymbol{x}$ 轴和 $\boldsymbol{y}$ 轴进行（非均匀）伸缩。而非对称矩阵 $\boldsymbol{A}=\begin{pmatrix}1&1\\0&1\end{pmatrix}$ 的乘法 $\begin{pmatrix}1&1\\0&1\end{pmatrix}\begin{pmatrix}x\\y\end{pmatrix}=\begin{pmatrix}x+y\\y\end{pmatrix}$ 则既不是对 x 轴也不是对 y 轴进行伸缩，而是在特定方向上进行伸缩。具体是哪个方向，需要特征向量的概念。

对于方阵 $\boldsymbol{A}\in\mathbf{R}^{n\times n}$ 和向量 $\boldsymbol{v}\in\mathbf{R}^n$，如果有 $\boldsymbol{Av}=\lambda\boldsymbol{v}$，也就是矩阵对于向量只有伸缩作用，即 span($\boldsymbol{v}$) 构成一维不变子空间，则称 λ 为特征值，$\boldsymbol{v}$ 为对应特征值 λ 的特征向量。矩阵 $\boldsymbol{A}$ 与特征向量 $\boldsymbol{v}$ 相乘和数量 λ 与特征向量 $\boldsymbol{v}$ 相乘效果相同，说明特征向量 $\boldsymbol{v}$ 是一个主要伸缩方向。

记方阵 $\boldsymbol{A}$ 排序后的特征值为 $\lambda_1\geqslant\lambda_2\geqslant\cdots\geqslant\lambda_n$，对应特征向量为 $\boldsymbol{w}_1,\boldsymbol{w}_2,\cdots,\boldsymbol{w}_n$，则 $\boldsymbol{A}$ 可以表示为

$$\boldsymbol{A}=\boldsymbol{W}\boldsymbol{\Lambda}\boldsymbol{W}^{-1} \tag{2-16}$$

式(2-16)称为方阵 $\boldsymbol{A}$ 的特征值分解（Eigen Value Decomposition，EVD），其中 $\boldsymbol{\Lambda}=\mathrm{diag}(\lambda_1,\lambda_2,\cdots,\lambda_n)$ 为特征值构成的对角阵，$\boldsymbol{W}=(\boldsymbol{w}_1,\boldsymbol{w}_2,\cdots,\boldsymbol{w}_n)$ 为相应特征向量拼成的方阵。

进一步地，把向量组 $\{\boldsymbol{w}_i\}$ 正交化和单位化为 $\{\tilde{\boldsymbol{w}}_i\}$，从而 $\tilde{\boldsymbol{w}}_i\tilde{\boldsymbol{w}}_i^{\mathrm{T}}=1$，则 $\{\tilde{\boldsymbol{w}}_i\}$ 构成标准正交基矩阵（酉矩阵），满足 $\widetilde{\boldsymbol{W}}\widetilde{\boldsymbol{W}}^{\mathrm{T}}=\boldsymbol{I}_n$ 即 $\widetilde{\boldsymbol{W}}^{-1}=\widetilde{\boldsymbol{W}}^{\mathrm{T}}$，因此

$$\boldsymbol{A}=\widetilde{\boldsymbol{W}}\boldsymbol{\Lambda}\widetilde{\boldsymbol{W}}^{\mathrm{T}} \tag{2-17}$$

不过，能够进行特征值分解的矩阵必须是方阵，大部分工程问题遇到的矩阵并非方阵。

此时根据矩阵等价式 $\boldsymbol{A}=\boldsymbol{QBP}^{-1}$，对于线性映射 $\mathcal{A}(\cdot):\mathbf{R}^n\rightarrow\mathbf{R}^m$，通过合理设计输入基

的过渡矩阵 $\boldsymbol{V}$ 和输出基的过渡矩阵 $\boldsymbol{U}$，表示矩阵 $\boldsymbol{A}$ 可以变为简单的 $\boldsymbol{B}$。矩阵 $\boldsymbol{B}$ 的最简单形式是分块对角阵，这可以通过奇异值分解(Singular Value Decomposition，SVD)得到

$$\underbrace{\boldsymbol{A}}_{m\times n}=\underbrace{\boldsymbol{U}}_{m\times m}\boldsymbol{\Sigma}\underbrace{\boldsymbol{V}^{\mathrm{T}}}_{n\times n}=\underbrace{\boldsymbol{U}}_{m\times m}\underbrace{\begin{pmatrix}\boldsymbol{\Lambda}_{r\times r} & \boldsymbol{0}\\ \boldsymbol{0} & \boldsymbol{0}\end{pmatrix}}_{\boldsymbol{\Sigma}_{m\times n}}\underbrace{\boldsymbol{V}^{\mathrm{T}}}_{n\times n} \tag{2-18}$$

式(2-18)称为矩阵 $\boldsymbol{A}$ 的奇异值分解，其中 $\boldsymbol{A}\in\mathbf{R}^{m\times n}$，$r=\operatorname{rank}\boldsymbol{A}$ 为 $\boldsymbol{A}$ 的秩；$\boldsymbol{V}\in\mathbf{R}^{n\times n}$ 和 $\boldsymbol{U}\in\mathbf{R}^{m\times m}$ 为正交矩阵，$\boldsymbol{\Sigma}\in\mathbf{R}^{m\times n}$ 矩阵形式如下：

$$\boldsymbol{\Sigma}_{m\times n}=\underbrace{\begin{bmatrix}\sigma_1 & & & & & \\ & \ddots & & & & \\ & & \sigma_r & & & \\ & & & 0 & & \\ & & & & \ddots & \\ & & & & & 0\\ & & & & & \vdots\\ & & & & & 0\end{bmatrix}}_{m>n},\quad \boldsymbol{\Sigma}_{m\times n}=\underbrace{\begin{bmatrix}\sigma_1 & & & & & & \\ & \ddots & & & & & \\ & & \sigma_r & & & & \\ & & & 0 & & & \\ & & & & \ddots & & \\ & & & & & 0 & \cdots & 0\end{bmatrix}}_{m<n}$$

$\boldsymbol{\Sigma}$ 中的$\boldsymbol{\Lambda}=\operatorname{diag}(\sigma_1,\sigma_2,\cdots,\sigma_r)$是由从大到小排列的 $\boldsymbol{r}$ 个非零奇异值构成的对角方阵；而 $\sigma_1\geqslant\cdots\geqslant\sigma_r\geqslant\sigma_{r+1}\geqslant\cdots\geqslant\sigma_{\min(m,n)}\geqslant0$ 称为矩阵 $\boldsymbol{A}$ 的奇异值，同时也是方阵 $\boldsymbol{A}^{\mathrm{T}}\boldsymbol{A}$ 或 $\boldsymbol{A}\boldsymbol{A}^{\mathrm{T}}$ 的特征值的平方根。

需要注意奇异值可以由矩阵 $\boldsymbol{A}$ 唯一确定，但是正交矩阵 $\boldsymbol{V}$、$\boldsymbol{U}$ 却并不唯一。

观察矩阵 $\boldsymbol{A}$ 的奇异值分解：

$$\underbrace{\boldsymbol{A}}_{m\times n}=\underbrace{\boldsymbol{U}}_{m\times m}\underbrace{\begin{pmatrix}\boldsymbol{\Lambda}_{r\times r} & \boldsymbol{0}\\ \boldsymbol{0} & \boldsymbol{0}\end{pmatrix}}_{\boldsymbol{\Sigma}_{m\times n}}\underbrace{\boldsymbol{V}^{\mathrm{T}}}_{n\times n}\Leftrightarrow\underbrace{\boldsymbol{A}}_{m\times n}\underbrace{\boldsymbol{V}}_{n\times n}=\underbrace{\boldsymbol{U}}_{m\times m}\underbrace{\begin{pmatrix}\boldsymbol{\Lambda}_{r\times r} & \boldsymbol{0}\\ \boldsymbol{0} & \boldsymbol{0}\end{pmatrix}}_{\boldsymbol{\Sigma}_{m\times n}}$$

即

$$\underbrace{\boldsymbol{A}}_{\text{线性映射}}\underbrace{((\boldsymbol{v}_1,\boldsymbol{v}_2,\cdots,\boldsymbol{v}_n))}_{\text{输入基的过渡矩阵}}=\underbrace{(\boldsymbol{u}_1,\boldsymbol{u}_2,\cdots,\boldsymbol{u}_m)}_{\text{输出基的过渡矩阵}}\underbrace{\begin{pmatrix}\boldsymbol{\Lambda}_{r\times r} & \boldsymbol{0}\\ \boldsymbol{0} & \boldsymbol{0}\end{pmatrix}}_{\text{表示矩阵}\boldsymbol{B}} \tag{2-19}$$

其中：

(1) $\boldsymbol{V}\in\mathbf{R}^{n\times n}$ 的列向量拼成了映射$\mathcal{A}$输入空间的基变换矩阵，$\boldsymbol{V}$ 的 $\boldsymbol{n}$ 个列向量$\boldsymbol{v}_1$，$\boldsymbol{v}_2,\cdots,\boldsymbol{v}_n$ 称为$\boldsymbol{A}$ 的右奇异向量，右奇异向量就是方阵 $\boldsymbol{A}^{\mathrm{T}}\boldsymbol{A}\in\mathbf{R}^{n\times n}$ 的特征向量；

(2) $\boldsymbol{U}\in\mathbf{R}^{m\times m}$ 的列向量拼成了映射$\mathcal{A}$输出空间的基变换矩阵，$\boldsymbol{U}$ 的 $\boldsymbol{m}$ 个列向量 $\boldsymbol{u}_1$，$\boldsymbol{u}_2,\cdots,\boldsymbol{u}_m$ 称为$\boldsymbol{A}$ 的左奇异向量，左奇异向量就是方阵 $\boldsymbol{A}\boldsymbol{A}^{\mathrm{T}}\in\mathbf{R}^{m\times m}$ 的特征向量；

(3) 三角阵$\boldsymbol{\Sigma}$ 中$\boldsymbol{\Lambda}\in\mathbf{R}^{r\times r}$ 对角线上的非零奇异值可以视作输入与输出之间的膨胀系数，每一个奇异值可以看作一个残差项，最后一个奇异值最小，其含义是最优残差。

2.1.5 $\boldsymbol{Ax}=\boldsymbol{0}$ 与 $\boldsymbol{Ax}=\boldsymbol{b}$ 的最小二乘解

特征值分解可以用于求解齐次方程 $\boldsymbol{Ax}=\boldsymbol{0}$。

给定线性齐次方程 $\boldsymbol{Ax}=\boldsymbol{0}$，设 $\boldsymbol{x}^*$ 为该超定方程的非零解，则缩放 ζ 倍的 $\zeta\boldsymbol{x}^*$ 依然是

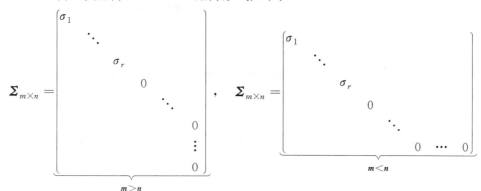

解，因此可以通过建立范数约束 $\|\boldsymbol{x}\|=1$ 得到约束型最小二乘问题：

$$\min\|\boldsymbol{A}\boldsymbol{x}\|^2$$
$$\text{s. t. } \|\boldsymbol{x}\|=1 \tag{2-20}$$

上述最小二乘问题通过拉格朗日乘子转换为无约束优化问题：

$$\mathcal{L}(\boldsymbol{x},\lambda)=\|\boldsymbol{A}\boldsymbol{x}\|^2+\lambda(1-\|\boldsymbol{x}\|^2)=\boldsymbol{x}^{\mathrm{T}}\boldsymbol{A}^{\mathrm{T}}\boldsymbol{A}\boldsymbol{x}+\lambda(1-\boldsymbol{x}^{\mathrm{T}}\boldsymbol{x})$$

求解平稳点，有

$$\boldsymbol{0}=\frac{\partial\mathcal{L}}{\partial x}=2\boldsymbol{A}^{\mathrm{T}}\boldsymbol{A}\boldsymbol{x}-2\lambda\boldsymbol{x}\Rightarrow\boldsymbol{A}^{\mathrm{T}}\boldsymbol{A}\boldsymbol{x}=\lambda\boldsymbol{x} \tag{2-21}$$

可见 λ 和 $\boldsymbol{x}$ 分别是方阵 $\boldsymbol{A}^{\mathrm{T}}\boldsymbol{A}$ 的特征值和特征向量，因此解 $\boldsymbol{x}^*$ 一定在 $\boldsymbol{A}^{\mathrm{T}}\boldsymbol{A}$ 的特征向量中。

为了确定具体是哪一个特征向量，考查目标函数$\mathcal{L}(\boldsymbol{x},\lambda)$的函数值：

$$\mathcal{L}(\boldsymbol{x},\lambda)=\|\boldsymbol{A}\boldsymbol{x}\|^2=\boldsymbol{x}^{\mathrm{T}}\boldsymbol{A}^{\mathrm{T}}\boldsymbol{A}\boldsymbol{x}=\boldsymbol{x}^{\mathrm{T}}\lambda\boldsymbol{x}=\lambda\boldsymbol{x}^{\mathrm{T}}\boldsymbol{x}=\lambda$$

可见，$\mathcal{L}(\boldsymbol{x},\lambda)=\|\boldsymbol{A}\boldsymbol{x}\|^2=\lambda$，要求$\mathcal{L}(\boldsymbol{x},\lambda)$最小，即 λ 最小。

因此，$\boldsymbol{A}\boldsymbol{x}=\boldsymbol{0}$ 的解就是方阵 $\boldsymbol{A}^{\mathrm{T}}\boldsymbol{A}$ 经过特征值分解后对应最小特征值λ 的特征向量。

奇异值分解可以用于求解非齐次方程 $\boldsymbol{A}\boldsymbol{x}=\boldsymbol{b}$。

给定非齐次线性方程 $\boldsymbol{A}\boldsymbol{x}=\boldsymbol{b}$，其损失函数为

$$\mathcal{L}(\boldsymbol{x})=\|\boldsymbol{A}\boldsymbol{x}-\boldsymbol{b}\|_2^2 \tag{2-22}$$

令损失函数的一阶导数为零，可以获得解析解：

$$\boldsymbol{0}=\frac{\partial\mathcal{L}(\boldsymbol{x})}{\partial\boldsymbol{x}}=\boldsymbol{A}^{\mathrm{T}}(\boldsymbol{A}\boldsymbol{x}-\boldsymbol{b})\Rightarrow\boldsymbol{x}=(\boldsymbol{A}^{\mathrm{T}}\boldsymbol{A})^{-1}\boldsymbol{A}^{\mathrm{T}}\boldsymbol{b} \tag{2-23}$$

但是解中含有$(\boldsymbol{A}^{\mathrm{T}}\boldsymbol{A})^{-1}$，需要求解逆矩阵。如果直接对方阵 $\boldsymbol{A}^{\mathrm{T}}\boldsymbol{A}$ 求逆，计算比较复杂。不过可以通过奇异值分解实现，而且奇异值分解还有一个好处是适用于奇异的、退化的方阵 $\boldsymbol{A}^{\mathrm{T}}\boldsymbol{A}$，而这种情况 $\boldsymbol{A}^{\mathrm{T}}\boldsymbol{A}$ 根本无法求逆。

设矩阵 $\boldsymbol{A}$ 的奇异值分解为 $\boldsymbol{A}=\boldsymbol{U}\boldsymbol{\Sigma}\boldsymbol{V}^{\mathrm{T}}$，其中$\boldsymbol{\Sigma}=\begin{pmatrix}\boldsymbol{\Lambda}_r & \cdots & \boldsymbol{0}^{\mathrm{T}}\\ \vdots & & \vdots\\ \boldsymbol{0}^{\mathrm{T}} & \vdots & \boldsymbol{0}^{\mathrm{T}}\end{pmatrix}_{m\times n}$，对角阵$\boldsymbol{\Lambda}_r=\mathrm{diag}(\sigma_1,\sigma_2,\cdots,\sigma_r)$，对角线上 $\sigma_1\geqslant\cdots\geqslant\sigma_r\geqslant\sigma_{r+1}\geqslant\cdots\geqslant\sigma_{\min(m,n)}\geqslant0$，则线性最小二乘求解 $\boldsymbol{A}\boldsymbol{x}=\boldsymbol{b}$ 的极值问题为

$$\min\{\mathcal{L}(\boldsymbol{x})=\|\boldsymbol{A}\boldsymbol{x}-\boldsymbol{b}\|_2^2\} \tag{2-24}$$

根据 $\boldsymbol{U}$ 和 $\boldsymbol{V}$ 作为酉矩阵的保范性，有

$$\|\boldsymbol{A}\boldsymbol{x}-\boldsymbol{b}\|_2^2=\|\boldsymbol{U}^{\mathrm{T}}(\boldsymbol{A}\boldsymbol{x}-\boldsymbol{b})\|_2^2=\Big\|\underbrace{\boldsymbol{U}^{\mathrm{T}}\boldsymbol{A}}_{\boldsymbol{U}^{\mathrm{T}}\boldsymbol{A}=\boldsymbol{\Sigma}\boldsymbol{V}^{\mathrm{T}}}\boldsymbol{x}-\boldsymbol{U}^{\mathrm{T}}\boldsymbol{b}\Big\|_2^2=\Big\|\boldsymbol{\Sigma}\underbrace{\boldsymbol{V}^{\mathrm{T}}\boldsymbol{x}}_{\triangleq\tilde{\boldsymbol{x}}}-\boldsymbol{U}^{\mathrm{T}}\boldsymbol{b}\Big\|_2^2$$

$$=\|\boldsymbol{\Sigma}\tilde{\boldsymbol{x}}-\boldsymbol{U}^{\mathrm{T}}\boldsymbol{b}\|_2^2=\sum_{i=1}^{r}(\sigma_i\tilde{x}-\boldsymbol{U}_i^{\mathrm{T}}\boldsymbol{b})^2+\sum_{i=r+1}^{m}(\boldsymbol{U}_i^{\mathrm{T}}\boldsymbol{b})^2$$

因此

$$\min\|\boldsymbol{A}\boldsymbol{x}-\boldsymbol{b}\|_2^2\Leftrightarrow\min\left\{\sum_{i=1}^{r}(\sigma_i\tilde{x}_i-\boldsymbol{U}_i^{\mathrm{T}}\boldsymbol{b})^2+\underbrace{\sum_{i=r+1}^{m}(\boldsymbol{U}_i^{\mathrm{T}}\boldsymbol{b})^2}_{\text{固定}}\right\}\Leftrightarrow\sigma_i\tilde{x}_i=\boldsymbol{U}_i^{\mathrm{T}}\boldsymbol{b},\quad i=1,2,\cdots,r$$

即

$$\tilde{x}_i = \frac{\boldsymbol{U}_i^{\mathrm{T}}\boldsymbol{b}}{\sigma_i}, \quad i=1,2,\cdots,r$$

从而根据 $\tilde{\boldsymbol{x}} \triangleq \boldsymbol{V}^{\mathrm{T}}\boldsymbol{x}$，通过 $\boldsymbol{x}=\boldsymbol{V}\tilde{\boldsymbol{x}}$，解得

$$\begin{cases} \boldsymbol{x}=\boldsymbol{V}\tilde{\boldsymbol{x}} \\ \tilde{\boldsymbol{x}}_i = \dfrac{\boldsymbol{U}_i^{\mathrm{T}}\boldsymbol{b}}{\sigma_i}, \quad i=1,2,\cdots,r \end{cases} \tag{2-25}$$

此时的极值为 $\min\|\boldsymbol{Ax}-\boldsymbol{b}\|_2^2=\sum\limits_{i=r+1}^{m}(\boldsymbol{U}_i^T\boldsymbol{b})^2$，即剩余残差之和。

当 $r=n$ 时，具有唯一的最小二乘解；如果 $\boldsymbol{r}<n$，则 $i>r$ 的 $\tilde{\boldsymbol{x}}_i$ 可以取任意值，因此存在无穷多的最小二乘解。此时，可以建立约束为最小范数解：

$$\begin{cases} \boldsymbol{x}=\boldsymbol{V}\tilde{\boldsymbol{x}} \\ \tilde{\boldsymbol{x}}_i = \dfrac{\boldsymbol{U}_i^{\mathrm{T}}\boldsymbol{b}}{\sigma_i}, \quad i=1,2,\cdots,r \\ \tilde{\boldsymbol{x}}_i=0, \qquad i=r+1,2,\cdots,n \end{cases} \tag{2-26}$$

这样，通过奇异值分解的 $\boldsymbol{U}$ 和 $\boldsymbol{V}$，得到超定方程 $\boldsymbol{Ax}=\boldsymbol{b}$ 解的表示。

2.2　坐标系变换与刚体运动

2.1 节已经介绍矩阵基变换和线性映射的两个功能，本节在 2D 和 3D 空间讨论这两个功能的具体应用；在将空间范围限定之后，基变换即坐标系变换，线性映射即刚体运动。

2.2.1　坐标系变换

1. 二维坐标系旋转

给定二维空间及一个坐标系 $\{0\}=\boldsymbol{o}\boldsymbol{i}_0\boldsymbol{j}_0$，将该坐标系绕原点旋转 θ，可以得到新坐标系 $\{1\}=\boldsymbol{o}\boldsymbol{i}_1\boldsymbol{j}_1$，如图 2-1 所示。

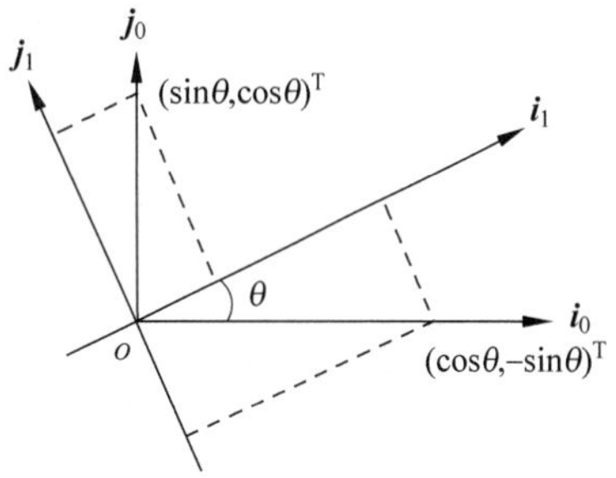

图 2-1　二维坐标系旋转

旧坐标系{0}坐标轴 $\boldsymbol{i}_0$ 和 $\boldsymbol{j}_0$ 的单位向量在新基{1}下的投影（即坐标）为 $(\cos\theta,-\sin\theta)^{\mathrm{T}}$ 和 $(\sin\theta,\cos\theta)^{\mathrm{T}}$，从而拼成旧基 $\{\boldsymbol{i}_0,\boldsymbol{j}_0\}$ 和新基 $\{\boldsymbol{i}_1,\boldsymbol{j}_1\}$ 之间的转移矩阵：

$$(\boldsymbol{i}_0,\boldsymbol{j}_0)=(\boldsymbol{i}_1,\boldsymbol{j}_1)\underbrace{\begin{pmatrix}\cos\theta & \sin\theta \\ -\sin\theta & \cos\theta\end{pmatrix}}_{\text{转移矩阵}} \tag{2-27}$$

这个转移矩阵实现了二维空间坐标系旋转时基 $\{\boldsymbol{i}_1,\boldsymbol{j}_1\}$ 到基 $\{\boldsymbol{i}_0,\boldsymbol{j}_0\}$ 的变换：

$${}_0^1\boldsymbol{R} \triangleq \begin{pmatrix}\cos\theta & \sin\theta \\ -\sin\theta & \cos\theta\end{pmatrix} \tag{2-28}$$

基变换矩阵记作 ${}_0^1\boldsymbol{R}$，强调坐标系{1}旋转换为坐标系{0}；或者理解为将目标在{0}中坐标变为{1}中坐标：对于二维空间中的任意抽象向量 $\boldsymbol{p}$，记其在旧坐标系{0}中坐标为 ${}^0\boldsymbol{p}=(x_0,y_0)^{\mathrm{T}}$，在新坐标系{1}中坐标为 ${}^1\boldsymbol{p}=(x_1,y_1)^{\mathrm{T}}$，则有 ${}^1\boldsymbol{p}={}_0^1\boldsymbol{R}\,{}^0\boldsymbol{p}$。

$$\underbrace{\begin{pmatrix} x_1 \\ y_1 \end{pmatrix}}_{{}^1\boldsymbol{p}} = \underbrace{\begin{pmatrix} \cos\theta & \sin\theta \\ -\sin\theta & \cos\theta \end{pmatrix}}_{\text{基变换矩阵}{}_0^1\boldsymbol{R}} \underbrace{\begin{pmatrix} x_0 \\ y_0 \end{pmatrix}}_{{}^0\boldsymbol{p}}$$

注意：矩阵$\begin{pmatrix} \cos\theta & \sin\theta \\ -\sin\theta & \cos\theta \end{pmatrix}$描述坐标系旋转，基发生变化，即观测视角变化。

需要区别于目标在相同坐标系内旋转的旋转矩阵$\begin{pmatrix} \cos\theta & -\sin\theta \\ \sin\theta & \cos\theta \end{pmatrix}$。

---

2. 三维坐标系旋转

三维空间中的坐标系旋转比较不容易进行直观绘图，因此适合从代数的角度进行分析。

给定三维空间中原点重合的两个坐标系$\{0\}=\boldsymbol{o}\boldsymbol{i}_0\boldsymbol{j}_0\boldsymbol{k}_0$和$\{1\}=\boldsymbol{o}\boldsymbol{i}_1\boldsymbol{j}_1\boldsymbol{k}_1$，对于任意抽象向量$\boldsymbol{p}$，记向量$\boldsymbol{p}$在$\{0\}$中坐标为${}^0\boldsymbol{p}=(x_0,y_0,z_0)^{\mathrm{T}}$，在$\{1\}$中坐标为${}^1\boldsymbol{p}=(x_1,y_1,z_1)^{\mathrm{T}}$，抽象向量$\boldsymbol{p}$可以表示为

$$\boldsymbol{p}=x_0\boldsymbol{i}_0+y_0\boldsymbol{j}_0+z_0\boldsymbol{k}_0$$

$$\boldsymbol{p}=x_1\boldsymbol{i}_1+y_1\boldsymbol{j}_1+z_1\boldsymbol{k}_1$$

在三维空间中再任意选择一个异于$\boldsymbol{p}$的向量$\boldsymbol{q}$，根据内积定义，有$\langle {}^0\boldsymbol{p},\boldsymbol{q}\rangle \equiv \langle {}^1\boldsymbol{p},\boldsymbol{q}\rangle$，即

$$\langle x_0\boldsymbol{i}_0+y_0\boldsymbol{j}_0+z_0\boldsymbol{k}_0,\boldsymbol{q}\rangle=\langle x_1\boldsymbol{i}_1+y_1\boldsymbol{j}_1+z_1\boldsymbol{k}_1,\boldsymbol{q}\rangle$$

由于向量$\boldsymbol{q}$的选择是任意的，因此将其依次取为坐标系$\{1\}$的三个坐标轴$\boldsymbol{i}_1$、$\boldsymbol{j}_1$、$\boldsymbol{k}_1$，可得三个方程：

$$\langle x_0\boldsymbol{i}_0+y_0\boldsymbol{j}_0+z_0\boldsymbol{k}_0,\boldsymbol{i}_1+0+0\rangle=\langle x_1\boldsymbol{i}_1+y_1\boldsymbol{j}_1+z_1\boldsymbol{k}_1,\boldsymbol{i}_1+0+0\rangle$$

$$\langle x_0\boldsymbol{i}_0+y_0\boldsymbol{j}_0+z_0\boldsymbol{k}_0,0+\boldsymbol{j}_1+0\rangle=\langle x_1\boldsymbol{i}_1+y_1\boldsymbol{j}_1+z_1\boldsymbol{k}_1,0+\boldsymbol{j}_1+0\rangle$$

$$\langle x_0\boldsymbol{i}_0+y_0\boldsymbol{j}_0+z_0\boldsymbol{k}_0,0+0+\boldsymbol{k}_1\rangle=\langle x_1\boldsymbol{i}_1+y_1\boldsymbol{j}_1+z_1\boldsymbol{k}_1,0+0+\boldsymbol{k}_1\rangle$$

由于$\boldsymbol{i}_1$、$\boldsymbol{j}_1$、$\boldsymbol{k}_1$为一组标准正交基，因此将上述方程组写成矩阵形式：

$$\begin{pmatrix} \langle \boldsymbol{i}_0,\boldsymbol{i}_1\rangle & \langle \boldsymbol{j}_0,\boldsymbol{i}_1\rangle & \langle \boldsymbol{k}_0,\boldsymbol{i}_1\rangle \\ \langle \boldsymbol{i}_0,\boldsymbol{j}_1\rangle & \langle \boldsymbol{j}_0,\boldsymbol{j}_1\rangle & \langle \boldsymbol{k}_0,\boldsymbol{j}_1\rangle \\ \langle \boldsymbol{i}_0,\boldsymbol{k}_1\rangle & \langle \boldsymbol{j}_0,\boldsymbol{k}_1\rangle & \langle \boldsymbol{k}_0,\boldsymbol{k}_1\rangle \end{pmatrix}\begin{pmatrix} x_0 \\ y_0 \\ z_0 \end{pmatrix}=\begin{pmatrix} x_1 \\ y_1 \\ z_1 \end{pmatrix}$$

即

$$\underbrace{\begin{pmatrix} x_1 \\ y_1 \\ z_1 \end{pmatrix}}_{{}^1\boldsymbol{p}}=\underbrace{\begin{pmatrix} \langle \boldsymbol{i}_0,\boldsymbol{i}_1\rangle & \langle \boldsymbol{j}_0,\boldsymbol{i}_1\rangle & \langle \boldsymbol{k}_0,\boldsymbol{i}_1\rangle \\ \langle \boldsymbol{i}_0,\boldsymbol{j}_1\rangle & \langle \boldsymbol{j}_0,\boldsymbol{j}_1\rangle & \langle \boldsymbol{k}_0,\boldsymbol{j}_1\rangle \\ \langle \boldsymbol{i}_0,\boldsymbol{k}_1\rangle & \langle \boldsymbol{j}_0,\boldsymbol{k}_1\rangle & \langle \boldsymbol{k}_0,\boldsymbol{k}_1\rangle \end{pmatrix}}_{\text{基变换矩阵}{}_0^1\boldsymbol{R}}\underbrace{\begin{pmatrix} x_0 \\ y_0 \\ z_0 \end{pmatrix}}_{{}^0\boldsymbol{p}}$$

即得到三维空间坐标系旋转的基变换矩阵${}_0^1\boldsymbol{R}$。

$${}_0^1\boldsymbol{R} \triangleq \begin{pmatrix} \langle \boldsymbol{i}_0,\boldsymbol{i}_1\rangle & \langle \boldsymbol{j}_0,\boldsymbol{i}_1\rangle & \langle \boldsymbol{k}_0,\boldsymbol{i}_1\rangle \\ \langle \boldsymbol{i}_0,\boldsymbol{j}_1\rangle & \langle \boldsymbol{j}_0,\boldsymbol{j}_1\rangle & \langle \boldsymbol{k}_0,\boldsymbol{j}_1\rangle \\ \langle \boldsymbol{i}_0,\boldsymbol{k}_1\rangle & \langle \boldsymbol{j}_0,\boldsymbol{k}_1\rangle & \langle \boldsymbol{k}_0,\boldsymbol{k}_1\rangle \end{pmatrix} \tag{2-29}$$

基变换矩阵${}_0^1\boldsymbol{R}=(\boldsymbol{r}_1,\boldsymbol{r}_2,\boldsymbol{r}_3)$的列向量$\boldsymbol{r}_j$，依次对应坐标系$\{0\}$的三个坐标轴$\boldsymbol{i}_0$、$\boldsymbol{j}_0$、$\boldsymbol{k}_0$

单位向量在坐标系{1}的基 $\boldsymbol{i}_1$、$\boldsymbol{j}_1$、$\boldsymbol{k}_1$ 下的坐标，即基变换矩阵 ${}_0^1\boldsymbol{R}$ 就是旧基{$\boldsymbol{i}_0$、$\boldsymbol{j}_0$、$\boldsymbol{k}_0$}和新基{$\boldsymbol{i}_1$、$\boldsymbol{j}_1$、$\boldsymbol{k}_1$}之间的转移矩阵。

3. 三维坐标系变换

三维空间不同坐标系之间不仅存在旋转，也会同时存在平移，例如图 2-2 的相机坐标系{C}和世界坐标系{W}。

对于空间中任意抽象向量 $\boldsymbol{p}$，记其在{W}世界坐标系中坐标为 ${}^W\boldsymbol{p}$，在{C}相机坐标系中坐标为 ${}^C\boldsymbol{p}$；如果已知 ${}^W\boldsymbol{p}$，需要获取 ${}^C\boldsymbol{p}$，可以通过以下两步完成：

(1) 考虑{C}和{W}的姿态差异，这可以由基变换矩阵 ${}_W^C\boldsymbol{R}$ 描述，此时自由向量 ${}^W\boldsymbol{p}$ 在基{C}下坐标为 ${}^C\tilde{\boldsymbol{p}}={}_W^C\boldsymbol{R}\,{}^W\boldsymbol{p}$，如图 2-3 所示。

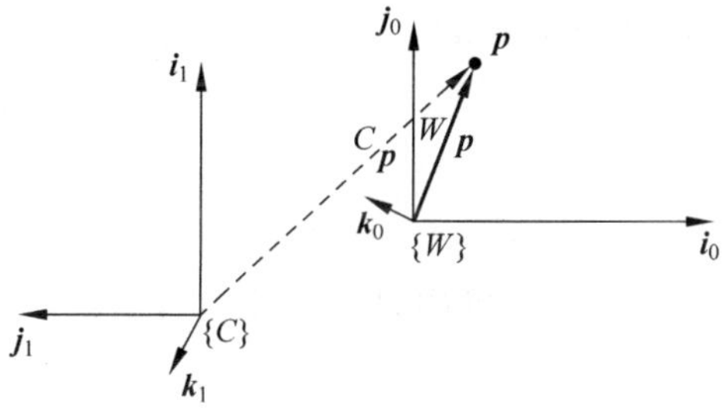

图 2-2　三维坐标系变换

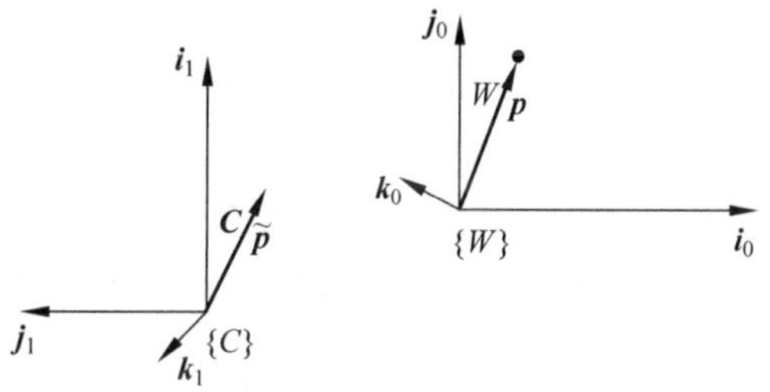

图 2-3　姿态调整

(2) 考虑{W}在{C}中的原点偏移 ${}^C\boldsymbol{t}_W$，如图 2-4 所示，可得 ${}^C\boldsymbol{p}={}^C\tilde{\boldsymbol{p}}+{}^C\boldsymbol{t}_W$。

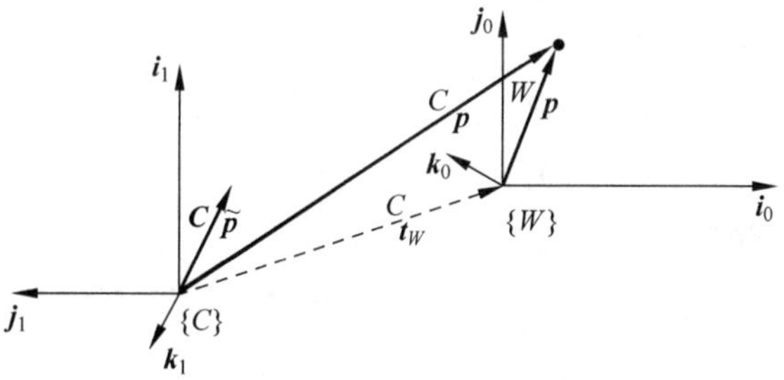

图 2-4　偏移调整

综合以上，有

$$
{}^C\boldsymbol{p}={}_W^C\boldsymbol{R}\,{}^W\boldsymbol{p}+{}^C\boldsymbol{t}_W \tag{2-30}
$$

其中，基变换矩阵 ${}_W^C\boldsymbol{R}$ 代表{W}在{C}坐标系中的姿态表示，或者坐标系{C}到{W}的旋转；偏移向量 ${}^C\boldsymbol{t}_W$ 表示{W}原点在{C}中的偏移，或者坐标系{C}到{W}的平移。

注意：这里可以有两种理解：

(1) 静态的，矩阵 ${}_W^C\boldsymbol{R}$ 和向量 ${}^C\boldsymbol{t}_W$ 表示坐标系{W}在坐标系{C}中的位姿描述，即{W}相对于{C}的姿态和位置；

(2) 动态的，如果将{C}理解为相机、飞行器或者刀具，则 ${}_W^C\boldsymbol{R}$ 和 ${}^C\boldsymbol{t}_W$ 表示将这些物体从{C}刚体运动到{W}，或者说{C}跟随{W}所需的运动。

4. 坐标齐次表示

上述 $\boldsymbol{y}=\boldsymbol{R}\boldsymbol{x}+\boldsymbol{t}$ 的形式是仿射的而非线性的，虽然是直线但是不经过原点，形式不够简

洁。为此添加维度，采用分块矩阵，从而获得线性形式：

$$\underbrace{\begin{pmatrix} {}^{1}\boldsymbol{p} \\ \vdots \\ 1 \end{pmatrix}}_{{}^{1}\tilde{\boldsymbol{p}}} = \underbrace{\begin{pmatrix} {}^{1}_{0}\boldsymbol{R} & \cdots & {}^{1}\boldsymbol{t}_{0} \\ \vdots & & \vdots \\ \boldsymbol{0}^{\mathrm{T}} & \cdots & 1 \end{pmatrix}}_{{}^{1}_{0}\boldsymbol{T}} \underbrace{\begin{pmatrix} {}^{0}\boldsymbol{p} \\ \vdots \\ 1 \end{pmatrix}}_{{}^{0}\tilde{\boldsymbol{p}}} \tag{2-31}$$

这样 3×1 的坐标向量${}^{0}\boldsymbol{p}$ 和${}^{1}\boldsymbol{p}$，通过增加始终为 1 的附加坐标，拓展为 4×1 的坐标向量${}^{0}\tilde{\boldsymbol{p}}$ 和${}^{1}\tilde{\boldsymbol{p}}$，称为齐次坐标表示，从而由仿射形式得到线性形式：

$${}^{1}\tilde{\boldsymbol{p}} = {}^{1}_{0}\boldsymbol{T}\,{}^{0}\tilde{\boldsymbol{p}} \tag{2-32}$$

其逆变换为

$${}^{0}_{1}\boldsymbol{T} = ({}^{1}_{0}\boldsymbol{T})^{-1} = \begin{pmatrix} ({}^{1}_{0}\boldsymbol{R})^{\mathrm{T}} & \cdots & -({}^{1}_{0}\boldsymbol{R})^{\mathrm{T}}\,{}^{1}\boldsymbol{t}_{0} \\ \vdots & & \vdots \\ \boldsymbol{0}^{\mathrm{T}} & \cdots & 1 \end{pmatrix} \tag{2-33}$$

可见，若{0}原点在{1}中坐标为${}^{1}\boldsymbol{t}_{0}$，则{1}原点在{0}中坐标为$-({}^{1}_{0}\boldsymbol{R})^{\mathrm{T}}\,{}^{1}\boldsymbol{t}_{0}$。

在机器视觉和机器人等领域中采用齐次坐标，通过 $n+1$ 维向量来描述 n 维向量，可以获得以下好处：

(1) 形式规整，是线性的，而且齐次；

(2) 伸缩不变，满足：

$$\boldsymbol{Tx} = s\boldsymbol{Tx}, \quad s \neq 0$$

(3) 方便计算变换矩阵的逆：

$$\boldsymbol{T}^{-1} = \begin{pmatrix} \boldsymbol{R} & \boldsymbol{t} \\ \boldsymbol{0}^{\mathrm{T}} & 1 \end{pmatrix}^{-1} = \begin{pmatrix} \boldsymbol{R}^{\mathrm{T}} & -\boldsymbol{R}^{\mathrm{T}}\boldsymbol{t} \\ \boldsymbol{0}^{\mathrm{T}} & 1 \end{pmatrix}$$

(4) 容易计算级联操作：

$$\boldsymbol{T}_{2}\boldsymbol{T}_{1} = \begin{pmatrix} \boldsymbol{R}_{2} & \boldsymbol{t}_{2} \\ \boldsymbol{0}^{\mathrm{T}} & 1 \end{pmatrix} \begin{pmatrix} \boldsymbol{R}_{1} & \boldsymbol{t}_{1} \\ \boldsymbol{0}^{\mathrm{T}} & 1 \end{pmatrix} = \begin{pmatrix} \boldsymbol{R}_{2}\boldsymbol{R}_{1} & \cdots & \boldsymbol{R}_{2}\boldsymbol{t}_{1} + \boldsymbol{t}_{2} \\ \vdots & & \vdots \\ \boldsymbol{0}^{\mathrm{T}} & \cdots & 1 \end{pmatrix} \tag{2-34}$$

因此给定坐标系{2}、{1}和{0}，已知${}^{1}_{0}\boldsymbol{T}$ 和${}^{2}_{1}\boldsymbol{T}$，则{0}到{2}的坐标变换${}^{2}_{0}\boldsymbol{T}$ 就是

$${}^{2}_{0}\boldsymbol{T} = {}^{2}_{1}\boldsymbol{T}\,{}^{1}_{0}\boldsymbol{T}$$

而且这种级联操作并不限定长度和顺序：

$${}^{5}\boldsymbol{p} = {}^{5}_{6}\boldsymbol{T}\,{}^{6}_{7}\boldsymbol{T}\,{}^{7}_{2}\boldsymbol{T}\,{}^{2}_{1}\boldsymbol{T}\,{}^{1}_{0}\boldsymbol{T}\,{}^{0}\boldsymbol{p} \tag{2-35}$$

2.2.2 刚体运动

2.2.1 节介绍坐标系变化，即基变换，现在考虑物体在相同坐标系内的运动。刚体运动的描述有很多方式，例如欧拉角、四元数等，本节使用矩阵工具。

向量与矩阵相乘的线性运算，相当于向量的旋转、伸缩。向量与矩阵相乘后再与一向量相加的仿射运算，相当于向量的旋转和缩放之后再平移。向量的旋转、伸缩为线性变换，如果附带平移则为仿射变换。

1. 二维旋转

二维平面中的旋转是 $\mathbf{R}^2 \to \mathbf{R}^2$ 的等距线性变换。例如图 2-5，质点 $\boldsymbol{p}(x, y)$经过正向旋

转 θ 角度，到达 $\boldsymbol{p}'(x',y')$。

引入辅助角 α，利用三角函数的和差化积，有

$$\begin{aligned}x' &= \|\boldsymbol{p}'\|\cos(\alpha+\theta) = \|\boldsymbol{p}'\|(\cos\alpha\cos\theta - \sin\alpha\sin\theta)\\ &= \|\boldsymbol{p}\|\cos\alpha\cos\theta - \|\boldsymbol{p}\|\sin\alpha\sin\theta = x\cos\theta - y\sin\theta\\ y' &= \|\boldsymbol{p}'\|\sin(\alpha+\theta) = \|\boldsymbol{p}'\|(\sin\alpha\cos\theta + \cos\alpha\sin\theta)\\ &= \|\boldsymbol{p}\|\sin\alpha\cos\theta + \|\boldsymbol{p}\|\cos\alpha\sin\theta = y\cos\theta + x\sin\theta\end{aligned}$$

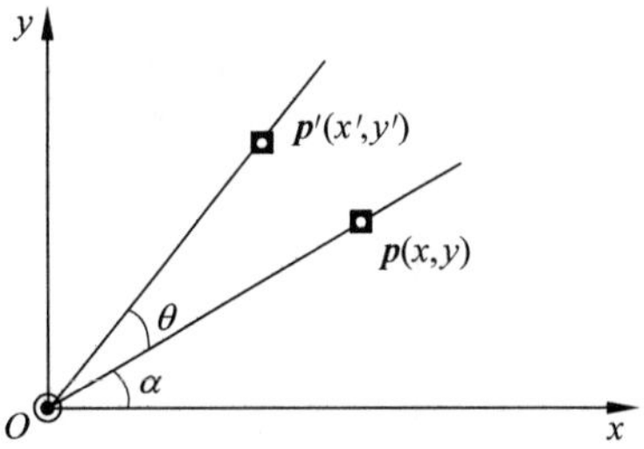

图 2-5　二维旋转

即

$$\begin{aligned}x' &= x\cos\theta - y\sin\theta\\ y' &= y\cos\theta + x\sin\theta\end{aligned}$$

矩阵形式为

$$\underbrace{\begin{pmatrix}x'\\y'\end{pmatrix}}_{\boldsymbol{p}'} = \underbrace{\begin{pmatrix}\cos\theta & -\sin\theta\\ \sin\theta & \cos\theta\end{pmatrix}}_{\text{旋转运动}\boldsymbol{A}} \underbrace{\begin{pmatrix}x\\y\end{pmatrix}}_{\boldsymbol{p}} \tag{2-36}$$

给定具体角度例如 $\theta=\pi/3$，考查效果。此时矩阵为 $\boldsymbol{A}=\begin{pmatrix}\cos\frac{\pi}{3} & -\sin\frac{\pi}{3}\\ \sin\frac{\pi}{3} & \cos\frac{\pi}{3}\end{pmatrix}=\begin{pmatrix}1/2 & -\sqrt{3}/2\\ \sqrt{3}/2 & 1/2\end{pmatrix}$，对具体向量例如 $(1,0)^{\mathrm{T}}$ 施加矩阵 $\boldsymbol{A}$ 的左乘，$\underbrace{\begin{pmatrix}1/2 & -\sqrt{3}/2\\ \sqrt{3}/2 & 1/2\end{pmatrix}}_{\boldsymbol{A}}\begin{pmatrix}1\\0\end{pmatrix}=\begin{pmatrix}1/2\\ \sqrt{3}/2\end{pmatrix}$，几何效果如图 2-6 所示。

可见正交矩阵 $\boldsymbol{A}$ 的几何意义就是单纯旋转。

2. 二维平面运动

给定另一个矩阵 $\boldsymbol{A}=\begin{pmatrix}2 & -1\\ 1 & 4\end{pmatrix}$，对 $(1,0)^{\mathrm{T}}$、$(0,1)^{\mathrm{T}}$ 及第三点 $(1,1)^{\mathrm{T}}$，施加矩阵乘法得到三点为 $\begin{pmatrix}2 & -1\\ 1 & 4\end{pmatrix}\begin{pmatrix}1\\0\end{pmatrix}=\begin{pmatrix}2\\1\end{pmatrix}$、$\begin{pmatrix}2 & -1\\ 1 & 4\end{pmatrix}\begin{pmatrix}0\\1\end{pmatrix}=\begin{pmatrix}-1\\4\end{pmatrix}$ 和 $\begin{pmatrix}2 & -1\\ 1 & 4\end{pmatrix}\begin{pmatrix}1\\1\end{pmatrix}=\begin{pmatrix}1\\5\end{pmatrix}$。原来 $\{(0,0),(1,0),(0,1),(1,1)\}$ 构成的正方形，经此变换后，被拉伸为 $\{(0,0),(2,1),(-1,4),(1,5)\}$ 四点所成的菱形，几何效果如图 2-7 所示。

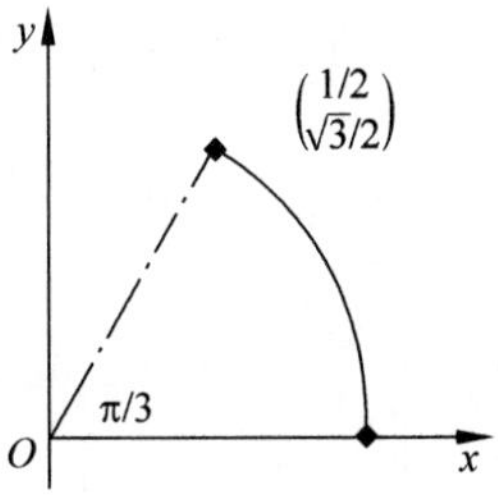

图 2-6　单纯旋转

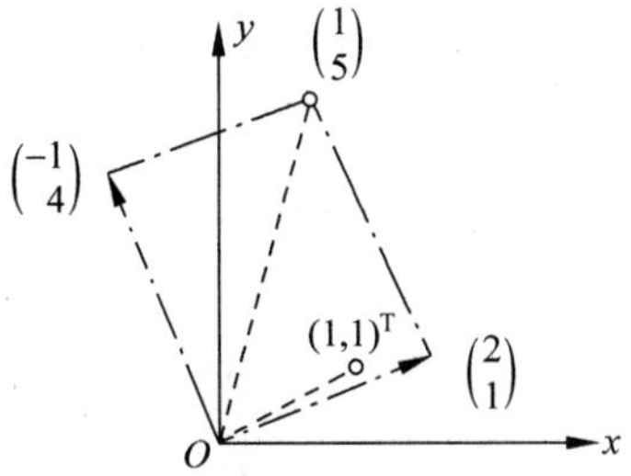

图 2-7　旋转和缩放

可见该矩阵 $\boldsymbol{A}$ 的乘法代表旋转之外再加上某个方向的伸缩。

考虑另一矩阵 $\boldsymbol{A}=\begin{pmatrix}1 & 1\\ 0 & -1\end{pmatrix}$ 和偏移 $\boldsymbol{b}=\begin{pmatrix}1\\2\end{pmatrix}$，先对向量 $\boldsymbol{x}$ 施加矩阵乘法 $\boldsymbol{y}=\boldsymbol{A}\boldsymbol{x}$ 之后再

平移 $\boldsymbol{b}$，即得仿射变换 $\boldsymbol{y}=\boldsymbol{A}\boldsymbol{x}+\boldsymbol{b}$，对应旋转＋缩放＋平移操作。对于向量 $\boldsymbol{x}=(1,0)^{\mathrm{T}}$ 施加该仿射变换为 $\begin{pmatrix}1 & 1\\ 0 & -1\end{pmatrix}\begin{pmatrix}1\\1\end{pmatrix}+\begin{pmatrix}1\\2\end{pmatrix}=\begin{pmatrix}3\\1\end{pmatrix}$，原来$\{(0,0),(1,0),(0,1),(1,1)\}$四点构成的正方形经此仿射变换后，几何效果为先旋转，再缩放，然后平移，几何效果如图 2-8 所示。

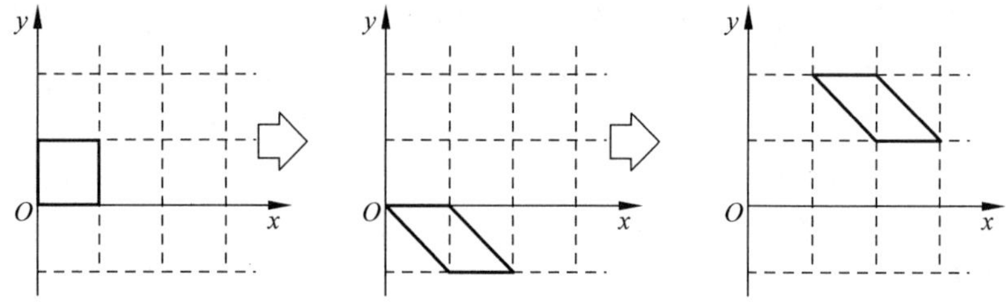

图 2-8 旋转、缩放和平移

3. 三维空间运动

以下将二维平面扩展至三维立体空间。

(1) 考虑平移运动，给定三维空间中质点 $\boldsymbol{p}$，平移 $\boldsymbol{t}$ 后，终止位姿为 $\boldsymbol{p}'$，则有

$$\boldsymbol{p}'=\boldsymbol{p}+\boldsymbol{t} \tag{2-37}$$

其中，$\boldsymbol{t}=(t_x,t_y,t_z)^{\mathrm{T}}$ 为平移向量。因为是在同一坐标系内的运动，所以省略了上标和下标。

齐次坐标形式为

$$\begin{pmatrix}p'_x\\p'_y\\p'_z\\1\end{pmatrix}=\begin{pmatrix}1 & 0 & 0 & t_x\\0 & 1 & 0 & t_y\\0 & 0 & 1 & t_z\\0 & 0 & 0 & 1\end{pmatrix}\begin{pmatrix}p_x\\p_y\\p_z\\1\end{pmatrix}$$

即

$$\begin{pmatrix}\boldsymbol{p}'\\ \vdots\\ 1\end{pmatrix}=\begin{pmatrix}\boldsymbol{I} & \cdots & \boldsymbol{t}\\ \vdots & & \vdots\\ \boldsymbol{0}^{\mathrm{T}} & \cdots & 1\end{pmatrix}\begin{pmatrix}\boldsymbol{p}\\ \vdots\\ 1\end{pmatrix}$$

(2) 考虑旋转运动，给定三维空间中质点 $\boldsymbol{p}$，旋转 $\boldsymbol{R}$ 后的位姿为

$$\boldsymbol{p}'=\boldsymbol{R}\boldsymbol{p} \tag{2-38}$$

其中，$\boldsymbol{R}$ 为旋转矩阵。同样道理，因为是在同一坐标系内旋转，所以 $\boldsymbol{R}$ 省略了左上标和左下标。

例如，质点围绕 z 轴按照右手规则旋转正向角度 θ，旋转矩阵 $\boldsymbol{R}$ 的齐次形式为

$$\begin{pmatrix}p'_x\\p'_y\\p'_z\\1\end{pmatrix}=\underbrace{\begin{pmatrix}\cos\theta & -\sin\theta & 0 & 0\\ \sin\theta & \cos\theta & 0 & 0\\ 0 & 0 & 1 & 0\\ 0 & 0 & 0 & 1\end{pmatrix}}_{\boldsymbol{R}(z,\theta)}\begin{pmatrix}p_x\\p_y\\p_z\\1\end{pmatrix}$$

其中，$\boldsymbol{R}(z,\theta)$表示轴为 z、角度为 θ 的旋转运动。绕另外两根轴的旋转矩阵分别为

$$\boldsymbol{R}(y,\theta)=\begin{pmatrix}\cos\theta & 0 & \sin\theta & 0\\ 0 & 1 & 0 & 0\\ -\sin\theta & 0 & \cos\theta & 0\\ 0 & 0 & 0 & 1\end{pmatrix},\quad \boldsymbol{R}(x,\theta)=\begin{pmatrix}1 & 0 & 0 & 0\\ 0 & \cos\theta & -\sin\theta & 0\\ 0 & \sin\theta & \cos\theta & 0\\ 0 & 0 & 0 & 1\end{pmatrix}$$

更为一般的是

$$\underbrace{\boldsymbol{R}(x,y,z)}_{\text{旋转运动}}=\begin{pmatrix}r_{11} & r_{12} & r_{13} & t_1\\ r_{21} & r_{22} & r_{23} & t_2\\ r_{31} & r_{32} & r_{33} & t_3\\ 0 & 0 & 0 & 1\end{pmatrix}$$

其中，左上角的矩阵$(\boldsymbol{r}_{ij})_{3\times3}$虽然有 9 个元素，但是只有三个自由度，即三个角度。

(3) 考虑一般情况，给定三维空间中的质点 $\boldsymbol{p}$，旋转 $\boldsymbol{R}$ 之后平移 $\boldsymbol{t}$（注意，这里运动的次序为先旋转后平移），则终止位姿为 $\boldsymbol{p}'=\boldsymbol{Rp}+\boldsymbol{t}$。添加维度，采用分块矩阵，获得线性形式：

$$\begin{pmatrix}\boldsymbol{p}'\\ \vdots\\ 1\end{pmatrix}=\underbrace{\begin{pmatrix}\boldsymbol{R} & \cdots & \boldsymbol{t}\\ \vdots & & \vdots\\ \boldsymbol{0}^{\mathrm{T}} & \cdots & 1\end{pmatrix}}_{\boldsymbol{T}}\begin{pmatrix}\boldsymbol{p}\\ \vdots\\ 1\end{pmatrix}$$

$$\boldsymbol{p}'=\boldsymbol{Tp} \tag{2-39}$$

其中，$\boldsymbol{T}$ 为位姿变换矩阵。

描述运动时，需要注意旋转和平移的顺序。

注意： 上述 $\boldsymbol{Rp}+\boldsymbol{t}$ 是表示先旋转 $\boldsymbol{R}$ 后平移 $\boldsymbol{t}$，如果先平移 $\boldsymbol{t}$ 后旋转 $\boldsymbol{R}$，则为 $\boldsymbol{R}(\boldsymbol{p}+\boldsymbol{t})$。

这两种运动通常不等价，由 $\boldsymbol{Rp}+\boldsymbol{t}=\boldsymbol{R}(\boldsymbol{p}+\boldsymbol{t})\Rightarrow(\boldsymbol{R}-\boldsymbol{I})\boldsymbol{t}=\boldsymbol{0}$，可见：只有平移向量 $\boldsymbol{t}$ 为 $\boldsymbol{0}$ 或者$(\boldsymbol{R}-\boldsymbol{I})$退化也就是 $\boldsymbol{R}$ 为单位阵从而旋转是 0°时，$\boldsymbol{Rp}+\boldsymbol{t}$ 才会等效于 $\boldsymbol{R}(\boldsymbol{p}+\boldsymbol{t})$。

本节开始曾经提到描述运动存在很多方式，例如欧拉角、四元数，这些是相对简练的方法。对于使用矩阵描述运动，需要注意参数冗余。

注意： 旋转矩阵 $\boldsymbol{R}$ 和变换矩阵 $\boldsymbol{T}$ 都存在严重的参数冗余问题。

以旋转矩阵 $\boldsymbol{R}$ 为例，旋转矩阵即行列式为 1 的正交矩阵：根据 $\boldsymbol{R}$ 为正交矩阵，就有 $\boldsymbol{r}_i\boldsymbol{r}_j=0, i\neq j$ 的约束；进一步地，还有 $\det\boldsymbol{R}=1$。

可见，旋转矩阵 $\boldsymbol{R}$ 所受约束很多，参数冗余严重。

具体到二维平面的旋转矩阵 $\boldsymbol{R}\in\mathbf{R}^2$：

(1) 根据正交性，可得一个独立约束 $\sum_{k=1}^{2}\boldsymbol{r}_{1k}\boldsymbol{r}_{2k}=0$；

(2) 根据单位性，可得 $\sum_{j=1}^{2}r_{1j}^2=1$ 和 $\sum_{j=1}^{2}r_{2j}^2=1$ 两个独立约束。

因此，旋转矩阵 $\boldsymbol{R}^{2\times2}$ 只有 $2\times2-1-2=1$ 个自由度。

对于三维空间的旋转矩阵 $\boldsymbol{R}\in\mathbf{R}^3$：

(1) 根据正交性，可得三个独立约束 $\sum_{k=1}^{3} \boldsymbol{r}_{ik}\boldsymbol{r}_{jk}=0, i=1,2,3, i\neq j$；

(2) 根据单位性，可得 $\sum_{j=1}^{3} r_{ij}^2=1, i=1,2,3$ 共三个独立约束。

因此，旋转矩阵 $\boldsymbol{R}^{3\times 3}$ 只有 3×3−3−3=3 个自由度。

通过分析以上二维和三维的两个例子可以发现参数冗余比较严重，因此在与运动密切相关的领域，例如机器人和飞行器等行业，一般采用李群和李代数。

所谓李群，是指实数域上具有连续性质局部可导的群。例如，三维空间的旋转矩阵 $\boldsymbol{R}^{3\times 3}$ 就属于特殊正交群 $\mathrm{SO}(3)=\{\boldsymbol{R}\in\mathbf{R}^{3\times 3}\mid \boldsymbol{R}^{-1}=\boldsymbol{R}^{\mathrm{T}}, \det\boldsymbol{R}=1\}$，三维的位姿变换矩阵 $\boldsymbol{T}^{3\times 3}$ 属于特殊欧氏群 $\mathrm{SE}(3)=\left\{\boldsymbol{T}\mid \boldsymbol{T}=\begin{pmatrix}\boldsymbol{R} & \boldsymbol{t}\\ \boldsymbol{0}^{\mathrm{T}} & 1\end{pmatrix}, \boldsymbol{R}\in\mathrm{SO}(3), \boldsymbol{t}\in\mathbf{R}^3\right\}$。

通过李群的微分，导出李代数，有望实现对运动的直接求导。

例如，基于旋转矩阵 $\boldsymbol{R}$ 构造目标函数 $\mathcal{L}(\boldsymbol{R})$，然后将目标函数 $\mathcal{L}(\boldsymbol{R})$ 关于旋转矩阵 $\boldsymbol{R}$ 这个整体进行求导，通过导数为 $\boldsymbol{0}$ 即可得到优化解 $\hat{\boldsymbol{R}}=\mathrm{argmin}\,\mathcal{L}(\boldsymbol{R})$，这将是极为便利的。但是，旋转矩阵对于加法运算不封闭，两个旋转矩阵之和未必可以保持为旋转矩阵。因此，可以通过罗德里格斯变换将矩阵关联到向量，而向量对于加法就是封闭的。

相关内容可以参考附录 B。

2.2.3 关节机械手应用

2.2.1 节介绍了坐标系变换，2.2.2 节介绍了刚体运动，本节讨论坐标系变换与刚体运动的复合，具体以工业领域常见的关节机械手为例。

关节机械手配合机器视觉，可以完成许多复杂的应用，例如搬运、码垛、测绘等。根据相机与机械手的空间关系，主要有两种配置：固定安装（Fixed Configuration）的眼到手（Eye to Hand）形式，以及活动安装（Mobile Configuration）的眼在手（Eye in Hand）形式。

活动安装的眼在手形式不仅可以避免遮挡问题，而且通常具有比眼到手更高的精度。本节以该种配置为例，通过在机械手上安装的相机，完成大型工件的柔性测量，如图 2-9 所示。

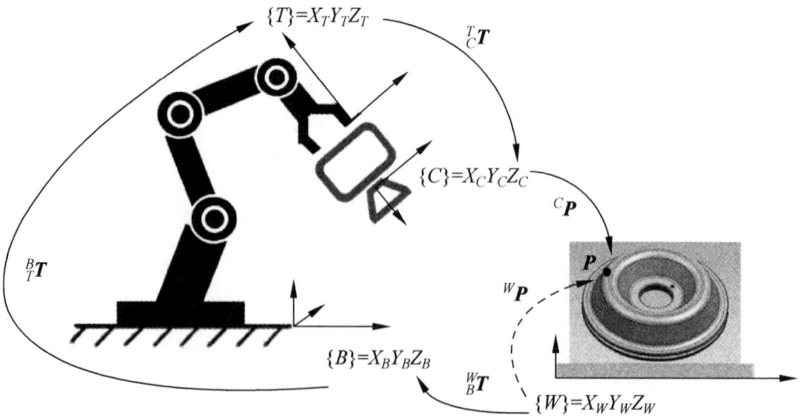

图 2-9 眼在手的柔性测量

图 2-9 中存在 4 个坐标系：

(1) 机械手刚性连接于基座(Base)，基座坐标系记为$\{B\}=X_BY_BZ_B$；

(2) 机械手末端夹爪的工具(Tool)坐标系记为$\{T\}=X_TY_TZ_T$；

(3) 相机(Camera)坐标系记为$\{C\}=X_CY_CZ_C$；

(4) 待测的组件通过工装夹具固定，工装夹具的坐标系也称为物方坐标系，或世界(World)坐标系，记为$\{W\}=X_WY_WZ_W$。

记被测点 $\boldsymbol{P}$ 在世界坐标系下坐标为${}^W\boldsymbol{P}$，相机坐标系下坐标为${}^C\boldsymbol{P}$。则采集被测点的相机坐标${}^C\boldsymbol{P}$ 之后，可以由式(2-40)计算其世界坐标${}^W\boldsymbol{P}$：

$$
{}^W\boldsymbol{P} = {}^W_B\boldsymbol{T}\,{}^B_T\boldsymbol{T}\,{}^T_C\boldsymbol{T}\,{}^C\boldsymbol{P} \tag{2-40}
$$

式(2-40)的代数形式具有明确的几何意义，结合图 2-9 说明：式(2-40)右侧，沿着 $W\to B\to T\to C\to \boldsymbol{P}$，如实线箭头所示方向，绕行一圈，最终获得测点的信息；式(2-40)左侧，代表虚线箭头 $W\to\boldsymbol{P}$，即为需要求解的问题答案。

式(2-40)中存在 3 个转换关系：${}^T_C\boldsymbol{T}$ 为机械手的眼手关系，${}^B_T\boldsymbol{T}$ 为机械手的工具坐标系与机械手的基座坐标系之间的关系，${}^W_B\boldsymbol{T}$ 为机械手的基座坐标系与工装这个世界坐标系之间的关系。这三个矩阵都是已知的：

(1) ${}^T_C\boldsymbol{T}$，可以利用已知标靶，通过两步校准法获得；

(2) ${}^B_T\boldsymbol{T}$，可以根据机械手的 D-H 模型，由正运动方程描述；

(3) ${}^W_B\boldsymbol{T}$，即机械手底座和工装这个底座的位姿关系，一般在装配阶段即已明确。

2.3 射影几何

解析几何通过建立坐标系，实现了几何问题的代数化，而射影几何则借助齐次坐标，实现了有穷到无穷的扩展。

射影几何作为欧氏几何的超集，解决了欧氏几何不适合处理透视问题的缺陷。直觉上，射影几何的出现应该早于欧氏几何，毕竟人类视觉先天具有透视投影功能。

本节区别两者的方法是：使用无上标的符号表示齐次坐标，例如 $\boldsymbol{x}$；而以带上标的符号表示非齐次坐标，例如 $\tilde{\boldsymbol{x}}$。另外如 2.2.2 节所述，齐次坐标具有伸缩不变的好处 $\boldsymbol{Hx}=k\boldsymbol{Hx}$；本节中有时出于强调目的，特意使用符号≅表示允许相差一个未知常数的齐次等式，例如 $\boldsymbol{X}'\cong\boldsymbol{HX}$，它是(欧氏意义上)$s\boldsymbol{X}'=\boldsymbol{HX}$，其中 s 是未知的非零的齐次因子。

本节内容相对独立，跳过这部分而直接进入第 3 章并不会存在障碍。

2.3.1 二维射影空间

对于已经建立欧氏坐标系的(欧氏)平面，点可以表示为坐标$(x,y)^{\mathrm{T}}$，直线可以表示为方程 $ax+by+c=0$，即欧氏平面的点可以使用向量$(x,y)^{\mathrm{T}}$ 表示为

$$
\tilde{\boldsymbol{p}}=(x,y)^{\mathrm{T}}
$$

直线可以使用向量$(a,b,c)^{\mathrm{T}}$ 表示为

$$
\boldsymbol{l}=(a,b,c)^{\mathrm{T}}
$$

将直线方程 $ax+by+c=0$ 左右同乘非零的 t，则方程 $atx+bty+ct=0$ 依然表示相同

的直线 $\boldsymbol{l}$。保留直线方程中直线的坐标参数 a,b,c，则 $a\,\boxed{tx}+b\,\boxed{ty}+c\,\boxed{t}=0$ 方框中的内容显然表示直线上的点；将其提取出来，称 $(xt,yt,t)^{\mathrm{T}}$ 为点的齐次坐标，记作

$$\boldsymbol{p}=(xt,yt,t)^{\mathrm{T}}$$

点的齐次坐标具有不唯一的特点，例如二维点 $(2,3)^{\mathrm{T}}$ 的齐次坐标可以表示为 $(4,6,2)^{\mathrm{T}}$，$(6,9,3)^{\mathrm{T}}$ 等。若要保持唯一性，需要采用规范化齐次坐标形式，$(xt,yt,t)^{\mathrm{T}}$ 的规范化为 $(xt/t,yt/t,t/t)^{\mathrm{T}}$，因此二维点 $(2,3)^{\mathrm{T}}$ 的规范化齐次坐标为 $(2,3,1)^{\mathrm{T}}$。

依然使用常量 $\boldsymbol{l}=(a,b,c)^{\mathrm{T}}$ 表示直线坐标，则直线方程 $atx+bty+ct=0$ 向量形式为

$$\boldsymbol{l}^{\mathrm{T}}\boldsymbol{p}=0 \tag{2-41}$$

其中，$\boldsymbol{l}=(a,b,c)^{\mathrm{T}}$ 为直线的齐次坐标，$\boldsymbol{p}=(xt,yt,t)^{\mathrm{T}}$ 为点的齐次坐标。注意，欧氏坐标相同的点或者直线，其齐次坐标都允许相差一个非零的常数因子。

如果 $t=0$，对于 $\boldsymbol{p}=(xt,yt,t)^{\mathrm{T}}$ 有 $x/0=\infty$ 和 $y/0=\infty$，两个坐标都为无穷大，因此将该点称为无穷远点，记作 $\boldsymbol{p}_{\infty}$，即无穷远点的齐次坐标为

$$\boldsymbol{p}_{\infty}=(x,y,0)^{\mathrm{T}},\quad xy\neq 0$$

无穷远点 $\boldsymbol{p}_{\infty}$ 没有对应的非齐次(欧氏)坐标。

所有无穷远点的集合称为无穷远直线，记作 $\boldsymbol{l}_{\infty}$。由于所有无穷远点 $(x,y,0)^{\mathrm{T}}$ 均满足方程 $\underbrace{0}_{a}\cdot x+\underbrace{0}_{b}\cdot y+\underbrace{1}_{c}\cdot 0=0$，即所有无穷远点均位于直线 $(0,0,1)^{\mathrm{T}}$ 上，因此无穷远直线 $\boldsymbol{l}_{\infty}$ 的齐次坐标为

$$\boldsymbol{l}_{\infty}=(0,0,1)^{\mathrm{T}}$$

添加了无穷远直线的欧氏平面称为射影平面，也称为二维射影空间。

直线是二维射影空间的主要元素，给定射影平面上两点 $\boldsymbol{p}_1,\boldsymbol{p}_2$，穿过两点的直线 $\boldsymbol{l}$ 可以表示为

$$\boldsymbol{l}=\boldsymbol{p}_1\times\boldsymbol{p}_2$$

这是因为直线上任意点 $\boldsymbol{p}$ 可以表示为 $\boldsymbol{p}=s_1\boldsymbol{p}_1+s_2\boldsymbol{p}_2$，从而根据直线方程 $\boldsymbol{l}^{\mathrm{T}}\boldsymbol{p}=0$，结合 1.1.1 节反对称矩阵的性质，有

$$\begin{aligned}\boldsymbol{l}^{\mathrm{T}}\boldsymbol{p}&=\boldsymbol{l}^{\mathrm{T}}(s_1\boldsymbol{p}_1+s_2\boldsymbol{p}_2)=s_1\boldsymbol{l}^{\mathrm{T}}\boldsymbol{p}_1+s_2\boldsymbol{l}^{\mathrm{T}}\boldsymbol{p}_2=s_1((\boldsymbol{p}_1)_{\times}\boldsymbol{p}_2)^{\mathrm{T}}\boldsymbol{p}_1+s_2((\boldsymbol{p}_1)_{\times}\boldsymbol{p}_2)^{\mathrm{T}}\boldsymbol{p}_2\\&=s_1\boldsymbol{p}_2^{\mathrm{T}}(\boldsymbol{p}_1)_{\times}^{\mathrm{T}}\boldsymbol{p}_1+s_2\boldsymbol{p}_2^{\mathrm{T}}(\boldsymbol{p}_1)_{\times}^{\mathrm{T}}\boldsymbol{p}_2=s_1\boldsymbol{p}_2^{\mathrm{T}}\boldsymbol{0}+s_2\boldsymbol{0}=0\end{aligned}$$

利用向量叉积的反对称矩阵表示，直线 $\boldsymbol{l}=\boldsymbol{p}_1\times\boldsymbol{p}_2$ 还可以表示为

$$\boldsymbol{l}=(\boldsymbol{p}_1)_{\times}\boldsymbol{p}_2$$

二次曲线也是射影平面的重要元素，其方程为

$$ax^2+by^2+2cxy+2dx+2ey+f=0$$

矩阵形式为

$$(x\quad y\quad 1)\underbrace{\begin{pmatrix}a&c&d\\c&b&e\\d&e&f\end{pmatrix}}_{\boldsymbol{C}}\begin{pmatrix}x\\y\\1\end{pmatrix}=0$$

$$\boldsymbol{p}^{\mathrm{T}}\boldsymbol{C}\boldsymbol{p}=0 \tag{2-42}$$

其中，矩阵 $\boldsymbol{C}$ 称为二次曲线的矩阵表示。

3×3 的矩阵 $\boldsymbol{C}$ 共有 9 个元素，而对称矩阵只有 6 个参数，又由于采用了齐次坐标则仅剩余 5 个自由度。因此二次曲线只有 5 个自由度，由 6 个参数的比值决定。最少只需给定 5 个点 $\{(x_i,y_i)\}_{i=1}^{5}$，通过方程组 $ax_i^2+by_i^2+2cx_iy_i+2dx_i+2ey_i+f=0, i=1,2,\cdots,5$，即可解出 5 个比值 a/f、b/f、c/f、d/f、e/f，从而确定一条二次曲线。

二次曲线的形态取决于矩阵 $\boldsymbol{C}$ 的秩：满秩即 $\mathrm{rank}\boldsymbol{C}=3$ 时，为非退化二次曲线，例如椭圆、双曲线、抛物线；$\mathrm{rank}\boldsymbol{C}=2$ 时，为两条直线；$\mathrm{rank}\boldsymbol{C}=1$ 时为两条重合直线。

对于非退化二次曲线 $\boldsymbol{C}$：给定曲线上任意一点 $\boldsymbol{p}$，切线的坐标为 $\boldsymbol{l}=\boldsymbol{C}\boldsymbol{p}$；给定曲线上任意一条切线 $\boldsymbol{l}$，切点坐标为 $\boldsymbol{p}=\boldsymbol{C}^{-1}\boldsymbol{l}$；给定曲线外一点 $\boldsymbol{q}$，存在两条切线，它们缩成平面上一条退化二次曲线 $\boldsymbol{T}=(\boldsymbol{q})_{\times}\boldsymbol{C}^{-1}(\boldsymbol{q})_{\times}$。

给定二次曲线 $\boldsymbol{C}$ 之后，空间中点 $\boldsymbol{p}$ 与直线 $\boldsymbol{l}$ 存在着一一对应的配极变换 $\boldsymbol{l}=\boldsymbol{C}\boldsymbol{p}$：直线 $\boldsymbol{l}=\boldsymbol{C}\boldsymbol{p}$ 称为点 $\boldsymbol{p}$ 关于 $\boldsymbol{C}$ 的极线，点 $\boldsymbol{p}$ 称为直线 $\boldsymbol{l}$ 关于 $\boldsymbol{C}$ 的极点，如图 2-10 所示。显然，当 $\boldsymbol{p}$ 位于 $\boldsymbol{C}$ 上时，极线即切线，极点即切点。

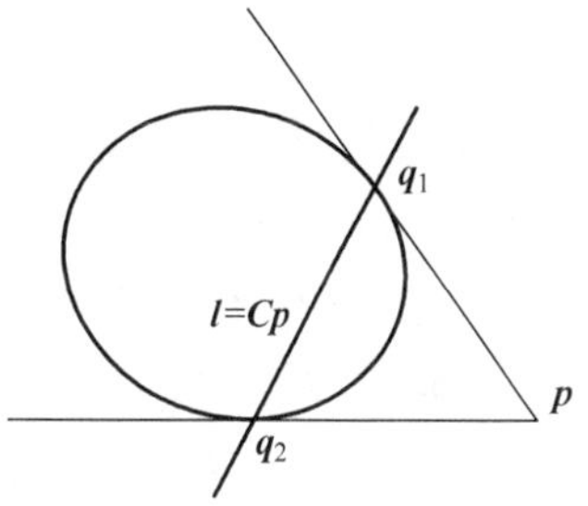

图 2-10　配极变换

极点 $\boldsymbol{p}$ 关于 $\boldsymbol{C}$ 的极线 $\boldsymbol{l}=\boldsymbol{C}\boldsymbol{p}$ 与曲线 $\boldsymbol{C}$ 交于两点，这两点可能是实点，例如图 2-10 中的 $\boldsymbol{q}_1$ 和 $\boldsymbol{q}_2$；也可能是重合点，例如当 $\boldsymbol{p}$ 位于曲线 $\boldsymbol{C}$ 上；还可能是虚点，此时为共轭虚点。

给定二次曲线 $\boldsymbol{C}$ 及平面两点 $\boldsymbol{p}$ 和 $\boldsymbol{q}$，如果满足 $\boldsymbol{p}^{\mathrm{T}}\boldsymbol{C}\boldsymbol{q}=0$，则称 $\boldsymbol{p}$、$\boldsymbol{q}$ 两点关于 $\boldsymbol{C}$ 共轭。显然，$\boldsymbol{p}$ 关于 $\boldsymbol{C}$ 的所有共轭点，就是 $\boldsymbol{p}$ 关于 $\boldsymbol{C}$ 的极线 $\boldsymbol{l}=\boldsymbol{C}\boldsymbol{p}$。

圆是一种特殊的二次曲线，其方程为 $x^2+y^2+2dxt+2eyt+ft=0$；无穷远直线的方程为 $\boldsymbol{l}_{\infty}=(0,0,1)^{\mathrm{T}}$，即 $t=0$；联立两者可以得到方程组 $\begin{cases}x^2+y^2+2dxt+2eyt+ft=0\\t=0\end{cases}$，从而得到两个解 $\begin{cases}\boldsymbol{I}=(1,i,0)^{\mathrm{T}}\\\boldsymbol{J}=(1,-i,0)^{\mathrm{T}}\end{cases}$，即平面上任意圆一定与无穷远直线交于 $\boldsymbol{I}$、$\boldsymbol{J}$ 两点，称为圆环点。

2.3.2　二维变换群

一般地，若干变换所成的集合 S 称为变换群，如果满足：

(1) 恒等变换属于集合，$I\in S$；

(2) 逆变换属于集合，$\forall\sigma\in S\Rightarrow\sigma^{-1}\in S$；

(3) 复合变换属于集合，$\forall\sigma,\tau\in S\Rightarrow\sigma\cdot\tau\in S$。

变换群可以用来对几何学进行分类，例如全体实矩阵 $\mathbf{R}^{n\times n}$ 构成一般线性变换群；缩小一些，全体射影变换构成射影变换群；再缩小，仿射变换群是射影变换的子群；继续缩小，欧氏变换群又是仿射变换群的子群。

群越小，能够活动的空间越小，不变量越多。例如，经过欧氏变换之后，长度不变，夹角不变，面积不变。相反地，群越大，几何不变量越少。例如，射影变换仅只能保持对应点的共线关系。由此产生了一些分层的标定和测量算法：首先标定射影空间，然后在仿射空间标定，最后标定欧氏空间。在三维重建的一些应用中，也是按照此种方式，进行分层的标定和分层的重建。

显然，若一个量是某个变换的不变量，则该不变量的函数也同样是不变量。某个变换与泛函无关的不变量的数目，不会少于配置的自由度与变换的自由度之差。例如，对于二维平面非退化位置上的 4 个点，其配置自由度为 8(每个点两个坐标)，相似变换的自由度为 4，则相似变换的不变量有 8－4＝4 个，例如夹角不变、面积之比不变等。

二维射影变换是射影平面上的可逆线性变换，由 3×3 的射影变换矩阵 $\boldsymbol{H}$ 描述：

$$\begin{pmatrix} x'_1 \\ x'_2 \\ x'_3 \end{pmatrix} = \underbrace{\begin{pmatrix} h_{11} & h_{12} & h_{13} \\ h_{21} & h_{22} & h_{23} \\ h_{31} & h_{32} & h_{33} \end{pmatrix}}_{\text{射影变换矩阵}\boldsymbol{H}} \begin{pmatrix} x_1 \\ x_2 \\ x_3 \end{pmatrix}$$

$$\boldsymbol{x}' \cong \boldsymbol{H}\boldsymbol{x} \tag{2-43}$$

满足 $\boldsymbol{x}' \cong \boldsymbol{H}\boldsymbol{x}$ 的一对点 $\boldsymbol{x}$ 和 $\boldsymbol{x}'$ 称为射影变换的一个点对应，记作 $\boldsymbol{x} \leftrightarrow \boldsymbol{x}'$。

射影变换也称为单应，因此射影变换矩阵 $\boldsymbol{H}$ 也称为**单应矩阵**。

3×3 的单应矩阵 $\boldsymbol{H}$ 具有 9 个元素，但是由于采用齐次坐标，因此仅剩余 8 个自由度，即射影变换矩阵 $\boldsymbol{H}$ 由其 9 个元素的 8 个比值决定。因此最少只需 4 个点对应 $\{(\boldsymbol{x}_i \leftrightarrow \boldsymbol{x}'_i)\}_{i=1}^4$，即可解出一个射影变换的单应矩阵 $\boldsymbol{H}$。

根据对偶原则，直线 $\boldsymbol{l}$ 经射影变换后为 $\boldsymbol{l}' = \boldsymbol{H}^{-\mathrm{T}}\boldsymbol{l}$，这一对直线 $\boldsymbol{l}$ 和 $\boldsymbol{l}'$ 称为射影变换的一个线对应，记作 $\boldsymbol{l} \leftrightarrow \boldsymbol{l}'$。同样地，最少只需 4 个线对应 $\{(\boldsymbol{l}_i \leftrightarrow \boldsymbol{l}'_i)\}_{i=1}^4$，即可解出一个射影变换的单应矩阵 $\boldsymbol{H}$。

对于二次曲线 $\boldsymbol{C}$，其上任意一点 $\boldsymbol{x} \in \boldsymbol{C}$ 经射影变换后为 $\boldsymbol{x}' = \boldsymbol{H}\boldsymbol{x} \in \boldsymbol{C}'$，结合二次曲线的矩阵表示 $\boldsymbol{x}^{\mathrm{T}}\boldsymbol{C}\boldsymbol{x} = 0$，可得 $(\boldsymbol{H}^{-1}\boldsymbol{x}')^{\mathrm{T}}\boldsymbol{C}(\boldsymbol{H}^{-1}\boldsymbol{x}') = \boldsymbol{x}'^{\mathrm{T}} \underbrace{\boldsymbol{H}^{-\mathrm{T}}\boldsymbol{C}\boldsymbol{H}^{-1}}_{\boldsymbol{C}'} \boldsymbol{x}' = 0$。即二次曲线 $\boldsymbol{x}^{\mathrm{T}}\boldsymbol{C}\boldsymbol{x} = 0$ 经过射影变换后依然是二次曲线 $\boldsymbol{x}'^{\mathrm{T}}\boldsymbol{C}'\boldsymbol{x}' = 0$，其中 $\boldsymbol{C}' = \boldsymbol{H}^{-\mathrm{T}}\boldsymbol{C}\boldsymbol{H}^{-1}$ 为变换后的二次曲线的表示矩阵。

任意射影变换 $\boldsymbol{H}$ 的逆变换 $\boldsymbol{H}^{-1}$ 依然是射影变换，任意两个射影变换 $\boldsymbol{G}$ 和 $\boldsymbol{H}$ 的合成 $\boldsymbol{G}\boldsymbol{H}$ 依然是射影变换，因此射影变换的全体构成射影平面上的一个变换群，称为射影变换群。

注意： 射影变换就是前述基变换，射影变换矩阵 $\boldsymbol{H}$ 即基变换的过渡矩阵，它将一般基变为射影坐标基。

---

1. 等距变换群

等距变换也称为刚性变换，是指距离维持不变的变换。

等距变换矩阵形式为

$$\begin{pmatrix} x' \\ y' \\ 1 \end{pmatrix} = \underbrace{\begin{pmatrix} \beta\cos\theta & -\sin\theta & x_0 \\ \beta\sin\theta & \cos\theta & y_0 \\ 0 & 0 & 1 \end{pmatrix}}_{\text{等距变换矩阵}\boldsymbol{H}_{\mathrm{D}}} \begin{pmatrix} x \\ y \\ 1 \end{pmatrix}$$

$$\boldsymbol{x}' = \boldsymbol{H}_{\mathrm{D}}\boldsymbol{x} \tag{2-44}$$

其中，β 取值为 1 或－1。式(2-44)的非齐次坐标形式为

$$\begin{pmatrix} x' \\ y' \end{pmatrix} = \underbrace{\begin{pmatrix} \beta\cos\theta & -\sin\theta \\ \beta\sin\theta & \cos\theta \end{pmatrix}}_{\text{正交矩阵}\boldsymbol{U}} \begin{pmatrix} x \\ y \end{pmatrix} + \underbrace{\begin{pmatrix} x_0 \\ y_0 \end{pmatrix}}_{\text{平移向量}\boldsymbol{t}}$$

其中，正交矩阵 $\boldsymbol{U}$ 代表的正交变换保持距离，平移向量 $\boldsymbol{t}$ 代表的平移变换也保持距离，因此等距变换保持距离不变。

等距变换的全体构成射影平面上的一个变换群，称为等距变换群。

2. 欧氏变换群

对于等距变换，当 $\beta=1$ 即 $\det\boldsymbol{U}=1$ 时，是保向的旋转等距变换，不仅点的距离不变，方向也保持不变；如果 $\beta=-1$ 即 $\det\boldsymbol{U}=-1$，则为逆向的反射等距变换，此时方向换为逆向。

注意：反射等距变换不能形成群。

保向的旋转等距变换一般称为欧氏变换(Euclidean Transformation)，其保持长度、夹角和面积等不变。例如正方形，经过欧氏变换后依然为同样边长的正方形。等距变换的矩阵描述为

$$\boldsymbol{x}' = \underbrace{\begin{pmatrix} \boldsymbol{R} & \boldsymbol{t} \\ \boldsymbol{0} & 1 \end{pmatrix}}_{\text{欧氏变换矩阵}\boldsymbol{H}_{\mathrm{E}}} \boldsymbol{x} \tag{2-45}$$

其中，$\boldsymbol{R}$ 为旋转矩阵，即单位正交矩阵，由于 $\det\boldsymbol{R}=1$ 和 $\boldsymbol{R}^{-1}=\boldsymbol{R}^{\mathrm{T}}$，从而具有 1 个自由度，偏移向量 $\boldsymbol{t}$ 具有 2 个自由度。因此，欧氏变换矩阵具有 $1+2=3$ 个自由度。

欧氏变换的全体构成射影平面上的一个变换群称为欧氏变换群，它是等距变换群的子群。

3. 相似变换群

将均匀伸缩变换 $\begin{pmatrix} x' \\ y' \\ 1 \end{pmatrix} = \begin{pmatrix} s & 0 & 0 \\ 0 & s & 0 \\ 0 & 0 & 1 \end{pmatrix} \begin{pmatrix} x \\ y \\ 1 \end{pmatrix}$ 与等距变换结合，可以得到保向的旋转相似变换与逆向的对称相似变换，其中旋转相似变换简称相似变换(Similarity Transformation)，也称为比例变换或者保形变换。

相似变换保持长度之比、两线夹角不变。例如正方形，经过相似变换之后得到不同边长的正方形。相似变换的矩阵描述为

$$\begin{pmatrix} x' \\ y' \\ 1 \end{pmatrix} = \underbrace{\begin{pmatrix} s\cos\theta & -s\sin\theta & x_0 \\ s\sin\theta & s\cos\theta & y_0 \\ 0 & 0 & 1 \end{pmatrix}}_{\text{相似变换矩阵}\boldsymbol{H}_{\mathrm{S}}} \begin{pmatrix} x \\ y \\ 1 \end{pmatrix}$$

$$\boldsymbol{x}' = \underbrace{\begin{pmatrix} s\boldsymbol{R} & \boldsymbol{t} \\ \boldsymbol{0} & 1 \end{pmatrix}}_{\text{相似变换矩阵}\boldsymbol{H}_{\mathrm{S}}} \boldsymbol{x} \tag{2-46}$$

相似变换在等距变换的基础上，增加了代表各向同性的均匀缩放的系数 s。因此，欧氏变换矩阵具有旋转 1 个、偏移 2 个、均匀缩放 1 个共 $1+2+1=4$ 个自由度。

相似变换的全体构成相似变换群，等距变换群是其子群。

4. 仿射变换群

仿射变换(Affine Transformation)也称平行投影变换，保持平行关系不变。例如正方形，经过仿射变换后，得到各种尺度的平行四边形(当然也可能是长方形)。仿射变换的矩阵描述为

$$\begin{pmatrix} x' \\ y' \\ 1 \end{pmatrix} = \underbrace{\begin{pmatrix} a & b & x_0 \\ c & d & y_0 \\ 0 & 0 & 1 \end{pmatrix}}_{\text{仿射变换矩阵}\boldsymbol{H}_\text{A}} \begin{pmatrix} x \\ y \\ 1 \end{pmatrix}$$

$$\boldsymbol{x}' = \underbrace{\begin{pmatrix} \boldsymbol{A} & \boldsymbol{t} \\ \boldsymbol{0} & 1 \end{pmatrix}}_{\text{仿射变换矩阵}\boldsymbol{H}_\text{A}} \boldsymbol{x} \tag{2-47}$$

其中，2×2 的可逆矩阵 $\boldsymbol{A}$ 具有 4 个自由度，偏移向量 $\boldsymbol{t}$ 具有 2 个自由度。因此，仿射变换具有 4+2=6 个自由度。

6 个自由度也可以理解为，非退化的 3×3 的实矩阵 $\boldsymbol{H}_\text{A}$，将第三行固定为(0,0,1)之后，就只余下 9−3=6 个元素。

6 个自由度可以从几何角度理解。$\boldsymbol{H}_\text{A}$ 左上角的非奇异矩阵 $\boldsymbol{A}$ 可以奇异值分解为 $\boldsymbol{A}=\boldsymbol{UDV}^\text{T}$，其中 $\boldsymbol{U}$、$\boldsymbol{V}$ 为正交矩阵，$\boldsymbol{D}$ 是对角元素为正数的对角阵 $\boldsymbol{D}=\text{diag}(s_x, s_y)$。可见仿射变换包括一个等距变换 $\boldsymbol{V}^\text{T}$、一个非均匀缩放 $\boldsymbol{D}$、一个等距变换 $\boldsymbol{U}$，以及一个平移变换 $\boldsymbol{t}$。

6 个自由度还可以这样理解：

$$\begin{aligned} \boldsymbol{A} &= \boldsymbol{UDV}^\text{T} = \boldsymbol{U}(\boldsymbol{V}^\text{T}\boldsymbol{V})\boldsymbol{DV}^\text{T} = (\boldsymbol{UV}^\text{T})(\boldsymbol{VDV}^\text{T}) = \{\boldsymbol{R}(\theta)\}\{\boldsymbol{R}(-\phi)\boldsymbol{DR}(\phi)\} \\ &= \{\boldsymbol{R}(\theta)\}\left\{\boldsymbol{R}(-\phi)\underbrace{\begin{pmatrix} \sigma_1 & 0 \\ 0 & \sigma_2 \end{pmatrix}}_{\boldsymbol{D}}\boldsymbol{R}(\phi)\right\} \end{aligned}$$

可见仿射变换矩阵 $\boldsymbol{H}_\text{A}$ 包括 $\boldsymbol{R}(\phi)$旋转自由度 1 个、σ_1 和 σ_2 两个方向非均匀缩放的自由度 2 个、$\boldsymbol{R}(\theta)$旋转自由度 1 个，以及偏移向量 $\boldsymbol{t}$ 的自由度 2 个，最终也是 1+2+1+2=6 个自由度。

仿射变换的全体构成仿射变换群，相似变换是仿射变换的子群。

5. 射影变换群

射影变换(Projective Transformation)也称保线变换，保持共线关系不变。例如正方形，经过射影变换后依然为四边形(不会变为三角形或者五边形)。射影变换矩阵 $\boldsymbol{H}_\text{P}$ 可以写为分块形式：

$$\boldsymbol{x}' = \underbrace{\begin{pmatrix} \boldsymbol{A} & \boldsymbol{t} \\ \boldsymbol{v}^\text{T} & k \end{pmatrix}}_{\text{射影变换矩阵}\boldsymbol{H}_\text{P}} \boldsymbol{x} \tag{2-48}$$

整个矩阵 $\boldsymbol{H}_\text{P}$ 为非退化，这样 $\boldsymbol{A}$ 具有 4 个自由度，平移 $\boldsymbol{t}$ 具有 2 个自由度，投影 $\boldsymbol{v}^\text{T}$ 具有 2 个自由度，因此射影变换具有 4+2+2=8 个自由度。或者理解为，3×3 矩阵 $\boldsymbol{H}_\text{P}$ 的 9 个元素，扣除比例系数 k 之后，余下 9−1=8 个元素。

右下角 k 可以取零值，如果 $k=0$，此时对应无穷远直线 $\boldsymbol{l}_{\infty}$ 变换为通过原点直线的特殊情况。

一般情况下 $k\neq 0$，此时 $\boldsymbol{H}_{\mathrm{P}}$ 可以分解为

$$\boldsymbol{H}_{\mathrm{S}}=\underbrace{\begin{pmatrix} s\boldsymbol{R} & \boldsymbol{t}/k \\ \boldsymbol{0} & 1 \end{pmatrix}}_{\boldsymbol{H}_3}\underbrace{\begin{pmatrix} \boldsymbol{L} & \boldsymbol{0} \\ \boldsymbol{0} & \boldsymbol{k} \end{pmatrix}}_{\boldsymbol{H}_2}\underbrace{\begin{pmatrix} \boldsymbol{I} & \boldsymbol{0} \\ \boldsymbol{v}^{\mathrm{T}} & k \end{pmatrix}}_{\boldsymbol{H}_1}$$

其中，$\boldsymbol{R}$ 为正交矩阵，$\boldsymbol{L}$ 为行列式为 1 且对角线元素皆为正数的上三角矩阵；可见 $\boldsymbol{H}_1$ 为改变无穷远直线的射影变换，$\boldsymbol{H}_2$ 为仿射变换，$\boldsymbol{H}_3$ 为相似变换。

射影变换的全体构成射影变换群。

2.3.3 三维射影空间

二维射影空间使用三维向量表示平面点，自然地，三维射影空间使用四维向量表示点。这两个射影空间的主要不同在于三维空间多出了平面的概念。在三维射影空间中，平面方程为

$$\pi_1 x+\pi_2 y+\pi_3 z+\pi_4 w=0$$

矩阵形式为

$$\boldsymbol{\pi}^{\mathrm{T}}\boldsymbol{X}=\boldsymbol{0} \tag{2-49}$$

其中，$\boldsymbol{X}=(x,y,z,w)^{\mathrm{T}}$ 为点的齐次坐标，$\boldsymbol{\pi}=(\pi_1,\pi_2,\pi_3,\pi_4)^{\mathrm{T}}$ 为平面的齐次坐标。左右同乘 $t\neq 0$，则方程 $t\pi_1 x+t\pi_2 y+t\pi_3 z+t\pi_4 w=0$ 依然表示相同平面，因此平面仅取决于 π_1、π_2、π_3、π_4 四者的比值，即平面具有 3 个自由度。

对于$\boldsymbol{\pi}=(0,0,0,1)^{\mathrm{T}}$，平面方程$\boldsymbol{\pi}^{\mathrm{T}}\boldsymbol{X}=\boldsymbol{0}$ 的解集$\{(x,y,z,w)\mid w=0,xyz\neq 0\}$是所有无穷远点的集合，称为无穷远平面，记作

$$\boldsymbol{\pi}_{\infty}=(0,0,0,1)^{\mathrm{T}}$$

对于平面$\boldsymbol{\pi}=(\pi_1,\pi_2,\pi_3,\pi_4)^{\mathrm{T}}\neq\boldsymbol{\pi}_{\infty}$，其坐标可以拆分为 $\boldsymbol{n}\triangleq(\pi_1,\pi_2,\pi_3)^{\mathrm{T}}$ 和 $\boldsymbol{d}\triangleq\pi_4$。对于平面$\boldsymbol{\pi}$ 上 $w=1\neq 0$ 的有穷点 $\boldsymbol{X}=(\widetilde{\boldsymbol{X}}^{\mathrm{T}},1)^{\mathrm{T}}$，有$\boldsymbol{\pi}^{\mathrm{T}}\boldsymbol{X}=\boldsymbol{0}\Rightarrow\boldsymbol{n}^{\mathrm{T}}\widetilde{\boldsymbol{X}}+d=0$，即欧氏空间中平面法向方程，$d/\|\boldsymbol{n}\|$为坐标原点$(0,0,0,1)^{\mathrm{T}}$ 到平面的距离。对于平面$\boldsymbol{\pi}$ 上 $w=0$ 的无穷点 $\boldsymbol{X}=(\widetilde{\boldsymbol{X}}^{\mathrm{T}},0)^{\mathrm{T}}$，有 $\boldsymbol{n}^{\mathrm{T}}\widetilde{\boldsymbol{X}}=\boldsymbol{\pi}^{\mathrm{T}}\begin{pmatrix}\widetilde{\boldsymbol{X}}\\0\end{pmatrix}=0$，即无穷远直线由方程 $\boldsymbol{n}^{\mathrm{T}}\widetilde{\boldsymbol{X}}=0$ 描述，也即平面$\boldsymbol{\pi}$ 的法向量$\boldsymbol{n}$ 描述了该平面上的无穷远直线，或者说此时平面的无穷远直线的齐次坐标为法向量 $\boldsymbol{n}$。

给定平面$\boldsymbol{\pi}$ 上三个点$\{\boldsymbol{X}_i\}_{i=1}^{3}$，有

$$\underbrace{\begin{pmatrix}\boldsymbol{X}_1^{\mathrm{T}}\\ \boldsymbol{X}_2^{\mathrm{T}}\\ \boldsymbol{X}_3^{\mathrm{T}}\end{pmatrix}}_{\boldsymbol{K}}\boldsymbol{\pi}=0$$

如果三个点处于一般位置，即不共线，则对于 3×4 的系数矩阵 $\boldsymbol{K}$，有 $\det\boldsymbol{K}=3$，此时$\boldsymbol{\pi}$ 是$\boldsymbol{K}$ 的 $4-3=1$ 维右零空间，即相差常数因子，此时三点精确地确定平面$\boldsymbol{\pi}$。如果三个点共

线，则有 $\det\boldsymbol{K}=2$，此时$\boldsymbol{\pi}$是$\boldsymbol{K}$的 $4-2=2$ 维右零空间，解是共线的平面束。

三维空间中点与面构成对偶，而线为自对偶。根据对偶原则，给定一般位置的三个平面 $\{\boldsymbol{\pi}_i\}_{i=1}^{3}$，有

$$\begin{pmatrix}\boldsymbol{\pi}_1^{\mathrm{T}}\\ \boldsymbol{\pi}_2^{\mathrm{T}}\\ \boldsymbol{\pi}_3^{\mathrm{T}}\end{pmatrix}\boldsymbol{X}=0$$

此时解集的结论同上，例如给定处于不共线的一般位置的三个平面，可以精确地确定一个交点 $\boldsymbol{X}$。

二次曲面在三维空间中具有重要作用，其方程为

$$aX^2+bY^2+cZ^2+2dYZ+2eXZ+2fXY+2gX+2hY+2iZ+j=0$$

矩阵形式为

$$(X\quad Y\quad Z\quad 1)\underbrace{\begin{pmatrix}a & f & e & g\\ f & b & d & h\\ e & d & c & i\\ g & h & i & j\end{pmatrix}}_{\boldsymbol{Q}}\begin{pmatrix}X\\ Y\\ Z\\ 1\end{pmatrix}=0$$

$$\boldsymbol{X}^{\mathrm{T}}\boldsymbol{Q}\boldsymbol{X}=0 \tag{2-50}$$

矩阵 $\boldsymbol{Q}$ 称为二次曲面的矩阵表示。4×4 的矩阵 $\boldsymbol{Q}$ 共有 16 个元素，而对称矩阵只有 10 个参数，由于采用了齐次坐标仅剩下 9 个自由度，因此二次曲面只有 9 个自由度，由 10 个参数的比值决定。最少只需给定 9 个点 $\{(\boldsymbol{X}\leftrightarrow\boldsymbol{X}')\}_{i=1}^{9}$，通过方程组，即可解出 9 个比值 a/j、b/j、c/j、d/j、e/j、f/j、g/j、h/j 和 i/j。

2.3.4 三维变换群

1. 射影变换群

三维射影变换是射影空间上的可逆线性齐次变换，由 4×4 的射影变换矩阵 $\boldsymbol{H}_{\mathrm{P}}$ 描述：

$$\begin{pmatrix}X_1'\\ X_2'\\ X_3'\\ X_4'\end{pmatrix}\cong\underbrace{\begin{pmatrix}h_{11} & h_{12} & h_{13} & h_{14}\\ h_{21} & h_{22} & h_{23} & h_{24}\\ h_{31} & h_{32} & h_{33} & h_{34}\\ h_{41} & h_{42} & h_{43} & h_{44}\end{pmatrix}}_{\text{射影变换矩阵}\boldsymbol{H}_{\mathrm{P}}}\begin{pmatrix}X_1\\ X_2\\ X_3\\ X_4\end{pmatrix}$$

$$\boldsymbol{X}'\cong\boldsymbol{H}_{\mathrm{P}}\boldsymbol{X} \tag{2-51}$$

满足 $\boldsymbol{X}'\cong\boldsymbol{H}_{\mathrm{P}}\boldsymbol{X}$ 的一对点 $\boldsymbol{X}$ 和 $\boldsymbol{X}'$ 称为射影变换的一个点对应，记作 $\boldsymbol{X}\leftrightarrow\boldsymbol{X}'$。$4\times4$ 射影变换矩阵 $\boldsymbol{H}_{\mathrm{P}}$ 具有 16 个元素，由于采用齐次坐标仅剩余 15 个自由度，即射影变换 $\boldsymbol{H}_{\mathrm{P}}$ 由其 16 个元素的 15 个比值决定。

再次强调，$\boldsymbol{X}'\cong\boldsymbol{H}_{\mathrm{P}}\boldsymbol{X}$ 称为齐次等式，意义是允许相差一个常数的相等：

$$s\boldsymbol{X}'=\boldsymbol{H}_{\mathrm{P}}\boldsymbol{X}$$

其中，s 为未知的、非零的、齐次因子，即

$$s\begin{pmatrix}X'_1\\X'_2\\X'_3\\X'_4\end{pmatrix}=\begin{pmatrix}h_{11}&h_{12}&h_{13}&h_{14}\\h_{21}&h_{22}&h_{23}&h_{24}\\h_{31}&h_{32}&h_{33}&h_{34}\\h_{41}&h_{42}&h_{43}&h_{44}\end{pmatrix}\begin{pmatrix}X_1\\X_2\\X_3\\X_4\end{pmatrix}$$

上面 4 个方程消去齐次因子 s 之后，可以得到关于 h_{ij} 的 3 个方程。因此，最少只需给出 5 个点对应$\{(\boldsymbol{X}_i\leftrightarrow\boldsymbol{X}'_i)\}_{i=1}^{5}$，即可解得 15 个自由度的三维射影变换单应矩阵 $\boldsymbol{H}_\mathrm{P}$。

按照三维射影空间点面对偶原则，根据以点为元素的 $\boldsymbol{X}'\cong\boldsymbol{H}_\mathrm{P}\boldsymbol{X}$，可得以面作为元素的射影变换$\boldsymbol{\pi}'\cong\boldsymbol{H}_\mathrm{P}^{*}\boldsymbol{\pi}$，其中 $\boldsymbol{H}_\mathrm{P}^{*}=\boldsymbol{H}_\mathrm{P}^{-\mathrm{T}}$。

任意三维射影变换的逆变换依然是三维射影变换，任意两个三维射影变换的合成依然是三维射影变换，因此三维射影变换的全体构成射影平面上的一个变换群，称为三维射影变换群。

2. 仿射变换群

仿射变换是一种特殊的射影变换，对应投影平面为无穷远的情况。例如，投影变换中的平行投影：①机械制图中的三视图，属于正交的平行投影；②阳光照射形成人影，属于斜侧的平行投影。这两者都是仿射变换的例子。

三维仿射变换的矩阵形式为

$$\boldsymbol{X}'=\underbrace{\begin{pmatrix}\boldsymbol{A}&\boldsymbol{t}\\\boldsymbol{0}&1\end{pmatrix}}_{\text{仿射变换矩阵}\boldsymbol{H}_\mathrm{A}}\boldsymbol{X}\tag{2-52}$$

其中，$\boldsymbol{A}$ 为三阶可逆方阵，因此变换矩阵具有 $3\times3+3=12$ 个自由度。

仿射变换的全体构成仿射变换群。

3. 相似变换群

相似变换也称为比例变换，矩阵形式为

$$\boldsymbol{X}'=\underbrace{\begin{pmatrix}s\boldsymbol{U}&\boldsymbol{t}\\\boldsymbol{0}&1\end{pmatrix}}_{\text{相似变换矩阵}\boldsymbol{H}_\mathrm{S}}\boldsymbol{X}\tag{2-53}$$

其中，$\boldsymbol{U}$ 为三阶正交方阵，s 是比例因子。

相似变换的全体构成相似变换群，它是三维仿射群的子群。

如果将正交矩阵 $\boldsymbol{U}$ 限制为三维旋转矩阵 $\boldsymbol{R}$，则可以得到旋转相似变换群，它是相似变换群的子群。旋转相似变换的代数形式为

$$\begin{pmatrix}x'_1\\x'_2\\x'_3\end{pmatrix}=\underbrace{s}_{\text{缩放比例因子}}\underbrace{\begin{pmatrix}r_{11}&r_{12}&r_{13}\\r_{21}&r_{22}&r_{23}\\r_{31}&r_{32}&r_{33}\end{pmatrix}}_{\text{旋转矩阵}\boldsymbol{R}}\begin{pmatrix}x_1\\x_2\\x_3\end{pmatrix}+\underbrace{\begin{pmatrix}t_1\\t_2\\t_3\end{pmatrix}}_{\text{平移向量}\boldsymbol{t}}$$

其中，比例因子 s 代表缩放操作，具有 1 个自由度；$\{r_{ij}\}$代表旋转操作，具有 3 个自由度；$\{\boldsymbol{t}_i\}$表示平移操作，具有 3 个自由度，因此一共具有 $1+3+3=7$ 个自由度。

4. 等距变换群

等距变换的代数形式为

$$\boldsymbol{X}' = \underbrace{\begin{pmatrix} \boldsymbol{U} & \boldsymbol{t} \\ \boldsymbol{0} & 1 \end{pmatrix}}_{\text{等距变换矩阵}\boldsymbol{H}_{\mathrm{D}}} \boldsymbol{X} \tag{2-54}$$

其中,$\boldsymbol{U}$ 为三维正交矩阵,因此具有 3+3=6 个自由度。

等距变换的全体构成等距变换群。

5. 欧氏变换群

如果将正交矩阵 U 限制为旋转矩阵,而且缩放因子为 1,则可以得到欧氏变换群。它是等距变换群的子群,也是一种特殊的相似变换。

三维空间中欧氏变换的代数形式为

$$\begin{pmatrix} y_1 \\ y_2 \\ y_3 \end{pmatrix} = \underbrace{\begin{pmatrix} r_{11} & r_{12} & r_{13} \\ r_{21} & r_{22} & r_{23} \\ r_{31} & r_{32} & r_{33} \end{pmatrix}}_{\text{旋转矩阵}\boldsymbol{R}} \begin{pmatrix} x_1 \\ x_2 \\ x_3 \end{pmatrix} + \underbrace{\begin{pmatrix} t_1 \\ t_2 \\ t_3 \end{pmatrix}}_{\text{向量}\boldsymbol{t}} \tag{2-55}$$

其中,$\{r_{ij}\}$构成的旋转矩阵代表旋转操作具有 3 个自由度,$\{t_i\}$表示的平移操作具有 3 个自由度,因此欧氏变换一共具有 6 个自由度。

2.3.5 单应矩阵总结

最后,鉴于射影变换矩阵(单应矩阵)的重要性,综合机器视觉、摄影测量学以及计算机图形学等领域,系统回顾矩阵中每个分项的作用及意义。

为了便于直观绘图,以二维射影平面中 3×3 的射影变换矩阵为例:

$$\boldsymbol{H}_{\mathrm{P}}^{3\times 3} = \begin{pmatrix} \boxed{\begin{matrix} s_x & c_x \\ c_y & s_y \end{matrix}} & \boxed{\begin{matrix} t_x \\ t_y \end{matrix}} \\ \boxed{\begin{matrix} p_x & p_y \end{matrix}} & \lambda \end{pmatrix} \tag{2-56}$$

首先,右下角 λ 是未知的非零的齐次因子,从而可以构成齐次坐标形式的齐次等式,$\boldsymbol{X}' \cong \boldsymbol{H}_{\mathrm{P}}\boldsymbol{X} \Leftrightarrow \boldsymbol{X}' = \lambda \boldsymbol{H}_{\mathrm{P}}\boldsymbol{X}$,这是射影几何的基础。

其次,s_x 和 s_y 表示在 x,y 轴发生的比例缩放,$\begin{pmatrix} s_x & 0 \\ 0 & s_y \end{pmatrix}$ 为比例变换,当 $s_x = s_y$ 时是各向同性的均匀缩放,$s_x \neq s_y$ 时为各向异性的非均匀缩放,这是显然的,不需要绘图说明。

然后,c_x 和 c_y 表示沿 x 轴和 y 轴发生不等量的增减,$\begin{pmatrix} 1 & c_x \\ 0 & 1 \end{pmatrix}$和$\begin{pmatrix} 1 & 0 \\ c_y & 1 \end{pmatrix}$称为沿 x 轴和 y 轴的推移变换,例如沿 x 方向上的推移效果如图 2-11(a)所示;c_x 和 c_y 都非零时,$\begin{pmatrix} 1 & c_x \\ c_y & 1 \end{pmatrix}$称为错切变换,例如$\begin{pmatrix} 1 & 1 \\ -1 & 1 \end{pmatrix}$错切效果如图 2-11(b)所示。

以上介绍对角线方向上两个子块中的参数的意义,下面考查反对角线上的元素,即 t_x 和 t_y 与 p_x 和 p_y。

最后一列的前两个参数 t_x 和 t_y 表示平移操作,无须赘言。

最后一行的前几个参数代表投影变换,称为透视参数。此时考虑三维射影空间更为实

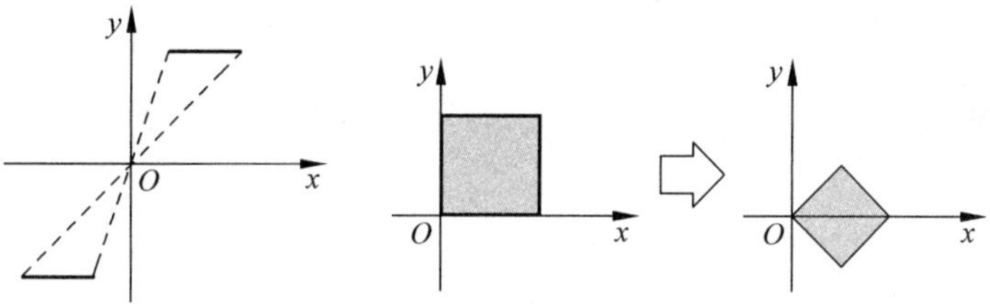

(a) 推移效果 (b) 错切效果

图 2-11 推移和错切效果

用，给定空间点 $\boldsymbol{X}=(X,Y,Z,1)^{\mathrm{T}}$ 和透视变换矩阵：

$$\begin{pmatrix} 1 & 0 & 0 & 0 \\ 0 & 1 & 0 & 0 \\ 0 & 0 & 1 & 0 \\ \boxed{p \quad q \quad r} & & & 1 \end{pmatrix}$$

则变换之后的 $\boldsymbol{x}=(x,y,z,1)^{\mathrm{T}}$ 为

$$\boldsymbol{x}=\begin{pmatrix} 1 & 0 & 0 & 0 \\ 0 & 1 & 0 & 0 \\ 0 & 0 & 1 & 0 \\ p & q & r & 1 \end{pmatrix}\begin{pmatrix} X \\ Y \\ Z \\ 1 \end{pmatrix}=\begin{pmatrix} X \\ Y \\ Z \\ pX+qY+rZ+1 \end{pmatrix}=\begin{pmatrix} x \\ y \\ z \\ 1 \end{pmatrix}$$

可得

$$\begin{cases} x=X/(pX+qY+rZ+1) \\ y=Y/(pX+qY+rZ+1) \\ z=Z/(pX+qY+rZ+1) \end{cases} \tag{2-57}$$

可见分母 $pX+qY+rZ+1$ 的值依赖于空间点的坐标 X、Y 和 Z，是一个变量，并不固定，即图像发生了变形。具体变形形式取决于透视参数 p、q 和 r 中零的数量，例如一点透视、两点透视等。

第3章

相机模型与标定

机器视觉是通过相机利用二维图像描述三维目标的技术，具体实现方式为投影(Projection)。

(1) 在三维空间中选择的一点称为视点或投影中心；

(2) 选择一个不经过该点的平面，该平面称为投影面；

(3) 从投影中心向投影面可以引出任意多条射线，这些射线称为投影线；

(4) 对于三维空间中的任意刚体，穿过该刚体的投影线与投影面相交所成物体的像称为三维至二维的投影。

投影可以分为透视投影和平行投影两种。

(1) 如果投影中心到投影面的距离为有限值，该投影称为透视投影(Perspective Projection)，例如室内白炽灯照射物体；

(2) 如果上述距离为无穷大，该投影称为平行投影(Parallel Projection)。平行投影可以包括：

① 正交投影(Orthogonal Projection)，例如机械制图中的三视图；

② 斜侧投影(Oblique Projection)，例如太阳光照射行人形成的人影。

其中，正交投影具有较好的可测量性，而斜侧投影则具有较好的立体感，同时也具有部分的可测量性。

以上透视投影、正交投影和斜侧投影的示意如图 3-1 所示。

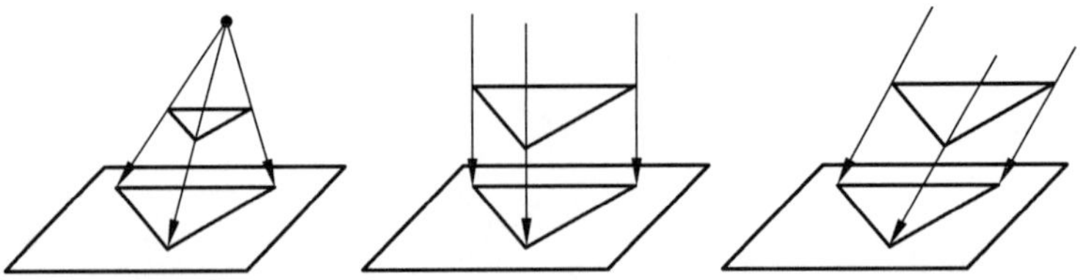

(a) 透视投影　(b) 正交投影　(c) 斜侧投影

图 3-1　主要投影类型

需要注意，投影通常不能构成集合论意义上单且满的双射，因为维度降低之后通常不再可逆。不过：

(1) 平行投影(Parallel Projection)能够构成仿射变换，属于仿射变换群，平行投影的逆以及平行投影的复合依然是平行投影。

(2) 透视投影(Perspective Projection)不能构成单独的透视群,只能属于更高一级的射影变换群。因为透视投影本身不封闭,若干透视在连续复合之后不一定再是透视投影,它们对应点的连线未必能够保证共点,如图 3-2 所示。

图 3-2 中存在两个透视投影,分别为以 O 为中心的 $H:\Pi\to\pi$ 和以 O' 为中心的 $G:\Pi\to\pi'$。可以发现,平面 Π 上 A、B、C 三点与平面 π 上 a、b、c 三点的连线 Aa、Bb、Cc 共于一点(O),平面 Π 上 A、B、C 三点与平面 π' 上 a'、b'、c' 三点的连线 Aa'、Bb'、Cc' 共于一点(O'),而平面 π 上 a、b、c 三点与 π' 上 a'、b'、c' 三点的连线交于 r、s、t 三点,并不共点,即不存在 $\pi\to\pi'$ 的某个透视投影 F。

但是透视投影构成射影变换,属于射影变换群,即透视投影的逆和透视投影的连续复合依然为射影变换,如图 3-3 所示。

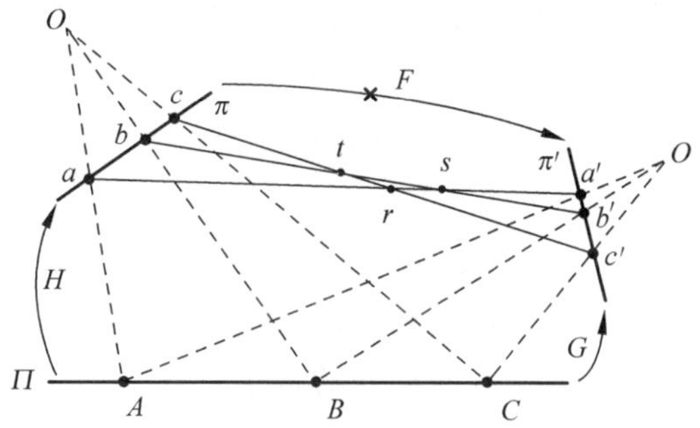

图 3-2 透视投影不封闭

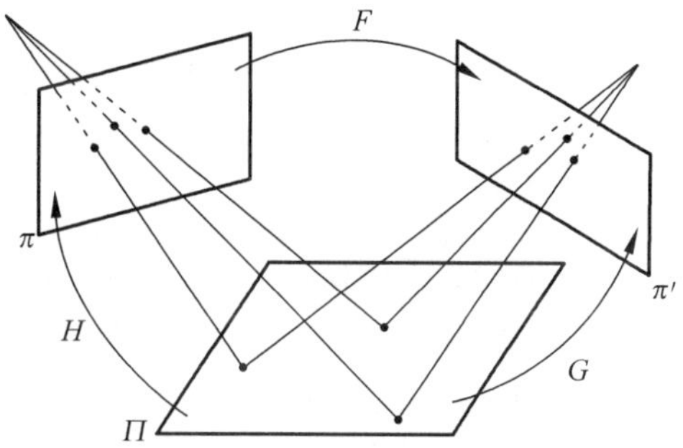

图 3-3 射影变换封闭

图 3-3 中,通过 $\Pi\to\pi$ 的射影变换(透视投影)H 和 $\Pi\to\pi'$ 的射影变换(透视投影)G 复合,可以得到从像平面 π 到像平面 π' 的变换 $F:\pi\to\pi'$;由于 H 和 G 均为射影变换,因此 F 也是射影变换,由射影变换矩阵 $\boldsymbol{F}=\boldsymbol{G}\boldsymbol{H}^{-1}$ 描述。描述任意两幅图像之间映射关系的射影变换也称为单应(Homography),有 8 个自由度,包括常见的透视投影平行投影(6 自由度)、相似变换(4 自由度)及欧氏变换(3 自由度)。

视觉系统在使用之前需要对相机进行标定。标定是比较广义的概念,主要包括几何标定(Geometric Calibration)、辐射标定(Radiometric Calibration)、颜色标定(Color Calibration)及噪声标定(Noise Calibration)等。

本章中标定主要是指几何标定。

几何标定通过合适的模型描述三维物体到二维平面的成像过程,包括有限相机模型和无限相机模型两种。

(1) 成像光心距离有限时,构成透视投影,以小孔成像原理为基础,称为射影相机模型。

(2) 当成像光心位于无穷远时,构成平行投影,称为仿射相机模型。

可以认为,有限相机模型和无限相机模型分别对应了机器视觉中如下两种常用的镜头类型:

(1) 使用普通镜头时,世界坐标系到像平面坐标系构成透视投影,对应有限的射影相机模型,在 3.1 节中介绍。

(2) 当使用远心镜头时,构成平行投影,对应无限的仿射相机模型,在 3.5 节中介绍。

3.1 射影相机模型

本节基于小孔成像原理，建立射影相机模型，给出相应代数表达。

3.1.1 坐标系

在图 3-4 所示的相机成像场景中，$\boldsymbol{P}$ 为三维空间点。

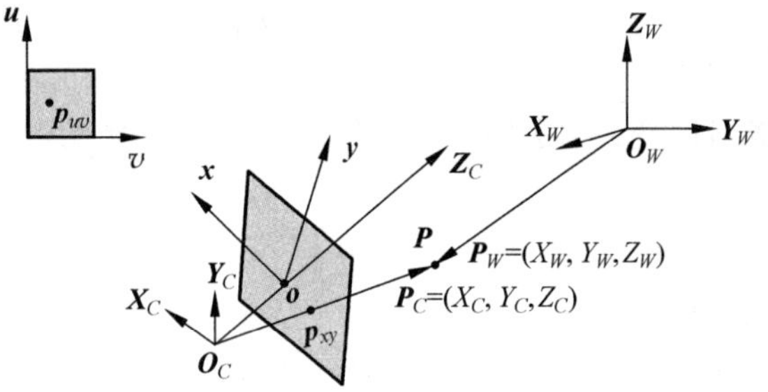

图 3-4 相机模型各坐标系

为了描述光学成像过程，首先引入几个坐标系。

(1) 三维的世界坐标系：一个全局的三维坐标系，称为世界坐标系，记作 $\boldsymbol{X}_W\boldsymbol{Y}_W\boldsymbol{Z}_W$。世界坐标系的选择是任意的，一般也同时作为物方坐标系，客观世界中的机床刀具、加工轴都可以在这个坐标系内表达。

(2) 三维的相机坐标系：基于相机角度考虑问题有时更为便利，为此定义三维的相机坐标系，记作 $\boldsymbol{X}_C\boldsymbol{Y}_C\boldsymbol{Z}_C$，其原点 $\boldsymbol{O}_C$ 一般为(透视投影的)投影中心。

(3) 二维的像平面坐标系：定义二维的像平面坐标系，记作 $\boldsymbol{xy}$，其原点 $\boldsymbol{o}$ 为相机的像平面与相机光轴的交点。

(4) 二维的像素坐标系：根据图像存储二维行列数组，定义二维的像素坐标系，记作 $\boldsymbol{uv}$，其原点为像平面坐标系原点 $\boldsymbol{o}$ 在像素坐标系的坐标，通常是(0,0)，存在偏移时记为(u_0, v_0)。

3.1.2 线性模型

(射影相机) 线性模型基于针孔成像原理，如图 3-5 所示。

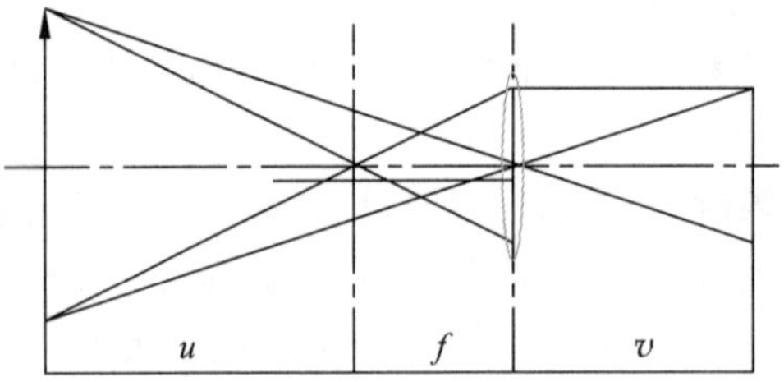

图 3-5 针孔成像原理

根据高斯光学定理，物距 u、焦距 f、像距 v 满足：

$$\frac{1}{u}+\frac{1}{v}=\frac{1}{f} \tag{3-1}$$

一般情况下物距远大于焦距 $u \gg f$，因此 $v \approx f$。

出于方便考虑，通常不使用倒立实像建模；一般将成像平面移至镜头前方，即正的虚像，称为重排针孔相机模型(Rearranged Pinhole Camera Model)。这种做法并没有什么实际的物理意义，只是为了图示直观和方便建模，例如图 3-6 中，正的虚像所在阴影平面即为像平面坐标系 $\boldsymbol{xy}$ 所在位置。

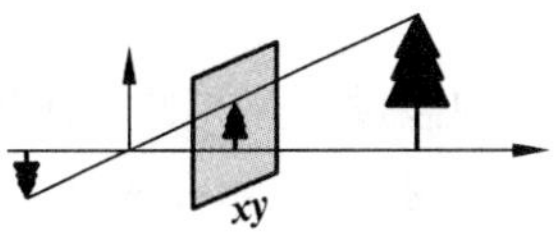

图 3-6 正立虚像建模

注意：(1) 对于基于针孔相机原理的射影相机模型，物体从三维空间到相机二维靶面投影损失了一个维度信息，因此投影变换不保证可逆，不一定构成集合意义的映射。

(2) 使用齐次坐标表示进行归一化的射影等式，因此存在比例系数。

以下依据从特殊到一般的原则，逐步讨论坐标变换。

1. 透视投影

简单的情况是相机坐标系 $\boldsymbol{X}_C\boldsymbol{Y}_C\boldsymbol{Z}_C$ 重合于世界坐标系 $\boldsymbol{X}_W\boldsymbol{Y}_W\boldsymbol{Z}_W$，如图 3-7 所示。

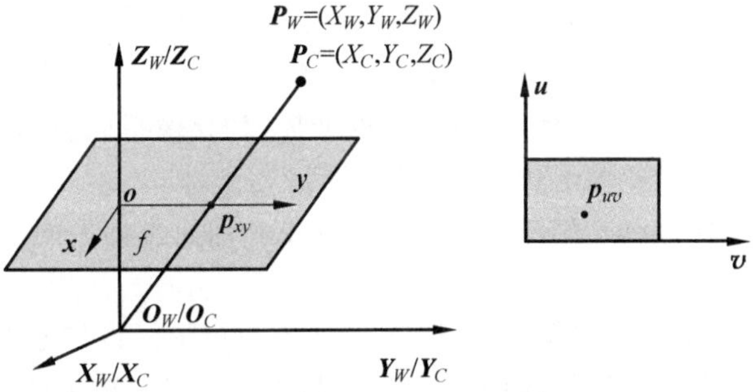

图 3-7 重合时的透视投影

图 3-7 是三维至二维的透视投影(未必构成映射)，对于像平面上的点(x,y,f)，根据透视投影形成的比例关系$\dfrac{f}{Z_C}=\dfrac{x}{X_C}=\dfrac{y}{Y_C}$，有

$$x=f\frac{X_C}{Z_C},\quad y=f\frac{Y_C}{Z_C},\quad z=f$$

其中，$(X_C,Y_C,Z_C)^{\mathrm{T}}$ 为空间点在相机坐标系 $\boldsymbol{X}_C\boldsymbol{Y}_C\boldsymbol{Z}_C$ 的坐标，$(x,y)^{\mathrm{T}}$ 为投影点在像平面坐标系 $\boldsymbol{xy}$ 的坐标。

上述相机坐标系到像平面坐标系的透视投影，采用齐次坐标的矩阵形式为

$$Z_C\underbrace{\begin{pmatrix}x\\y\\1\end{pmatrix}}_{\boldsymbol{p}_{xy}}=\underbrace{\begin{pmatrix}f&0&0&0\\0&f&0&0\\0&0&1&0\end{pmatrix}}_{\text{透视投影矩阵}\boldsymbol{P}}\underbrace{\begin{pmatrix}X_C\\Y_C\\Z_C\\1\end{pmatrix}}_{\boldsymbol{P}_{\mathrm{Cam}}}$$

$$Z_C\boldsymbol{p}_{xy}=\boldsymbol{P}\boldsymbol{P}_{\mathrm{Cam}} \tag{3-2}$$

其中，3×4 的透视投影矩阵 $\boldsymbol{P}$ 描述了三维空间点至二维像平面点的透视投影。

有时为了方便推导和计算，可以将透视投影矩阵 $\boldsymbol{P}$ 分解表示为

$$\boldsymbol{P}=\underbrace{\mathrm{diag}(f,f,1)}_{3\times3\text{的对角阵}}\underbrace{(\boldsymbol{I}_{3\times3}\quad \boldsymbol{0}_{3\times1})}_{3\times4\text{的矩阵}} \tag{3-3}$$

以上均假设主点与像平面坐标系原点重合，即像平面坐标系原点建立在主点。对于不重合的一般情况，设主点在像平面坐标系中的齐次坐标为$(x_0,y_0,1)^{\mathrm{T}}$，则 3×4 的透视投影矩阵 $\boldsymbol{P}$ 为

$$\boldsymbol{P}=\begin{pmatrix} f & 0 & x_0 & 0 \\ 0 & f & y_0 & 0 \\ 0 & 0 & 1 & 0 \end{pmatrix}$$

此时矩阵 $\boldsymbol{P}$ 可以分解表示为

$$\boldsymbol{P}=\boldsymbol{K}(\boldsymbol{I}_{3\times3}\quad \boldsymbol{0}_{3\times1}),\quad \boldsymbol{K}=\begin{pmatrix} f & 0 & x_0 \\ 0 & f & y_0 \\ 0 & 0 & 1 \end{pmatrix} \tag{3-4}$$

注意：从相机坐标系到像平面坐标系的投影，这里是指普通镜头的透视投影，对于远心镜头则是平行投影。

---

2. 仿射变换

从像平面坐标系到像素坐标系，一般是仿射变换（如果像平面坐标系原点在像素坐标系中的坐标为$(0,0)^{\mathrm{T}}$，则仿射变换退化成为线性变换）。

该仿射变换仅与相机有关，存在于像平面坐标系和像素坐标系的变换中，而与相机的外部结构（位姿）无关。

相机对于经过数字化之后的像素，一般将其建模为矩形。设像素在像平面坐标系两个方向上的物理尺寸（即矩形的长和宽）为常数 d_x 和 d_y，单位一般是微米（μm），则像平面坐标与像素坐标的关系为

$$\begin{cases} y/d_x=u \\ y/d_y=v \end{cases}$$

使用齐次坐标写成矩阵形式为

$$\underbrace{\begin{pmatrix} u \\ v \\ 1 \end{pmatrix}}_{\boldsymbol{p}_{uv}}=\underbrace{\begin{pmatrix} 1/d_x & 0 & 0 \\ 0 & 1/d_y & 0 \\ 0 & 0 & 1 \end{pmatrix}}_{\text{仿射变换矩阵}\boldsymbol{A}}\underbrace{\begin{pmatrix} x \\ y \\ 1 \end{pmatrix}}_{\boldsymbol{p}_{xy}}$$

$$\boldsymbol{p}_{uv}=\boldsymbol{A}\boldsymbol{p}_{xy} \tag{3-5}$$

其中，矩阵 $\boldsymbol{A}$ 为像平面坐标系到像素坐标系的仿射变换矩阵，描述了像平面点 $\boldsymbol{p}_{xy}$ 至像素点 $\boldsymbol{p}_{uv}$ 的关系。

将式(3-2)所示的相机坐标系到像平面坐标系的透视投影变换代入式(3-5)，有

$$Z_C\underbrace{\begin{pmatrix} u \\ v \\ 1 \end{pmatrix}}_{\boldsymbol{p}_{uv}}=\underbrace{\begin{pmatrix} 1/d_x & 0 & 0 \\ 0 & 1/d_y & 0 \\ 0 & 0 & 1 \end{pmatrix}}_{\boldsymbol{A}}\underbrace{\begin{pmatrix} f & 0 & x_0 & 0 \\ 0 & f & y_0 & 0 \\ 0 & 0 & 1 & 0 \end{pmatrix}}_{\boldsymbol{P}}\underbrace{\begin{bmatrix} X_C \\ Y_C \\ Z_C \\ 1 \end{bmatrix}}_{\boldsymbol{P}_{\mathrm{Cam}}}\Rightarrow$$

$$Z_C\underbrace{\begin{pmatrix}u\\v\\1\end{pmatrix}}_{p_{uv}}=\underbrace{\begin{pmatrix}f_x\triangleq f/d_x & 0 & u_0\triangleq x_0/d_x & 0\\0 & f_y\triangleq f/d_y & v_0\triangleq y_0/d_y & 0\\0&0&1&0\end{pmatrix}}_{\text{内参矩阵}\boldsymbol{M}_{\mathrm{I}}\triangleq\boldsymbol{AP}}\underbrace{\begin{pmatrix}X_C\\Y_C\\Z_C\\1\end{pmatrix}}_{\boldsymbol{P}_{\mathrm{Cam}}}$$

其中，$f_x\triangleq f/d_x$ 和 $f_y\triangleq f/d_y$ 称为相机在 $\boldsymbol{u}$ 方向和 $\boldsymbol{v}$ 方向上的尺度因子，$(u_0,v_0)^{\mathrm{T}}\triangleq(x_0/d_x,y_0/d_y)^{\mathrm{T}}$ 称为相机的主点，矩阵 $\boldsymbol{M}_{\mathrm{I}}\triangleq\boldsymbol{AP}$ 称为相机的内参矩阵，从而得到相机坐标系到像素坐标系的四参数模型：

$$Z_C\underbrace{\begin{pmatrix}u\\v\\1\end{pmatrix}}_{p_{uv}}=\underbrace{\begin{pmatrix}f_x&0&u_0&0\\0&f_y&v_0&0\\0&0&1&0\end{pmatrix}}_{\text{内参矩阵}\boldsymbol{M}_{\mathrm{I}}\triangleq\boldsymbol{AP}}\underbrace{\begin{pmatrix}X_C\\Y_C\\Z_C\\1\end{pmatrix}}_{\boldsymbol{P}_{\mathrm{Cam}}} \tag{3-6}$$

如果纵横比为 1，即 $d_x=d_y$，则 $\boldsymbol{M}_{\mathrm{I}}$ 仅剩余三个参数，此时称为三参数模型。

如果额外考虑实际生产制造中相机离散化之后的像素并不是理想的矩形，一般建模为平行四边形。这个四边形的一条边平行于 $\boldsymbol{u}$ 轴，另一条边与 $\boldsymbol{u}$ 轴夹角为 θ（这角度一般不是严格的 90°），则式(3-5)像平面坐标到像素坐标的仿射变换为

$$\underbrace{\begin{pmatrix}u\\v\\1\end{pmatrix}}_{p_{uv}}=\underbrace{\begin{pmatrix}1/d_x&-\mathrm{ctg}\theta/d_x&0\\0&\sin\theta/d_y&0\\0&0&1\end{pmatrix}}_{\boldsymbol{A}}\underbrace{\begin{pmatrix}x\\y\\1\end{pmatrix}}_{p_{xy}} \tag{3-7}$$

同样，将其代入相机坐标系到像平面坐标系的透视投影，有

$$Z_C\underbrace{\begin{pmatrix}u\\v\\1\end{pmatrix}}_{p_{uv}}=\underbrace{\begin{pmatrix}f_x\triangleq f/d_x & s\triangleq -f\mathrm{ctg}\theta/d_x & u_0\triangleq(x_0-y_0\mathrm{ctg}\theta)/d_x & 0\\0 & f_y\triangleq f\sin\theta/d_y & v_0\triangleq y_0\sin\theta/d_y & 0\\0&0&1&0\end{pmatrix}}_{\text{内参矩阵}\boldsymbol{M}_{\mathrm{I}}\triangleq\boldsymbol{AP}}\underbrace{\begin{pmatrix}X_C\\Y_C\\Z_C\\1\end{pmatrix}}_{\boldsymbol{P}_{\mathrm{Cam}}}$$

即

$$Z_C\underbrace{\begin{pmatrix}u\\v\\1\end{pmatrix}}_{p_{uv}}=\underbrace{\begin{pmatrix}f_x&s&u_0&0\\0&f_y&v_0&0\\0&0&1&0\end{pmatrix}}_{\text{内参矩阵}\boldsymbol{M}_{\mathrm{I}}\triangleq\boldsymbol{AP}}\underbrace{\begin{pmatrix}X_C\\Y_C\\Z_C\\1\end{pmatrix}}_{\boldsymbol{P}_{\mathrm{Cam}}} \tag{3-8}$$

其中，增加的这项 s 称为畸变因子，也称为倾斜因子。由于此时内参矩阵 $\boldsymbol{M}_{\mathrm{I}}$ 具有$\{f_x,f_y,u_0,v_0,s\}$五个参数，因此称为相机的五参数模型。

3. 刚体变换

一般情况下相机坐标系 $\boldsymbol{X}_C\boldsymbol{Y}_C\boldsymbol{Z}_C$ 与世界坐标系 $\boldsymbol{X}_W\boldsymbol{Y}_W\boldsymbol{Z}_W$ 并不重合，如图 3-8 所示。

则 $\boldsymbol{X}_C\boldsymbol{Y}_C\boldsymbol{Z}_C$ 与 $\boldsymbol{X}_W\boldsymbol{Y}_W\boldsymbol{Z}_W$ 两者的关系可以使用刚体变换（欧氏变换）描述。记相机坐标系原点在世界坐标系的齐次坐标为 $\boldsymbol{C}=(X_0,Y_0,Z_0,1)^{\mathrm{T}}$，则可以通过如下两步实现：

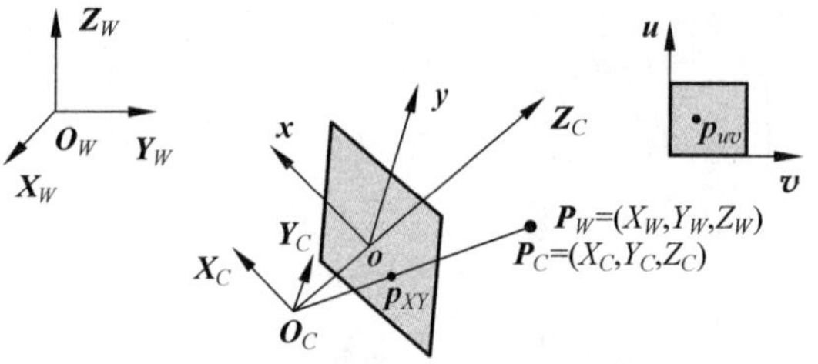

图 3-8 不重合的刚体变换

(1) 进行旋转变换 $\boldsymbol{R}$,调正姿态,使相机坐标系 $\boldsymbol{X}_C\boldsymbol{Y}_C\boldsymbol{Z}_C$ 三轴与世界坐标系相同;

(2) 进行平移变换($-\boldsymbol{RC}$),调正位置,使旋转后的 $\boldsymbol{X}_C\boldsymbol{Y}_C\boldsymbol{Z}_C$ 原点与世界坐标系原点相同。

如此则可以将 $\boldsymbol{X}_W\boldsymbol{Y}_W\boldsymbol{Z}_W$ 中的坐标变为 $\boldsymbol{X}_C\boldsymbol{Y}_C\boldsymbol{Z}_C$ 中的坐标:

$$\underbrace{\begin{pmatrix} X_C \\ Y_C \\ Z_C \\ 1 \end{pmatrix}}_{\boldsymbol{P}_{\text{Cam}}} = \underbrace{\begin{pmatrix} \boldsymbol{R} & -\boldsymbol{RC} \\ \boldsymbol{0} & 1 \end{pmatrix}}_{\text{刚体变换矩阵}{}_W^C T} \underbrace{\begin{pmatrix} X_W \\ Y_W \\ Z_W \\ 1 \end{pmatrix}}_{\boldsymbol{P}_{\text{World}}}$$

$$\boldsymbol{P}_{\text{Cam}} = {}_W^C\boldsymbol{T}\boldsymbol{P}_{\text{World}} \tag{3-9}$$

其中,矩阵${}_W^C\boldsymbol{T}$ 表示从相机坐标系至世界坐标系的刚体变换。矩阵 $\boldsymbol{T}$ 的意义是:

(1) 动态来看,实现相机坐标系至世界坐标系的刚体运动;

(2) 静态来看,将空间点的世界坐标转换为相机坐标系的坐标。

刚体变换矩阵${}_W^C\boldsymbol{T}$ 仅取决于运动的旋转和平移,与相机的内部结构无关。因此,该矩阵也称为外参矩阵。

强调这个矩阵是相机的外参矩阵时,一般使用 $\boldsymbol{M}_{\text{E}}$ 标记该矩阵;如果强调这个矩阵表示刚体运动时,一般表示为${}_W^C\boldsymbol{T}$。

通过使用 $\boldsymbol{C}$ 的非齐次坐标 $\widetilde{\boldsymbol{C}}=(X_0,Y_0,Z_0)^{\text{T}}$,利用 3×3 的旋转矩阵 $\boldsymbol{R}=\begin{pmatrix} r_{11} & r_{12} & r_{13} \\ r_{21} & r_{22} & r_{23} \\ r_{31} & r_{32} & r_{33} \end{pmatrix}$,可将($-\boldsymbol{R}\widetilde{\boldsymbol{C}}$)简记为平移向量 $\boldsymbol{t} \triangleq -\boldsymbol{R}\widetilde{\boldsymbol{C}}=(t_1,t_2,t_3)^{\text{T}}$,即

$$\underbrace{\begin{pmatrix} \boldsymbol{R} & -\boldsymbol{RC} \\ \boldsymbol{0} & 1 \end{pmatrix}}_{\text{刚体变换矩阵}{}_W^C\boldsymbol{T}} \Rightarrow \underbrace{\begin{pmatrix} \boldsymbol{R} & \boldsymbol{t} \\ \boldsymbol{0} & 1 \end{pmatrix}}_{\text{外参矩阵}\boldsymbol{M}_{\text{E}}}$$

4. 投射矩阵

综上,根据$\overbrace{\boldsymbol{X}_W\boldsymbol{Y}_W\boldsymbol{Z}_W}^{\text{世界坐标系}} \xrightarrow{(1)} \overbrace{\boldsymbol{X}_C\boldsymbol{Y}_C\boldsymbol{Z}_C}^{\text{相机坐标系}} \xrightarrow{(2)} \overbrace{\boldsymbol{xy}}^{\text{像平面坐标系}} \xrightarrow{(3)} \overbrace{\boldsymbol{uv}}^{\text{像素坐标系}}$,由 $\boldsymbol{p}_{uv} \cong (\boldsymbol{APT})\boldsymbol{P}_{\text{World}}$,可得世界坐标系 $\boldsymbol{X}_W\boldsymbol{Y}_W\boldsymbol{Z}_W$ 至像素坐标系 $\boldsymbol{uv}$ 的关系为

$$Z_C\underbrace{\begin{pmatrix} u \\ v \\ 1 \end{pmatrix}}_{\boldsymbol{p}_{uv}} = \underbrace{\begin{pmatrix} f/d_x & 0 & 0 \\ 0 & f/d_y & 0 \\ 0 & 0 & 1 \end{pmatrix}}_{\boldsymbol{A}} \underbrace{\begin{pmatrix} f & 0 & x_0 & 0 \\ 0 & f & y_0 & 0 \\ 0 & 0 & 1 & 0 \end{pmatrix}}_{\boldsymbol{P}} \underbrace{\begin{pmatrix} \boldsymbol{R} & \boldsymbol{t} \\ \boldsymbol{0} & 1 \end{pmatrix}}_{\boldsymbol{T}} \underbrace{\begin{pmatrix} X_W \\ Y_W \\ Z_W \\ 1 \end{pmatrix}}_{\boldsymbol{P}_{\text{World}}}$$

即

$$Z_C\begin{pmatrix}u\\v\\1\end{pmatrix}=\underbrace{\underbrace{\begin{pmatrix}f_x&0&u_0&0\\0&f_y&v_0&0\\0&0&1&0\end{pmatrix}}_{\text{内参矩阵}\boldsymbol{M}_\text{I}}\underbrace{\begin{pmatrix}\boldsymbol{R}&\boldsymbol{t}\\\boldsymbol{0}&1\end{pmatrix}}_{\text{外参矩阵}\boldsymbol{M}_\text{E}}}_{\text{投射矩阵}\boldsymbol{M}}\begin{pmatrix}X_W\\Y_W\\Z_W\\1\end{pmatrix}\tag{3-10}$$

式(3-10)称为相机的线性模型。其中,内参矩阵 $\boldsymbol{M}_\text{I}$ 具有 4 个参数,外参矩阵 $\boldsymbol{M}_\text{E}$ 具有 6 个独立参数。

矩阵 $\boldsymbol{M}\triangleq\boldsymbol{M}_\text{I}\boldsymbol{M}_\text{E}$ 作为 $\boldsymbol{M}_\text{I}$ 和 $\boldsymbol{M}_\text{E}$ 的统一表现,称为相机透视投影的射影变换矩阵,简称相机投射矩阵(Camera Projection Matrix)。投射矩阵 $\boldsymbol{M}$ 实现了三维到二维投影这个几何过程的代数化。

在 VR/AR 等 XR 应用中,投射矩阵 $\boldsymbol{M}$ 称为注册矩阵,实现真实场景到虚拟场景的注册。

如果只是概括性地求出投射矩阵 $\boldsymbol{M}$,则称为相机的隐式标定;如果分别具体地求解出内参矩阵 $\boldsymbol{M}_\text{I}$ 和外参矩阵 $\boldsymbol{M}_\text{E}$,则称为相机的显式标定。

5. 相机矩阵

有时,暂不考虑像素的数字化过程 $\begin{pmatrix}1/d_x&0&0\\0&1/d_y&0\\0&0&1\end{pmatrix}$,即省略仿射变换过程,则可得世界坐标系 $\boldsymbol{X}_W\boldsymbol{Y}_W\boldsymbol{Z}_W$ 到像平面坐标系 $\boldsymbol{xy}$ 的关系 $\boldsymbol{p}_{xy}\cong(\boldsymbol{PT})\boldsymbol{P}_\text{World}$,也即

$$\boldsymbol{p}_{xy}\cong\underbrace{\boldsymbol{K}(\boldsymbol{R}\quad\boldsymbol{t})}_{\text{相机矩阵}\boldsymbol{Q}}\boldsymbol{P}_\text{World}\tag{3-11}$$

其中,$\boldsymbol{K}=\begin{pmatrix}f&0&x_0\\0&f&y_0\\0&0&1\end{pmatrix}$,$\boldsymbol{t}\triangleq-\boldsymbol{R}\widetilde{\boldsymbol{C}}$,$\boldsymbol{Q}\triangleq\boldsymbol{K}(\boldsymbol{R}\quad\boldsymbol{t})$ 称为相机矩阵(Camera Matrix),在机器视觉中具有重要作用。

3.1.3 非线性模型

相机透镜组的设计和制造装配偏差均将引入成像畸变,导致图像失真。对于涉及测量的应用,忽略镜头畸变的线性模型通常是不可靠的。

镜头畸变主要考虑径向畸变、切向畸变和薄棱镜畸变,分述如下。

1. 径向畸变

径向畸变是沿着透镜半径方向分布的畸变。

径向畸变源于镜头形状缺陷,畸变是关于镜头的主光轴对称的。径向畸变的原因是光线在远离透镜中心位置比靠近中心位置更加弯曲。如图 3-9 所示,径向畸变导致正方形的直边变为桶形失真。

廉价镜头的径向畸变表现最为明显,具体体现为枕形畸变和桶形畸变。正的径向畸变称枕形畸变,负的径向畸变称桶形畸变,如图 3-10 所示。桶形畸变一般由广角镜头产生,而

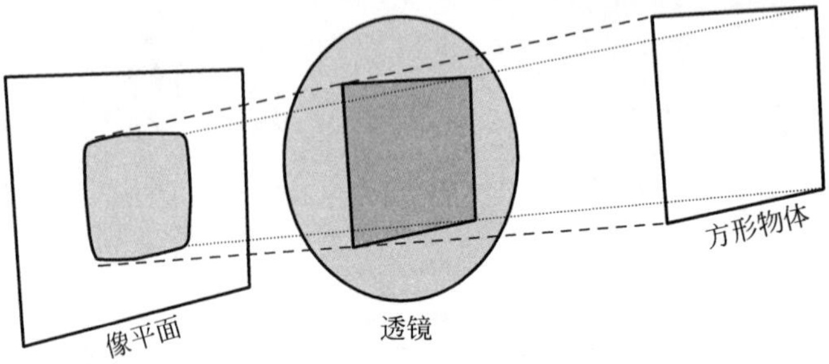

图 3-9　径向畸变

枕形畸变一般源于长焦镜头。

径向畸变模型使用径向畸变系数 k_1、k_2 和 k_3 描述：

$$\begin{cases}\Delta_{rx}=x(k_1r^2+k_2r^4+k_3r^6)\\ \Delta_{ry}=y(k_1r^2+k_2r^4+k_3r^6)\end{cases}\tag{3-12}$$

其中，$r=\sqrt{x^2+y^2}$。

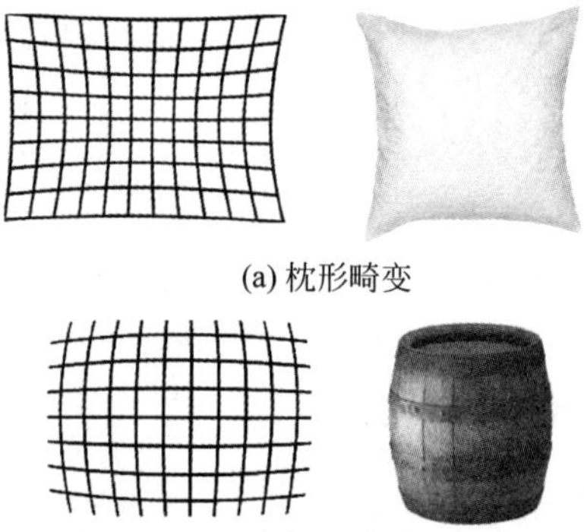

(a) 枕形畸变

(b) 桶形畸变

图 3-10　枕形畸变和桶形畸变

2. 切向畸变

切向畸变源于透镜和像平面不平行，主要发生在镜头装配环节：当透镜粘贴到镜头模组时，安装偏差造成光学系统光心与模组几何中心不一致，如图 3-11 所示。

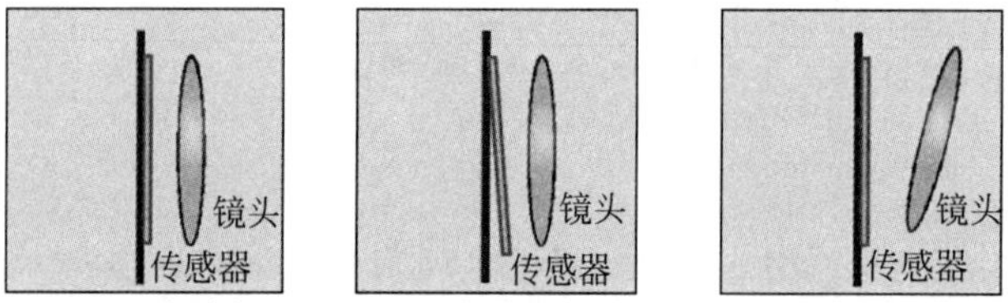

(a) 无切向畸变　(b) 切向畸变表现1　(c) 切向畸变表现2

图 3-11　切向畸变

切向畸变模型使用偏心畸变参数 p_1 和 p_2 描述：

$$\begin{cases}\Delta_{dx}=2p_1xy+p_2((x^2+y^2)+2x^2)\\ \Delta_{dy}=p_1((x^2+y^2)+2y^2)+2p_2xy\end{cases}\tag{3-13}$$

3. 薄棱镜畸变

薄棱镜畸变源于镜头设计缺陷，同时也与装配误差有关。例如，镜头与相机平面存在小倾角，这相当于在光路中增加了一个薄薄的棱镜，同时引起径向偏差和切向偏差。

薄棱镜畸变模型使用薄棱镜畸变系数 s_1 和 s_2 描述：

$$\begin{cases}\Delta_{sx}=s_1(x^2+y^2)\\ \Delta_{sy}=s_2(x^2+y^2)\end{cases}\tag{3-14}$$

注意：(1) 随着设计加工和装配技术的提高，薄棱镜畸变越来越微小，通常可以忽略。

(2) 过度复杂的畸变模型不仅无助于提高测量精度，反而会导致标定结果不稳定。因此，可以主要考虑径向畸变和切向畸变，而且只考虑前两项即可。

(3) 对于精度不很高的场合，只考虑径向畸变也是可行的。

综合考虑以上镜头畸变有

$$\begin{cases}\Delta_x(x,y)=\Delta_{rx}(x,y)+\Delta_{dx}(x,y)+\Delta_{sx}(x,y)\\ \Delta_y(x,y)=\Delta_{ry}(x,y)+\Delta_{dy}(x,y)+\Delta_{sy}(x,y)\end{cases}\tag{3-15}$$

畸变导致的结果如图 3-12 所示。

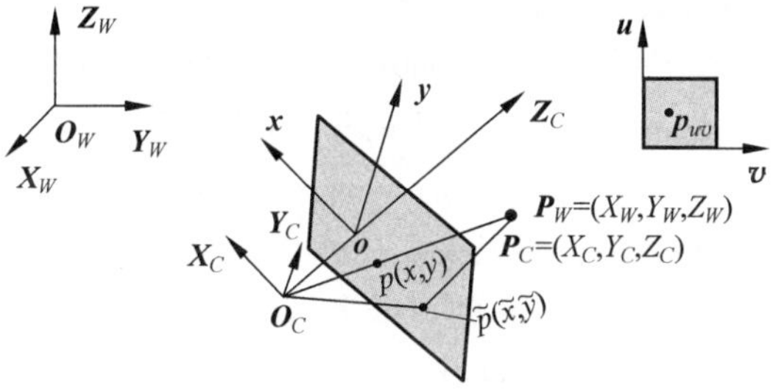

图 3-12 畸变结果

图 3-12 中，$\boldsymbol{p}_{xy}=(x,y)$为无失真时的理想坐标，$\tilde{\boldsymbol{p}}_{xy}=(\tilde{x},\tilde{y})$为经过畸变的实际坐标，两者之间关系为 $\tilde{\boldsymbol{p}}_{xy}=\boldsymbol{p}_{xy}+\Delta_{xy}$，即

$$\begin{cases}\tilde{x}=x+\Delta_x\\ \tilde{y}=y+\Delta_y\end{cases}$$

这样，原来线性模型的三个步骤

$$\overbrace{\boldsymbol{X}_W\boldsymbol{Y}_W\boldsymbol{Z}_W}^{\text{世界坐标系}}\xrightarrow{(1)}\overbrace{\boldsymbol{X}_C\boldsymbol{Y}_C\boldsymbol{Z}_C}^{\text{相机坐标系}}\xrightarrow{(2)}\overbrace{\boldsymbol{xy}}^{\text{像平面坐标系}}\xrightarrow{(3)}\overbrace{\boldsymbol{uv}}^{\text{像素坐标系}}$$

扩展成为非线性模型的四个步骤：

$$\overbrace{\boldsymbol{X}_W\boldsymbol{Y}_W\boldsymbol{Z}_W}^{\text{世界坐标系}}\xrightarrow{(1)}\overbrace{\boldsymbol{X}_C\boldsymbol{Y}_C\boldsymbol{Z}_C}^{\text{相机坐标系}}\xrightarrow{(2)}\overbrace{\boldsymbol{xy}}^{\text{像平面理想坐标系}}\xrightarrow{(3)}\overbrace{\tilde{\boldsymbol{x}}\tilde{\boldsymbol{y}}}^{\text{像平面实际坐标系}}\xrightarrow{(4)}\overbrace{\boldsymbol{uv}}^{\text{像素坐标系}}$$

3.2 立体视觉模型

使用针孔相机拍摄图像会丢失一个重要的信息，即图像的深度，对此一个解决方案是使用两个或者更多个相机，从而形成立体视觉(Stereo Vision)或三维视觉(3D Vision)。

这种方案之所以很容易被想到，显然是因为人类感知物体的能力就是源于大脑通过两只眼睛接收图像。

3.2.1 立体视觉系统

立体视觉系统通过对极几何描述两幅图像在射影空间的位置关系，如图 3-13 所示。

对于左、右两个相机，记投影中心分别为 $\boldsymbol{O}_{\mathrm{L}}$ 和 $\boldsymbol{O}_{\mathrm{R}}$，像平面分别为$\boldsymbol{\Pi}_{\mathrm{L}}$ 和$\boldsymbol{\Pi}_{\mathrm{R}}$。通过投影

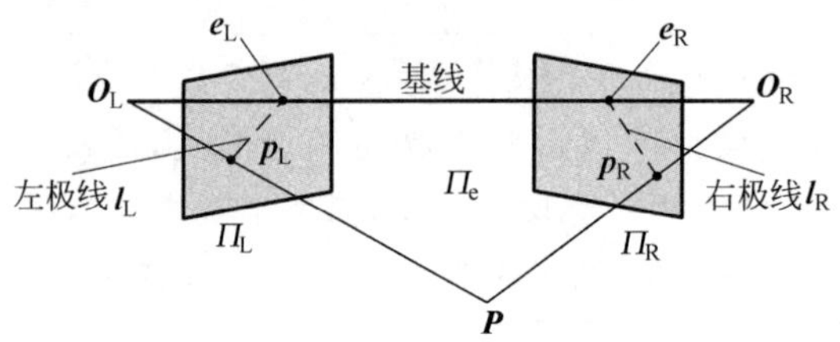

图 3-13 立体视觉系统

中心 $\boldsymbol{O}_L$ 和 $\boldsymbol{O}_R$ 的直线 $\boldsymbol{O}_L\boldsymbol{O}_R$ 称为基线,在摄影测量领域也称为核线。基线与每个像平面 $\boldsymbol{\Pi}_i$ 的交点称为极点,如图 3-13 中左极点 $\boldsymbol{e}_L$ 和右极点 $\boldsymbol{e}_R$;特殊情况下基线不与投射平面相交时极点为无穷远。给定一个三维空间点 $\boldsymbol{P}$,由 $\boldsymbol{O}_L$、$\boldsymbol{O}_R$ 和 $\boldsymbol{P}$ 确定的平面称为极平面$\boldsymbol{\Pi}_e$。极平面$\boldsymbol{\Pi}_e$ 与像平面$\boldsymbol{\Pi}_L$ 和$\boldsymbol{\Pi}_R$ 的交线称为极线,如图 3-13 中左极线 $\boldsymbol{l}_L$ 和右极线 $\boldsymbol{l}_R$。

另外,通过投影中心 $\boldsymbol{O}_i$ 并垂直于像平面$\boldsymbol{\Pi}_i$ 的直线与该投射平面的交点称为主点($i=$ L 或 R);从主点到投影中心的距离称为相机的焦距(主点和焦距,并未在图 3-13 中标出)。

极线和极点的关系构成了对极几何这种空间关系,对极几何描述的是两幅图像之间的内在的摄影关系,只依赖于相机的内参及两幅图像的相对位姿。

透视中心 $\boldsymbol{O}_i$ 与三维空间点 $\boldsymbol{P}$ 所成的直线和成像平面$\boldsymbol{\Pi}_i$ 的交点,即为 $\boldsymbol{P}$ 在该相机的像,例如图中 $\boldsymbol{p}_L$ 和 $\boldsymbol{p}_R$。显然,在射线 $\boldsymbol{O}_L\boldsymbol{p}_L$ 上,存在无数空间点,这些空间点的成像都可以是 $\boldsymbol{p}_L$。因此,只有一幅图像并不能确切确定 $\boldsymbol{P}$ 的位置。此时从另外一个相机观察三维空间点 $\boldsymbol{P}$,得到另外一个像例如 $\boldsymbol{p}_R$,则通过两条射线 $\boldsymbol{O}_L\boldsymbol{p}_L$ 和 $\boldsymbol{O}_R\boldsymbol{p}_R$ 相交即可确定 $\boldsymbol{P}$,称为极限约束。极限约束的含义是,三维空间点 $\boldsymbol{P}$ 在相机成像平面上的投影像点 $\boldsymbol{p}_i$ 必然位于该相机极线上。

一般情况下,极线是事先未知的,但是对于特殊相机布局,极线位置可以是已知的。这样,搜索空间就从平面缩减为一条线段。

对于图 3-14 中的左、右相机布局,记空间点 $\boldsymbol{P}$ 在相机坐标系中的坐标分别为 $\boldsymbol{P}_L=(X_L,Y_L,Z_L)^T$ 和 $\boldsymbol{P}_R=(X_R,Y_R,Z_R)^T$;对于左、右相机的成像平面,记 $\boldsymbol{P}$ 的像点在像平面坐标系的坐标分别为 $\boldsymbol{p}_L=(x_L,y_L,z_L)^T$ 和 $\boldsymbol{p}_R=(x_R,y_R,z_R)^T$。基于两个相机的外参矩阵有

$$\boldsymbol{P}_R=\boldsymbol{R}(\boldsymbol{P}_L-\boldsymbol{t}) \tag{3-16}$$

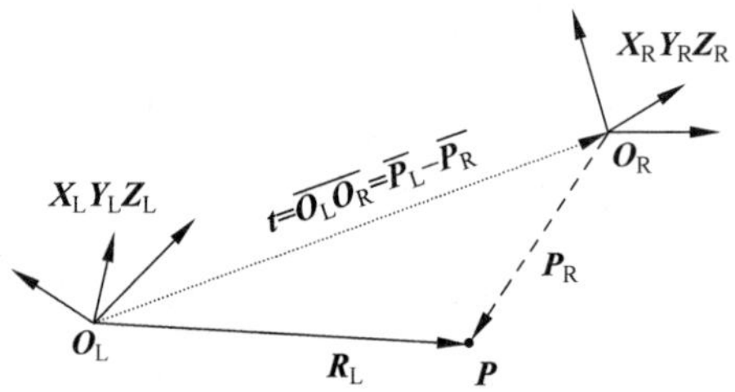

图 3-14 左、右两个相机的关系

在左相机坐标系,向量 $\boldsymbol{t}$ 和向量 $\boldsymbol{P}_L$ 张成极平面$\boldsymbol{\Pi}_e$,因此 $\boldsymbol{P}_L-\boldsymbol{t}$ 也位于极平面,从而三者混合积为零。

$$(\boldsymbol{P}_L-\boldsymbol{t})\cdot(\boldsymbol{t}\times\boldsymbol{P}_L)=0$$

根据罗德里格斯方程,可以将叉积 $\boldsymbol{t}\times\boldsymbol{P}_L$ 表示为矩阵与向量相乘 $\boldsymbol{t}\times\boldsymbol{P}_L=(\boldsymbol{t})_\times\boldsymbol{P}_L$。

$$\boldsymbol{t}\times\boldsymbol{P}_L=\begin{pmatrix}-t_3P_{L2}+t_2P_{L3}\\ t_3P_{L1}-t_1P_{L3}\\ -t_2P_{L1}+t_1P_{L2}\end{pmatrix}=\underbrace{\begin{pmatrix}0 & -t_3 & t_2\\ t_3 & 0 & -t_1\\ -t_2 & t_1 & 0\end{pmatrix}}_{(\boldsymbol{t})_\times}\underbrace{\begin{pmatrix}P_{L1}\\ P_{L2}\\ P_{L3}\end{pmatrix}}_{\boldsymbol{P}_L}=(\boldsymbol{t})_\times\boldsymbol{P}_L$$

将从向量 $\boldsymbol{t}$ 得到的反对称矩阵$(\boldsymbol{t})_\times$ 记为 $\boldsymbol{A}$,有

$$\boldsymbol{A} \triangleq (\boldsymbol{t})_{\times} = \begin{pmatrix} 0 & -t_3 & t_2 \\ t_3 & 0 & -t_1 \\ -t_2 & t_1 & 0 \end{pmatrix} \tag{3-17}$$

则 $\boldsymbol{t} \times \boldsymbol{P}_{\mathrm{L}} = \boldsymbol{A}\boldsymbol{P}_{\mathrm{L}}$,同时 $\boldsymbol{P}_{\mathrm{R}} = \boldsymbol{R}(\boldsymbol{P}_{\mathrm{L}} - \boldsymbol{t}) \Rightarrow \boldsymbol{P}_{\mathrm{L}} - \boldsymbol{t} = \boldsymbol{R}^{-1}\boldsymbol{P}_{\mathrm{R}}$,代入混合积$(\boldsymbol{P}_{\mathrm{L}} - \boldsymbol{t}) \cdot (\boldsymbol{t} \times \boldsymbol{P}_{\mathrm{L}}) = 0$,有

$$(\boldsymbol{R}^{-1}\boldsymbol{P}_{\mathrm{R}})^{\mathrm{T}}(\boldsymbol{A}\boldsymbol{P}_{\mathrm{L}}) = 0$$

旋转矩阵 $\boldsymbol{R}$ 是正交矩阵,有 $\boldsymbol{R}^{-1} = \boldsymbol{R}^{\mathrm{T}}$,从而

$$\boldsymbol{P}_{\mathrm{R}}^{\mathrm{T}}\boldsymbol{R}\boldsymbol{A}\boldsymbol{P}_{\mathrm{L}} = 0$$

定义矩阵 $\boldsymbol{E} \triangleq \boldsymbol{R}\boldsymbol{A}$,即

$$\boldsymbol{P}_{\mathrm{R}}^{\mathrm{T}}\boldsymbol{E}\boldsymbol{P}_{\mathrm{L}} = 0 \tag{3-18}$$

其中,矩阵 $\boldsymbol{E}$ 称为本质矩阵。

本质矩阵描述了不同相机之间(相机坐标系形式)的对极几何。

根据 $\boldsymbol{A}$ 为反对称矩阵有 $\det\boldsymbol{A} = 0$,即 $\boldsymbol{A}$ 秩为 2,因此本质矩阵 $\boldsymbol{E} = \boldsymbol{R}\boldsymbol{A}$ 的秩为 2。

实际采集所得图像已经呈现为像素坐标形式,因此,可以由相机坐标系形式的本质矩阵,推导得到像素坐标系形式的基础矩阵。

对于相机 K,给定相机坐标系中任意点的齐次坐标 $\widetilde{\boldsymbol{P}}_K$,通过内参矩阵 $\boldsymbol{M}_K$,可以得到像素坐标系中的齐次坐标 $\tilde{\boldsymbol{p}}_K$:

$$\tilde{\boldsymbol{p}}_K = \boldsymbol{M}_K \widetilde{\boldsymbol{P}}_K$$

代入本质矩阵的 $\boldsymbol{P}_{\mathrm{R}}^{\mathrm{T}}\boldsymbol{E}\boldsymbol{P}_{\mathrm{L}} = 0$,成为$(\boldsymbol{M}_{\mathrm{R}}^{-1}\tilde{\boldsymbol{p}}_{\mathrm{R}})^{\mathrm{T}}\boldsymbol{E}(\boldsymbol{M}_{\mathrm{L}}^{-1}\tilde{\boldsymbol{p}}_{\mathrm{L}}) = 0$,即

$$\tilde{\boldsymbol{p}}_{\mathrm{R}}^{\mathrm{T}}\boldsymbol{M}_{\mathrm{R}}^{-\mathrm{T}}\boldsymbol{E}\boldsymbol{M}_{\mathrm{L}}^{-1}\tilde{\boldsymbol{p}}_{\mathrm{L}} = 0$$

定义矩阵 $\boldsymbol{F} \triangleq \boldsymbol{M}_{\mathrm{R}}^{-\mathrm{T}}\boldsymbol{E}\boldsymbol{M}_{\mathrm{L}}^{-1}$,即

$$\tilde{\boldsymbol{p}}_{\mathrm{R}}^{\mathrm{T}}\boldsymbol{F}\tilde{\boldsymbol{p}}_{\mathrm{L}} = 0 \tag{3-19}$$

其中,矩阵 $\boldsymbol{F}$ 称为基础矩阵。

基础矩阵描述了不同相机之间(像素坐标系形式)的对极几何。

由于本质矩阵 $\boldsymbol{E} = \boldsymbol{R}\boldsymbol{A}$ 的秩为 2,因此基础矩阵 $\boldsymbol{F} \triangleq \boldsymbol{M}_{\mathrm{R}}^{-\mathrm{T}}\boldsymbol{E}\boldsymbol{M}_{\mathrm{L}}^{-1}$ 的秩也是 2。

对于本质矩阵,根据相机坐标系到像平面坐标系的透视投影 $x = f\dfrac{X_C}{Z_C}, y = f\dfrac{Y_C}{Z_C}, z = f$,由 $\boldsymbol{P}_{\mathrm{R}}^{\mathrm{T}}\boldsymbol{E}\boldsymbol{P}_{\mathrm{L}} = 0$,可以得到 $\boldsymbol{p}_{\mathrm{R}}^{\mathrm{T}}\boldsymbol{E}\boldsymbol{p}_{\mathrm{L}} = 0$,其中 $\boldsymbol{p}_{\mathrm{L}}$ 和 $\boldsymbol{p}_{\mathrm{R}}$ 分别表示 $\boldsymbol{P}_{\mathrm{L}}$ 和 $\boldsymbol{P}_{\mathrm{R}}$ 在各自像平面的像。

由于空间点 $\boldsymbol{P}$ 在每个相机的像分别位于各自对应的极线上:$\boldsymbol{p}_{\mathrm{R}}^{\mathrm{T}}$ 位于左相机的像平面的相应极线上,$\boldsymbol{E}\boldsymbol{p}_{\mathrm{L}}$ 位于右相机的像平面的相应极线上,而且极线经过所有的极点,因此,右相机中的相应极线 $\boldsymbol{u}_{\mathrm{R}}$ 可以表示为 $\boldsymbol{u}_{\mathrm{R}} = \boldsymbol{E}\boldsymbol{p}_{\mathrm{L}}$;同样,左相机中的相应极线 $\boldsymbol{u}_{\mathrm{L}}$ 可以表示为 $\boldsymbol{u}_{\mathrm{L}} = \boldsymbol{E}^{\mathrm{T}}\boldsymbol{p}_{\mathrm{R}}$。

对于基础矩阵,考虑像素 $\tilde{\boldsymbol{p}}_{\mathrm{uvR}}^{\mathrm{T}}$ 位于右相机的极线上,因此 $\tilde{\boldsymbol{p}}_{\mathrm{uvR}}^{\mathrm{T}}\tilde{\boldsymbol{u}}_{\mathrm{R}} = 0$,结合 $\tilde{\boldsymbol{p}}_{\mathrm{uvR}}^{\mathrm{T}}\boldsymbol{F}\tilde{\boldsymbol{p}}_{\mathrm{uvL}} = 0$,因此右相机齐次坐标形式的极线方程为 $\tilde{\boldsymbol{u}}_{\mathrm{R}} = \boldsymbol{F}\tilde{\boldsymbol{p}}_{\mathrm{uvL}}$,同样左相机齐次坐标形式的极线方程为 $\tilde{\boldsymbol{u}}_{\mathrm{L}} = \boldsymbol{F}^{\mathrm{T}}\tilde{\boldsymbol{p}}_{\mathrm{uvR}}$。

对于所有空间点 $\boldsymbol{P}$,其所构成的所有极平面均相交形成基线。对于某个相机,其像平面所有极线均相交于极点。以左相机为例,其像平面上所有极线具有共同交点即左极点,而

$\tilde{\boldsymbol{p}}_{\text{uvR}}^{\text{T}}\boldsymbol{F}\tilde{\boldsymbol{p}}_{\text{uvL}}=0$ 对左相机像平面所有的均成立，考虑左相机像素点 $\tilde{\boldsymbol{p}}_{\text{uvL}}$ 位于左极点 $\tilde{\boldsymbol{e}}_{\text{L}}$ 时，则有 $\tilde{\boldsymbol{p}}_{\text{uvR}}^{\text{T}}\boldsymbol{F}\tilde{\boldsymbol{e}}_{\text{L}}=0$。

因此，考虑基础矩阵 $\boldsymbol{F}$ 的秩为 2，有 $\boldsymbol{F}\tilde{\boldsymbol{e}}_{\text{L}}=0$，即 $\tilde{\boldsymbol{e}}_{\text{L}}$ 是基础矩阵 $\boldsymbol{F}$ 定义的核。同样地，$\boldsymbol{F}^{\text{T}}\tilde{\boldsymbol{e}}_{\text{R}}=0\Rightarrow\tilde{\boldsymbol{e}}_{\text{R}}^{\text{T}}\boldsymbol{F}=0$，即 $\tilde{\boldsymbol{e}}_{\text{R}}$ 是 $\boldsymbol{F}^{\text{T}}$ 定义的核。因此通过 $\boldsymbol{F}$ 和 $\boldsymbol{F}^{\text{T}}$ 定义的核，可以计算得到左极点 $\tilde{\boldsymbol{e}}_{\text{L}}$ 和右极点 $\tilde{\boldsymbol{e}}_{\text{R}}$。

3.2.2 标准双目系统

此处标准的含义是指两相机光轴平行，例如图 3-15 即为标准双目立体系统。

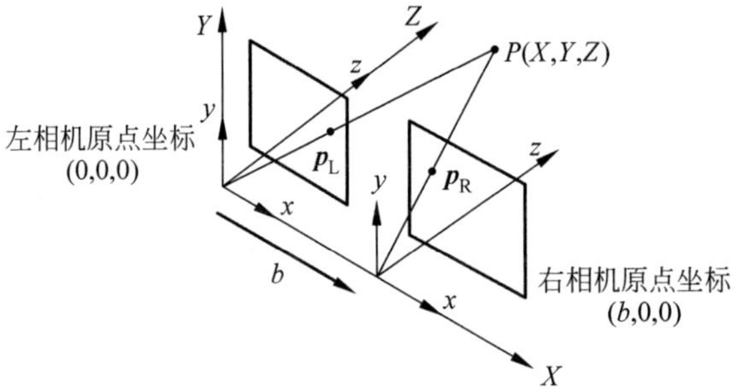

图 3-15 标准双目立体系统

对左相机，其像平面中的像点 $\boldsymbol{p}_{\text{L}}(x_{\text{L}},y_{\text{L}})$ 满足：

$$\frac{x_{\text{L}}}{X}=\frac{f}{Z}\Rightarrow x_{\text{L}}=\frac{fX}{Z}$$

对右相机，其像平面中的像点 $\boldsymbol{p}_{\text{R}}(x_{\text{R}},y_{\text{R}})$ 满足：

$$\frac{x_{\text{R}}}{X-b}=\frac{f}{Z}\Rightarrow x_{\text{R}}=\frac{f(X-b)}{Z}$$

由此可得水平视差 d_x：

$$d_x(\boldsymbol{p}_{\text{L}},\boldsymbol{p}_{\text{R}})\triangleq x_{\text{L}}-x_{\text{R}}=\frac{fX}{Z}-\frac{f(X-b)}{Z}=\frac{fb}{Z} \tag{3-20}$$

其中，$\boldsymbol{p}_{\text{L}}=(x_{\text{L}},y_{\text{L}})^{\text{T}}$ 和 $\boldsymbol{p}_{\text{R}}=(x_{\text{R}},y_{\text{R}})^{\text{T}}$ 为三维空间点 $\boldsymbol{P}$ 在左、右相机的像平面坐标，b 为相机基线距离，f 为相机焦距，Z 为空间点 $\boldsymbol{P}$ 到基线的距离(场景深度)。式(3-20)中由于 $\frac{fb}{Z}>0$，因此有 $x_{\text{L}}>x_{\text{R}}$，从而可以限制搜索范围，简化相关匹配算法。

通过左相机的 $\frac{y_{\text{L}}}{Y}=\frac{f}{Z}\Rightarrow y_{\text{L}}=\frac{fY}{Z}$ 和右相机的 $\frac{y_{\text{R}}}{Y}=\frac{f}{Z}\Rightarrow y_{\text{R}}=\frac{fY}{Z}$，可以解得垂直视差 $d_y(\boldsymbol{p}_{\text{L}},\boldsymbol{p}_{\text{R}})\triangleq y_{\text{L}}-y_{\text{R}}=\frac{fY}{Z}-\frac{fY}{Z}=0$。由此定义平面视差 d_{xy} 为

$$d_{xy}\triangleq\sqrt{d_x^2+d_y^2}=d_x$$

对于标准配置的双目立体视觉系统，视差一般是指水平视差 d_x，因为垂直视差 d_y 为零。

此时，标准双目立体系统的基础矩阵 $\boldsymbol{F}$ 为

$$\boldsymbol{F}=\begin{pmatrix}0 & 0 & 0\\0 & 0 & c\\0 & -c & 0\end{pmatrix},\quad c\geqslant 0 \tag{3-21}$$

将 $\boldsymbol{F}$ 代回 $\tilde{\boldsymbol{p}}_{\mathrm{uvR}}^{\mathrm{T}}\boldsymbol{F}\tilde{\boldsymbol{p}}_{\mathrm{uvL}}=0$

$$(u_{\mathrm{R}} \quad v_{\mathrm{R}} \quad 1)\begin{pmatrix}0 & 0 & 0\\0 & 0 & c\\0 & -c & 0\end{pmatrix}\begin{pmatrix}u_{\mathrm{L}}\\v_{\mathrm{L}}\\1\end{pmatrix}=0$$

即

$$v_{\mathrm{R}}=v_{\mathrm{L}} \tag{3-22}$$

根据右相机齐次坐标形式的极线方程 $\tilde{\boldsymbol{u}}_{\mathrm{R}}=\boldsymbol{F}\tilde{\boldsymbol{p}}_{\mathrm{uvL}}$，可以获得标准立体系统左图像的点所对应的右图像中的极线方程为

$$\tilde{\boldsymbol{u}}_{\mathrm{R}}=\boldsymbol{F}\tilde{\boldsymbol{p}}_{\mathrm{uvL}}=\begin{pmatrix}0 & 0 & 0\\0 & 0 & c\\0 & -c & 0\end{pmatrix}\begin{pmatrix}u_{\mathrm{L}}\\v_{\mathrm{L}}\\1\end{pmatrix}=\begin{pmatrix}0\\c\\-cv_{\mathrm{L}}\end{pmatrix}$$

此时 $\tilde{\boldsymbol{u}}_{\mathrm{R}}$ 表示的是水平线。

3.2.3 基础矩阵求解

本质矩阵 $\boldsymbol{E}$ 和基础矩阵 $\boldsymbol{F}$ 均为 3×3 的矩阵，具有 9 个元素，但是扣除齐次坐标后仅余 8 个，因此最少需 8 个不同匹配点对即可求解。

由于 $\boldsymbol{E}$ 和 $\boldsymbol{F}$ 的求解方法相同，以下以基础矩阵为例，$\tilde{\boldsymbol{p}}_{\mathrm{uvR}}^{\mathrm{T}}\boldsymbol{F}\tilde{\boldsymbol{p}}_{\mathrm{uvL}}=0$ 可以表示为

$$\sum_{i=1}^{3}\sum_{j=1}^{3}\tilde{p}_{\mathrm{uvR}}F_{ij}\tilde{p}_{\mathrm{uvL}}=0$$

其中，$\tilde{p}_{\mathrm{uvR}}$ 和 $\tilde{p}_{\mathrm{uvL}}$ 为右图像和左图像中匹配点的像素坐标齐次形式，F_{ij} 为基础矩阵元素。根据匹配点对的像素坐标（$\boldsymbol{p}_{\mathrm{uvL}}\leftrightarrow\boldsymbol{p}_{\mathrm{uvR}}$），可以拼出向量 $\boldsymbol{q}\in R^{9}$：

$$\boldsymbol{q}=(p_{\mathrm{Lu}}p_{\mathrm{Ru}},p_{\mathrm{Lv}}p_{\mathrm{Ru}},p_{\mathrm{Ru}},p_{\mathrm{Lu}}p_{\mathrm{Rv}},p_{\mathrm{Lv}}p_{\mathrm{Rv}},p_{\mathrm{Rv}},p_{\mathrm{Lu}},p_{\mathrm{Lv}},1)^{\mathrm{T}}$$

根据基础矩阵 $\boldsymbol{F}$，也拼出向量 $\boldsymbol{f}$：

$$\boldsymbol{f}=(F_{11},F_{12},F_{13},F_{21},F_{22},F_{23},F_{31},F_{32},F_{33})^{\mathrm{T}}$$

由 $\tilde{\boldsymbol{p}}_{\mathrm{uvR}}^{\mathrm{T}}\boldsymbol{F}\tilde{\boldsymbol{p}}_{\mathrm{uvL}}=0$ 得

$$\tilde{\boldsymbol{p}}_{\mathrm{uvR}}^{\mathrm{T}}\boldsymbol{F}\tilde{\boldsymbol{p}}_{\mathrm{uvL}}=0\Leftrightarrow\sum_{i=1}^{3}\sum_{j=1}^{3}\tilde{p}_{\mathrm{uvR}}F_{ij}\tilde{p}_{\mathrm{uvL}}=\boldsymbol{0}\Leftrightarrow\boldsymbol{q}^{\mathrm{T}}\boldsymbol{f}=\boldsymbol{0} \tag{3-23}$$

只要 8 个点即可解出 $\boldsymbol{f}$，这是最简单的线性方法。

不过由于观测噪声、错误匹配以及计算舍入误差等原因，八点算法并不稳定。因此通常利用优化方法，采用 $K\gg8$ 个更多的点对，每个点对残差记为

$$r_j=\boldsymbol{q}_j^{\mathrm{T}}\boldsymbol{f}$$

K 组匹配点对所得方程为

$$\underbrace{\begin{pmatrix}\boldsymbol{q}_1^{\mathrm{T}}\\\boldsymbol{q}_2^{\mathrm{T}}\\\vdots\\\boldsymbol{q}_K^{\mathrm{T}}\end{pmatrix}}_{\boldsymbol{Q}_{k\times9}}\underbrace{\begin{pmatrix}f_1\\f_2\\\vdots\\f_9\end{pmatrix}}_{\boldsymbol{f}_{9\times1}}=\boldsymbol{0}_{K\times1}$$

基于最小二乘原理并建立约束 $\|\boldsymbol{f}\|=1$，可以求得 $\boldsymbol{Q}_{k\times9}\boldsymbol{f}_{9\times1}$ 的最小二乘解：

$$\min_{\|f\|=1}\|\boldsymbol{Q}\boldsymbol{f}\|^2$$

根据范数定义，有

$$\|\boldsymbol{Q}\boldsymbol{f}\|^2=(\boldsymbol{Q}\boldsymbol{f})^{\mathrm{T}}\boldsymbol{Q}\boldsymbol{f}=\boldsymbol{f}^{\mathrm{T}}\boldsymbol{Q}^{\mathrm{T}}\boldsymbol{Q}\boldsymbol{f} \tag{3-24}$$

记 $\boldsymbol{Z}\triangleq\boldsymbol{Q}^{\mathrm{T}}\boldsymbol{Q}\in\boldsymbol{R}^{9\times9}$，则解就是正定矩阵 $\boldsymbol{Z}$ 的最小特征值，可以通过奇异值分解得到。需要注意，这种方法解得的基础矩阵 $\boldsymbol{F}^*$ 未必满足秩为 2 的约束。

3.2.4 坐标归一化

归一化是非常必要的。例如对于 1000×1000 的图像，其像素坐标计算值从 0 到 1 000 000，非常容易出现大数吞小数之类的数值计算误差。为此需要基于质心进行归一化，求得结果之后，再执行反归一化。

归一化实质是仿射变换，包括平移和缩放。平移是保证将质心置于原点 $(0,0,1)^{\mathrm{T}}$，缩放是保证归一化之后点到原点 $(0,0,1)^{\mathrm{T}}$ 的平均距离为 $\sqrt{2}$。对于 K 组匹配点对 $\{p_{\mathrm{L}}\leftrightarrow p_{\mathrm{R}}\}_{i=1}^{K}$，注意归一化需要在左图和右图两幅图像中分别完成。

上述归一化仿射变换，对应矩阵操作 $\hat{\boldsymbol{p}}=\boldsymbol{Y}\tilde{\boldsymbol{p}}$，具体为

$$\underbrace{\begin{pmatrix}\hat{p}_1\\ \hat{p}_2\\ 1\end{pmatrix}}_{\hat{\boldsymbol{p}}}=\underbrace{\begin{pmatrix}s_1 & 0 & -m_1s_1\\ 0 & s_2 & -m_2s_2\\ 0 & 0 & 1\end{pmatrix}}_{\boldsymbol{Y}}\underbrace{\begin{pmatrix}\tilde{p}_1\\ \tilde{p}_2\\ 1\end{pmatrix}}_{\tilde{\boldsymbol{p}}} \tag{3-25}$$

式(3-25)中，$\tilde{\boldsymbol{p}}$ 为像素坐标齐次形式，$\hat{\boldsymbol{p}}$ 为归一化后像素坐标齐次形式。其中，质心坐标 $\boldsymbol{p}_m=(m_1,m_2)^{\mathrm{T}}$ 为

$$m_1=\frac{1}{K}\sum_{i=1}^{K}\tilde{p}_{1i},\quad m_2=\frac{1}{K}\sum_{i=1}^{K}\tilde{p}_{2i}$$

缩放系数 s_1、s_2 为

$$s_1=\left(\frac{1}{K}\sum_{i=1}^{K}(\tilde{p}_{1i}-m_1)^2\right)^{-1/2},\quad s_2=\left(\frac{1}{K}\sum_{i=1}^{K}(\tilde{p}_{2i}-m_2)^2\right)^{-1/2}$$

对于左图和右图，各有单独的归一化矩阵为 $\boldsymbol{Y}_{\mathrm{L}}$ 和 $\boldsymbol{Y}_{\mathrm{R}}$；根据 $\hat{\boldsymbol{p}}=\boldsymbol{Y}\tilde{\boldsymbol{p}}\Rightarrow\tilde{\boldsymbol{p}}=\hat{\boldsymbol{Y}}^{-1}\hat{\boldsymbol{p}}$，从而基础方程 $\tilde{\boldsymbol{p}}_{\mathrm{uvR}}^{\mathrm{T}}\boldsymbol{F}\tilde{\boldsymbol{p}}_{\mathrm{uvL}}=0$ 变为

$$(\boldsymbol{Y}_{\mathrm{R}}^{-1}\hat{\boldsymbol{p}}_{\mathrm{R}})^{\mathrm{T}}\boldsymbol{F}(\boldsymbol{Y}_{\mathrm{L}}^{-1}\hat{\boldsymbol{p}}_{\mathrm{L}})=\hat{\boldsymbol{p}}_{\mathrm{R}}^{\mathrm{T}}\underbrace{\boldsymbol{Y}_{\mathrm{R}}^{-\mathrm{T}}\boldsymbol{F}\boldsymbol{Y}_{\mathrm{L}}^{-1}}_{\hat{\boldsymbol{Y}}}\hat{\boldsymbol{p}}_{\mathrm{L}}=0$$

求解得到变换后的 $\hat{\boldsymbol{Y}}\triangleq\boldsymbol{Y}_{\mathrm{R}}^{-\mathrm{T}}\boldsymbol{F}\boldsymbol{Y}_{\mathrm{L}}^{-1}$，即可得到原始基础矩阵：

$$\boldsymbol{F}=\boldsymbol{Y}_{\mathrm{R}}^{\mathrm{T}}\hat{\boldsymbol{Y}}\boldsymbol{Y}_{\mathrm{L}} \tag{3-26}$$

对于更多数量的相机，例如 4 个相机，可以分析相机之间的依赖性。此时 4 个单应变换 $s\tilde{\boldsymbol{p}}=\boldsymbol{M}\tilde{\boldsymbol{P}}$ 可以写为

$$\underbrace{\begin{bmatrix}\boldsymbol{M}_1 & \tilde{\boldsymbol{p}}_1 & 0 & 0 & 0\\ \boldsymbol{M}_2 & 0 & \tilde{\boldsymbol{p}}_2 & 0 & 0\\ \boldsymbol{M}_3 & 0 & 0 & \tilde{\boldsymbol{p}}_3 & 0\\ \boldsymbol{M}_4 & 0 & 0 & 0 & \tilde{\boldsymbol{p}}_4\end{bmatrix}}_{\boldsymbol{H}_4}\begin{bmatrix}\tilde{\boldsymbol{P}}\\ s_1\\ s_2\\ s_3\\ s_4\end{bmatrix}=0 \tag{3-27}$$

其中，$\widetilde{\boldsymbol{P}}$ 为三维空间点世界坐标的齐次形式，$\widetilde{\boldsymbol{p}}_i \in \mathbf{R}^3$ 为第 i 个相机下像素坐标的齐次形式，$\boldsymbol{M}_i \in \mathbf{R}^{3\times 4}$ 为第 i 个相机的投影变换矩阵，s_i 为第 i 个相机的尺度因子。

对于 4 个相机的场景，$\boldsymbol{H}_4 \in \mathbf{R}^{12\times 8}$，其秩为 7，并且存在非零子空间。或者说具有 8 个未知数的齐次方程组具有非零解，$\det \boldsymbol{H}_4 = 0$。

更一般地，对于 $\boldsymbol{m}$ 个相机的系统，$\boldsymbol{H}_m$ 的秩最大为 $m+3$，所有维数大于或等于 $(m+4)\times(m+4)$ 的子式均为零。

3.3 相机直接标定

相机的几何标定主要解决以下问题：

(1) 确定世界坐标系中三维空间点与像素坐标系中二维像素点的转换关系，即获取内部参数。

(2) (进一步地)确定成像过程中的畸变，从而可以对图像进行校正。

(3) 对于某些应用场景，确定相机坐标系在世界坐标系的位姿，即获取外部参数。

(4) (可选的)确定多个相机之间的位姿关系，即完成系统标定。

对于后面这种多相机的标定，就是确定多视环境下各个相机的内部参数，以及在同一世界坐标系下各个相机之间的外部位姿参数，用于确定三维空间点与二维像素点之间的对应关系。

标定一般需要硬件，这些硬件称为标定物或者标靶，标靶上雕刻有已知物理尺寸的精确特征。通常将世界坐标系设置为标定物所在坐标系(物方坐标系)，例如标定块为正方体时，其三条边可以分别作为笛卡儿坐标系的轴。

标定方法主要有以下几种：

(1) 摄影法，源于测绘技术，属于起源较早的方法，对拍摄方式具有严格的要求，一般要求垂直拍摄，描述空间关系至少需要 17 个参数，相对复杂。

(2) 常规变换法，这是机器视觉专业的方法，需要用三维几何信息已知的标靶。主要有优化方法、直接线性变换方法、考虑畸变补偿的两步法：①优化方法，综合考虑相机的各种非线性失真，假设相机成像模型非常复杂，使用数值算法迭代求解决策变量，对于初值比较依赖；②直接线性变换方法是优化算法的简化版本，不考虑非线性畸变因素建立像点坐标和物点坐标的线性关系，直接求解透视变换矩阵诸元素，操作比较简单，但是精度不高；③Tsai 的 RAC 两步法考虑了畸变补偿，先线性求得相机参数，然后考虑畸变因素，得到初始参数值，最后经过非线性优化得到最终参数，速度较快，但是由于仅考虑径向畸变，并不能适用畸变严重的应用场景。

(3) 自标定法，该方法不需要使用标靶，通过对同一静态场景多次拍摄，利用相互的约束关系实现标定，因此需要获取相机的相对运动，一般用于精度要求不高的场合。主要有基于本质矩阵或基础矩阵、基于绝对二次曲线和外极线变换以及主动运动等标定方法。①基于本质矩阵或基础矩阵的方法在图像之间建立同名匹配点，根据匹配点求解本质矩阵 $\boldsymbol{E}$ 或基础矩阵 $\boldsymbol{F}$，然后从 $\boldsymbol{E}$ 或 $\boldsymbol{F}$ 分解出相机的内参和外参；②基于绝对二次曲线和外极线变换的方法首先根据相机多次运动求取外极线变换，求取二次曲线的像，然后通过 Kruppa 方程联系外极线变换与绝对二次曲线的像，获得相机的外参和内参；③主动运动方法是主动控制相机进行平移、旋转等运动，基于运动的平面约束、线约束求解相机的内外参数，对于运动的精度有一定要求。

(4) 平面标定法,介于常规变换和自标定方法之间,只需要使用二维平面标定板,采集标定板不同位姿的图像,提取图像中角点的像素坐标,利用旋转矩阵的正交性,通过单应矩阵计算内外参数的初值,然后利用非线性最小二乘,估计径向畸变系数,最后基于重投影误差最小原则,使用极大似然估计优化参数。该方法在操作简单的同时又保证较高精度,可以满足大部分场合。

以下首先介绍直接标定法,它的一般流程为:①布置世界坐标(X_W,Y_W,Z_W)已知的标定点;②获取标定点的像素坐标(u,v);③求解标定参数。

3.3.1 DLT 法

直接线性变换(Direct Linear Transformation,DLT)法不考虑镜头畸变,采用线性针孔模型,适用于非测量或中低精度测量的标定,其几何模型如图 3-16 所示。

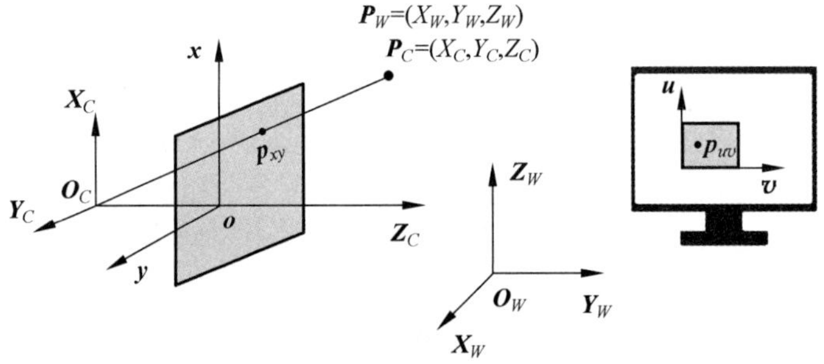

图 3-16 线性针孔模型

采用齐次坐标,记世界点坐标为 $\boldsymbol{P}_W$,像素点坐标为 $\boldsymbol{p}_{uv}$,根据世界点与像素点的几何关系,利用投影矩阵,对于坐标点对($\boldsymbol{P}_W \leftrightarrow \boldsymbol{p}_{uv}$),有 $z\boldsymbol{p}_{uv}=\boldsymbol{m}\boldsymbol{P}_W$。

$$z\begin{pmatrix}u\\v\\1\end{pmatrix}=\begin{pmatrix}m_{11}&m_{12}&m_{13}&m_{14}\\m_{21}&m_{22}&m_{23}&m_{24}\\m_{31}&m_{32}&m_{33}&m_{34}\end{pmatrix}\begin{pmatrix}X_W\\Y_W\\Z_W\\1\end{pmatrix}\tag{3-28}$$

式(3-28)包含 3 个方程:

$$\begin{cases}zu=m_{11}X_W+m_{12}Y_W+m_{13}Z_W+m_{14}\\zv=m_{21}X_W+m_{22}Y_W+m_{23}Z_W+m_{24}\\z=m_{31}X_W+m_{32}Y_W+m_{33}Z_W+m_{34}\end{cases}$$

消去系数 z,则

$$\begin{cases}m_{11}X_W+m_{12}Y_W+m_{13}Z_W+m_{14}-m_{31}X_Wu-m_{32}Y_Wu-m_{33}Z_Wu=m_{34}u\\m_{21}X_W+m_{22}Y_W+m_{23}Z_W+m_{24}-m_{31}X_Wv-m_{32}Y_Wv-m_{33}Z_Wv=m_{34}v\end{cases}\tag{3-29}$$

上述方程组包含 12 个未知量:m_{ij},$1\leqslant i\leqslant 3$,$1\leqslant j\leqslant 4$。

如果将世界点 $\boldsymbol{P}_W=(X_W,Y_W,Z_W,1)^{\mathrm{T}}$ 和像素点 $\boldsymbol{p}_{uv}=(u,v,1)^{\mathrm{T}}$ 构成的一组坐标对($\boldsymbol{P}_W \leftrightarrow \boldsymbol{p}_{uv}$)看作一次实验观测,则一组坐标对提供两个方程。因此,若要求解 12 个未知量,至少需要 $n=6$ 组坐标对:

$$\{(\boldsymbol{P}_W^i=(X_i,Y_i,Z_i,1)^{\mathrm{T}},\boldsymbol{p}_{uv}^i=(u_i,v_i,1)^{\mathrm{T}})\}_{i=1}^n$$

该 6 组坐标对对应 12 个方程：

$$\underbrace{\begin{pmatrix} X_1 & Y_1 & Z_1 & 1 & 0 & 0 & 0 & 0 & -X_1u_1 & -Y_1u_1 & -Z_1u_1 \\ 0 & 0 & 0 & 0 & X_1 & Y_1 & Z_1 & 1 & -X_1v_1 & -Y_1v_1 & -Z_1v_1 \\ X_2 & Y_2 & Y_2 & 1 & 0 & 0 & 0 & 0 & -X_2u_2 & -Y_2u_2 & -Z_2u_2 \\ 0 & 0 & 0 & 0 & X_2 & X_2 & X_2 & 1 & -X_2v_2 & -Y_2v_2 & -Z_2v_2 \\ X_3 & Y_3 & Y_3 & 1 & 0 & 0 & 0 & 0 & -X_3u_3 & -Y_3u_3 & -Z_3u_3 \\ 0 & 0 & 0 & 0 & X_3 & Y_3 & Z_3 & 1 & -X_3v_3 & -Y_3v_3 & -Z_3v_3 \\ X_4 & Y_4 & Z_4 & 1 & 0 & 0 & 0 & 0 & -X_4u_4 & -Y_4u_4 & -Z_4u_4 \\ 0 & 0 & 0 & 0 & X_4 & Y_4 & Z_4 & 1 & -X_4v_4 & -Y_4v_4 & -Z_4v_4 \\ X_5 & Y_5 & Z_5 & 1 & 0 & 0 & 0 & 0 & -X_5u_5 & -Y_5u_5 & -Z_5u_5 \\ 0 & 0 & 0 & 0 & X_5 & Y_5 & Z_5 & 1 & -X_5v_5 & -Y_5v_5 & -Z_5v_5 \\ X_6 & Y_6 & Z_6 & 1 & 0 & 0 & 0 & 0 & -X_6u_6 & -Y_6u_6 & -Z_6u_6 \\ 0 & 0 & 0 & 0 & X_6 & Y_6 & Z_6 & 1 & -X_6v_6 & -Y_6v_6 & -Z_6v_6 \end{pmatrix}}_{\boldsymbol{H}} \underbrace{\begin{pmatrix} m_{11} \\ m_{12} \\ m_{13} \\ m_{14} \\ m_{21} \\ m_{22} \\ m_{23} \\ m_{24} \\ m_{31} \\ m_{32} \\ m_{33} \end{pmatrix}}_{\boldsymbol{m}} = \underbrace{\begin{pmatrix} u_1 \\ v_1 \\ u_2 \\ v_2 \\ u_3 \\ v_3 \\ u_4 \\ v_4 \\ u_5 \\ v_5 \\ u_6 \\ v_6 \end{pmatrix}}_{\boldsymbol{z}}$$

$$\boldsymbol{Hm}=\boldsymbol{z} \tag{3-30}$$

注意： 由于齐次形式同乘一个系数对于原方程其他值没有影响，因此式(3-30)已经施加约束 $m_{34}=1$，压缩 1 个，仅剩 11 个位置参数。后面的例如 Faugeras 等方法，在优化时使用的约束是 $\|\boldsymbol{m}\|=1$。

一般地，出于提高精度考虑，会使用 $n\gg 6$ 组坐标对，例如数十组特征点，此时标定方程为

$$\boldsymbol{H}_{2n\times 11}\boldsymbol{m}_{11\times 1}=\boldsymbol{z}_{2n\times 1}$$

矩阵 $\boldsymbol{H}_{2n\times 11}$ 的形状是瘦的、窄的，意味着方程 $\boldsymbol{Hm}=\boldsymbol{z}$ 超定，无法获得参数 $\boldsymbol{m}$ 的精确解。因此，需要通过算法估计参数向量 $\boldsymbol{m}_{11\times 1}$ 的闭式解。

3.3.2 参数求解

对于上述第 i 组坐标对，可以将实际观测 z_i 与理想估计 $\boldsymbol{h}_i^{\mathrm{T}}\boldsymbol{m}$ 的差定义为残差 $\tilde{z}_i$：

$$\tilde{z}_i=z_i-\boldsymbol{h}_i^{\mathrm{T}}\boldsymbol{m} \tag{3-31}$$

其中，$\boldsymbol{h}_i^{\mathrm{T}}$ 为系数矩阵 $\boldsymbol{H}_{2n\times 11}$ 第 i 行的行向量，$\boldsymbol{h}_i^{\mathrm{T}}=(h_{i1},h_{i2},\cdots,h_{i11})$。

各项残差的平方和构成目标函数 $\mathcal{L}(\boldsymbol{m})$：

$$\begin{aligned}\mathcal{L}(\boldsymbol{m})&=\tilde{\boldsymbol{z}}^{\mathrm{T}}\tilde{\boldsymbol{z}}=\sum\|z_i-\boldsymbol{h}_i^{\mathrm{T}}\boldsymbol{m}\|_2^2\\&=(\boldsymbol{z}-\boldsymbol{Hm})^{\mathrm{T}}(\boldsymbol{z}-\boldsymbol{Hm})\end{aligned}$$

二次凸目标函数 $\mathcal{L}(\boldsymbol{m})$ 的极小条件为一阶导数为零：

$$0=\frac{\partial\,\mathcal{L}(\boldsymbol{m})}{\partial\boldsymbol{m}}=\boldsymbol{H}^{\mathrm{T}}(\boldsymbol{z}-\boldsymbol{Hm})$$

可得参数 $\boldsymbol{m}$ 的最小二乘解为

$$\hat{\boldsymbol{m}} = \underbrace{(\boldsymbol{H}^{\mathrm{T}}\boldsymbol{H})^{-1}\boldsymbol{H}^{\mathrm{T}}}_{\text{左广义伪逆}}\boldsymbol{z} \tag{3-32}$$

从而获得约束条件 $m_{34}=1$ 或 $\|(m_{31},m_{32},m_{33})\|=1$ 的超定方程 $\boldsymbol{Hm}=z$ 的最小二乘解。以下分析解的误差。

参数 $\boldsymbol{m}$ 的估计误差 $\hat{\boldsymbol{m}}_{\mathrm{LS}}$ 为

$$\begin{aligned}\tilde{\boldsymbol{m}}_{\mathrm{LS}} &= \boldsymbol{m}-\hat{\boldsymbol{m}}_{\mathrm{LS}} = (\boldsymbol{H}^{\mathrm{T}}\boldsymbol{H})^{-1}\boldsymbol{H}^{\mathrm{T}}\boldsymbol{Hm}-(\boldsymbol{H}^{\mathrm{T}}\boldsymbol{H})^{-1}\boldsymbol{H}^{\mathrm{T}}\boldsymbol{z}\\ &= (\boldsymbol{H}^{\mathrm{T}}\boldsymbol{H})^{-1}\boldsymbol{H}^{\mathrm{T}}\underbrace{(\boldsymbol{Hm}-\boldsymbol{z})}_{\boldsymbol{v}} = -(\boldsymbol{H}^{\mathrm{T}}\boldsymbol{H})^{-1}\boldsymbol{H}^{\mathrm{T}}\boldsymbol{v}\end{aligned}$$

其中，$\boldsymbol{v}\triangleq(\boldsymbol{Hm}-z)\sim N(0,R)$ 为观测噪声。

由于 $E(-(\boldsymbol{H}^{\mathrm{T}}\boldsymbol{H})^{-1}\boldsymbol{H}^{\mathrm{T}}\boldsymbol{v})=-(\boldsymbol{H}^{\mathrm{T}}\boldsymbol{H})^{-1}\boldsymbol{H}^{\mathrm{T}}E(\boldsymbol{v})=0$，估计误差的均值为零，说明估计值 $\hat{\boldsymbol{m}}_{\mathrm{LS}}$ 的均值即为状态 $\boldsymbol{m}$：

$$E(\hat{\boldsymbol{m}}_{\mathrm{LS}})=\boldsymbol{m}$$

估计误差的方差为

$$\begin{aligned}D(\hat{\boldsymbol{m}}_{\mathrm{LS}}) &= E(\hat{\boldsymbol{m}}_{\mathrm{LS}}\hat{\boldsymbol{m}}_{\mathrm{LS}}{}^{\mathrm{T}}) = E((\boldsymbol{m}-\hat{\boldsymbol{m}}_{\mathrm{LS}})(\boldsymbol{m}-\hat{\boldsymbol{m}}_{\mathrm{LS}})^{\mathrm{T}})\\ &= (\boldsymbol{H}^{\mathrm{T}}\boldsymbol{H})^{-1}\boldsymbol{H}^{\mathrm{T}}E(\boldsymbol{VV}^{\mathrm{T}})\boldsymbol{H}\{(\boldsymbol{H}^{\mathrm{T}}\boldsymbol{H})^{-1}\}^{\mathrm{T}} = (\boldsymbol{H}^{\mathrm{T}}\boldsymbol{H})^{-1}\boldsymbol{H}^{\mathrm{T}}\boldsymbol{RH}\{(\boldsymbol{H}^{\mathrm{T}}\boldsymbol{H})^{-1}\}^{\mathrm{T}}\end{aligned}$$

其中，$\boldsymbol{R}$ 为观测噪声 $\boldsymbol{v}$ 的方差。可见估计误差的方差与观测误差的方差 $\boldsymbol{R}$ 成正比，即图像中像素提取的越精确，参数 $\boldsymbol{m}$ 的估计越准确。

3.3.3 参数分解

解得 $\boldsymbol{m}$ 的 11 个元素 $m_{11},\cdots,m_{14},m_{21}\cdots,m_{24},m_{31},m_{32},m_{33}$ 之后，即得到投射矩阵形式的线性模型：

$$z\begin{pmatrix}u\\v\\1\end{pmatrix}=\underbrace{\begin{pmatrix}m_{11}&m_{12}&m_{13}&m_{14}\\m_{21}&m_{22}&m_{23}&m_{24}\\m_{31}&m_{32}&m_{33}&1\end{pmatrix}}_{\text{投射矩阵}\boldsymbol{M}}\begin{pmatrix}X_W\\Y_W\\Z_W\\1\end{pmatrix}$$

如果需要获得内参矩阵 $\boldsymbol{M}_{\mathrm{I}}$ 和外参矩阵 $\boldsymbol{M}_{\mathrm{E}}$ 的形式：

$$z\begin{pmatrix}u\\v\\1\end{pmatrix}=\underbrace{\begin{pmatrix}f_x&0&u_0&0\\0&f_y&v_0&0\\0&0&1&0\end{pmatrix}}_{\text{内参矩阵}\boldsymbol{M}_{\mathrm{I}}}\underbrace{\begin{pmatrix}\boldsymbol{R}&\boldsymbol{t}\\\boldsymbol{0}^{\mathrm{T}}&1\end{pmatrix}}_{\text{外参矩阵}\boldsymbol{M}_{\mathrm{E}}}\begin{pmatrix}X_W\\Y_W\\Z_W\\1\end{pmatrix}$$

可以将投射矩阵 $\boldsymbol{M}$ 分解为内参矩阵 $\boldsymbol{M}_{\mathrm{I}}$ 和外参矩阵 $\boldsymbol{M}_{\mathrm{E}}$：

$$\underbrace{\begin{pmatrix}m_{11}&m_{12}&m_{13}&m_{14}\\m_{21}&m_{22}&m_{23}&m_{24}\\m_{31}&m_{32}&m_{33}&1\end{pmatrix}}_{\boldsymbol{M}}\leftrightarrow\underbrace{\begin{pmatrix}f_x&0&u_0&0\\0&f_y&v_0&0\\0&0&1&0\end{pmatrix}}_{\text{内参矩阵}\boldsymbol{M}_{\mathrm{I}}}\underbrace{\begin{pmatrix}\boldsymbol{R}&\boldsymbol{t}\\\boldsymbol{0}^{\mathrm{T}}&1\end{pmatrix}}_{\text{外参矩阵}\boldsymbol{M}_{\mathrm{E}}}$$

它们允许相差一个系数，以 m_{34} 表示该系数：

$$m_{34}\underbrace{\begin{pmatrix} m_{11} & m_{12} & m_{13} & m_{14} \\ m_{21} & m_{22} & m_{23} & m_{24} \\ m_{31} & m_{32} & m_{33} & 1 \end{pmatrix}}_{\text{投射矩阵}M} = \underbrace{\begin{pmatrix} f_x & 0 & u_0 & 0 \\ 0 & f_y & v_0 & 0 \\ 0 & 0 & 1 & 0 \end{pmatrix}}_{\text{内参矩阵}M_\text{I}} \underbrace{\begin{pmatrix} \boldsymbol{R} & \boldsymbol{t} \\ \boldsymbol{0}^\text{T} & 1 \end{pmatrix}}_{\text{外参矩阵}M_\text{E}}$$

以下求解 $\boldsymbol{M}_\text{I}$ 和 $\boldsymbol{M}_\text{E}$，为此将投射矩阵 $\boldsymbol{M}$ 和外参矩阵 $\boldsymbol{M}_\text{E}$ 分别写作分块矩阵：

$$m_{34}\begin{pmatrix} \boldsymbol{m}_1 & m_{14} \\ \boldsymbol{m}_2 & m_{24} \\ \boldsymbol{m}_3 & 1 \end{pmatrix} = \begin{pmatrix} a_x & 0 & u_0 & 0 \\ 0 & a_y & v_0 & 0 \\ 0 & 0 & 1 & 0 \end{pmatrix} \begin{pmatrix} \boldsymbol{r}_1 & t_x \\ \boldsymbol{r}_2 & t_y \\ \boldsymbol{r}_3 & t_z \\ (0,0,0) & 1 \end{pmatrix} \tag{3-33}$$

其中，$\boldsymbol{m}_i$ 表示参数矩阵 $\boldsymbol{M}$ 第 i 行的前三个元素所构成的行向量，即 $\boldsymbol{m}_i=(\boldsymbol{m}_{i1},\boldsymbol{m}_{i2},\boldsymbol{m}_{i3})$，$\boldsymbol{r}_i$ 表示旋转矩阵 $\boldsymbol{R}$ 的第 i 行的行向量，即 $\boldsymbol{r}_i=(\boldsymbol{r}_{i1},\boldsymbol{r}_{i2},\boldsymbol{r}_{i3})$。

对式(3-33)右侧执行矩阵分块乘法，有

$$m_{34}\begin{pmatrix} \boldsymbol{m}_1 & m_{14} \\ \boldsymbol{m}_2 & m_{24} \\ \boldsymbol{m}_3 & 1 \end{pmatrix} = \begin{pmatrix} a_x\boldsymbol{r}_1+u_0\boldsymbol{r}_3 & a_xt_x+u_0t_z \\ a_y\boldsymbol{r}_2+v_0\boldsymbol{r}_3 & a_yt_y+v_0t_z \\ \boldsymbol{r}_3 & t_z \end{pmatrix}$$

(1) 求解系数 m_{34}。

分析上述分块矩阵左下角元素，有 $m_{34}\cdot\boldsymbol{m}_3=\boldsymbol{r}_3$；由于 $\boldsymbol{r}_3$ 是单位正交矩阵 $\boldsymbol{R}$ 第三行的行向量，因此 $\|\boldsymbol{r}_3\|=1$；对等式取模有 $m_{34}\cdot\|\boldsymbol{m}_3\|=\|\boldsymbol{r}_3\|=1$，解得

$$m_{34}=\frac{1}{\|\boldsymbol{m}_3\|}=\frac{1}{\|(m_{31},m_{32},m_{33})\|}$$

(2) 求解外参的 $\boldsymbol{r}_3$。

根据前面所解出的 m_{34}，可得

$$\boldsymbol{r}_3=m_{34}\boldsymbol{m}_3=m_{34}(m_{31},m_{32},m_{33})$$

(3) 求解内参的 u_0 和 v_0。

$$u_0=u_0\underbrace{\boldsymbol{r}_3\boldsymbol{r}_3^\text{T}}_{1}=u_0\underbrace{\boldsymbol{r}_3\boldsymbol{r}_3^\text{T}}_{1}+a_x\underbrace{\boldsymbol{r}_1\boldsymbol{r}_3^\text{T}}_{0}=(u_0\boldsymbol{r}_3+a_x\boldsymbol{r}_1)\boldsymbol{r}_3^\text{T}=m_{34}\boldsymbol{m}_1(m_{34}\boldsymbol{m}_3)^\text{T}=m_{34}^2\boldsymbol{m}_1\boldsymbol{m}_3^\text{T}$$

$$v_0=v_0\underbrace{\boldsymbol{r}_3\boldsymbol{r}_3^\text{T}}_{1}=v_0\underbrace{\boldsymbol{r}_3\boldsymbol{r}_3^\text{T}}_{1}+a_y\underbrace{\boldsymbol{r}_2\boldsymbol{r}_3^\text{T}}_{0}=(v_0\boldsymbol{r}_3+a_y\boldsymbol{r}_2)\boldsymbol{r}_3^\text{T}=m_{34}\boldsymbol{m}_2(m_{34}\boldsymbol{m}_3)^\text{T}=m_{34}^2\boldsymbol{m}_2\boldsymbol{m}_3^\text{T}$$

(4) 求解内参的 a_x 和 a_y。

$$\begin{aligned} a_x&=a_x\underbrace{\|\boldsymbol{r}_1\times\boldsymbol{r}_3\|}_{1}+u_0\underbrace{\|\boldsymbol{r}_3\times\boldsymbol{r}_3\|}_{0}=\|\underbrace{(a_x\boldsymbol{r}_1+u_0\boldsymbol{r}_3)}_{m_{34}\boldsymbol{m}_1}\times\boldsymbol{r}_3\| \\ &=\|m_{34}\boldsymbol{m}_1\times m_{34}\boldsymbol{m}_3\|=m_{34}^2\|\boldsymbol{m}_1\times\boldsymbol{m}_3\| \\ a_y&=a_y\underbrace{\|\boldsymbol{r}_2\times\boldsymbol{r}_3\|}_{1}+v_0\underbrace{\|\boldsymbol{r}_3\times\boldsymbol{r}_3\|}_{0}=\|\underbrace{(a_y\boldsymbol{r}_2+v_0\boldsymbol{r}_3)}_{m_{34}\boldsymbol{m}_2}\times\boldsymbol{r}_3\| \\ &=\|m_{34}\boldsymbol{m}_2\times m_{34}\boldsymbol{m}_3\|=m_{34}^2\|\boldsymbol{m}_2\times\boldsymbol{m}_3\| \end{aligned}$$

(5) 求解外参的旋转矩阵 $\boldsymbol{R}$。

$$m_{34}\boldsymbol{m}_1=a_x\boldsymbol{r}_1+u_0\boldsymbol{r}_3 \Leftrightarrow a_x\boldsymbol{r}_1=m_{34}\boldsymbol{m}_1-u_0\boldsymbol{r}_3=m_{34}\boldsymbol{m}_1-u_0m_{34}\boldsymbol{m}_3=m_{34}(\boldsymbol{m}_1-u_0\boldsymbol{m}_3)\Leftrightarrow$$

$$\boldsymbol{r}_1=\frac{m_{34}}{a_x}(\boldsymbol{m}_1-u_0\boldsymbol{m}_3)$$

$$m_{34}\boldsymbol{m}_2=a_y\boldsymbol{r}_2+v_0\boldsymbol{r}_3\Leftrightarrow a_y\boldsymbol{r}_2=m_{34}\boldsymbol{m}_2-v_0\boldsymbol{r}_3=m_{34}\boldsymbol{m}_2-v_0m_{34}\boldsymbol{m}_3=m_{34}(\boldsymbol{m}_2-v_0\boldsymbol{m}_3)\Leftrightarrow$$

$$\boldsymbol{r}_2=\frac{m_{34}}{a_y}(\boldsymbol{m}_2-v_0\boldsymbol{m}_3)$$

至此即可解得完整的旋转矩阵：

$$\boldsymbol{R}=\begin{cases}\boldsymbol{r}_1=\dfrac{m_{34}}{a_x}(\boldsymbol{m}_1-u_0\boldsymbol{m}_3)\\ \boldsymbol{r}_2=\dfrac{m_{34}}{a_y}(\boldsymbol{m}_2-v_0\boldsymbol{m}_3)\\ \boldsymbol{r}_3=m_{34}\boldsymbol{m}_3\end{cases}\tag{3-34}$$

(6) 求解外参的平移向量 $\boldsymbol{t}$。

$$t_z=m_{34}$$

$$a_xt_x+u_0t_z=m_{34}m_{14}\Leftrightarrow a_xt_x+u_0m_{34}=m_{34}m_{14}\Leftrightarrow t_x=\frac{m_{34}}{a_x}(m_{14}-u_0)$$

$$a_yt_y+v_0t_z=m_{34}m_{24}\Leftrightarrow a_yt_y+v_0m_{34}=m_{34}m_{24}\Leftrightarrow t_y=\frac{m_{34}}{a_y}(m_{24}-v_0)$$

至此即可解得完整的平移向量为

$$\boldsymbol{t}=\begin{cases}t_x=\dfrac{m_{34}}{a_x}(m_{14}-u_0)\\ t_y=\dfrac{m_{34}}{a_y}(m_{24}-v_0)\\ t_z=m_{34}\end{cases}\tag{3-35}$$

3.3.4 改进方法

主要问题来源于 DLT 法需要假设旋转矩阵 $\boldsymbol{R}$ 为单位正交矩阵，这一点由于三维空间点的误差影响未必可以保证，从而导致参数分解结果存在较大误差。为了减小标定误差，Faugeras 等提出了带约束条件 $\|\boldsymbol{r}_3\|=1$ 的求解方法，获得比 DLT 法更高的求解精度。不过即使附带约束条件 $\|\boldsymbol{r}_3\|=1$，依然无法保证 $\boldsymbol{R}$ 是单位正交矩阵。

另外，直接线性变换的方法没有考虑镜头非线性畸变。

Tsai 考虑径向畸变，提出基于径向校正约束(Radial Alignment Constraint，RAC)的两步标定法，首先线性求解相机参数，然后考虑畸变因素得到初始参数值，最后通过非线性优化得到最终的相机参数。Tsai 的两步法速度较快，但是也只考虑了径向的畸变，在畸变严重时误差较大。

3.4 平面标定法

高精度三维立体标靶制作要求较高，而自标定又精度不足。平面标定法介于上述两者之间，通过假设 Z 平面为零，只需二维平面标靶。该方法包含线性模型和畸变模型两种模型，其中线性模型采用五参数线性模型，畸变模型采用四阶径向畸变模型。

平面标定法的标定过程由初值估计和参数优化两个步骤构成，具体过程如下。

(1) 求解超定方程 $\boldsymbol{Ah}=\boldsymbol{0}$，估计单应矩阵 $\boldsymbol{H}$；

(2) 求解超定方程 $\boldsymbol{Vb}=\boldsymbol{0}$，估计过渡矩阵 $\boldsymbol{B}$；

(3) 计算内参矩阵中 $\{\alpha,\beta,\gamma,u_0,v_0\}$ 的解析解；

(4) 计算外参矩阵中 $\{\boldsymbol{R},\boldsymbol{t}\}$ 的解析解；

(5) 基于极大似然估计，优化得到内外参数的数值解；

(6) 求解超定方程 $\boldsymbol{Dk}=\boldsymbol{d}$，估计畸变系数 $\{k_1,k_2\}$ 的闭式解；

(7) 基于极大似然估计，优化得到全部参数的数值解；

(8) 采用奇异值分解，估计满足单位正交条件的旋转矩阵 $\boldsymbol{R}$。

3.4.1 线性模型

考虑像元两轴的垂直误差，增加倾斜因子 γ，即采用 $\{\alpha,\beta,\gamma,u_0,v_0\}$ 五参数的线性模型。记像素点坐标为 $\boldsymbol{m}=(u,v)^{\mathrm{T}}$，相应齐次坐标为 $\tilde{\boldsymbol{m}}=(u,v,1)^{\mathrm{T}}$；记世界点坐标为 $\boldsymbol{M}=(X,Y,Z)^{\mathrm{T}}$，相应齐次坐标为 $\widetilde{\boldsymbol{M}}=(X,Y,Z,1)^{\mathrm{T}}$；根据线性针孔模型，有

$$\underbrace{s\begin{pmatrix}u\\v\\1\end{pmatrix}}_{\tilde{\boldsymbol{m}}}=\underbrace{\begin{bmatrix}\underbrace{f/dx}_{\alpha} & \gamma & u_0\\0 & \underbrace{f/dy}_{\beta} & v_0\\0 & 0 & 1\end{bmatrix}}_{\text{内参矩阵}\boldsymbol{K}}\underbrace{\begin{pmatrix}\boldsymbol{R} & \boldsymbol{t}\\\boldsymbol{0}^{\mathrm{T}} & 1\end{pmatrix}}_{\text{外参矩阵}\boldsymbol{T}}\underbrace{\begin{pmatrix}X\\Y\\Z\\1\end{pmatrix}}_{\widetilde{\boldsymbol{M}}} \tag{3-36}$$

其中，s 为深度系数。式(3-36)可以用分块矩阵表示为

$$s\tilde{\boldsymbol{m}}=\boldsymbol{K}(\boldsymbol{R}\mid\boldsymbol{t})\widetilde{\boldsymbol{M}}=\boldsymbol{K}(\boldsymbol{r}_1\mid\boldsymbol{r}_2\mid\boldsymbol{r}_3\mid\boldsymbol{t})\widetilde{\boldsymbol{M}} \tag{3-37}$$

假设标靶所在平面为世界坐标系 $Z=0$ 的平面，因此

$$s\begin{pmatrix}u\\v\\1\end{pmatrix}=\boldsymbol{K}(\boldsymbol{r}_1\mid\boldsymbol{r}_2\mid\boldsymbol{t})\begin{pmatrix}X\\Y\\1\end{pmatrix}$$

后续依然使用 $\widetilde{\boldsymbol{M}}$ 表示缺失了 Z 维度的世界点的广义坐标，即

$$\underbrace{s\begin{pmatrix}u\\v\\1\end{pmatrix}}_{\tilde{\boldsymbol{m}}}=\underbrace{\begin{pmatrix}\alpha & \gamma & u_0\\0 & \beta & v_0\\0 & 0 & 1\end{pmatrix}(\boldsymbol{r}_1\mid\boldsymbol{r}_2\mid\boldsymbol{t})}_{\text{单应矩阵}\boldsymbol{H}}\underbrace{\begin{pmatrix}X\\Y\\1\end{pmatrix}}_{\widetilde{\boldsymbol{M}}}$$

$$s\tilde{\boldsymbol{m}}=\boldsymbol{H}\widetilde{\boldsymbol{M}} \tag{3-38}$$

其中，$\boldsymbol{H}\in\mathbf{R}^{3\times3}$ 为世界点到像素点的单应矩阵，其列向量 $\boldsymbol{r}_i$ 和 $\boldsymbol{t}$ 来自刚体变换的旋转矩阵 $\boldsymbol{R}$ 和平移向量 $\boldsymbol{t}$。

注意：单应变换(Homography Transformation)即投影变换，描述了两个平面上同名点之间的变换关系。单应变换可以进行任意尺度 s 的缩放，一般通过施加 $h_{33}=1$ 或者 $\|\boldsymbol{H}\|=1$ 进行约束，因此单应矩阵 $\boldsymbol{H}$ 只有 8 个自由度而非 9 个。

3.4.2 线性模型参数

1. 估计单应矩阵 $\boldsymbol{H}$

由于单应变换描述的投影变换可以进行任意尺度 s 的缩放，因此单应矩阵 $\boldsymbol{H}$ 可以扣除掉 1 个自由度。例如简单的令 $h_{33}=1$ 或者令 $\|\boldsymbol{H}\|=1$ 则 $\boldsymbol{H}$ 就仅剩余 8 个独立参数，问题是如何求解这 8 个参数。

(1) 解析解。

考虑最简单的情况，给定一组坐标对($\widetilde{\boldsymbol{M}}\leftrightarrow\tilde{\boldsymbol{m}}$)，可得一个单应变换 $s\tilde{\boldsymbol{m}}=\boldsymbol{H}\widetilde{\boldsymbol{M}}$：

$$s\underbrace{\begin{pmatrix}u\\v\\1\end{pmatrix}}_{\tilde{\boldsymbol{m}}}=\underbrace{\begin{pmatrix}h_{11}&h_{12}&h_{13}\\h_{21}&h_{22}&h_{23}\\h_{31}&h_{32}&h_{33}\end{pmatrix}}_{\boldsymbol{H}}\underbrace{\begin{pmatrix}X\\Y\\1\end{pmatrix}}_{\widetilde{\boldsymbol{M}}}$$

一个单应变换包含 3 个方程：

$$\begin{cases}su=\boldsymbol{h}_1^{\mathrm{T}}\widetilde{\boldsymbol{M}}\\sv=\boldsymbol{h}_2^{\mathrm{T}}\widetilde{\boldsymbol{M}}\\s=\boldsymbol{h}_3^{\mathrm{T}}\widetilde{\boldsymbol{M}}\end{cases}$$

其中，$\boldsymbol{h}_1^{\mathrm{T}}$、$\boldsymbol{h}_2^{\mathrm{T}}$、$\boldsymbol{h}_3^{\mathrm{T}}$ 分别为单应矩阵 $\boldsymbol{H}$ 的第一到三行的行向量，即 $\boldsymbol{h}_i^{\mathrm{T}}=(h_{i1},h_{i2},h_{i3})$。消去方程组中的 s，有

$$\begin{cases}\boldsymbol{h}_1^{\mathrm{T}}\widetilde{\boldsymbol{M}}-u_i\boldsymbol{h}_3^{\mathrm{T}}\widetilde{\boldsymbol{M}}=0\\\boldsymbol{h}_2^{\mathrm{T}}\widetilde{\boldsymbol{M}}-v_i\boldsymbol{h}_3^{\mathrm{T}}\widetilde{\boldsymbol{M}}=0\end{cases}$$

矩阵形式为

$$\begin{pmatrix}\widetilde{\boldsymbol{M}}^{\mathrm{T}}&\boldsymbol{0}_{1\times3}&u_i\widetilde{\boldsymbol{M}}^{\mathrm{T}}\\\boldsymbol{0}_{1\times3}&\widetilde{\boldsymbol{M}}^{\mathrm{T}}&v_i\widetilde{\boldsymbol{M}}^{\mathrm{T}}\end{pmatrix}_{2\times9}\begin{pmatrix}\boldsymbol{h}_1\\\boldsymbol{h}_2\\\boldsymbol{h}_3\end{pmatrix}_{9\times1}=\boldsymbol{0}_{2\times1} \tag{3-39}$$

其中，$\boldsymbol{h}_i$ 表示单应矩阵 $\boldsymbol{H}$ 第 i 行元素拼成的列向量，即 $\boldsymbol{h}_i=(h_{i1},h_{i2},h_{i3})^{\mathrm{T}}$。可见，一组世界点和像素点坐标对($\widetilde{\boldsymbol{M}}\leftrightarrow\tilde{\boldsymbol{m}}$)提供两个方程。

因此，为了求解单应矩阵 $\boldsymbol{H}$ 的 8 个独立参数，需要提供最少 4 组坐标对$\{(\widetilde{\boldsymbol{M}}_i\leftrightarrow\tilde{\boldsymbol{m}}_i)\}_{i=1}^{4}$，即可得到精确解析解。

(2) 数值解。

但是实际应用中坐标数据都会包含噪声，简单使用 4 组坐标对计算单应矩阵 $\boldsymbol{H}$，误差较大。因此，标靶上面的特征数量一般都远多于 4 个。

考虑 $m\gg4$ 组坐标对$\{(\widetilde{\boldsymbol{M}}_i\leftrightarrow\tilde{\boldsymbol{m}}_i)\}_{i=1}^{m}$，可得 m 个单应变换，提供 $2m$ 个方程：

$$\underbrace{\begin{bmatrix} \underbrace{\begin{pmatrix} \widetilde{\boldsymbol{M}}^{\mathrm{T}} & \boldsymbol{0}_{1\times 3} & u_i\widetilde{\boldsymbol{M}}^{\mathrm{T}} \\ \boldsymbol{0}_{1\times 3} & \widetilde{\boldsymbol{M}}^{\mathrm{T}} & v_i\widetilde{\boldsymbol{M}}^{\mathrm{T}} \end{pmatrix}}_{2\times 9} \\ \vdots \\ \begin{pmatrix} * \\ * \end{pmatrix}_i \\ \vdots \end{bmatrix}}_{\boldsymbol{A}_{2m\times 9}} \underbrace{\begin{pmatrix} \boldsymbol{h}_1 \\ \boldsymbol{h}_2 \\ \boldsymbol{h}_3 \end{pmatrix}}_{\boldsymbol{h}_{9\times 1}} = \boldsymbol{0}_{2m\times 1}$$

$$\boldsymbol{A}_{2m\times 9}\boldsymbol{h}_{9\times 1} = \boldsymbol{0}_{2m\times 1} \tag{3-40}$$

式(3-40)的 $\boldsymbol{Ah}=\boldsymbol{0}$ 超定，其封闭解可以通过拉格朗日乘子法使用方阵 $\boldsymbol{A}^{\mathrm{T}}\boldsymbol{A}$ 最小特征值所对应的那个特征向量，或者通过奇异值分解 $\boldsymbol{U\Sigma V}^{\mathrm{T}}$ 使用 $\boldsymbol{V}$ 中最小特征值所对应的特征向量，两者都是通过 $\|\boldsymbol{h}\|=1$ 的约束实现求解的。

注意：式(3-40)中，$\boldsymbol{Ah}=\boldsymbol{0}$ 用到两个方程，也可以只用其中任意一组来构建目标函数。

以下介绍两种数值求解的方法。

① 拉格朗日乘子法。

如果 $\boldsymbol{h}^*$ 为方程 $\boldsymbol{Ah}=\boldsymbol{0}$ 的非零解，那么缩放 ζ 倍的 $\zeta\boldsymbol{h}^*$ 也同样是解。因此，可以建立范数约束 $\|\boldsymbol{h}\|=1$，成为约束型的最小二乘问题：

$$\begin{gathered} \min\|\boldsymbol{Ah}\|^2 \\ \text{s. t. } \|\boldsymbol{h}\|=1 \end{gathered} \tag{3-41}$$

该问题可以通过拉格朗日方程，转换为无约束优化问题：

$$\mathcal{L}(\boldsymbol{h},\lambda)=\|\boldsymbol{Ah}\|^2+\lambda(1-\|\boldsymbol{h}\|^2)=\boldsymbol{h}^{\mathrm{T}}\boldsymbol{A}^{\mathrm{T}}\boldsymbol{Ah}+\lambda(1-\boldsymbol{h}^{\mathrm{T}}\boldsymbol{h})$$

通过求导获取平稳点：

$$0=\frac{\partial\mathcal{L}}{\partial\boldsymbol{h}}=2\boldsymbol{A}^{\mathrm{T}}\boldsymbol{Ah}-2\lambda\boldsymbol{h}\Rightarrow\boldsymbol{A}^{\mathrm{T}}\boldsymbol{Ah}=\lambda\boldsymbol{h}$$

可见，λ 和 $\boldsymbol{h}$ 就是方阵 $\boldsymbol{A}^{\mathrm{T}}\boldsymbol{A}$ 的特征值和特征向量。因此，解 $\boldsymbol{h}$ 就在 $\boldsymbol{A}^{\mathrm{T}}\boldsymbol{A}$ 的特征向量中。为了确定具体是哪一个特征向量，考查目标函数 $\mathcal{L}(\boldsymbol{h},\lambda)$ 的值：

$$\mathcal{L}(\boldsymbol{h},\lambda)=\|\boldsymbol{Ah}\|^2=\boldsymbol{h}^{\mathrm{T}}\boldsymbol{A}^{\mathrm{T}}\boldsymbol{Ah}=\boldsymbol{h}^{\mathrm{T}}\lambda\boldsymbol{h}=\lambda\boldsymbol{h}^{\mathrm{T}}\boldsymbol{h}=\lambda$$

可见，$\mathcal{L}(\boldsymbol{h},\lambda)=\|\boldsymbol{Ah}\|^2=\lambda$。要求 $\mathcal{L}(\boldsymbol{h},\lambda)$ 最小，即 λ 最小。因此，平稳点就是方阵 $\boldsymbol{A}^{\mathrm{T}}\boldsymbol{A}$ 最小特征值 λ 对应的特征向量 $\boldsymbol{h}$。

② 奇异值分解法。

奇异值分解法同样将求解超定方程 $\boldsymbol{Ah}=\boldsymbol{0}$ 转换为极值问题：

$$\min\|\boldsymbol{Ah}\| \tag{3-42}$$

由于 $\boldsymbol{A}^{\mathrm{T}}\boldsymbol{A}$ 是方阵，因此可以进行特征值分解，但是长方形的 $\boldsymbol{A}$ 只能进行奇异值分解。设 $\boldsymbol{A}$ 的奇异值分解为 $\boldsymbol{A}=\boldsymbol{U\Sigma V}^{\mathrm{T}}$，由于 $\boldsymbol{U}$ 和 $\boldsymbol{V}$ 为正交矩阵，中间为上三角阵：

$$\boldsymbol{\Sigma}=\begin{pmatrix} \boldsymbol{\Lambda}_r & \cdots & \boldsymbol{0}^{\mathrm{T}} \\ \vdots & & \vdots \\ \boldsymbol{0}^{\mathrm{T}} & \cdots & \boldsymbol{0}^{\mathrm{T}} \end{pmatrix}_{m\times n}$$

根据正交矩阵保范性$\|\boldsymbol{U\Sigma V}^{\mathrm{T}}\boldsymbol{h}\|=\|\boldsymbol{\Sigma V}^{\mathrm{T}}\boldsymbol{h}\|$，有$\|\boldsymbol{Ah}\|=\|\boldsymbol{U\Sigma V}^{\mathrm{T}}\boldsymbol{h}\|=\|\boldsymbol{\Sigma}\underbrace{\boldsymbol{V}^{\mathrm{T}}\boldsymbol{h}}_{\tilde{\boldsymbol{h}}}\|$，或者

$$\|\boldsymbol{Ah}\|=\|\boldsymbol{U}^{\mathrm{T}}\boldsymbol{Ah}\|=\|\underbrace{\boldsymbol{U}^{\mathrm{T}}\boldsymbol{A}}_{\boldsymbol{U}^{\mathrm{T}}\boldsymbol{A}=\boldsymbol{\Sigma V}^{\mathrm{T}}}\boldsymbol{h}\|=\|\boldsymbol{\Sigma}\underbrace{\boldsymbol{V}^{\mathrm{T}}\boldsymbol{h}}_{\triangleq\tilde{\boldsymbol{h}}}\|$$

通过建立坐标变换$\tilde{\boldsymbol{h}}=\boldsymbol{V}^{\mathrm{T}}\boldsymbol{h}$，同时添加约束$\|\tilde{\boldsymbol{h}}\|=1$，则原$\min\|\boldsymbol{Ah}\|$问题转换为约束型极值问题：

$$\min\|\boldsymbol{\Sigma}\tilde{\boldsymbol{h}}\|$$
$$\text{s. t. }\|\tilde{\boldsymbol{h}}\|=1$$

假设对角阵$\boldsymbol{\Sigma}$的特征值已经按照降序排列，即最后一个特征值最小，则当$\tilde{\boldsymbol{h}}=(0,0,\cdots,1)$时，不仅可以满足$\|\tilde{\boldsymbol{h}}\|=1$，而且$\|\boldsymbol{\Sigma}\tilde{\boldsymbol{h}}\|$也将取得最小。

根据坐标变换的逆变换$\boldsymbol{h}=\boldsymbol{V}\tilde{\boldsymbol{h}}$可知，通过矩阵$\boldsymbol{V}$最后一列列向量就是解$\boldsymbol{h}$。

因此，超定的齐次线性方程组$\boldsymbol{Ah}=\boldsymbol{0}$的解，就是矩阵$\boldsymbol{A}$奇异值分解$\boldsymbol{U\Sigma V}^{\mathrm{T}}$所得的矩阵$\boldsymbol{V}$中最小特征值所对应的特征向量。

③ 两种方法殊途同归。

其实拉格朗日乘子法和奇异值分解法两者是相同的，因为对$\boldsymbol{A}$作奇异值分解就需要通过方阵$\boldsymbol{A}^{\mathrm{T}}\boldsymbol{A}$。因为任意矩阵$\boldsymbol{M}$都可以经过奇异值分解为如下形式：

$$\boldsymbol{M}=\boldsymbol{U}\underbrace{\begin{pmatrix}\boldsymbol{\Lambda}_{r\times r} & \boldsymbol{0}\\ \boldsymbol{0} & \boldsymbol{0}\end{pmatrix}}_{\boldsymbol{\Sigma}_{m\times n}}\boldsymbol{V}^{\mathrm{T}}$$

其中$\boldsymbol{M}\in\mathbf{R}^{m\times n}$，$\mathrm{rank}\boldsymbol{M}=r$，$\boldsymbol{U}\in\mathbf{R}^{m\times m}$，$\boldsymbol{V}\in\mathbf{R}^{n\times n}$，$\boldsymbol{\Sigma}\in\mathbf{R}^{m\times n}$，而$\boldsymbol{\Sigma}$中的$\boldsymbol{\Lambda}=\mathrm{diag}(\sigma_1,\sigma_2,\cdots,\sigma_r)$是由沿对角线从大到小排列的非负的$r$个奇异值构成的、其余元素均为零的对角方阵：

$$\boldsymbol{\Sigma}=\underbrace{\begin{bmatrix}\sigma_1 & & & & & \\ & \ddots & & & & \\ & & \sigma_r & & & \\ & & & 0 & & \\ & & & & \ddots & \\ & & & & & 0\\ & & & & & \vdots\\ & & & & & 0\end{bmatrix}}_{m>n},\quad \boldsymbol{\Sigma}=\underbrace{\begin{bmatrix}\sigma_1 & & & & & & \\ & \ddots & & & & & \\ & & \sigma_r & & & & \\ & & & 0 & & & \\ & & & & \ddots & & \\ & & & & 0 & \cdots & 0\end{bmatrix}}_{m<n}$$

$\boldsymbol{V}\in\mathbf{R}^{n\times n}$的列向量组成$\boldsymbol{A}$的正交输入的基向量，$\boldsymbol{V}$的这些列向量就是方阵$\boldsymbol{A}^{\mathrm{T}}\boldsymbol{A}\in\mathbf{R}^{n\times n}$的特征向量。类似地，$\boldsymbol{U}\in\mathbf{R}^{m\times m}$的列向量组成$\boldsymbol{A}$的正交输出的基向量，$\boldsymbol{U}$的这些基向量就是方阵$\boldsymbol{AA}^{\mathrm{T}}\in\mathbf{R}^{m\times m}$的特征向量。至于三角阵$\boldsymbol{\Sigma}$中$\boldsymbol{\Lambda}\in\mathbf{R}^{r\times r}$的对角线上的元素，可以视作输入与输出之间的膨胀系数，这些系数是$\boldsymbol{A}^{\mathrm{T}}\boldsymbol{A}\in\mathbf{R}^{n\times n}$与$\boldsymbol{AA}^{\mathrm{T}}\in\mathbf{R}^{m\times m}$的特征值的非零的平方根。矩阵$\boldsymbol{\Sigma}$的每个奇异值可以看作一个残差项，最后一个奇异值最小，其含义就是最优残差。

方阵对应矩阵$\boldsymbol{A}$的广义逆矩阵，对于$\boldsymbol{A}=\boldsymbol{U\Sigma V}^{\mathrm{T}}$：

其左逆，在$\boldsymbol{A}^{\mathrm{T}}\boldsymbol{A}=\boldsymbol{V\Sigma}^{\mathrm{T}}\boldsymbol{U}^{\mathrm{T}}\boldsymbol{U\Sigma V}^{\mathrm{T}}=\boldsymbol{V}(\boldsymbol{\Sigma}^{\mathrm{T}}\boldsymbol{\Sigma})\boldsymbol{V}^{\mathrm{T}}\in\mathbf{R}^{n\times n}$可逆，即$\boldsymbol{A}$列满秩时，可由下列表达式计算：

$$\boldsymbol{A}^{\dagger}=(\boldsymbol{A}^{\mathrm{T}}\boldsymbol{A})^{-1}\boldsymbol{A}^{\mathrm{T}},\quad \boldsymbol{A}^{\dagger}\boldsymbol{A}=\boldsymbol{I}_n$$

其右逆，在 $\boldsymbol{AA}^{\mathrm{T}}=\boldsymbol{U\Sigma V}^{\mathrm{T}}\boldsymbol{V\Sigma}^{\mathrm{T}}\boldsymbol{U}^{\mathrm{T}}=\boldsymbol{U}(\boldsymbol{\Sigma\Sigma}^{\mathrm{T}})\boldsymbol{U}^{\mathrm{T}}\in\mathbf{R}^{m\times m}$ 可逆，即 $\boldsymbol{A}$ 行满秩时，可由下列表达式计算：

$$\boldsymbol{A}^{\dagger}=\boldsymbol{A}^{\mathrm{T}}(\boldsymbol{AA}^{\mathrm{T}})^{-1},\quad \boldsymbol{AA}^{\dagger}=\boldsymbol{I}_m$$

至此，估计得到单应矩阵 $\boldsymbol{H}$ 的解。

注意： 工程实现中需要归一化，在上述方程中像素坐标系单位为像素，而世界坐标系单位为毫米或米等，还有两者的乘积，这些数值如果尺度并不统一，则当数量级相差较大时就会引起数值计算的不稳定。

因此，需要注意先对方程组进行归一化处理后再进行计算。

---

2. 估计过渡矩阵 $\boldsymbol{B}$

已经解得单应矩阵 $\boldsymbol{H}$：

$$\underbrace{\begin{pmatrix} h_{11} & h_{12} & h_{13} \\ h_{21} & h_{22} & h_{23} \\ h_{31} & h_{32} & h_{33} \end{pmatrix}}_{\boldsymbol{H}} \leftrightarrow \underbrace{\begin{pmatrix} \alpha & \gamma & u_0 \\ 0 & \beta & v_0 \\ 0 & 0 & 1 \end{pmatrix}}_{\text{内参矩阵}\boldsymbol{K}} (\boldsymbol{r}_1 \mid \boldsymbol{r}_2 \mid \boldsymbol{t})$$

单应变换缩放任意 η 仍然成立：

$$(\boldsymbol{h}_1 \mid \boldsymbol{h}_2 \mid \boldsymbol{h}_3)=\eta\boldsymbol{K}(\boldsymbol{r}_1 \mid \boldsymbol{r}_2 \mid \boldsymbol{t})$$

有

$$\begin{cases} \boldsymbol{r}_1=\dfrac{1}{\eta}\boldsymbol{K}^{-1}\boldsymbol{h}_1 \\ \boldsymbol{r}_2=\dfrac{1}{\eta}\boldsymbol{K}^{-1}\boldsymbol{h}_2 \end{cases}$$

而旋转矩阵 $\boldsymbol{R}$ 的列向量 $\boldsymbol{r}_1$ 和 $\boldsymbol{r}_2$ 模为 1 且相互正交：

$$\begin{cases} \boldsymbol{r}_1^{\mathrm{T}}\boldsymbol{r}_1=1 \\ \boldsymbol{r}_2^{\mathrm{T}}\boldsymbol{r}_2=1 \\ \boldsymbol{r}_1^{\mathrm{T}}\boldsymbol{r}_2=0 \end{cases}$$

可得

$$\begin{cases} 1=\boldsymbol{r}_1^{\mathrm{T}}\boldsymbol{r}_1=\left(\dfrac{1}{\eta}\boldsymbol{K}^{-1}\boldsymbol{h}_1\right)\left(\dfrac{1}{\eta}\boldsymbol{K}^{-1}\boldsymbol{h}_1\right)=\left(\dfrac{1}{\eta}\right)^2\boldsymbol{h}_1^{\mathrm{T}}\boldsymbol{K}^{-\mathrm{T}}\boldsymbol{K}^{-1}\boldsymbol{h}_1 \\ 1=\boldsymbol{r}_2^{\mathrm{T}}\boldsymbol{r}_2=\left(\dfrac{1}{\eta}\boldsymbol{K}^{-1}\boldsymbol{h}_2\right)\left(\dfrac{1}{\eta}\boldsymbol{K}^{-1}\boldsymbol{h}_2\right)=\left(\dfrac{1}{\eta}\right)^2\boldsymbol{h}_2^{\mathrm{T}}\boldsymbol{K}^{-\mathrm{T}}\boldsymbol{K}^{-1}\boldsymbol{h}_2 \\ 0=\boldsymbol{r}_1^{\mathrm{T}}\boldsymbol{r}_2=\left(\dfrac{1}{\eta}\boldsymbol{K}^{-1}\boldsymbol{h}_1\right)^{\mathrm{T}}\dfrac{1}{\eta}\boldsymbol{K}^{-1}\boldsymbol{h}_2=\left(\dfrac{1}{\eta}\right)^2\boldsymbol{h}_1^{\mathrm{T}}\boldsymbol{K}^{-\mathrm{T}}\boldsymbol{K}^{-1}\boldsymbol{h}_2 \end{cases}$$

由此得到两个约束方程：

$$\begin{cases} \boldsymbol{h}_1^{\mathrm{T}}\boldsymbol{K}^{-\mathrm{T}}\boldsymbol{K}^{-1}\boldsymbol{h}_2=0 \\ \boldsymbol{h}_1^{\mathrm{T}}\boldsymbol{K}^{-\mathrm{T}}\boldsymbol{K}^{-1}\boldsymbol{h}_1-\boldsymbol{h}_2^{\mathrm{T}}\boldsymbol{K}^{-\mathrm{T}}\boldsymbol{K}^{-1}\boldsymbol{h}_2=0 \end{cases} \tag{3-43}$$

至此，单应矩阵 $\boldsymbol{H}$ 具有 8 个自由度，内参矩阵 $\boldsymbol{K}$ 具有 5 个未知数 $\{\alpha,\beta,\gamma,u_0,v_0\}$，现在

只是获得关于内参矩阵 $\boldsymbol{K}$ 的两个约束方程,如何进行下一步?

突破口在 $\boldsymbol{K}^{-\mathrm{T}}\boldsymbol{K}^{-1}$,$\boldsymbol{K}^{-\mathrm{T}}\boldsymbol{K}^{-1}$ 描述了一条绝对二次曲线。将方阵 $\boldsymbol{K}^{-\mathrm{T}}\boldsymbol{K}^{-1}$ 定义为过渡矩阵 $\boldsymbol{B}$:

$$\boldsymbol{B} \triangleq \boldsymbol{K}^{-\mathrm{T}}\boldsymbol{K}^{-1} = \begin{pmatrix} b_{11} & b_{12} & b_{13} \\ b_{21} & b_{22} & b_{23} \\ b_{31} & b_{32} & b_{33} \end{pmatrix}$$

两个约束方程变为

$$\begin{cases} \boldsymbol{h}_1^{\mathrm{T}}\boldsymbol{B}\boldsymbol{h}_2 = 0 \\ \boldsymbol{h}_1^{\mathrm{T}}\boldsymbol{B}\boldsymbol{h}_1 - \boldsymbol{h}_2^{\mathrm{T}}\boldsymbol{B}\boldsymbol{h}_2 = 0 \end{cases} \tag{3-44}$$

将五参数线性模型的内参矩阵 $\boldsymbol{K} = \begin{pmatrix} \alpha & \gamma & u_0 \\ 0 & \beta & v_0 \\ 0 & 0 & 1 \end{pmatrix}$ 代入过渡矩阵 $\boldsymbol{B} \triangleq \boldsymbol{K}^{-\mathrm{T}}\boldsymbol{K}^{-1}$,可得

$$\boldsymbol{B} = \begin{pmatrix} b_{11} & b_{12} & b_{13} \\ b_{21} & b_{22} & b_{23} \\ b_{31} & b_{32} & b_{33} \end{pmatrix} = \begin{bmatrix} \dfrac{1}{\alpha^2} & -\dfrac{1}{\alpha^2\beta} & \dfrac{v_0\gamma - u_0\beta}{\alpha^2\beta} \\ -\dfrac{1}{\alpha^2\beta} & \dfrac{\gamma^2}{\alpha^2\beta^2} + \dfrac{1}{\beta^2} & -\dfrac{\gamma(v_0\gamma - u_0\beta)}{\alpha^2\beta^2} - \dfrac{v_0}{\beta^2} \\ \dfrac{v_0\gamma - u_0\beta}{\alpha^2\beta} & -\dfrac{\gamma(v_0\gamma - u_0\beta)}{\alpha^2\beta^2} - \dfrac{v_0}{\beta^2} & \dfrac{(v_0\gamma - u_0\beta)^2}{\alpha^2\beta^2} + \dfrac{v_0^2}{\beta^2} + 1 \end{bmatrix}$$

可见过渡矩阵 $\boldsymbol{B}$ 是对称矩阵,仅有 6 个独立参数 $\{b_{11}, b_{12}, b_{22}, b_{13}, b_{23}, b_{33}\}$。因此,定义六维的过渡向量 $\boldsymbol{b}$ 为

$$\boldsymbol{b} \triangleq (b_{11}, b_{12}, b_{22}, b_{13}, b_{23}, b_{33})^{\mathrm{T}}$$

同时定义辅助的行向量 $\boldsymbol{v}_{ij}^{\mathrm{T}}$ 为

$$\boldsymbol{v}_{ij}^{\mathrm{T}} \triangleq (h_{i1}h_{j1}, h_{i1}h_{j2} + h_{i2}h_{j1}, h_{i2}h_{j2}, h_{i3}h_{j1} + h_{i1}h_{j3}, h_{i3}h_{j2} + h_{i2}h_{j3}, h_{i3}h_{j3})_{1\times 6}$$

可以验证

$$\begin{aligned} \boldsymbol{v}_{12}^{\mathrm{T}}\boldsymbol{b} = \sum & h_{11}h_{21}b_{11}, h_{11}h_{22}b_{12}, h_{12}h_{21}b_{12}, h_{12}h_{22}b_{22}, h_{13}h_{21}b_{13}, h_{11}h_{23}b_{13}, \\ & h_{13}h_{22}b_{23}, h_{12}h_{23}b_{23}, h_{13}h_{23}b_{33} = \boldsymbol{h}_1^{\mathrm{T}}\boldsymbol{B}\boldsymbol{h}_2 \end{aligned}$$

$$\begin{aligned} \boldsymbol{v}_{11}^{\mathrm{T}}\boldsymbol{b} = \sum & h_{11}h_{11}b_{11}, h_{11}h_{12}b_{12} + h_{12}h_{11}b_{12}, h_{12}h_{12}b_{22}, h_{13}h_{11}b_{13} + h_{11}h_{13}b_{13}, \\ & h_{13}h_{12}b_{23} + h_{12}h_{13}b_{23}, h_{13}h_{13}b_{33} = \boldsymbol{h}_1^{\mathrm{T}}\boldsymbol{B}\boldsymbol{h}_1 \end{aligned}$$

$$\begin{aligned} \boldsymbol{v}_{22}^{\mathrm{T}}\boldsymbol{b} = \sum & h_{21}h_{21}b_{11}, h_{21}h_{22}b_{12}, h_{22}h_{21}b_{12}, h_{22}h_{22}b_{22}, h_{23}h_{21}b_{13}, h_{21}h_{23}b_{13}, \\ & h_{23}h_{22}b_{23}, h_{22}h_{23}b_{23}, h_{23}h_{23}b_{33} = \boldsymbol{h}_2^{\mathrm{T}}\boldsymbol{B}\boldsymbol{h}_2 \end{aligned}$$

此时两个约束方程转换为矩阵形式:

$$\begin{pmatrix} \boldsymbol{v}_{12}^{\mathrm{T}} \\ (\boldsymbol{v}_{11} - \boldsymbol{v}_{22})^{\mathrm{T}} \end{pmatrix}_{2\times 6} \boldsymbol{b}_{6\times 1} = \boldsymbol{0}_{2\times 1}$$

$$\boldsymbol{V}\boldsymbol{b} = \boldsymbol{0} \tag{3-45}$$

未知向量 $\boldsymbol{b}$ 具有 6 个独立的待定参数,一幅图像可以解得一个单应矩阵 $\boldsymbol{H}$,一个单应

矩阵 $\boldsymbol{H}$ 提供两个约束方程。因此，6 个约束至少需要 3 组方程，最少 3 幅图像。即可解得向量 $\boldsymbol{b}$。

具体地，图像数量有以下几种情况：

(1) 3 幅图像，6 个方程，解 6 个待定参数；

(2) 2 幅图像，可以令五参数模型的偏移常数 $\gamma=0$，退化为四参数线性模型；

(3) 1 幅图像，则 2 个方程只可以解 2 个参数，此时需要增加先验知识，例如事先给定像素坐标的中心点 (u_0, v_0)，同时令 $\gamma=0$，只需求解 α 和 β。

实际操作考虑数据噪声，通常多次移动标靶或者相机，采集 n 幅图像，解得 n 个单应矩阵，数量 $n \gg 3$，为 10～30。此时

$$\underbrace{\begin{bmatrix} \begin{pmatrix} \boldsymbol{v}_{12}^{\mathrm{T}} \\ (\boldsymbol{v}_{11}-\boldsymbol{v}_{22})^{\mathrm{T}} \end{pmatrix} \\ \vdots \\ \begin{pmatrix} * \\ * \end{pmatrix}_i \\ \vdots \end{bmatrix}}_{\boldsymbol{V}} \underbrace{\begin{bmatrix} b_1 \\ b_2 \\ b_3 \\ b_4 \\ b_5 \\ b_6 \end{bmatrix}}_{\boldsymbol{b}} = \boldsymbol{0}$$

$$\boldsymbol{V}_{2n\times 6}\boldsymbol{b}_{6\times 1} = \boldsymbol{0}_{2n\times 1} \tag{3-46}$$

上述超定方程 $\boldsymbol{V}\boldsymbol{b}=\boldsymbol{0}$ 的求解办法与之前估计单应矩阵 $\boldsymbol{H}$ 相同，可以将 $\boldsymbol{V}$ 作奇异值分解，或者利用 $\boldsymbol{V}^{\mathrm{T}}\boldsymbol{V}$ 的最小特征值所对应的特征向量作为 $\boldsymbol{b}$ 的封闭解。

注意，解出的 $\boldsymbol{b}$ 是带有比例因子的。关于内参矩阵 $\boldsymbol{K}$ 的表达式 $\boldsymbol{B} \triangleq \boldsymbol{K}^{-\mathrm{T}}\boldsymbol{K}^{-1}$，缩放任意 τ，$\boldsymbol{B}=\tau\boldsymbol{K}^{-\mathrm{T}}\boldsymbol{K}^{-1}$ 仍然成立，所以，求解出来的向量 $\boldsymbol{b}=(b_{11}, b_{12}, b_{22}, b_{13}, b_{23}, b_{33})^{\mathrm{T}}$ 是带有比例因子的解。

至此估计得到过渡矩阵 $\boldsymbol{B}$ 的解。

3. 分解内参矩阵 K

将过渡矩阵 $\boldsymbol{B}$ 进行 Cholesky 分解，即可得到线性模型的五个内部参数 $\{\alpha, \beta, \gamma, u_0, v_0\}$。

根据

$$\boldsymbol{B} = \begin{pmatrix} b_{11} & b_{12} & b_{13} \\ b_{21} & b_{22} & b_{23} \\ b_{31} & b_{32} & b_{33} \end{pmatrix} = \zeta \boldsymbol{K}^{-\mathrm{T}}\boldsymbol{K}^{-1}$$

$$= \zeta \begin{pmatrix} \dfrac{1}{\alpha^2} & -\dfrac{1}{\alpha^2\beta} & \dfrac{v_0\gamma-u_0\beta}{\alpha^2\beta} \\ -\dfrac{1}{\alpha^2\beta} & \dfrac{\gamma^2}{\alpha^2\beta^2}+\dfrac{1}{\beta^2} & -\dfrac{\gamma(v_0\gamma-u_0\beta)}{\alpha^2\beta^2}-\dfrac{v_0}{\beta^2} \\ \dfrac{v_0\gamma-u_0\beta}{\alpha^2\beta} & -\dfrac{\gamma(v_0\gamma-u_0\beta)}{\alpha^2\beta^2}-\dfrac{v_0}{\beta^2} & \dfrac{(v_0\gamma-u_0\beta)^2}{\alpha^2\beta^2}+\dfrac{v_0^2}{\beta^2}+1 \end{pmatrix}$$

可以得到

$$\begin{cases}\zeta = b_{33} - \dfrac{v_0(b_{12}b_{13} - b_{11}b_{23})}{b_{11}} \\ \alpha = \sqrt{\zeta/b_{11}} \\ \beta = \sqrt{\zeta b_{11}/(b_{11}b_{22} - b_{12}^2)} \\ \gamma = -b_{12}\alpha^2\beta/\zeta \\ u_0 = v_0\gamma/\beta - b_{13}\alpha^2/\zeta \\ v_0 = \dfrac{b_{12}b_{13} - b_{11}b_{23}}{b_{11}b_{22} - b_{12}^2}\end{cases} \tag{3-47}$$

至此获得内参矩阵 $\boldsymbol{K}$ 的解析解。

4. 计算外参矩阵 $\boldsymbol{R}$、$\boldsymbol{t}$

仅就标定而言，获得内部参数 $\boldsymbol{K}$ 即可视作完成标定。

但是许多应用需要外部参数，例如：双目系统需要不同相机间的变换矩阵，手眼系统也需要相机和夹爪的转换关系。计算这些参数均需用到相机外部参数，即世界坐标系 $\boldsymbol{X}_W\boldsymbol{Y}_W\boldsymbol{Z}_W$ 与相机坐标系 $\boldsymbol{X}_C\boldsymbol{Y}_C\boldsymbol{Z}_C$ 的变换矩阵，包括旋转矩阵 $\boldsymbol{R}$ 和平移向量 $\boldsymbol{t}$。

如果相机固定不动，通过移动平面标靶，采集不同方位的图像，那么每次标靶移动都将会改变世界坐标系的位置，因此每一幅图像都对应了一个不同的刚体变换矩阵。

注意：需要注意不同方位这个要求：通过前述求解过程可以发现，标准旋转矩阵 $\boldsymbol{R}$ 的性质是重要的约束条件，不同方位就是强调旋转。如果平面标靶只是作单纯平移，那么该法标定将会失败。

根据

$$(\boldsymbol{h}_1 \mid \boldsymbol{h}_2 \mid \boldsymbol{h}_3) = \boldsymbol{H} = \varepsilon\boldsymbol{K}(\boldsymbol{r}_1 \mid \boldsymbol{r}_2 \mid \boldsymbol{t})$$

可得

$$\begin{cases}\boldsymbol{r}_1 = \dfrac{1}{\varepsilon}\boldsymbol{K}^{-1}\boldsymbol{h}_1 \\ \boldsymbol{r}_2 = \dfrac{1}{\varepsilon}\boldsymbol{K}^{-1}\boldsymbol{h}_2 \\ \boldsymbol{t} = \dfrac{1}{\varepsilon}\boldsymbol{K}^{-1}\boldsymbol{h}_3\end{cases}$$

利用标准旋转矩阵 $\boldsymbol{R}$ 的性质，$\boldsymbol{r}_1$ 和 $\boldsymbol{r}_2$ 模为 1 且相互正交，有

$$\begin{cases}\left\|\dfrac{1}{\varepsilon}\boldsymbol{K}^{-1}\boldsymbol{h}_1\right\| = \|\boldsymbol{r}_1\| = 1 \\ \left\|\dfrac{1}{\varepsilon}\boldsymbol{K}^{-1}\boldsymbol{h}_2\right\| = \|\boldsymbol{r}_2\| = 1 \\ \boldsymbol{r}_3 = \boldsymbol{r}_1 \times \boldsymbol{r}_2\end{cases}$$

解得

$$
\begin{cases}
\varepsilon = \dfrac{1}{\| \boldsymbol{K}^{-1} \boldsymbol{h}_1 \|} = \dfrac{1}{\| \boldsymbol{K}^{-1} \boldsymbol{h}_2 \|} \\
\boldsymbol{r}_1 = \dfrac{1}{\varepsilon} \boldsymbol{K}^{-1} \boldsymbol{h}_1 \\
\boldsymbol{r}_2 = \dfrac{1}{\varepsilon} \boldsymbol{K}^{-1} \boldsymbol{h}_2 \\
\boldsymbol{r}_3 = \boldsymbol{r}_1 \times \boldsymbol{r}_2 \\
\boldsymbol{t} = \dfrac{1}{\varepsilon} \boldsymbol{K}^{-1} \boldsymbol{h}_3
\end{cases}
\tag{3-48}
$$

代入前述内参矩阵 $\boldsymbol{K}$ 和每幅图像的单应矩阵 $\boldsymbol{H}$，即可解得相应的旋转矩阵 $\boldsymbol{R}=(\boldsymbol{r}_1 | \boldsymbol{r}_2 | \boldsymbol{r}_3)$ 以及平移向量 $\boldsymbol{t}$。

至此获得外参的解析解。

5. 优化内外参数 $\boldsymbol{K}$、$\boldsymbol{R}$、$\boldsymbol{t}$

至此已经得到内参 $\boldsymbol{K}$ 和外参初值 $\boldsymbol{R}$、$\boldsymbol{t}$ 的初值。

但是，一方面数据本身存在噪声，另一方面数值计算例如 SVD 等的近似求解也存在较大误差，所以此处得到的相机内外参数并不一定能够使得相机匹配点的投影误差最小。

可以通过优化方法进一步调整内参和外参，对上面内参矩阵 $\boldsymbol{K}$ 和外参矩阵 $\boldsymbol{R}$、$\boldsymbol{t}$ 的闭式解，基于极大似然准则(Maximum Likelihood Estimation，MLE)进一步优化。

假设采集得到不同方位标靶图像 n 幅，每幅图像具有 m 组坐标对 $\{(\widetilde{\boldsymbol{M}}_i \leftrightarrow \widetilde{\boldsymbol{m}}_i)\}_{i=1}^{m}$，并且所有 n 幅图像噪声独立同分布，从而特征点像素坐标 $\widetilde{\boldsymbol{m}}_i$ 的测量噪声满足均值为 0、方差为 σ^2 的高斯分布 $N(0,\sigma^2)$，则单应矩阵 $\boldsymbol{H}$ 的极大似然估计 $\hat{\boldsymbol{H}}_{\mathrm{MLE}}$ 可以通过最小化以下的目标函数得到：

$$
\hat{\boldsymbol{H}}_{\mathrm{MLE}} = \operatorname{argmin} \sum_k (\widetilde{\boldsymbol{m}}_k - \hat{\boldsymbol{m}}_k)^{\mathrm{T}} \boldsymbol{\Lambda}_{\widetilde{\boldsymbol{m}}_k}^{-1} (\widetilde{\boldsymbol{m}}_k - \hat{\boldsymbol{m}}_k), \quad \boldsymbol{\Lambda}_{\widetilde{\boldsymbol{m}}_k} = \sigma^2 \boldsymbol{I} \tag{3-49}
$$

其中，$\widetilde{\boldsymbol{m}}_k$ 表示实际测量的像素坐标，$\hat{\boldsymbol{m}}_k$ 表示基于世界点坐标 $\widetilde{\boldsymbol{M}}_k$ 经过单应矩阵 $\boldsymbol{H}$ 计算所得的理想像素坐标。

根据单应变换

$$
\begin{cases}
su = \boldsymbol{h}_1^{\mathrm{T}} \widetilde{\boldsymbol{M}} \\
sv = \boldsymbol{h}_2^{\mathrm{T}} \widetilde{\boldsymbol{M}} \\
s = \boldsymbol{h}_3^{\mathrm{T}} \widetilde{\boldsymbol{M}}
\end{cases}
$$

可得 $\hat{\boldsymbol{m}}_k$

$$
\begin{pmatrix} \hat{u} \\ \hat{v} \end{pmatrix} = \hat{\boldsymbol{m}}_k = \frac{1}{\boldsymbol{h}_3^{\mathrm{T}} \widetilde{\boldsymbol{M}}_k} \begin{pmatrix} \boldsymbol{h}_1^{\mathrm{T}} \widetilde{\boldsymbol{M}}_k \\ \boldsymbol{h}_2^{\mathrm{T}} \widetilde{\boldsymbol{M}}_k \end{pmatrix} \tag{3-50}
$$

其中，$\boldsymbol{h}_i^{\mathrm{T}} (i=1,2,3)$ 为单应矩阵 $\boldsymbol{H}$ 的第 i 行的行向量，即 $\boldsymbol{h}_i^{\mathrm{T}} = (h_{i1}, h_{i2}, h_{i3})$。

平面标定法的计算如下：

$$
\hat{\boldsymbol{H}}_{\mathrm{MLE}} = \operatorname{argmin} \sum_{i=1}^{n} \sum_{j=1}^{m} \| \widetilde{\boldsymbol{m}}_{ij} - \hat{\boldsymbol{m}}_{ij} (\boldsymbol{K}, \boldsymbol{R}_i, \boldsymbol{t}_i, \widetilde{\boldsymbol{M}}_j) \|^2 \tag{3-51}
$$

其中，i 为图像编号，j 为图像中特征编号，因此 $\tilde{\boldsymbol{m}}_{ij}$ 为第 i 幅图像第 j 个特征测量的实际像素坐标；$\hat{\boldsymbol{m}}_{ij}(\boldsymbol{K},\boldsymbol{R}_i,\boldsymbol{t}_i,\widetilde{\boldsymbol{M}}_j)$ 为第 i 幅图像第 j 个特征计算的理想像素坐标，$\boldsymbol{K}$、$\boldsymbol{R}_i$、$\boldsymbol{t}_i$ 为前述步骤计算所得初值。

对于上述多参数的非线性优化问题，可以采用 L-M 等数值算法，不断迭代搜索，到达目标函数最小，最小化重投影误差。

至此初步优化内外参数完成。

3.4.3 畸变模型

在光线传播的成像过程中，镜头畸变主要包括透镜形状对光线传播产生的径向畸变，以及透镜位置对光线传播产生的切向畸变。平面标定法假设两点：首先，镜头都存在畸变；其次，畸变类型主要为二阶径向畸变。因此描述这些畸变使用极坐标(r,θ)较为合适，其中 $\boldsymbol{r}$ 表示到透镜原点的距离，θ 表示与过原点水平线之间的夹角。径向畸变主要和 $\boldsymbol{r}$ 有关，切向畸变主要和 θ 有关。

记(u,v)和(x,y)为像素坐标和像平面坐标的理想值，记$(\tilde{u},\tilde{v})$和$(\tilde{x},\tilde{y})$为畸变的像素坐标和像平面坐标实际值。

1. 像平面坐标系

根据畸变模型，在像平面坐标系内，畸变的相对量为

$$\begin{cases}\Delta_x = x(k_1(x^2+y^2)+k_2(x^2+y^2)^2)\\ \Delta_y = y(k_1(x^2+y^2)+k_2(x^2+y^2)^2)\end{cases}$$

或者

$$\begin{cases}\tilde{x} = x(1+k_1(x^2+y^2)+k_2(x^2+y^2)^2)\\ \tilde{y} = y(1+k_1(x^2+y^2)+k_2(x^2+y^2)^2)\end{cases}$$

2. 像素坐标系

根据像平面坐标系到图像坐标系的仿射变换(已经假设倾斜 $\gamma=0$)：

$$\underbrace{\begin{pmatrix}u\\ v\\ 1\end{pmatrix}}_{\boldsymbol{p}_{uv}}=\begin{pmatrix}\alpha & 0 & u_0\\ 0 & \beta & v_0\\ 0 & 0 & 1\end{pmatrix}\underbrace{\begin{pmatrix}x\\ y\\ 1\end{pmatrix}}_{\boldsymbol{p}_{xy}}$$

有

$$\begin{cases}u = u_0+\alpha x\\ v = v_0+\beta y\end{cases}\quad 和 \quad \begin{cases}\tilde{u} = u_0+\alpha\tilde{x}\\ \tilde{v} = v_0+\beta\tilde{y}\end{cases}$$

因此，在像素坐标系内，畸变的相对量为

$$\Delta_u = \tilde{u}-u = \alpha(\tilde{x}-x) = (u-u_0)(k_1(x^2+y^2)+k_2(x^2+y^2)^2)$$

$$\Delta_v = \tilde{v}-v_0 = \beta(\tilde{y}-y) = (\tilde{v}-v_0)(k_1(x^2+y^2)+k_2(x^2+y^2)^2)$$

矩阵形式为

$$\begin{pmatrix}\tilde{u}-u\\ \tilde{v}-v\end{pmatrix}=\begin{pmatrix}(u-u_0)(x^2+y^2) & (u-u_0)(x^2+y^2)^2\\ (v-v_0)(x^2+y^2) & (v-v_0)(x^2+y^2)^2\end{pmatrix}\begin{pmatrix}k_1\\ k_2\end{pmatrix}$$

其中，$\tilde{u}$ 和 $\tilde{v}$ 是直接从图像中测量所得的畸变后的实际值，u 和 v 是根据前面优化所得内外参数计算所得的理想值。

3. 畸变模型

上述写成半径 r 的形式，即为镜头的 4 阶畸变模型：

$$\begin{pmatrix}\tilde{u}-u\\ \tilde{v}-v\end{pmatrix}=\begin{pmatrix}(u-u_0)r^2 & (u-u_0)r^4\\ (v-v_0)r^2 & (v-v_0)r^4\end{pmatrix}\begin{pmatrix}k_1\\ k_2\end{pmatrix},\quad r^2=x^2+y^2 \tag{3-52}$$

使用中，注意半径 r 可以取 $r=\sqrt{(u-u_0)^2+(v-v_0)^2}$，也可以使用前述线性参数的标定值计算结果。

3.4.4 畸变模型参数

前面已经得到初步优化的内参矩阵 $\boldsymbol{K}=(\alpha,\beta,\gamma,u_0,v_0)$ 和外参矩阵 $\boldsymbol{T}=(\boldsymbol{R},\boldsymbol{t})$，利用平面标靶上特征点的世界坐标，通过这些参数，可以计算得到像素坐标理想值(u,v)；从采集的标定图像，可以测量得到有畸变的像素坐标实际值$(\tilde{u},\tilde{v})$。

给定一个特征点的像素坐标理想值(u,v)和像素坐标实际值$(\tilde{u},\tilde{v})$构成的坐标对$((u,v)\leftrightarrow(\tilde{u},\tilde{v}))$，根据畸变模型可以得到 2 个方程；给定 n 幅图像以及每幅图像的 m 个特征点，可得 $2nm$ 个方程。

$$\underbrace{\begin{bmatrix}\begin{pmatrix}(u-u_0)(x^2+y^2) & (u-u_0)(x^2+y^2)^2\\ (v-v_0)(x^2+y^2) & (v-v_0)(x^2+y^2)^2\end{pmatrix}\\ \vdots\\ \begin{pmatrix}*\\ *\end{pmatrix}_i\\ \vdots\end{bmatrix}}_{\boldsymbol{P}}\underbrace{\begin{pmatrix}k_1\\ k_2\end{pmatrix}}_{\boldsymbol{d}}=\underbrace{\begin{bmatrix}\begin{pmatrix}\tilde{u}-u\\ \tilde{v}-v\end{pmatrix}\\ \vdots\\ \begin{pmatrix}*\\ *\end{pmatrix}_i\\ \vdots\end{bmatrix}}_{\boldsymbol{q}}$$

$$\boldsymbol{P}_{2nm\times 2}\boldsymbol{d}_{2\times 1}=\boldsymbol{q}_{2nm\times 1} \tag{3-53}$$

上述超定方程 $\boldsymbol{Pd}=\boldsymbol{q}$ 求解方法很多。平面标定法采用正规方程通过线性最小二乘法，解得畸变参数：

$$\boldsymbol{d}=(\boldsymbol{P}^{\mathrm{T}}\boldsymbol{P})^{-1}\boldsymbol{P}^{\mathrm{T}}\boldsymbol{q}$$

以上采用二阶径向畸变为例，对于更高阶径向畸变模型，只需增加约束方程个数，即可同理解决。

至此估计得到畸变系数 $\boldsymbol{d}=\{k_1,k_2\}$的解。

3.4.5 参数优化

1. 优化全部参数

估计获得畸变系数 $\boldsymbol{d}=(k_1,k_2)$之后，采用极大似然法，优化所有参数。

优化目标函数为

$$\sum_{i=1}^{n}\sum_{j=1}^{m}\|\tilde{\boldsymbol{m}}_{ij}-\hat{\boldsymbol{m}}_{ij}(\boldsymbol{K},k_1,k_2,\boldsymbol{R}_i,\boldsymbol{t}_i,\widetilde{\boldsymbol{M}}_j)\|^2 \tag{3-54}$$

其中，k_1 和 k_2 可以使用前述估计结果作为初值，也可以将 k_1 和 k_2 初值设为 0。

仍然使用 L-M 算法，最终优化得到全部参数。

注意： 这里优化并没有增加关于旋转矩阵 $\boldsymbol{R}$ 的约束，因此，优化出来的旋转矩阵 $\boldsymbol{R}$ 未必一定可以满足单位正交的性质。如果工程存在需求，则可以继续执行以下估计最佳标准旋转矩阵 $\boldsymbol{R}$ 的方法。

2. 调优旋转矩阵 $\boldsymbol{R}$

前述各步的关键在于，刚体变换中矩阵 $\boldsymbol{R}$ 必须是标准的旋转矩阵，即单位正交矩阵，而上面步骤得到的旋转矩阵未必能够满足标准的单位正交性质。对此，可以通过以下步骤，优化旋转矩阵 $\boldsymbol{R}$。

记实际解得的旋转矩阵为 $\boldsymbol{Q}$，满足性质的旋转矩阵为 $\boldsymbol{R}$，那么寻找 $\boldsymbol{R}$ 就是一个最优化问题，约束条件是 $\boldsymbol{R}^{\mathrm{T}}\boldsymbol{R}=\boldsymbol{I}$。

$$\begin{aligned}&\min\|\boldsymbol{R}-\boldsymbol{Q}\|_F^2\\&\text{s.t.}\ \boldsymbol{R}^{\mathrm{T}}\boldsymbol{R}=\boldsymbol{I}\end{aligned}\tag{3-55}$$

因为 $\|\boldsymbol{R}\|=1\Rightarrow \mathrm{tr}(\boldsymbol{R}^{\mathrm{T}}\boldsymbol{R})=3$，所以

$$\begin{aligned}\|\boldsymbol{R}-\boldsymbol{Q}\|_F^2&=\mathrm{tr}(\boldsymbol{R}-\boldsymbol{Q})^{\mathrm{T}}(\boldsymbol{R}-\boldsymbol{Q})\\&=\mathrm{tr}(\boldsymbol{R}^{\mathrm{T}}\boldsymbol{R}+\boldsymbol{Q}^{\mathrm{T}}\boldsymbol{Q}-2\boldsymbol{R}^{\mathrm{T}}\boldsymbol{Q})\\&=\underbrace{3+\mathrm{tr}(\boldsymbol{Q}^{\mathrm{T}}\boldsymbol{Q})}_{\text{固定值}}-2\mathrm{tr}(\boldsymbol{R}^{\mathrm{T}}\boldsymbol{Q})\end{aligned}$$

因此，前述优化问题等价于最大化矩阵 $\boldsymbol{R}^{\mathrm{T}}\boldsymbol{Q}$ 的迹 $\mathrm{tr}(\boldsymbol{R}^{\mathrm{T}}\boldsymbol{Q})$：

$$\begin{aligned}&\max\ \mathrm{tr}(\boldsymbol{R}^{\mathrm{T}}\boldsymbol{Q})\\&\text{s.t.}\ \boldsymbol{R}^{\mathrm{T}}\boldsymbol{R}=\boldsymbol{I}\end{aligned}\tag{3-56}$$

平面标定法使用 SVD 求解该最优化问题。

设 $\boldsymbol{Q}$ 的奇异值分解为

$$\boldsymbol{Q}=\boldsymbol{U\Sigma V}^{\mathrm{T}},\quad \boldsymbol{\Sigma}=\mathrm{diag}(\sigma_1,\sigma_2,\sigma_3)$$

则

$$\mathrm{tr}(\boldsymbol{R}^{\mathrm{T}}\boldsymbol{Q})=\mathrm{tr}(\boldsymbol{R}^{\mathrm{T}}\boldsymbol{U\Sigma V}^{\mathrm{T}})$$

定义辅助的正交矩阵 $\boldsymbol{Z}$ 为

$$\boldsymbol{Z}\triangleq\boldsymbol{V}^{\mathrm{T}}\boldsymbol{R}^{\mathrm{T}}\boldsymbol{U}$$

根据矩阵迹 $\mathrm{tr}(\boldsymbol{AB})=\mathrm{tr}(\boldsymbol{BA})$ 的性质，有

$$\mathrm{tr}((\boldsymbol{R}^{\mathrm{T}}\boldsymbol{U\Sigma})\boldsymbol{V}^{\mathrm{T}})=\mathrm{tr}(\boldsymbol{V}^{\mathrm{T}}(\boldsymbol{R}^{\mathrm{T}}\boldsymbol{U\Sigma}))=\mathrm{tr}(\boldsymbol{Z\Sigma})$$

因为 $\boldsymbol{V}$、$\boldsymbol{R}$、$\boldsymbol{U}$ 均为正交矩阵，所以矩阵 $\boldsymbol{Z}$ 也是正交矩阵。正交矩阵的列向量为单位向量而且相互正交，因此有 $z_{ij}\leqslant 1$。所以

$$\mathrm{tr}(\boldsymbol{Z\Sigma})=\sum_{i=1}^{3}z_{ii}\sigma_i\leqslant\sum_{i=1}^{3}\sigma_i$$

可以发现，当 $\boldsymbol{Z}=\boldsymbol{I}$ 时，$\mathrm{tr}(\boldsymbol{R}^{\mathrm{T}}\boldsymbol{Q})$ 最大，也就是 $\|\boldsymbol{Q}-\boldsymbol{R}\|_F^2$ 最小。

因此

$$\boldsymbol{I}=\boldsymbol{Z}=\boldsymbol{V}^{\mathrm{T}}\boldsymbol{R}^{\mathrm{T}}\boldsymbol{U}\Rightarrow\boldsymbol{R}=\boldsymbol{UV}^{\mathrm{T}}\tag{3-57}$$

至此估计得到满足单位正交条件的旋转矩阵 $\boldsymbol{R}$。

注意：此处旋转矩阵 $\boldsymbol{R}$ 调优，形式上类似前述非线性优化的迭代搜索(ICP)，但是推导依据不同：ICP 是根据正定矩阵迹的性质推导，而此处矩阵 $\boldsymbol{Q}$ 并非正定矩阵。

对于多视标定，同样通过上述过程，标定得到各个相机内参矩阵。同时，需要控制某一次标定板的位置，使其位于所有相机的公共视野，以此统一各相机的坐标系，即可完成多相机标定。

这种联合多个相机的标定称为系统标定，即将多个相机坐标系统一到一个测量坐标系。

3.4.6 图像校准应用

从 3.4.1 节～3.4.5 节可以发现，标定实现需要的代码量是比较大的。不过通过 MATLAB、Halcon、OpenCV 等工具箱均能实现，以下基于 OpenCV 介绍相机标定的具体实现，以及根据标定结果对图像进行校正的具体应用。

选择 OpenCV，主要考虑可以进行原生(Native)方式的程序设计，配合图像可视化插件(Image Watch)，有利于调试和诊断。同时，其 BSD 协议(Berkeley Software Distribution License)较为宽松，只需要声明使用 OpenCV，即可以闭源形式发布商业软件。也就是说 OpenCV 不具有传染性，或者说传染性非常弱，并不强求基于 OpenCV 开发的应用软件必须开放源代码。

为加深理解，再次回顾的相机成像过程，尤其需要注意其中⇐和←指示的方向。

$$\left\{\begin{array}{c} \underbrace{\underbrace{\begin{pmatrix}u\\v\\1\end{pmatrix}}_{\boldsymbol{p}_{uv}} = \underbrace{\begin{pmatrix}1/d_x & 0 & u_0\\ 0 & 1/d_y & v_0\\ 0&0&1\end{pmatrix}}_{\text{仿射变换}\boldsymbol{A}} \underbrace{\begin{pmatrix}x\\y\\1\end{pmatrix}}_{\boldsymbol{p}_{xy}}}_{\text{像素坐标系}\leftarrow\text{像平面坐标系}} \Leftarrow \underbrace{Z_C \underbrace{\begin{pmatrix}x\\y\\1\end{pmatrix}}_{\boldsymbol{p}_{xy}} = \underbrace{\begin{pmatrix}f&0&0&0\\0&f&0&0\\0&0&1&0\end{pmatrix}}_{\text{透视投影}\boldsymbol{P}} \underbrace{\begin{pmatrix}X_C\\Y_C\\Z_C\\1\end{pmatrix}}_{\boldsymbol{P}_{\mathrm{Cam}}}}_{\text{像平面坐标系}\leftarrow\text{相机坐标系}} \\ \Updownarrow \\ \underbrace{Z_C\underbrace{\begin{pmatrix}u\\v\\1\end{pmatrix}}_{\boldsymbol{p}_{uv}} = \underbrace{\begin{pmatrix} f_x \triangleq f/d_x & 0 & u_0 & 0\\ 0 & f_y\triangleq f/d_y & v_0 & 0\\ 0&0&1&0\end{pmatrix}}_{\text{内参矩阵}\boldsymbol{K}} \underbrace{\begin{pmatrix}X_C\\Y_C\\Z_C\\1\end{pmatrix}}_{\boldsymbol{P}_{\mathrm{Cam}}}}_{\text{像素坐标系}\leftarrow\text{相机坐标系}} \end{array}\right\} \Leftarrow \underbrace{\underbrace{\begin{pmatrix}X_C\\Y_C\\Z_C\\1\end{pmatrix}}_{\boldsymbol{P}_{\mathrm{Cam}}} = \underbrace{\begin{pmatrix}\boldsymbol{R}&\boldsymbol{t}\\\boldsymbol{0}&1\end{pmatrix}}_{\text{刚体变换}\boldsymbol{T}} \underbrace{\begin{pmatrix}X_W\\Y_W\\Z_W\\1\end{pmatrix}}_{\boldsymbol{P}_{\mathrm{World}}}}_{\text{相机坐标系}\leftarrow\text{世界坐标系}}$$

标定一般以相机坐标系 $\boldsymbol{X}_C\boldsymbol{Y}_C\boldsymbol{Z}_C$ 作为中介过渡，也可以以世界坐标系 $\boldsymbol{X}_W\boldsymbol{Y}_W\boldsymbol{Z}_W$ 作为过渡，但共同点是都需要进行归一化

$$\underbrace{\left\{\begin{array}{l} X_{C'} \leftarrow X_C/Z_C \\ Y_{C'} \leftarrow Y_C/Z_C \end{array}\right.}_{\text{相机坐标系归一化坐标}} \tag{3-58}$$

注意：这里相机坐标系的归一化坐标$(X_{C'},Y_{C'})$并没有量纲，并非毫米或者米的物理单位。
这个坐标仅是倍率，只有乘上比例因子 f 之后才具有物理尺寸。
以归一化坐标这个中间媒介即可建立像素坐标理想值和实际值之间的映射关系。

主要流程为：

（1）从像素坐标系的理想坐标出发。

$$\underbrace{\begin{Bmatrix} u \\ v \end{Bmatrix}}_{\text{像素坐标系的理想坐标}} \Rightarrow \boxed{\underbrace{\begin{pmatrix}u\\v\\1\end{pmatrix}}_{\boldsymbol{p}_{uv}} = \underbrace{\begin{pmatrix} f_x & 0 & c_x & 0\\ 0 & f_y & c_y & 0 \\ 0 & 0 & 1 & 0\end{pmatrix}}_{\text{内参矩阵}\boldsymbol{M}_\text{I}} \underbrace{\begin{bmatrix}X_{C'}\\Y_{C'}\\1\\1\end{bmatrix}}_{\boldsymbol{P}_{\text{Cam}'}}}^{-1} \Rightarrow \underbrace{\begin{Bmatrix}X_{C'}\\Y_{C'}\end{Bmatrix}}_{\text{相机坐标系的理想坐标}}$$

这样，对于理想图像，根据像素坐标系的理想坐标(u,v)，可得归一化相机坐标系的理想坐标$(X_{C'},Y_{C'})$。

（2）得到像素坐标系的实际畸变坐标。

$$\underbrace{\begin{Bmatrix} r^2 \triangleq (X_{C'})^2 + (Y_{C'})^2 \\ X_{C'}^d = X_{C'}(1+k_1r^2+k_2r^4) + 2p_1X_{C'}Y_{C'} + p_2(r^2+2(X_{C'})^2) \\ Y_{C'}^d = Y_{C'}(1+k_1r^2+k_2r^4) + p_1(r^2+2(Y_{C'})^2) + 2p_2X_{C'}Y_{C'} \end{Bmatrix}}_{\text{相机坐标系的实际畸变坐标}} \Leftarrow \underbrace{\begin{Bmatrix}X_{C'}\\Y_{C'}\end{Bmatrix}}_{\text{相机坐标系的理想坐标}}$$

$$\Downarrow$$

$$\boxed{\underbrace{\begin{pmatrix}u^d\\v^d\\1\end{pmatrix}}_{\boldsymbol{p}_{uv}} = \underbrace{\begin{pmatrix} f_x & 0 & c_x & 0\\ 0 & f_y & c_y & 0 \\ 0 & 0 & 1 & 0\end{pmatrix}}_{\text{内参矩阵}\boldsymbol{M}_\text{I}} \underbrace{\begin{bmatrix}X_{C'}^d\\Y_{C'}^d\\1\\1\end{bmatrix}}_{\boldsymbol{P}_{\text{Cam}'}}} \Rightarrow \underbrace{\begin{Bmatrix}u^d = f_xX_{C'}^d + c_x\\ v^d = f_yY_{C'}^d + c_y\end{Bmatrix}}_{\text{像素坐标系的实际畸变坐标}}$$

这样，对于理想图像，根据相机坐标系的理想坐标$(X_{C'},Y_{C'})$，通过相机坐标的畸变坐标$(X_{C'}^d,Y_{C'}^d)$，可得像素坐标系的畸变坐标(u^d,v^d)。

（3）建立正向映射。

综合以上，可得正向过程为

$$\underbrace{(u,v)}_{\text{像素坐标系理想坐标}} \Rightarrow \underbrace{(X_{C'},Y_{C'})}_{\text{相机坐标系理想坐标}} \Rightarrow \underbrace{(X_{C'}^d,Y_{C'}^d)}_{\text{相机坐标系实际畸变坐标}} \Rightarrow \underbrace{(u^d,v^d)}_{\text{像素坐标系实际畸变坐标}}$$

可见，对于理想图像 $\text{imgI}=\{(u,v)\}_{W\times H}$ 和实际畸变图像 $\text{imgD}=\{(u^d,v^d)\}_{W\times H}$，位置$(u,v)$与位置$(u^d,v^d)$存在一一映射关系 $\varphi:(u,v)\mapsto(u^d,v^d)$。

注意：过程中需要注意数据的密化，例如，理想图像 imgI 的某位置(1,1)，经过畸变之后，映射到实际畸变图像 imgD 中的(1.08,1.13)位置，这个位置信息是没有的，因此需要通过插值密化得到。

（4）图像校准即反向映射。

实际应用中，多数情况是已知有畸变的实际图像 imgD，要求通过校正获得理想图像 imgI，即执行逆映射 $\varphi^{-1}:(u^d,v^d)\mapsto(u,v)$，从实际畸变图像 imgD 反求理想图像 imgI，称为图像校准。

以上即图像校准的标准过程。以下结合 OpenCV 具体介绍其标定、校准的主要函数模块以及工程实现。

1. 标定流程

OpenCV 中标定主要流程如下：

（1）初步提取角点。

初步提取角点的像素坐标。

```
bool findChessboardCorners(
    InputArray image,        //标定板的 Mat 图像,8 位灰度或者彩色图像
    Size patternSize,        //棋盘角点行列数,一般不要相等
    OutputArray corners,
    int
flags = CALIB_CB_ADAPTIVE_THRESH + CALIB_CB_NORMALIZE_IMAGE);
```

其中，第三个参数存储检测所得角点的像素坐标，一般使用元素为 Point2f 的二重向量，vector：vector < Point2f >。返回布尔量表示是否角点全部都被找到。

（2）亚像素化。

将角点像素坐标进一步亚像素化，以提高精度。

```
void cornerSubPix(
    InputArray image,        //标定板 Mat 图像,使用 8 位灰度效率更高
    InputOutputArray corners,
    Size winSize,            //大小为搜索窗口一半
    Size zeroZone,
    TermCriteria criteria );
```

第二个参数 corners 是初步提取的角点坐标向量，原地操作后保存亚像素坐标位置。第四个参数 zeroZone 表示不对搜索区域中央位置执行求和运算的区域，用来避免自相关矩阵出现某些奇异值；如果设为(−1，−1)，则表示没有死区。第五个参数 criteria 是迭代过程的终止条件，可以是迭代次数和角点精度的组合。

（3）显示角点。

在图像上绘制检出的角点，这仅是出于方便用户的显示目的，并非标定必需。

```
void drawChessboardCorners(
    InputOutputArray image,       //灰度或者彩色图像
    Size patternSize,             //图像角点行列数
    InputArray corners,           //角点像素坐标
    bool patternWasFound );
```

第四个参数 patternWasFound 指示角点是否完整探测到，true 表示完整探测到，使用直线依次连接所有角点作为一个整体；false 表示有未探测到的角点，这时会以红色圆圈标记该未被检测到的角点。

(4) 执行标定。

具体标定函数为

```
double calibrateCamera(
    InputArrayOfArrays objectPoints,
    //每幅图像所有角点的三维世界坐标,即 vector < vector < Point3f >>
    InputArrayOfArrays imagePoints,
    //每幅图像所有角点的二维像素坐标,即 vector < vector < Point2f >>
    Size imageSize,
    //图像尺寸,计算内参矩阵和畸变矩阵需要用到
    CV_OUT InputOutputArray cameraMatrix,
    //内参矩阵 K,例如 Mat(3,3,CV_32FC1,Scalar::all(0))
    CV_OUT InputOutputArray distCoeffs,
    //畸变矩阵 D,例如 Mat(1,5,CV_32FC1,Scalar::all(0))
    OutputArrayOfArrays rvecs,
    //旋转向量 rv,即 vector < Mat >
    OutputArrayOfArrays tvecs,
    //位移向量 tv,即 vector < Mat >
    int flags = 0,
    TermCriteria criteria = TermCriteria(
    TermCriteria::COUNT + TermCriteria::EPS, 30, DBL_EPSILON)
    );
```

第八个参数 flags 选定标定算法。第九个参数 criteria 是最优迭代终止条件。

在计算内参矩阵时,通常不需要额外的信息,也就是参数 cx 和 cy 的初始值可以直接从变量 image_size 中得到,即初始化为图像中心((H−1)/2,(W−1)/2)),同时使用最小二乘法估算 fx 和 fy,但可以通过设置 CV_CALIB_USE_INTRINSIC_GUESS 参数,在 cameraMatrix 矩阵中包含 fx、fy、u0、v0 正确的值,并被作为估计初值。

另外,函数将返回的畸变系数为(k1,k2,p1,p2[,k3[,k4,k5,k6]]),如果设定 CV_CALIB_ZERO_TANGENT_DIST 参数,则将切向畸变参数(p1,p2)设定为零,即假设不存在切向畸变。该标志对于标定高级相机比较重要,通过设置该标志可以关闭切向畸变参数 p1 和 p2 的拟合,因为试图将参数拟合 0 会导致噪声干扰以及数值不稳定。

最后,使用参数 CV_CALIB_FIX_Ki 可以经径向畸变参数 Ki 设为零,例如组合 CV_CALIB_FIX_K3| CV_CALIB_ZERO_TANGENT_DIST,将使该函数求解结果与 MATLAB 基本一致。

(5) 效果评价。

标定结果的评价方法是,通过标定所得相机内外参数,将角点的三维世界坐标进行重新投影,计算重新投影所得像素坐标和角点原始亚像素坐标差值,偏差越小表示标定结果越好。

```
void projectPoints(
    InputArray objectPoints,            //空间点的三维世界坐标
    InputArray rvec,                    //旋转向量 rv,每幅图像都有独立旋转向量
    InputArray tvec,                    //位移向量 tv,每幅图像都有独立平移向量
    InputArray cameraMatrix,            //内参矩阵 K
    InputArray distCoeffs,              //畸变矩阵 D
    OutputArray imagePoints,            //每个角点重新投影的计算所得的像素坐标
    OutputArray jacobian = noArray(), //输出雅可比行列式
    double aspectRatio = 0 );
```

第八个参数 aspectRatio 是和相机传感器的感光单元有关的可选参数，设置非 0 值则函数默认感光单元 dx/dy 固定，据此对雅可比矩阵进行调整。

2. 校正流程

前述标定流程，已经获得线性模型的内参矩阵 K，例如：

```
//Given fx = 458.654, fy = 457.296, cx = 367.215, cy = 248.375
    const cv::Mat K = (cv::Mat_<double>(3,3) << 458.654,
    0,367.215, 0, 457.296, 248.375, 0,0,1);
```

以及畸变模型的 4～8 个畸变参数，例如 k1、k2、k3、p1、p2：

```
//Given k1 = -0.28340811, k2 = 0.07395907, p1 = 0.00019359, p2 = 1.76187114e-05;
    const cv::Mat D = (cv::Mat_<double> ( 5,1 ) << -0.28340811, 0.07395907, 0.0, 0.00019359,
1.76187114e-05);
```

以上内参矩阵 K 和畸变参数 D，对于标定过程是单一的，它不随每幅图像而变化；而每幅图片均有一套独立的外部参数，即旋转矩阵 R 和偏移向量 t。

利用公共内参 K、D 和独立外参 R、t，即可以对采集所得的图像进行畸变校正。畸变校准函数有 undistort 或 initUndistortRectifyMap ＋ remap 以及 undistortPoints，其中 undistort 直接校正整幅图像，initUndistortRectifyMap 和 remap 配合实现图像校正，而 undistortPoints 则校正具体像素点。

组合 initUndistortRectifyMap 和 remap 时，第一个函数 initUndistortRectifyMap 生成映射，第二个函数 remap 执行映射反求理想图。这两个函数也可以简单组合成为 UndistortImage 函数直接使用，不过 UndistortImage 处理多幅畸变图像存在重复计算的弊端。因此对于多幅图片畸变校正，可以只用一次 initUndistortRectifyMap 获取坐标映射矩阵 mapx 和 mapy，然后即可多次调用 remap 函数执行映射，流程如下：

(1) 控制缩放。

如果需要，则可以计算新的内参矩阵：

```
Mat getOptimalNewCameraMatrix(
    InputArray cameraMatrix,                //标定所得内参矩阵 K
    InputArray distCoeffs,                  //标定所得畸变参数 D
    Size imageSize,                         //原图像尺寸
    Double alpha,                           //缩放比例
    Size newImgSize = Size(),               //校正后所希望的图像尺寸
    Rect * validPixROI = 0,                 //关注区域设置
    Bool centerPrincipalPoint = false       //可选标志
    )
```

函数根据缩放比例 alpha 返回新的内参矩阵 K，比例因子 alpha 取值范围为(0, 1)，调节 alpha 可以控制新的内参矩阵中 fx 和 fy 的大小：当 alpha＝1 时，原图像所有像素均被保留，校正图像带有黑条，尤其桶形失真的鱼眼镜头成像，原来鼓起来的区域经过校正后黑色区域更多；当 alpha＝0 时，校正图像不带黑色区域，此时校正图像相对原图像而言损失部分像素。可见，alpha 的值控制着损失多少像素。

注意：两个参数 alpha 和 newImageSize 互不干扰，alpha 决定是否对图像进行裁剪，而 newImageSize 只负责将图像进行缩放，二者都会对新的内参矩阵造成影响。

（2）建立映射。

逐个像素建立映射，就是给定一个尺寸理想图像，对于每个理想像素坐标 (u,v)，使用标定所得畸变参数，计算畸变后像素坐标(u^d,v^d)，属于正向运算：

$$\underbrace{(u,v)}_{\text{像素坐标系理想坐标}} \Rightarrow \underbrace{(X_{C'},Y_{C'})}_{\text{相机坐标系理想坐标}} \Rightarrow \underbrace{(X_{C'}^d,Y_{C'}^d)}_{\text{相机坐标系实际坐标}} \Rightarrow \underbrace{(u^d,v^d)}_{\text{像素坐标系实际坐标}}$$

计算原图像与校正图像之间的转换关系，转换关系使用映射表达，映射关系存储在 map1 和 map2 中。以下函数建立校准所需用到的映射矩阵：

```
void initUndistortRectifyMap(
    InputArray cameraMatrix,          //标定所得内参矩阵 K
    InputArray distCoeffs,            //标定所得畸变矩阵 D
    InputArray R,
    InputArray newCameraMatrix,       //新的内参矩阵 K'
    Size size,                        //畸变校正之后的图像尺寸
    int m1type,                       //第一个映射(map1)的类型，如 CV_32FC1
    OutputArray map1,                 //第一个输出 x 坐标的映射
    OutputArray map2                  //第二个输出 y 坐标的映射
    );
```

第三个参数修正变换矩阵 R 是可选的，它是第一和第二相机坐标系间的旋转矩阵，可以用 eye(3,3,CV_32F)。第六个参数 m1type 指定 map1 的类型，例如 CV_32FC1、CV_32FC2 或者 CV_16SC2 等；如果指定为双通道，则 x 和 y 的映射关系都存储于 map1 中。

第四个参数 newCameraMatrix 通常不用求解新的矩阵，直接默认使用标定所得内参矩阵。如果不愿得到丢失像素的校正效果，可以求解新的内参矩阵，此时需要考虑单目和双目两种情况：对于单目应用，newCameraMatrix 通常等于 cameraMatrix，或者通过函数 getOptimalNewCameraMatrix 计算，以更好地控制缩放；对于双目应用，newCameraMatrix 通常设置为由 stereoRectify 计算的 p1 或 p2。

另外，根据修正变换矩阵 R，新相机在坐标空间中的取向也是不同的。例如，它帮助配准双目相机的两个相机方向，从而使得图像的极线是水平的，且 y 坐标相同。

在双目相机中这个函数被调用两次：一次是为了确定每个相机的朝向，经过 stereoRectify 之后，依次调用 stereoCalibrate。但是如果双目立体相机没有被标定，依然可以使用 stereoRectifyUncalibrated 直接从单应矩阵 H 中计算修正变换。对于每个相机，函数计算像素域中的单应矩阵 H 作为修正变换，而不是 3D 空间中的旋转矩阵 R，R 可以通过矩阵 H 计算得来。

（3）执行映射。

将映射应用到实际采集的图像，即从实际采集的畸变图像 imgD，变换到理想图像 imgI，$\varphi:\mathbf{R}^2 \ni (u,v) \mapsto (u^d,v^d) \in \mathbf{R}^2 \Rightarrow \varphi^{-1}(u^d,v^d)=(u,v)$。

```
void remap(
    InputArray src,                   //实际采集的有畸变的原图像 imgD
```

```
    OutputArray dst,                        //校正后的理想图像 imgI,与 src 相同类型大小
    InputArray map1,
    InputArray map2,
    int interpolation,                      //图像插值方式
    int borderMode = BORDER_CONSTANT,       //边界填充方式
    const Scalar& borderValue = Scalar()    //边界颜色,默认为黑色
    );
```

第三个参数 map1 和第四个参数 map2 即前述求解所得 x 坐标映射和 y 坐标映射。

(4) 局部校正。

如果只对图像中的某些点集执行校正,则使用以下方式。

```
void cv::undistortPoints(
    InputArray src,                    //实际采集的有畸变的原图像 imgD
    OutputArray dst,                   //校正后的理想图像 imgI,和 src 相同类型大小
    InputArray cameraMatrix,           //内参矩阵 K
    InputArray distCoeffs,             //畸变参数 D
    InputArray R = noArray(),
    InputArray P = noArray()
    )
```

其中,参数 R 是指定另外的旋转矩阵,一般在双目的共面行对准时需要用到,单目可以不设置或者使用单位矩阵。参数 P 指定新的内参矩阵或者投影矩阵,如果不指定则结果输出 dst 是物理坐标(x,y),而不是像素坐标(u',v');如果设置了参数 P,则按照新的内参矩阵计算(u',v'),这时是像素坐标。

说明:

① 若为鱼眼(Fish Eye)模型,畸变系数主要有(k1,k2,k3,k4);

② 对于普通相机模型,畸变系数主要有 8 个:(k1;k2;p1;p2[;k3[;k4;k5;k6]]。其中,最常用的是前 4 个:径向畸变系数 k1、k2 和切向畸变系数 p1、p2。

3. 工程实现

以下说明标定和校准的主要环节,完整代码参考本书项目工程文件。

(1) 提取角点。

提取结果如图 3-17 中所示的 Z 字形。

(2) 标定参数。

内参矩阵 cameraMatrixK 如图 3-18 所示。

图 3-17 提取角点

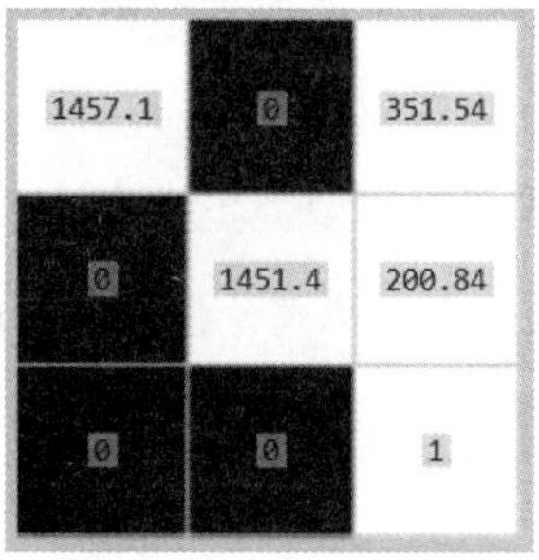

图 3-18 内参矩阵

畸变向量 distortVectorD 如图 3-19 所示。

0.7589	-74.772	-0.02241	-4.35e-03	1672.4

图 3-19　畸变向量

(3) 效果评定。

角点的原始亚像素坐标 origMat 如图 3-20 所示。

203.59 165.86	255.3 164.7	305.55 160.94	357.5 158.5	408.7 154.7	459.16 151.56	210.3 215.7

图 3-20　角点的原始亚像素坐标

角点的重投影像素坐标 caiMat 如图 3-21 所示。

204.41 166.7	255.12 163.91	306.1 161.09	357.14 158.16	408.37 155.09	459.83 151.92	209.48 215.39

图 3-21　角点的重投影像素坐标

根据两者计算重投影误差评估标定效果良好。

(4) 建立映射。

选取第 7 幅图片，已有全局内参矩阵 cameraMatrixK 和畸变向量 distortVectorD；至于外参的旋转矩阵 rotateMat，可以经过罗德里格斯计算，如图 3-22 所示。

0.9969	0.06949	0.03655
-0.05691	0.9602	-0.2733
-0.05409	0.2704	0.9612

图 3-22　外参的旋转矩阵

建立该幅图片的映射，mapX 如图 3-23 所示。

mapY 如图 3-24 所示。

(5) 执行映射。

图像序列中第 7 幅原图像及校正图像，如图 3-25 所示。

(6) 误差检验。

可以采用如下方法对结果进行检验：

① 根据加工厂家获取标定板角点的世界坐标 $\boldsymbol{M}_i=(X_i,Y_i)^{\mathrm{T}}$，单位为毫米；

② 采集图像提取标定板角点的像素坐标实际值 $\boldsymbol{m}_i=(u_i,v_i)^{\mathrm{T}}$，单位为像素；

③ 基于标定所得内参矩阵 $\boldsymbol{K}$ 及外参矩阵 $(\boldsymbol{R}\quad \boldsymbol{t})$，将世界点 $\boldsymbol{M}_i$ 执行正向投影，获得标定板上角点的像素坐标理论值 $\tilde{\boldsymbol{m}}_i=(\tilde{\boldsymbol{u}}_i,\tilde{\boldsymbol{v}}_i)^{\mathrm{T}}=(\boldsymbol{K})\begin{pmatrix}\boldsymbol{R} & \boldsymbol{t}\\ \boldsymbol{0} & 1\end{pmatrix}\boldsymbol{M}_i$；

④ 比较所有像素坐标的实际值 $\boldsymbol{m}_i$ 和理论值 $\tilde{\boldsymbol{m}}_i$，以均方误差作为指标。

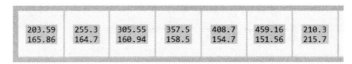

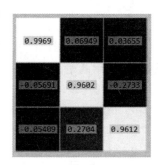

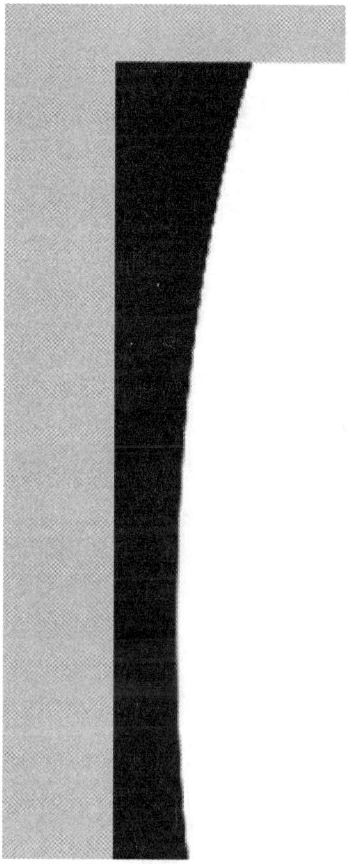

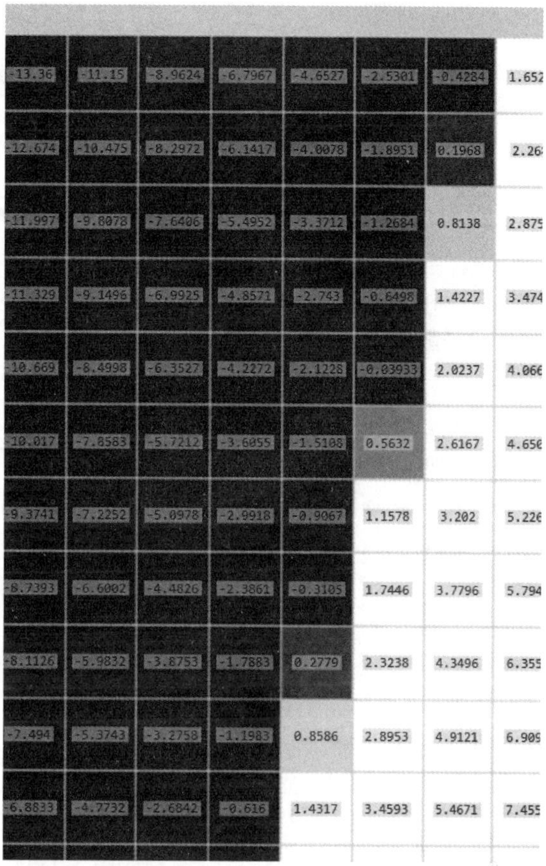

-13.36	-11.15	-8.9624	-6.7967	-4.6527	-2.5301	-0.4284	1.652
-12.674	-10.475	-8.2972	-6.1417	-4.0078	-1.8951	0.1968	2.26
-11.997	-9.8078	-7.6406	-5.4952	-3.3712	-1.2684	0.8138	2.875
-11.329	-9.1496	-6.9925	-4.8571	-2.743	-0.6498	1.4227	3.474
-10.669	-8.4998	-6.3527	-4.2272	-2.1228	-0.03933	2.0237	4.066
-10.017	-7.8583	-5.7212	-3.6055	-1.5108	0.5632	2.6167	4.656
-9.3741	-7.2252	-5.0978	-2.9918	-0.9067	1.1578	3.202	5.226
-8.7393	-6.6002	-4.4826	-2.3861	-0.3105	1.7446	3.7796	5.794
-8.1126	-5.9832	-3.8753	-1.7883	0.2779	2.3238	4.3496	6.355
-7.494	-5.3743	-3.2758	-1.1983	0.8586	2.8953	4.9121	6.909
-6.8833	-4.7732	-2.6842	-0.616	1.4317	3.4593	5.4671	7.455

图 3-23 图片映射的 mapX

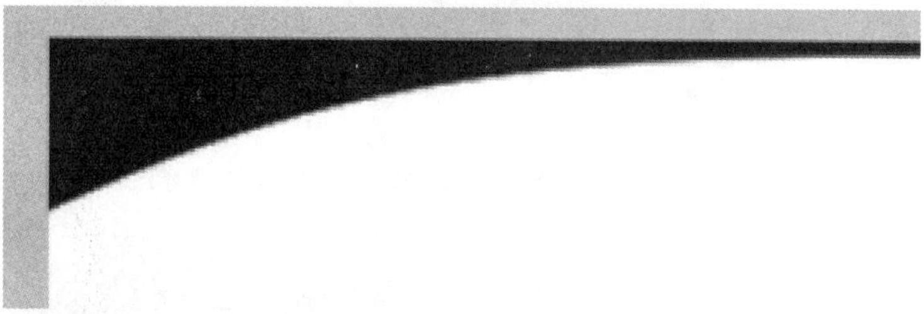

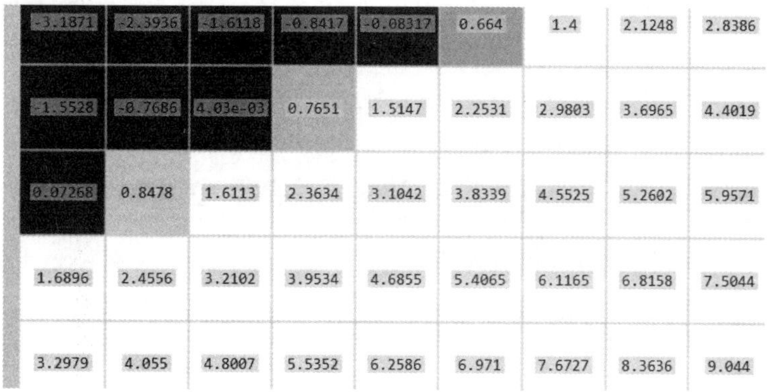

-3.1871	-2.3936	-1.6118	-0.8417	-0.08317	0.664	1.4	2.1248	2.8386
-1.5528	-0.7686	4.03e-03	0.7651	1.5147	2.2531	2.9803	3.6965	4.4019
0.07268	0.8478	1.6113	2.3634	3.1042	3.8339	4.5525	5.2602	5.9571
1.6896	2.4556	3.2102	3.9534	4.6855	5.4065	6.1165	6.8158	7.5044
3.2979	4.055	4.8007	5.5352	6.2586	6.971	7.6727	8.3636	9.044

图 3-24 图片映射的 mapY

图 3-25 原图像及校正图像

3.5 远心镜头标定

机器视觉系统常用镜头包括普通镜头和远心镜头两种。

普通镜头的世界点到像平面点构成了透视投影，结合相机之后，构成射影相机模型。而远心镜头的世界点到像平面点构成平行投影，结合相机之后，构成仿射相机模型。

仿射相机模型的成像平面为无穷远平面，相机光心也位于无穷远，因此其投射矩阵的最末一行为(0,0,0,1)，从而将无穷远点映射到无穷远点，即投射矩阵为

$$\boldsymbol{P}=\begin{pmatrix} m_{11} & m_{12} & m_{13} & t_1 \\ m_{21} & m_{22} & m_{23} & t_2 \\ 0 & 0 & 0 & 1 \end{pmatrix} \tag{3-59}$$

其中，(t_1, t_2)为世界坐标系原点的坐标，该矩阵具有 8 个自由度，秩为 3。

仿射相机模型的一个特例是正交(平行)投影，投射矩阵为

$$\boldsymbol{P}=\begin{pmatrix} \boldsymbol{r}_1^{\mathrm{T}} & t_1 \\ \boldsymbol{r}_2^{\mathrm{T}} & t_2 \\ \boldsymbol{0}^{\mathrm{T}} & 1 \end{pmatrix} \tag{3-60}$$

其中，$\boldsymbol{r}_1^{\mathrm{T}}$、$\boldsymbol{r}_2^{\mathrm{T}}$ 为旋转矩阵的前两行。

注意：针孔成像的射影相机模型标定方法不能用来标定远心镜头(Telecentric Lens)的仿射相机模型。

类似 MATLAB、Halcon 和 OpenCV 等平台库，其标定和校准均是针对射影模型。有时出于理解偏差可能会误将其用于仿射模型，虽然标定结果似乎勉强可用，但经不起推敲。

目前已经有一些平台库提供了仿射相机模型的标定和校准功能，例如 CUVIS 的 CVTC(Computer Vision Telecentric Calibration)、Tielogic 的 TCLIB(Telecentric Calibration Libaray)等，不过一般都需要购买商业许可证。

本节介绍几种远心镜头仿射相机的标定方法。

3.5.1 无主点标定法

远心的无主点标定法包括线性模型和非线性模型两部分。

1. 线性模型

远心镜头消除了远大近小畸变,例如图 3-26 中,左侧普通镜头成像与人眼类似,可以区分目标远近,而右侧远心镜头显然更适于精确测量的应用。

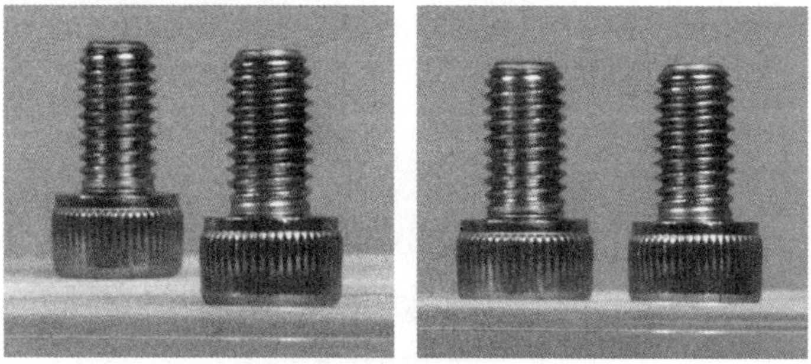

图 3-26 普通镜头与远心镜头的成像

远心镜头使用具有无限远入射光瞳或出射光瞳的复合透镜,常用形式包括物方远心、像方远心和双远心。以双远心镜头为例,其放置光源只允许平行光通过,构成平行投影,如图 3-27 所示。

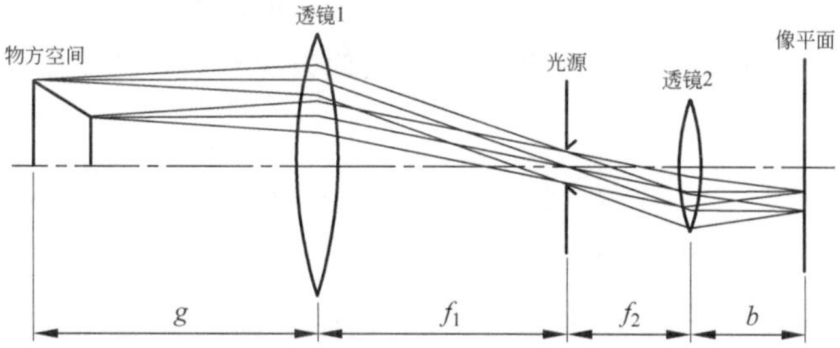

图 3-27 远心镜头成像原理

可见,远心镜头的倍率与物距大小没有关系。根据光源位于物镜 f_1 和目镜 f_2 共同点,可得远心镜头的有效倍率为

$$m=f_2/f_1 \tag{3-61}$$

该有效倍率 m 是需要重点标定的参数。镜头规格书所标注的倍率参数可以作为一种参考。

远心镜头与相机结合之后的线性模型如图 3-28 所示。

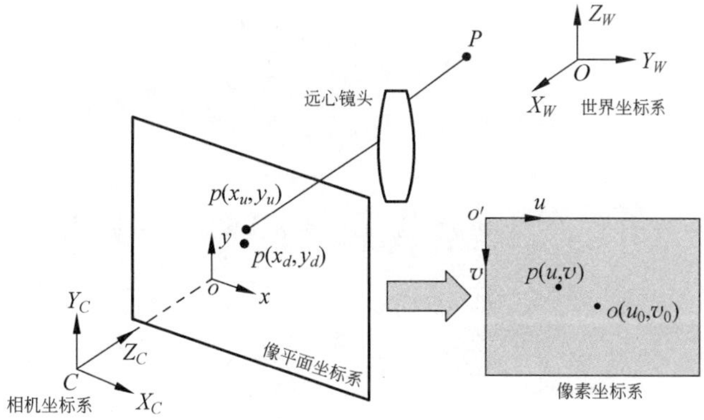

图 3-28 远心线性模型

图 3-28 中，($\boldsymbol{X}_W$，$\boldsymbol{Y}_W$，$\boldsymbol{Z}_W$)为世界坐标，($\boldsymbol{X}_C$，$\boldsymbol{Y}_C$，$\boldsymbol{Z}_C$)为相机坐标，(x^u，y^u)为像平面的理想坐标，(x，y)为像平面的实际坐标，(u，v)为像素坐标。则依次有

(1) 世界坐标系到相机坐标系的刚体变换：

$$\underbrace{\begin{bmatrix} X_C \\ Y_C \\ Z_C \\ 1 \end{bmatrix}}_{\boldsymbol{P}_{\text{Cam}}} = \begin{pmatrix} r_{11} & r_{12} & r_{13} & t_x \\ r_{21} & r_{22} & r_{23} & t_y \\ r_{31} & r_{32} & r_{33} & t_z \\ 0 & 0 & 0 & 1 \end{pmatrix} \underbrace{\begin{bmatrix} X_W \\ Y_W \\ Z_W \\ 1 \end{bmatrix}}_{\boldsymbol{P}_{\text{World}}}$$

其中，r_{uj} 来自旋转矩阵 $\boldsymbol{R}$，$\boldsymbol{t}_i$ 来自偏移向量 $\boldsymbol{t}$。

(2) 相机坐标系到像平面坐标系的单应变换(对应平行投影)：

$$\underbrace{\begin{pmatrix} x \\ y \\ 1 \end{pmatrix}}_{\boldsymbol{P}_{uv}} = \begin{pmatrix} m & 0 & 0 & 0 \\ 0 & m & 0 & 0 \\ 0 & 0 & 0 & 1 \end{pmatrix} \underbrace{\begin{bmatrix} X_C \\ Y_C \\ Z_C \\ 1 \end{bmatrix}}_{\boldsymbol{P}_{\text{Cam}}}$$

可见远心平行投影的单应变换与小孔透视投影的单应变换具有很大不同。

(3) 像平面坐标系到像素坐标系的仿射变换(假设两坐标原点重合)：

$$\underbrace{\begin{pmatrix} u \\ v \\ 1 \end{pmatrix}}_{\boldsymbol{p}_{uv}} = \begin{pmatrix} 1/dx & 0 & 0 \\ 0 & 1/dy & 0 \\ 0 & 0 & 1 \end{pmatrix} \underbrace{\begin{pmatrix} x \\ y \\ 1 \end{pmatrix}}_{\boldsymbol{p}_{xy}}$$

综合以上，可得远心的线性模型为

$$\begin{pmatrix} u \\ v \\ 1 \end{pmatrix} = \underbrace{\begin{pmatrix} m/dx & 0 & 0 \\ 0 & m/dy & 0 \\ 0 & 0 & 1 \end{pmatrix}}_{\text{内部参数}} \underbrace{\begin{pmatrix} r_{11} & r_{12} & r_{13} & t_x \\ r_{21} & r_{22} & r_{23} & t_y \\ 0 & 0 & 0 & 1 \end{pmatrix}}_{\text{外部参数}} \begin{bmatrix} X_W \\ Y_W \\ Z_W \\ 1 \end{bmatrix} \tag{3-62}$$

可见远心镜头线性模型没有主点$(u_0,v_0)^{\mathrm{T}}$，因为平行投影并不相交。

基于远心景深极小，所有特征点位于同一平面，令 $Z_W=0$，由步骤(1)和步骤(2)得

$$\frac{x}{y} = \frac{r_{11}X_W + r_{12}Y_W + t_x}{r_{21}X_W + r_{22}Y_W + t_y} = \frac{u}{v}$$

即 $r_{11}X_W v + r_{12}Y_W v + t_x v = r_{21}X_W u + r_{22}Y_W u + t_y u$。采样 N 组坐标对，可得

$$\begin{bmatrix} v^{(i)}X_W^{(i)} & v^{(i)}Y_W^{(i)} & v^{(i)} & -u^{(i)}X_W^{(i)} & -u^{(i)}Y_W^{(i)} & -u^{(i)}t_y \\ \\ v^{(n)}X_W^{(n)} & v^{(n)}Y_W^{(i)} & v^{(n)} & -u^{(n)}X_W^{(n)} & -u^{(n)}Y_W^{(n)} & -u^{(n)}t_y \end{bmatrix} \begin{bmatrix} r_{11} \\ r_{12} \\ t_x \\ r_{21} \\ r_{22} \\ t_y \end{bmatrix} = 0 \tag{3-63}$$

将式(3-63)平差即可解得系数。

2. 非线性模型

远心镜头畸变主要包括径向畸变、切向畸变以及薄透镜畸变三种，可以建模为

$$\begin{cases}\Delta_x = k_1 x(x^2+y^2) + h_1(3x^2+y^2) + 2h_2 xy + s_1(x^2+y^2) \\ \Delta_y = k_1 y(x^2+y^2) + 2h_1 xy + h_2(x^2+3y^2) + s_2(x^2+y^2)\end{cases}, \quad \begin{cases}\bar{x} = x + \Delta_x \\ \bar{y} = y + \Delta_y\end{cases}$$

其中，k_1、h_1、h_2、s_1、s_2 为畸变系数，可以定义为畸变向量：

$$\boldsymbol{d} = (k_1, h_1, h_2, s_1, s_2)^{\mathrm{T}}$$

3. 初值和参数优化

上述模型可以采用类似 Tsai 的两步标定完成求解：

(1) 通过假定畸变向量 $\boldsymbol{d}$ 为零，从而通过无畸变的线性模型，可以求得内参和外参的封闭解。

(2) 将上述内外参数以及倍率 m 作为初值，从而转换为多参数非线性优化的极值问题。定义目标函数为

$$L = \min \sum_{i=1}^{n} \| \tilde{\boldsymbol{m}}_i - \hat{\boldsymbol{m}}_i(\boldsymbol{R}, t_x, t_y, m, k_1, h_1, h_2, s_1, s_2) \|^2 \tag{3-64}$$

其中，$\tilde{\boldsymbol{m}}_i$ 为际测量的像素坐标，$\hat{\boldsymbol{m}}_i(\boldsymbol{R}, t_x, t_y, m, k_1, h_1, h_2, s_1, s_2)$ 为计算得到的像素坐标。

类似于平面标定法，基于极大似然准则(Maximum Likelihood Estimation，MLE)，采用 L-M 等迭代算法，不断迭代搜索，到达目标函数最小，即得优化的内外参数+畸变系数。

3.5.2 单幅标定法

对于使用远心镜头的高精度场合，其景深一般在数微米至数十微米极小范围，因此可以认为成像平面构成平面约束，即 Z_W 为零，从而可以单用一幅图像标定，称为单幅标定法。

1. 线性模型

忽略相机两轴倾角，采用四参数的针孔模型：

$$Z_C \underbrace{\begin{pmatrix} u \\ v \\ 1 \end{pmatrix}}_{\boldsymbol{p}_{uv}} = \underbrace{\begin{pmatrix} f_x \triangleq f/dx & 0 & u_0 & 0 \\ 0 & f_y \triangleq f/dy & v_0 & 0 \\ 0 & 0 & 1 & 0 \end{pmatrix}}_{\text{内参矩阵}\boldsymbol{M}_1} \underbrace{\begin{pmatrix} \boldsymbol{R} & \boldsymbol{t} \\ \boldsymbol{0} & 1 \end{pmatrix}}_{\text{外参矩阵}\boldsymbol{M}_2} \underbrace{\begin{pmatrix} X_W \\ Y_W \\ Z_W \\ 1 \end{pmatrix}}_{\boldsymbol{P}_{\text{World}}}$$

其中，$(u_0, v_0)^{\mathrm{T}}$ 为像平面坐标系的原点在像素坐标系中的偏移，即主点坐标，dx、dy 为靶面像元横纵方向的物理尺寸，f_x、f_y 为 x、y 方向的尺度因子。

根据 $Z_W \equiv 0$ 可得单应变换：

$$s\begin{pmatrix} u \\ v \\ 1 \end{pmatrix} = \underbrace{\begin{pmatrix} f_x & 0 & u_0 \\ 0 & f_y & v_0 \\ 0 & 0 & 1 \end{pmatrix} \begin{pmatrix} \widetilde{\boldsymbol{R}} & \boldsymbol{t} \\ \boldsymbol{0} & 1 \end{pmatrix}}_{\text{单应矩阵}\boldsymbol{H}} \begin{pmatrix} X_W \\ Y_W \\ 1 \end{pmatrix} \tag{3-65}$$

其中，$\widetilde{\boldsymbol{R}}$ 忽略了对应 Z_W 的第三列。

进一步地，默认主点位于中心即 $u_0 = v_0 = 0$，可得简化线性模型：

$$s\begin{pmatrix}u\\v\\1\end{pmatrix}=\underbrace{\begin{pmatrix}f_x&0&0\\0&f_y&0\\0&0&1\end{pmatrix}\begin{pmatrix}n_x&o_x&p_x\\n_y&o_y&p_y\\n_z&o_z&p_z\end{pmatrix}}_{\text{单应矩阵}\boldsymbol{H}}\begin{pmatrix}X_W\\Y_W\\1\end{pmatrix}\tag{3-66}$$

其中，$(n_x,n_y,n_z)^{\mathrm{T}}$ 和 $(o_x,o_y,o_z)^{\mathrm{T}}$ 为外部参数 $\boldsymbol{R}$ 中的姿态参数，$(p_x,p_y,p_z)^{\mathrm{T}}$ 为外部参数 $\boldsymbol{t}$ 中的位置参数。

单应矩阵 $\boldsymbol{H}$ 对应的投影变换描述了两个平面上对应点之间的变换关系，单应变换可以进行任意尺度 s 的缩放，简单的令 $h_{33}=1$ 或者令 $\|\boldsymbol{H}\|=1$，则 $\boldsymbol{H}$ 就仅具有 8 个独立参数。因此，最少利用四组坐标对即可获得 $\boldsymbol{H}$。

2. 畸变模型

镜头畸变采用类似平面标定法的 4 阶畸变模型：

$$\begin{pmatrix}\tilde{u}-u\\\tilde{v}-v\end{pmatrix}=\begin{pmatrix}(u-u_0)r^2&(u-u_0)r^4\\(v-v_0)r^2&(v-v_0)r^4\end{pmatrix}\begin{pmatrix}k_1\\k_2\end{pmatrix},\quad r^2=x^2+y^2$$

其中，$\tilde{u}$ 和 $\tilde{v}$ 是直接从图像中测量所得的畸变后的实际值，u 和 v 是根据内外参计算所得的理想值，半径取 $r=\sqrt{(u-u_0)^2+(v-v_0)^2}$。

采用 L-M 等迭代算法，可以数值计算获得畸变模型参数 $\{k_1,k_2\}$。

3.5.3 简化方法

3.5.2 节的单幅标定方法可以进一步简化。

1. 线性模型

进一步地，基于特征清晰可见则表明标靶与靶面平行的基本事实，同时假设标靶与相机仅具有围绕 z 轴的旋转，即为仅需 $\{f_x,f_y,\theta\}$ 三个参数的简化线性模型：

$$s\begin{pmatrix}u\\v\\1\end{pmatrix}=\underbrace{\begin{pmatrix}f_x&0&0\\0&f_y&0\\0&0&1\end{pmatrix}\begin{pmatrix}n_x&o_x&p_x\\n_y&o_y&p_y\\n_z&o_z&p_z\end{pmatrix}}_{\text{单应矩阵}\boldsymbol{H}}\begin{pmatrix}X_W\\Y_W\\1\end{pmatrix}\Rightarrow$$

$$s\begin{pmatrix}u\\v\\1\end{pmatrix}=\underbrace{\begin{pmatrix}f_x&0&0\\0&f_y&0\\0&0&1\end{pmatrix}\begin{pmatrix}\cos\theta&-\sin\theta&0\\\sin\theta&\cos\theta&0\\0&0&p_z\end{pmatrix}}_{\text{单应矩阵}\boldsymbol{H}}\begin{pmatrix}X_W\\Y_W\\1\end{pmatrix}$$

为了简化三角函数的非线性，令

$$w_1=f_x\cos\theta,\quad w_2=f_x\sin\theta$$
$$w_4=f_y\sin\theta,\quad w_3=f_y\cos\theta$$

从而有

$$\begin{cases}w_1X_W-w_2Y_W=p_zu\\w_4X_W+w_3Y_W=p_zv\end{cases}$$

因此只需单幅图像上的两个特征点,即可获得四个方程,解得参数 $w_i, i=1,2,3,4$,进而解得 $\{f_x, f_y, \theta\}$:

$$\begin{cases} f_x = \sqrt{w_1^2 + w_2^2} \\ f_y = \sqrt{w_3^2 + w_4^2} \\ \theta = \arctan(w_2/f_x + w_4/f_y, w_1/f_x + w_3/f_y) \end{cases} \tag{3-67}$$

2. 畸变模型

畸变模型及其参数求解,与 3.5.1 节和 3.5.2 节的方法相同。

3.5.4 直接标定法

标定从整体上可以划分成有模型标定和无模型标定两个大类,本章前几节为传统有模型方法,为了提高精度,通常将模型设计得比较复杂。有时候出于特定业务场景或者出于效率考虑,可以使用查表方式通过插值完成标定,称为直接标定法。

该方法不需要内参数、外参数、畸变参数等线性或非线性模型,简单快速,适用于小视场远心场景标定,具体方法为:

(1) 通过高精度标靶获取已知世界坐标的特征点的像素坐标,根据世界坐标和像素坐标的对应关系建立像平面的索引表;

(2) 经过插值算法,根据图像的像素坐标计算物理的世界坐标。

具体过程详述如下。

第一步,建立索引表,从平面标靶已知的物方坐标 $\{(X_i, Y_i)\}$ 到图像的像素坐标 $\{(u_i, v_i)\}$ 之间建立 $\boldsymbol{\varphi}: \mathbf{R}^2 \to \mathbf{R}^2$ 的映射,如图 3-29 所示。

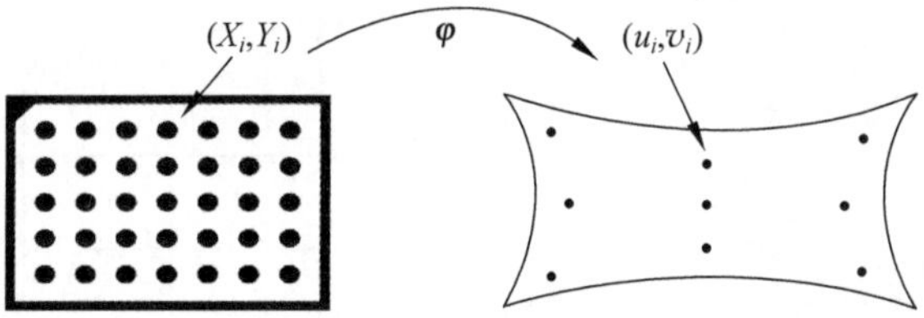

图 3-29 正向索引

第二步,利用已经建立的映射表格,即可根据像素坐标插值反查物方坐标:$(X,Y)=\boldsymbol{\varphi}^{-1}(u,v)$,如图 3-30 所示。

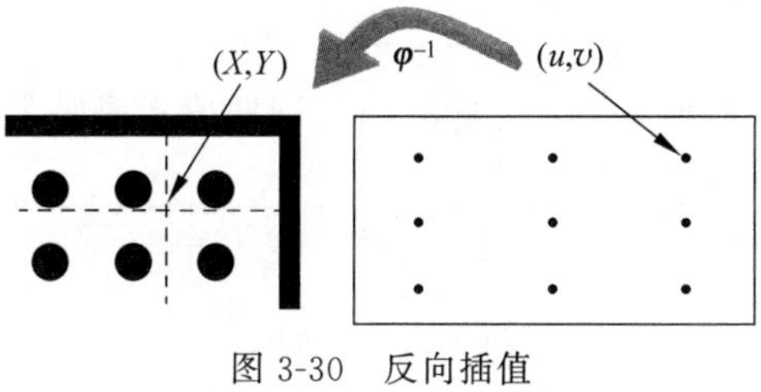

图 3-30 反向插值

直接标定法的主要技术涉及插值技术。

所谓插值就是对未知信息的估计,例如对于一维信号 $\{\cdots, x_{k-1}, x_k, x_{k+1}, x_{k+2}, \cdots\}$,已知 $f(x_i)$,如果 x_k 与 x_{k+1} 之间进一步细分 $\overset{\bullet}{x_{k-1}}$ $\overset{\bullet}{x_k}$ $\overset{?}{x}$ $\overset{\bullet}{x_{k+1}}$ $\overset{\bullet}{x_{k+2}}$,其中插值点 x 的函

数值 $f(x)=?$ 需要通过计算得到。常用插值方法是基于邻域的多项式插值，主要包括以下几类。

(1) 最近邻插值。

最近邻插值就是复制最接近的数据点，例如 1 周岁年龄体重 10kg、2 周岁年龄体重 20kg，则 1.1 周岁体重为 $f(1.1)=f(1)=10\text{kg}$，1.9 周岁体重为 $f(1.9)=f(2)=20\text{kg}$。

(2) 线性插值。

已知 $\{x_1,x_2\}$ 两点以及对应函数值 $\{f(x_1),f(x_2)\}$，求 $\{x_1,x_2\}$ 中间插值点 x 的函数值 $f(x)$。线性插值即求解通过平面上两点 $\{(x_1,f(x_1)),(x_2,f(x_2))\}$ 的直线方程，如图 3-31 所示。根据点斜式公式 $f(x)=f(x_1)+\dfrac{f(x_2)-f(x_1)}{x_2-x_1}(x-x_1)$，并记 $\lambda\triangleq\dfrac{x-x_1}{x_2-x_1}\in[0,1]$，可得插值点函数值 $f(x)=(1-\lambda)f(x_1)+\lambda f(x_2)$。

例如，对于前述 1.1 周岁体重问题，此时 $\lambda\triangleq 0.1$，则 $f(1.1)=0.9\times f(1)+0.1\times f(2)=9\text{kg}+2\text{kg}=11\text{kg}$。

线性插值的矩阵形式为

$$f(x)=\boldsymbol{ABC} \tag{3-68}$$

其中，$\boldsymbol{A}=(1-\lambda\quad 1)$，$\boldsymbol{B}=\begin{pmatrix} f(x_1) & 0 \\ 0 & f(x_2)\end{pmatrix}$，$\boldsymbol{C}=\begin{pmatrix}1\\ \lambda\end{pmatrix}$。

(3) 双线性插值。

如果问题由一维升至二维，例如体重关于年龄 x 和身高 y 两个变元的函数 $f(x,y)$。双线性插值通过已知平面四个点 $\{(x_i,y_i)\leftrightarrow f(x_i,y_i)\}_{i=1}^{4}$，求解插值点的函数值，如图 3-32 所示。

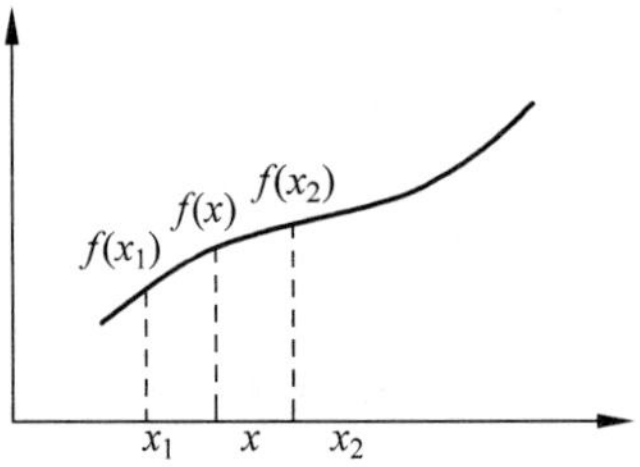

图 3-31　线性插值

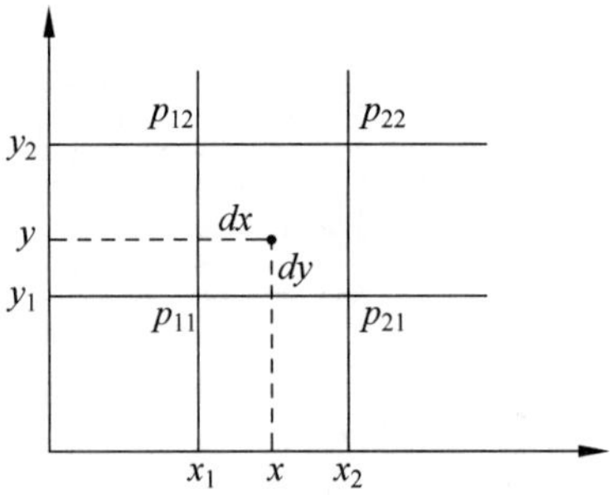

图 3-32　双线性插值

记 $\lambda\triangleq\dfrac{x-x_1}{x_2-x_1}\in[0,1]$，$\gamma\triangleq\dfrac{y-y_1}{y_2-y_1}\in[0,1]$，则插值点函数值为

$$f(x,y)=(1-\lambda)f(p_{11})(1-\gamma)+\lambda f(p_{21})(1-\gamma)+(1-\lambda)f(p_{12})\gamma+\lambda f(p_{22})\gamma$$

矩阵形式为

$$f(x,y)=\boldsymbol{ABC} \tag{3-69}$$

其中，$\boldsymbol{A}=(1-\lambda\quad\lambda)$，$\boldsymbol{B}=\begin{pmatrix} f(p_{11}) & f(p_{12}) \\ f(p_{21}) & f(p_{22})\end{pmatrix}$，$\boldsymbol{C}=\begin{pmatrix}1-\gamma\\ \gamma\end{pmatrix}$。

其中的 $f(\cdot)$ 在插值 x 和 y 坐标时候表示取横坐标或者纵坐标的操作，在插值灰度值 $f(\cdot)$ 表示取该位置灰度值。

(4) 三次样条插值。

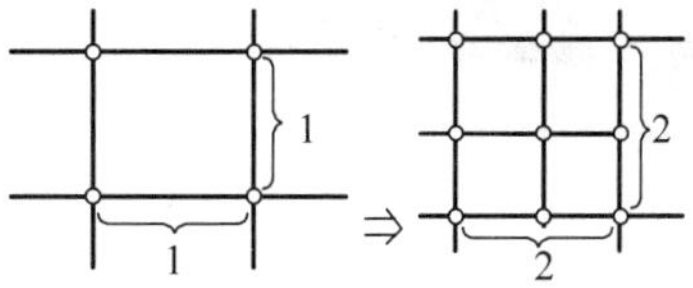

图 3-33 三次样条插值

双线性插值是取一个单位距离内的样本参与运算($|r|\leqslant 1$),该单位球以外的样本点($|r|>1$)统统置为零不参与贡献,也就是只用了一块瓷砖四个角的点(p_{11},p_{21},p_{22},p_{12})。如果取两个单位距离参与运算($|r|\leqslant 2$),就有 2×2 四块瓷砖,就用(2+1)×(2+1)共九个点参与插值,如图 3-33 所示。

其中,每个点的贡献取决于距离

$$\begin{cases} \dfrac{2}{3}-|r|^2+\dfrac{1}{2}|r|^3, & 0\leqslant|r|<1 \\ \dfrac{1}{6}(2-|r|)^3, & 1\leqslant|r|<2 \\ 0, & 2\leqslant|r|<\infty \end{cases} \tag{3-70}$$

它比双线性计算量大、精度高。

(5) 立方卷积插值。

如果取到三个单位距离,也就是 3×3 共九块瓷砖,就有(3+1)×(3+1)共十六个点参与插值;同时将双线性插值的二次项提高到三次项,这样获得双三次插值,也称立方卷积插值。对于 $p(x+dx,y+dy)$,插值结果为

$$f(x+dx,y+dy)=\boldsymbol{ABC} \tag{3-71}$$

三个矩阵为

$$\boldsymbol{A}(dx)=(s(dx+1)\quad s(dx+0)\quad s(dx-1)\quad s(dx-2))$$

$$\boldsymbol{B}(x,y)=\begin{pmatrix} f(x-1,y-1) & f(x-1,y+0) & f(x-1,y+1) & f(x-1,y+2) \\ f(x+0,y-1) & f(x+0,y+0) & f(x+0,y+1) & f(x+0,y+2) \\ f(x+1,y-1) & f(x+1,y+0) & f(x+1,y+1) & f(x+1,y+2) \\ f(x+2,y-1) & f(x+2,y+0) & f(x+2,y+1) & f(x+2,y+2) \end{pmatrix}$$

$$\boldsymbol{C}(dy)=(s(dy+1)\quad s(dy+0)\quad s(dy-1)\quad s(dy-2))^{\mathrm{T}}$$

其中,这十六个点的贡献同样取决于距离:

$$s(x)=\begin{cases} 1-2|r|^2+|r|^3, & 0\leqslant|r|<1 \\ 4-8|r|+5|r|^2+|r|^3, & 1\leqslant|r|<2 \\ 0, & 2\leqslant|r|<\infty \end{cases} \tag{3-72}$$

这种方式运算量大,精度高。一般需要根据应用需求选定方法,对于周期长节拍较弱的应用可以使用这种高精度插值算法。

第 4 章

工业测量应用

本章通过若干项目案例，介绍机器视觉的工业测量应用。

4.1 结构光深度测量

通过二维图像获取三维空间信息的方式，有 3.2 节的立体视觉模型。不过立体视觉的两只相机只能被动地接收环境光线，对于环境比较敏感。如果将其中的一只相机替换为能够主动发射的激光器，则为本节所介绍的结构光方法。

结构光测距是立体视觉的一种变形形式，也是一种主动的测距方法。利用线结构光获取深度信息的原理如图 4-1 所示。

可见线结构光将平面光束照射到工件表面形成光带，光带变形程度取决于激光器和相机之间的相对位姿以及工件的表面轮廓。当相对位姿确定时，光带畸变数据可以反映工件表面轮廓三维信息。结构光立体视觉基于这一点，针对相机小孔成像丢失深度信息的问题，通过光平面约束，基于三角测量原理重建深度数据，重建过程如下。

为相机和激光器分别建立坐标系如图 4-2 所示。

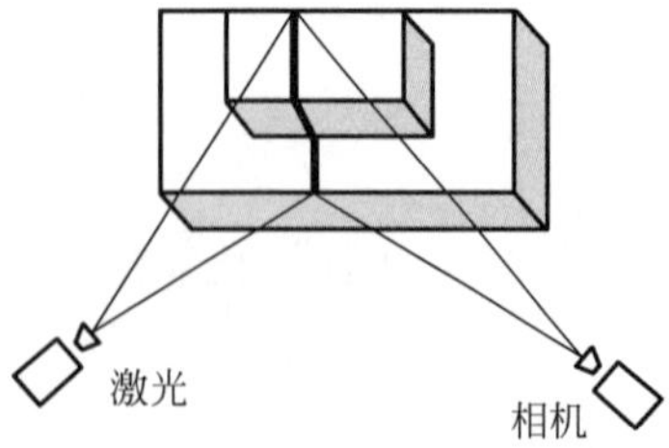

图 4-1 线结构光获取深度信息的原理

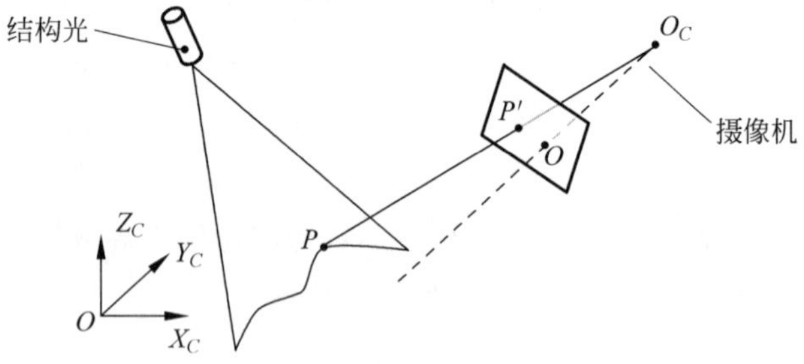

图 4-2 坐标系建立

其中，O_C 为相机坐标系原点，空间点 P 在相机坐标系为(X_C, Y_C, Z_C)，其像点 P' 在像平面坐标系为$(X, Y, 1)$，则穿过 $O_C(0,0,0)$和 $P'(X, Y, 1)$两点的直线方程为

$$\frac{X_C}{X_C - X} = \frac{Y_C}{Y_C - Y} = \frac{Z_C}{Z_C - 1} \tag{4-1}$$

结合标定得到的光平面在相机坐标系中的方程为

$$AX_C + BY_C + CZ_C + D = 0 \tag{4-2}$$

联立式(4-1)和式(4-2),可以解得

$$\begin{pmatrix} X_C \\ Y_C \\ Z_C \end{pmatrix} = \frac{-D}{AX+BY+CZ+D}\begin{pmatrix} X \\ Y \\ 1 \end{pmatrix} \tag{4-3}$$

从而通过像点坐标 $P'(X,Y,1)$,可以解得轮廓点相机坐标 $P(X_C,Y_C,Z_C)$,从而得到其世界坐标,也就是实现了三维重构。

结构光三维重构的一个应用是深度测量。图 4-3 为某种硅基板材(Sheet)激光切割工艺的深度控制示意图,其中切割深度作为重点参数需要精密测量。

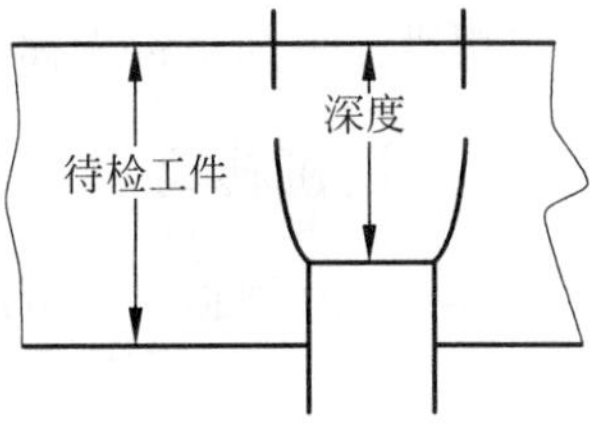

图 4-3 激光切割工艺的深度控制示意图

为此设计刀口深度测量方案如图 4-4 所示,其中:

(1) $\{W\}=X_WY_WZ_W$ 为工件所在世界坐标系,其原点 O_W 为激光器发射点 O_L 于工件平面的投影,X_W 轴平行于刀口方向,Y_W 轴垂直刀口方向,Z_W 轴垂直于 X_WY_W 平面;

(2) $\{C\}=X_CY_CZ_C$ 为相机坐标系,其原点 O_C 为光心,X_C 轴平行于 Y_W,Z_C 轴与垂直方向的夹角为 β;

(3) O_LAB 构成激光器的光平面,光平面与垂直方向的夹角为 θ,点 A 和 B 为激光器投射到工件表面所成线段两个端点。

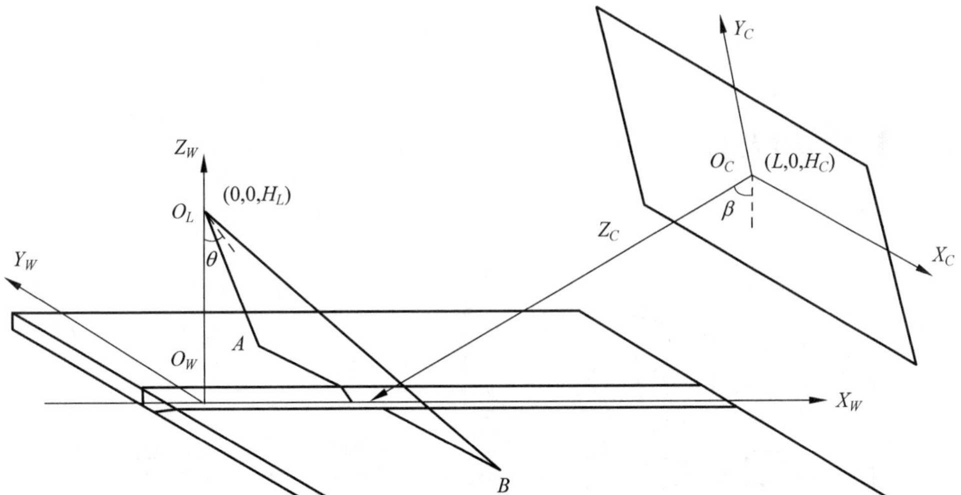

图 4-4 刀口深度测量方案

记 O_L 在 $\{W\}$ 中的坐标为 $(0,0,H_L)$,O_C 在 $\{W\}$ 的坐标为 $(L,0,H_C)$。同时,记 AB 线上轮廓点 P 世界坐标为 (X_W,Y_W,Z_W)、相机坐标系坐标为 (X_C,Y_C,Z_C)。根据上述 θ 和 β 的组合,可以设计成激光垂直相机斜侧、相机垂直激光斜侧以及两者都斜侧等方式。

本案例中,激光和相机均斜侧排布方式将导致设备占用空间较大,并且出于远心镜头景深考虑,设计为相机垂直于工件所在平面、激光器倾斜安装,即令 $\beta=0,\theta\neq 0$,且有 $L=H_L\tan\theta$。根据其中几何关系可得坐标变换的映射关系为

$$\varphi:\begin{cases} X_W=\dfrac{X_C(H_L-H_C-f)-f\cdot H_L\tan\theta}{X_C\cot\theta-f} \\ Y_W=\dfrac{H_C+f}{X_C\cot\theta-f}Y_C \\ Z_W=\dfrac{X_C(H_C+f)}{X_C-f\tan\theta} \end{cases} \tag{4-4}$$

这样完成三维重建工作,本案例主要利用其中的 Z_W 数据。不过,在此之前需要完成标定工作,即相机标定和结构光标定。

4.1.1 相机标定

基于平面标靶,根据 3.4 节的流程,可以求得相机内参矩阵 $\boldsymbol{K}$、外参的旋转矩阵 $\boldsymbol{R}$ 和平移向量 $\boldsymbol{t}$ 为

$$\boldsymbol{K}=\begin{pmatrix} f_x & s & u_0 & 0 \\ 0 & f_y & v_0 & 0 \\ 0 & 0 & 1 & 0 \end{pmatrix},\quad \boldsymbol{R}=\begin{pmatrix} r_{11} & r_{12} & r_{13} \\ r_{21} & r_{22} & r_{23} \\ r_{31} & r_{32} & r_{33} \end{pmatrix},\quad \boldsymbol{t}=\begin{pmatrix} t_1 \\ t_2 \\ t_3 \end{pmatrix}$$

从而世界坐标到像素坐标的转换为

$$Z_C\begin{pmatrix} u \\ v \\ 1 \end{pmatrix}=\begin{pmatrix} f_x & 0 & u_0 & 0 \\ 0 & f_y & v_0 & 0 \\ 0 & 0 & 1 & 0 \end{pmatrix}\begin{pmatrix} \boldsymbol{R} & \boldsymbol{t} \\ \boldsymbol{0}^{\mathrm{T}} & 1 \end{pmatrix}\begin{pmatrix} X_W \\ Y_W \\ Z_W \\ 1 \end{pmatrix}$$

4.1.2 结构光标定

基于平面标靶,可以标定光平面方程,方案如图 4-5 所示。

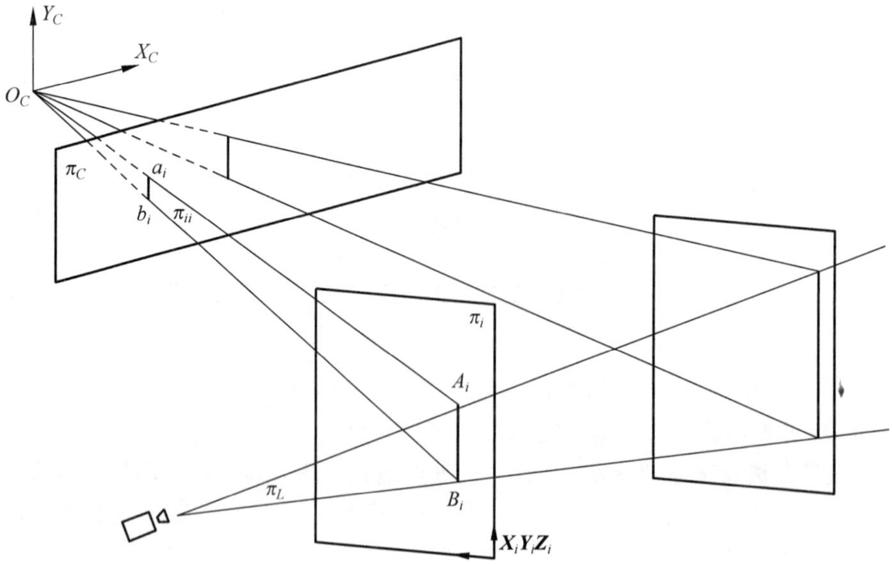

图 4-5 光平面标定

其中，$\boldsymbol{X}_C\boldsymbol{Y}_C\boldsymbol{Z}_C$ 为相机坐标系，原点 $\boldsymbol{O}_C$ 为透视投影的投影中心，π_C 为像平面。$\boldsymbol{X}_i\boldsymbol{Y}_i\boldsymbol{Z}_i$ 为第 i 次移动后的标靶坐标系，π_i 为标靶平面。π_L 为激光器的光平面。激光器在标靶平面 π_i 的投影 A_iB_i，即光平面与标靶平面的交线。A_iB_i 在相机像平面的投影 a_ib_i，其坐标可以经过前述标定的投射矩阵得到。通过相机投影中心 $\boldsymbol{O}_C$ 和 a_ib_i，可以确定平面 π_{ii}。由于 A_iB_i 同时位于平面 π_{ii} 和标靶平面 π_i，从而可以确定 A_iB_i。而所有 A_iB_i 都位于光平面 π_L，从而可以得到光平面的方程。

具体地，记第 i 次移动标靶后相机与标靶的外参矩阵为$(\boldsymbol{R}_i \quad \boldsymbol{t}_i)$，记第 i 次移动后角点在标靶坐标系 $\boldsymbol{X}_i\boldsymbol{Y}_i\boldsymbol{Z}_i$ 中坐标为$(X_i, Y_i)^{\mathrm{T}}$，则可得其相机坐标系下坐标为

$$\begin{pmatrix} X_{Ci} \\ Y_{Ci} \\ 1 \end{pmatrix} = (\boldsymbol{R}_i \quad \boldsymbol{t}_i) \begin{pmatrix} X_i \\ Y_i \\ 1 \end{pmatrix} \tag{4-5}$$

从而解得光平面在相机坐标系中的方程 $AX_C+BY_C+CZ_C+D=0$。

以上刀口深度测量方案的硬件选型可以参考第 7 章硬件选型方法，最终选型为：

(1) 相机型号选择 MV-CA050；

(2) 镜头型号选择 HF12.5HA；

(3) 激光器选择 T550AB1690。

上述这种积木式组合在精密设备中使用较多，对于一些粗糙工况，要求传感器具备一定防护等级，为此目的通常使用一体式集成方案。

对于相机，可以采用智能相机(Smart Camera)替代传统 PC-Based 相机；线结构光也有一体式方案可选。例如，在电梯制造行业中扶梯的钣金件折弯，需要测量折弯曲率，即需要三维信息的重构。此种应用由于工件尺寸较大难以移动，而且现场粉尘颗粒对于普通相机和激光器干扰较大，因此可以选用一体式方案。

一体式传感器将激光器和相机封装于合金外壳，成为整体，保证足够密封，避免粉尘影响传感器，例如图 4-6 所示的 C5-2040CS16 等。更为重要的是，将激光器与相机一起固结于壳内的同一刚性结构件，更有利于保证标定结果的可靠性。

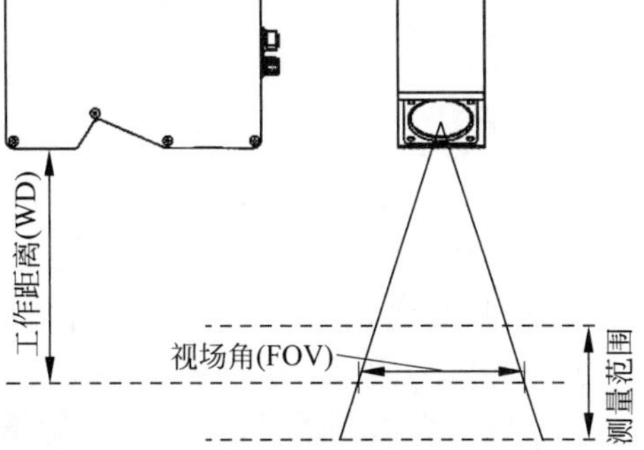

图 4-6　一体式传感器

4.2　切割机上料

工业领域中的各种切割设备，例如出版印刷行业的图书三面切割，需要将工件以特定姿态摆放在特定位置然后执行切割动作，以下考查该问题的原型。

4.2.1 问题原型

对于图 4-7 中坐标系{0}$=OXY$ 中的刚体(质点系),给定状态Ⅰ和状态Ⅱ,如何描述从Ⅰ到Ⅱ的运动?

基于刚体质心或特征点建立局部坐标系,如图 4-8 所示。

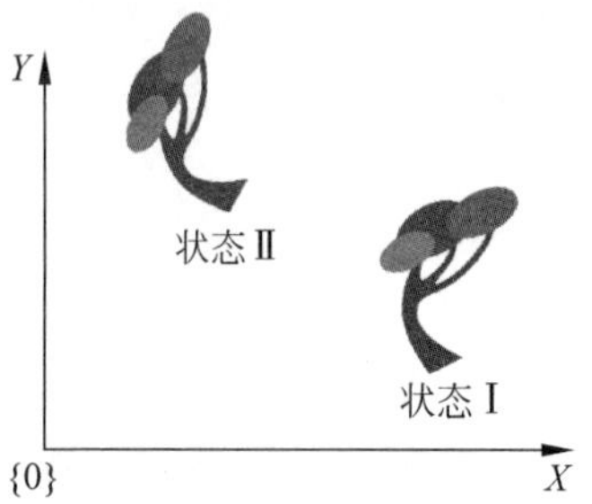

图 4-7 刚体运动

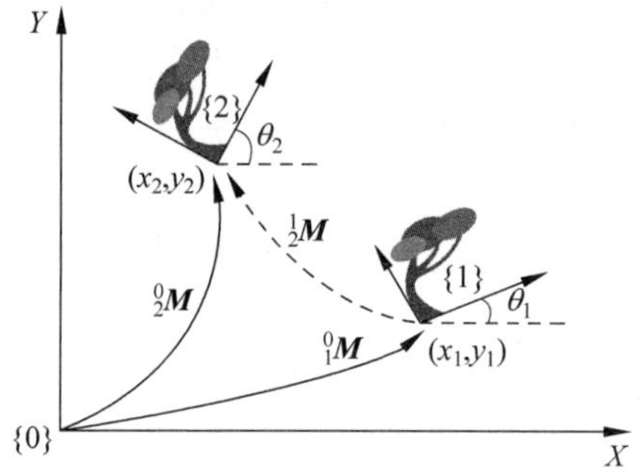

图 4-8 局部坐标系

状态Ⅰ时,刚体局部坐标系{1}在{0}中偏移为(x_1, y_1)、角度为 θ_1,记此时位姿参数为 ${}_1^0\boldsymbol{M}=\{x_1, y_1, \theta_1\}$;状态Ⅱ时,刚体局部坐标系{2}在{0}中偏移为$(x_2, y_2)$、角度为 θ_2,记此时位姿参数为${}_2^0\boldsymbol{M}=\{x_2, y_2, \theta_2\}$。则问题即求解状态Ⅰ至状态Ⅱ的运动参数${}_2^1\boldsymbol{M} \triangleq \{dx, dy, d\theta\}$,如图 4-8 中虚线所示。

4.2.2 局部坐标系

几何上,从图 4-8 可以看出,待求解运动显然可以看作两步运动的复合:先由{1}运动到{0},再由{0}运动到{2}。这个复合运动按照 2.2.1 节的描述可表示为

$$
{}_2^1\boldsymbol{M} = {}_0^1\boldsymbol{M}\,{}_2^0\boldsymbol{M} = {}_1^0\boldsymbol{M}^{-1}\,{}_2^0\boldsymbol{M} = \begin{pmatrix} \boldsymbol{R}_1^{\mathrm{T}} & -\boldsymbol{R}_1^{\mathrm{T}}\boldsymbol{t}_1 \\ \boldsymbol{0} & 1 \end{pmatrix} \begin{pmatrix} \boldsymbol{R}_2 & \boldsymbol{t}_2 \\ \boldsymbol{0} & 1 \end{pmatrix} = \begin{pmatrix} \boldsymbol{R}_1^{\mathrm{T}}\boldsymbol{R}_2 & \boldsymbol{R}_1^{\mathrm{T}}\boldsymbol{t}_2 - \boldsymbol{R}_1^{\mathrm{T}}\boldsymbol{t}_1 \\ \boldsymbol{0} & 1 \end{pmatrix}
$$

代入已知数据得

$$
{}_2^1\boldsymbol{M} = \begin{pmatrix} \mathrm{c}\theta_1\mathrm{c}\theta_2 + \mathrm{s}\theta_1\mathrm{s}\theta_2 & \mathrm{c}\theta_1\mathrm{s}\theta_2 - \mathrm{s}\theta_1\mathrm{c}\theta_2 & \mathrm{c}\theta_1(x_2 - x_1) - \mathrm{s}\theta_1(y_2 - y_1) \\ \mathrm{s}\theta_1\mathrm{c}\theta_2 - \mathrm{c}\theta_1\mathrm{s}\theta_2 & \mathrm{s}\theta_1\mathrm{s}\theta_2 + \mathrm{c}\theta_1\mathrm{c}\theta_2 & \mathrm{s}\theta_1(x_2 - x_1) + \mathrm{c}\theta_1(y_2 - y_1) \\ 0 & 0 & 1 \end{pmatrix} \tag{4-6}
$$

其中,c 表示余弦 cos,s 表示正弦 sin。

对于式(4-6)中 3×3 的齐次形式的变换矩阵${}_2^1\boldsymbol{M}$,其左上角的 2×2 方阵 $\boldsymbol{R} \triangleq \begin{pmatrix} \mathrm{c}\theta_1\mathrm{c}\theta_2+\mathrm{s}\theta_1\mathrm{s}\theta_2 & \mathrm{s}\theta_1\mathrm{s}\theta_2+\mathrm{c}\theta_1\mathrm{c}\theta_2 \\ \mathrm{s}\theta_1\mathrm{c}\theta_2-\mathrm{c}\theta_1\mathrm{s}\theta_2 & \mathrm{s}\theta_1\mathrm{s}\theta_2+\mathrm{c}\theta_1\mathrm{c}\theta_2 \end{pmatrix}$是正交矩阵,且 $\det\boldsymbol{R}=1$,因此 $\boldsymbol{R}$ 为旋转矩阵,只有一个自由度,这个自由度即运动旋转角度 $d\theta=\tan^{-1} r_{11}/r_{12}$。

矩阵${}_2^1\boldsymbol{M}$ 右上角的元素 m_{13}、m_{23} 分别是运动所需的平移参数。因此,解得从$\{x_1, y_1, \theta_1\}$到$\{x_2, y_2, \theta_2\}$的运动参数为

$$
dx = \mathrm{c}\theta_1(x_2 - x_1) - \mathrm{s}\theta_1(y_2 - y_1)
$$
$$
dy = \mathrm{s}\theta_1(x_2 - x_1) + \mathrm{c}\theta_1(y_2 - y_1)
$$

$$d\theta = \tan^{-1}\frac{c\theta_1 c\theta_2 + s\theta_1 s\theta_2}{c\theta_1 s\theta_2 - s\theta_1 c\theta_2} \tag{4-7}$$

例如${}_1^0\boldsymbol{M}=\{7,0,0\}$和${}_2^0\boldsymbol{M}=\{7,7,90°\}$，将其代入计算得${}_2^1\boldsymbol{M}=\begin{pmatrix}0 & 1 & 0\\ -1 & 0 & 7\\ 0 & 0 & 1\end{pmatrix}$，即运动参数为${}_2^1\boldsymbol{M}=\{0,7,90°\}$。${}_2^1\boldsymbol{M}$ 可以从静态和动态角度理解：

（1）静态角度，坐标系{2}在{1}中的偏移 x 轴是零、y 轴是 7，旋转角度是 $\tan^{-1}1/0=90°$；

（2）动态角度，坐标系{1}经过 x 轴运动零、y 轴运动 7，正向旋转 90°，可到达{2}。

4.2.3 全局坐标系

以上部分是基于刚体自身局部坐标系的角度。

很多工业设备采用 X、Y、θ 三自由度机构，此时并不关心刚体（工件）自身发生何种变化，更希望了解的是如何控制设备 X、Y、θ 三轴，将工件从Ⅰ运动到Ⅱ。即基于$\{0\}=OXY$这个全局坐标系的视角考查这个运动。

图 4-9 中这种给定初始位姿 $\boldsymbol{p}$ 以及终止位姿 $\boldsymbol{q}$ 求解从 $\boldsymbol{p}$ 到 $\boldsymbol{q}$ 的刚体运动参数问题，是各类上下料设备以及摆盘设备的共性问题。

该问题主要解决方法有三点法、小角度逼近法、罗德里格法、奇异值分解法、四元数法以及最小二乘法等，所有这些方法的基础都源于 $\boldsymbol{p}$ 到 $\boldsymbol{q}$ 的运动方程：

$$\boldsymbol{q}=\boldsymbol{R}\boldsymbol{p}+\boldsymbol{t} \tag{4-8}$$

其中，旋转矩阵 $\boldsymbol{R}$ 仅有一个自由度，即旋转角度 θ；平移向量 $\boldsymbol{t}$ 具有两个自由度，即 x、y 方向上的平移分量。从而 $\boldsymbol{p}$ 首先经过旋转 $\boldsymbol{R}(\theta)$，成为 $\hat{\boldsymbol{p}}=\boldsymbol{R}\boldsymbol{p}$；然后平移 $\boldsymbol{t}(dx,dy)$，成为 $\boldsymbol{q}=\boldsymbol{R}\boldsymbol{p}+\boldsymbol{t}$，如图 4-10 所示。

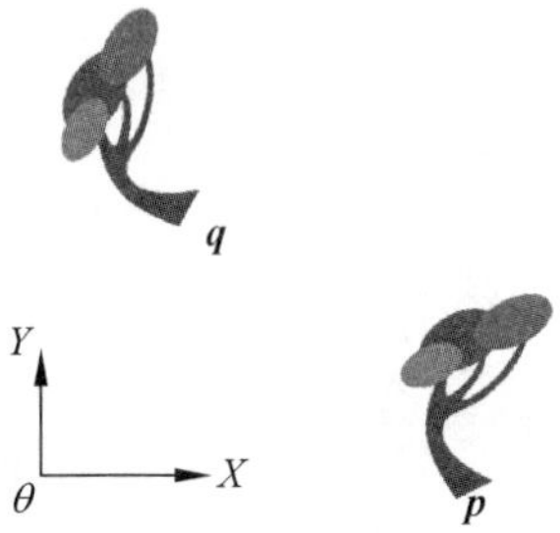

图 4-9 全局坐标系

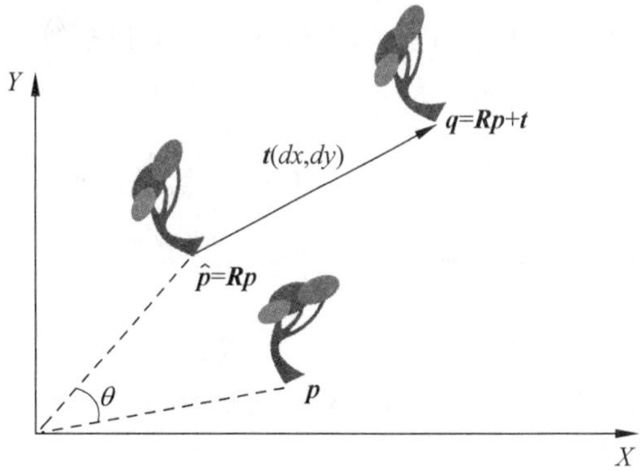

图 4-10 先旋转再平移

图 4-10 的方程 $\boldsymbol{q}=\boldsymbol{R}\boldsymbol{p}+\boldsymbol{t}$ 是先旋转然后平移。根据优化算法代码实现具体需要，也可以建模为先平移之后再旋转，即 $\boldsymbol{q}=\boldsymbol{R}(\boldsymbol{p}+\boldsymbol{t})$，如图 4-11 所示。

思维上 $\boldsymbol{q}=\boldsymbol{R}\boldsymbol{p}+\boldsymbol{t}$ 比较直观，不过 $\boldsymbol{q}=\boldsymbol{R}(\boldsymbol{p}+\boldsymbol{t})$ 也有用武之地，例如有时候对优化算法进行泰勒展开化简时，后者比较有利。

对此有以下几个层级的考量：

（1）不考虑数据观测噪声。给定一个点对$\{\boldsymbol{p}_i \leftrightarrow \boldsymbol{q}_i\}$，可以获得两个方程：

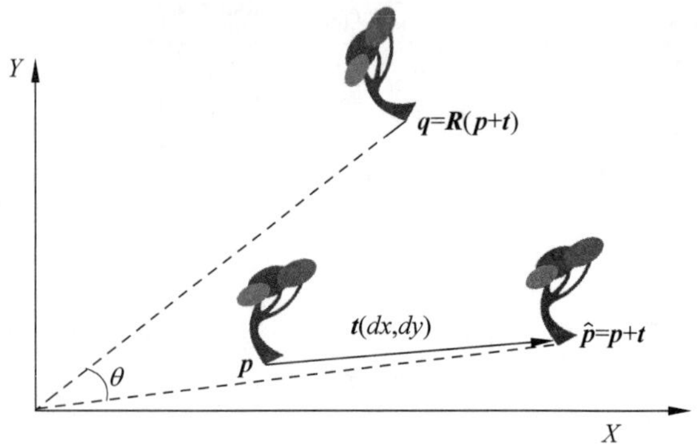

图 4-11 先平移再旋转

$$\begin{cases} q_x = p_x r_{11} - p_y r_{12} + t_1 \\ q_y = p_x r_{21} + p_y r_{22} + t_2 \end{cases}$$

则给定不共线的三个点对$\{\boldsymbol{p}_i \leftrightarrow \boldsymbol{q}_i\}_{i=1}^{3}$，可以得到六个方程：

$$\begin{cases} q_x^{(i)} = p_x^{(i)} r_{11} - p_y^{(i)} r_{12} + t_1 \\ q_y^{(i)} = p_x^{(i)} r_{21} + p_y^{(i)} r_{22} + t_2 \end{cases}, \quad i = 1,2,3$$

通过上述方程组，即可精确获得$\{r_{11}, r_{12}, r_{21}, r_{22}, t_1, t_2\}$这六参数的解析解。

但是这种方式至少存在两个问题：

① 三点选择是随机的，因此对选择三个点敏感，或者说需要一种选择策略；

② 由于观测噪声的存在，解得的矩阵$\begin{pmatrix} r_{11} & r_{12} \\ r_{21} & r_{22} \end{pmatrix}$可能既非旋转矩阵，甚至也不是正交矩阵，因此不能对应一个单一的自由度，即无法从该 2×2 方阵导出旋转角度。

(2) 考虑选择三个点的随机性以及增强系统健壮性。工程上一般需要考虑数据的观测噪声。为此，可以取 $N \gg 3$ 个点对$\{\boldsymbol{p}_i \leftrightarrow \boldsymbol{q}_i\}_{i=1}^{N}$，以其均方差(MSE)作为损失函数，有

$$\mathcal{L}(\boldsymbol{R}, \boldsymbol{t}) = \frac{1}{N} \sum_{i=1}^{N} \| \boldsymbol{R}\boldsymbol{p}^{(i)} + \boldsymbol{t} - \boldsymbol{q}^{(i)} \|_2^2 \tag{4-9}$$

通过解决优化，即可获得问题数值解为

$$(\hat{\boldsymbol{R}}, \hat{\boldsymbol{t}}) = \underset{(\boldsymbol{R}, \boldsymbol{t})}{\operatorname{argmin}} \frac{1}{N} \sum_{i=1}^{N} \| \boldsymbol{R}\boldsymbol{p}^{(i)} + \boldsymbol{t} - \boldsymbol{q}^{(i)} \|_2^2 \tag{4-10}$$

该优化问题可以通过奇异值分解实现。

不过，上述方式解出的矩阵$\begin{pmatrix} r_{11} & r_{12} \\ r_{21} & r_{22} \end{pmatrix}$依然不能保证为旋转矩阵，从而无法以 $\tan^{-1}(r_{11}/r_{12})$获得旋转角度 θ。

为此，一般在优化中增加约束项，使其成为约束型优化，然后通过拉格朗日乘子法使用如 L-M 等数值解法获得优化解。

4.2.4 奇异值分解

本节说明 2.1.4 节提到的奇异值分解法。对于起始位姿 $\boldsymbol{p}$、控制转动和平移三个自由

度，到达终止状态 $\boldsymbol{q}$，即求解从 $\boldsymbol{p}$ 到 $\boldsymbol{q}$ 的刚体变换参数：角度和位移。算法主要步骤如下：

(1) 计算起始位置中心坐标 $\boldsymbol{p}^{(0)}$ 和终止位置中心坐标 $\boldsymbol{q}^{(0)}$。

$$\boldsymbol{p}^{(0)}=\frac{1}{N}\sum_{i=1}^{3}\boldsymbol{p}^{(i)},\quad \boldsymbol{q}^{(0)}=\frac{1}{N}\sum_{i=1}^{3}\boldsymbol{q}^{(i)}$$

构造类似协方差矩阵的过渡矩阵 $\boldsymbol{H}$ 为

$$\boldsymbol{H}\triangleq(\boldsymbol{P}\dot{-}\boldsymbol{p}^{(0)})(\boldsymbol{Q}\dot{-}\boldsymbol{q}^{(0)})^{\mathrm{T}}$$

其中，$\boldsymbol{P}\triangleq(\boldsymbol{p}^{(1)},\boldsymbol{p}^{(2)},\cdots,\boldsymbol{p}^{(N)})^{\mathrm{T}}$，$\boldsymbol{Q}\triangleq(\boldsymbol{q}^{(1)},\boldsymbol{q}^{(2)},\cdots,\boldsymbol{q}^{(N)})^{\mathrm{T}}$，运算“$\dot{-}$”是诸列作减法，从而将起始数据集的中心重合到结束数据集的中心。

(2) 对方阵 $\boldsymbol{H}$ 进行奇异值分解。

$$(\boldsymbol{U},\boldsymbol{S},\boldsymbol{V})=\mathrm{SVD}(\boldsymbol{H})$$

至此解得旋转矩阵 $\boldsymbol{R}^{*}$：

$$\boldsymbol{R}^{*}=\boldsymbol{V}\boldsymbol{U}^{\mathrm{T}}$$

注意，避免反射矩阵，即虽然在数学上可行，但在物理上是无效的解。

(3) 将中心坐标代入变换方程 $\boldsymbol{q}=\boldsymbol{R}\boldsymbol{p}+\boldsymbol{t}$，即可解得偏移向量 $\boldsymbol{t}^{*}$：

$$\boldsymbol{t}^{*}=\boldsymbol{q}^{(0)}-\boldsymbol{R}\boldsymbol{p}^{(0)}$$

(4) 从旋转矩阵 $\boldsymbol{R}^{*}$ 得到的就是旋转的角度 θ，将其换算成如电机脉冲数 pulse 等控制量即可；从偏移向量 $\boldsymbol{t}^{*}$ 得到的就是两轴的位移，同样换算成如电机脉冲数 pulse 等控制量即可。

算法核心代码如下。

```
import numpy as np
# Input: expects 3xN matrix of points
# Returns R,t
# R = 3x3 rotation matrix
# t = 3x1 column vector
def rigid_transform_3D(A, B):
    assert A.shape == B.shape

    num_rows, num_cols = A.shape
    if num_rows != 3:
        raise Exception(f"matrix A is not 3xN!")

    num_rows, num_cols = B.shape
    if num_rows != 3:
        raise Exception(f"matrix B is not 3xN!")

    # find mean column wise
    centroid_A = np.mean(A, axis = 1)
    centroid_B = np.mean(B, axis = 1)

    # ensure centroids are 3x1
    centroid_A = centroid_A.reshape(-1, 1)
    centroid_B = centroid_B.reshape(-1, 1)

    # subtract mean
    Am = A - centroid_A
```

```
    Bm = B - centroid_B

    H = Am @ np.transpose(Bm)

    #find rotation
    U, S, Vt = np.linalg.svd(H)
    R = Vt.T @ U.T

    #special reflection case
    if np.linalg.det(R) < 0:
        print("det(R) < R, reflection detected...")
        Vt[2,:] *= -1
        R = Vt.T @ U.T

    t = -R @ centroid_A + centroid_B

    return R,t
```

4.3 激光打标机校准

激光打标机是工业领域常用设备，其布局如图 4-12 所示。

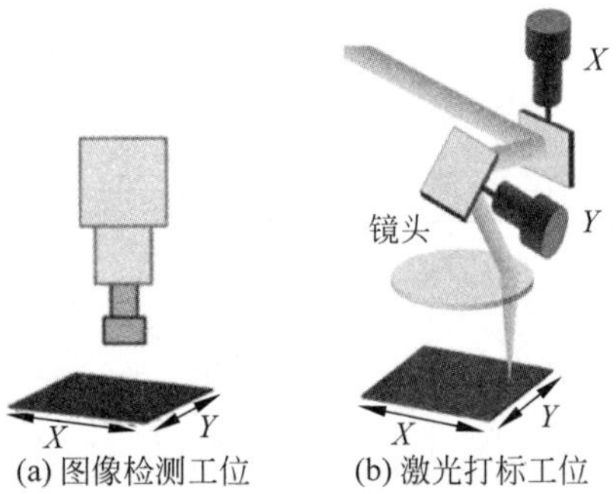

图 4-12 激光打标机布局

系统配置两个工位：图像检测工位负责完成缺陷检测(AOI)，提供缺陷颗粒的位置；激光打标工位负责完成缺陷位置的打标，根据缺陷位置实施切割动作，彻底破坏缺陷颗粒，防止流入下道工序。图 4-13 为常见的 P-切和 L-切。

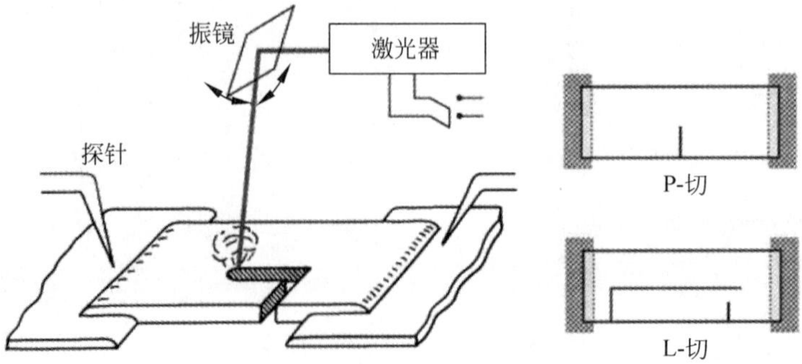

图 4-13 常见切割方式

图 4-12(a)中工位的图像采集和缺陷检测系统不需要赘述,以下简介图 4-12(b)完成打标任务的激光系统。从激光器发射出来的激光,经过光路系统,聚焦成高功率密度的激光束,照射到工件表面,使工件达到熔点或沸点,高压气体将熔化或气化的碎屑吹走。激光切割的优点是光束能量密度高,一般可达 $10\mathrm{W/cm^2}$。因为能量密度与面积成反比,所以焦点光斑直径尽可能小,以便产生一个窄的切缝;同时焦点光斑直径还和透镜的焦深成正比。聚焦透镜焦深越小,焦点光斑直径就越小。但是,切割有飞溅,透镜离工件太近容易将透镜损坏,因此一般大功率 CO_2 激光切割机工业应用中广泛采用 127～190mm 的焦距,此时实际焦点光斑直径为 0.1～0.4mm。

图 4-14 所示的振镜系统提供两轴扫描振镜,可以在 X 和 Y 方向上偏转激光束,产生二维区域,引导激光射向其中的任何位置,这个区域被称为打标范围。扫描振镜,有一个光束输入端(激光束从此端输入),以及一个光束输出端(激光束偏转后从此端射出)。

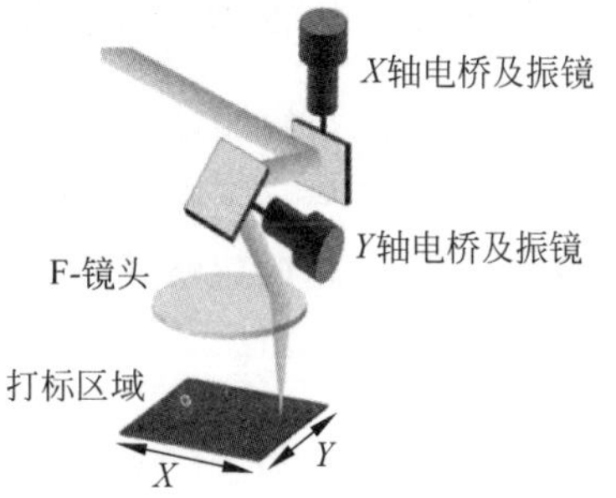

图 4-14 振镜系统

在本节后述分析中:

(1) 小写符号表示图像系统数据,大写符号表示激光系统数据;

(2) 无脚标符号"·"表示理想数据,上角标的"$\tilde{\cdot}$"表示有畸变的、含噪声的、实际采集的数据。

4.3.1 畸变原因

下面分析两个系统的畸变原因。

1. 图像系统

对于图 4-15(a)中的给定理想图案,图像系统实际采集到的畸变结果,将是图 4-15(b)这个形状。

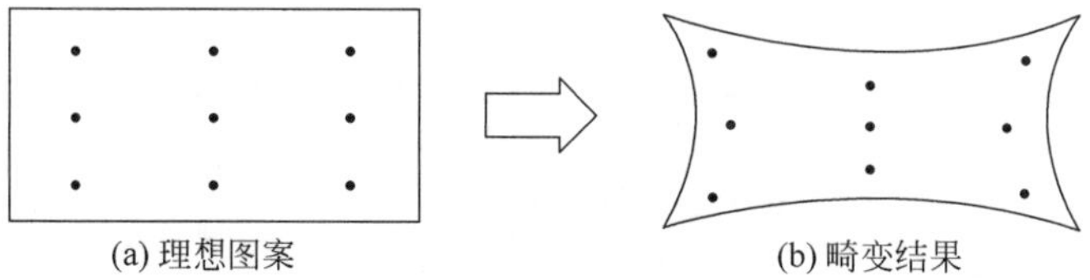

图 4-15 图像系统畸变

图 4-15(b)是由于图像系统采用 FA 长焦镜头,因此呈现枕形畸变;如果是短焦,例如鱼眼镜头,则呈现为胖胖的桶形畸变。

2. 激光系统

对于图 4-16(a)中的给定理想图案,激光系统实际打出的畸变结果,将是图 4-16(b)这个形态。

导致图 4-16(b)这样的结果,原因如下:

(1) 激光系统控制 X 方向的 x-alpha 振镜引入枕形畸变,X 坐标都增加;

(2) 控制 Y 方向的 y-beta 振镜引入桶形畸变,Y 坐标都减小;

(3) 两者复合之后,成为图中上下变胖、两侧长角的实际结果。

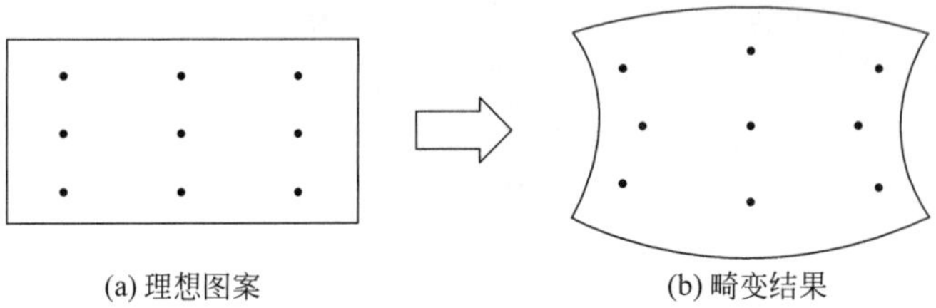

图 4-16 激光系统畸变

4.3.2 图像系统校准

针对畸变，摄影测量领域广泛使用 7 参数模型：镜头形状导致径向畸变的畸变系数 k_1、k_2 和 k_3；粘贴装配导致切向畸变的畸变参数 p_1 和 p_2；设计缺陷导致薄棱镜畸变的畸变系数 s_1 和 s_2。暂时忽略其他几种失真类型，简单建模为二阶径向畸变：

$$\begin{cases} \tilde{x} = x(1 + k_1(x^2 + y^2) + k_2(x^2 + y^2)^2) \\ \tilde{y} = y(1 + k_1(x^2 + y^2) + k_2(x^2 + y^2)^2) \end{cases} \tag{4-11}$$

这样，对于 N 组理想点(x,y)，采集到 N 组失真点$(\tilde{x},\tilde{y})$，对于 $N>30$ 组数据$((x,y)\leftrightarrow(\tilde{x},\tilde{y}))$，解出二阶径向畸变系数$\{k_1,k_2\}$。

具体方法很多，可以使用正规方程线性最小二乘法、非线性优化迭代数值解法等。

这样，获得图像系统的校正方程 $\tilde{\boldsymbol{p}}(\tilde{x},\tilde{y})\rightarrow\boldsymbol{p}(x,y)=\boldsymbol{\varphi}\{\tilde{\boldsymbol{p}}(\tilde{x},\tilde{y})\}$。

给定畸变坐标 $\tilde{\boldsymbol{p}}(\tilde{x},\tilde{y})$，经过校正，可得理想坐标 $\boldsymbol{p}(x,y)$，如图 4-17 所示。

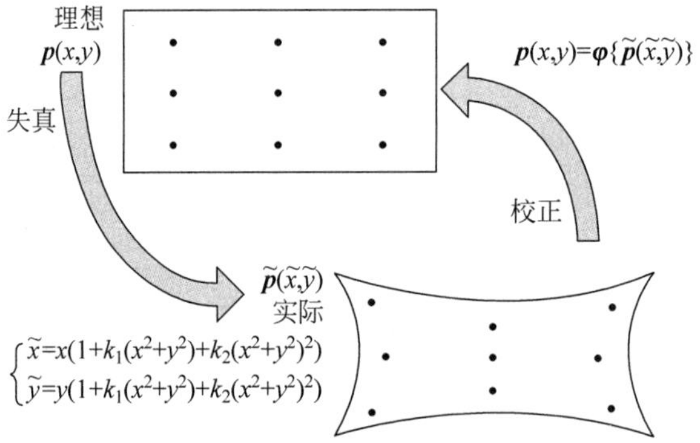

图 4-17 图像系统校准

4.3.3 激光系统校准

可以忽略其他几种失真类型，简单建模为二阶径向畸变：

$$\begin{cases} \tilde{X} = X(1 + k_{11}Y^2 + k_{12}Y + k_{13}) \\ \tilde{Y} = X(1 + k_{21}X^2 + k_{22}X + k_{23}) \end{cases} \tag{4-12}$$

这样，对于 N 组理想点(X,Y)，采集到 N 组失真点$(\tilde{X},\tilde{Y})$，对于 $N>30$ 组数据$((X,Y)\leftrightarrow(\tilde{X},\tilde{Y}))$，解出二阶径向畸变系数$\{k_{11},k_{12},k_{13},k_{21},k_{22},k_{23}\}$。

这样，获得激光系统的校正方程：

$$\widetilde{\boldsymbol{P}}(\widetilde{X},\widetilde{Y}) \rightarrow \boldsymbol{P}(X,Y)=\boldsymbol{\psi}\{\widetilde{\boldsymbol{P}}(\widetilde{X},\widetilde{Y})\} \tag{4-13}$$

给定畸变坐标 $\widetilde{\boldsymbol{P}}(\widetilde{X},\widetilde{Y})$，经过校正，可得理想坐标 $\boldsymbol{P}(X,Y)$，如图 4-18 所示。

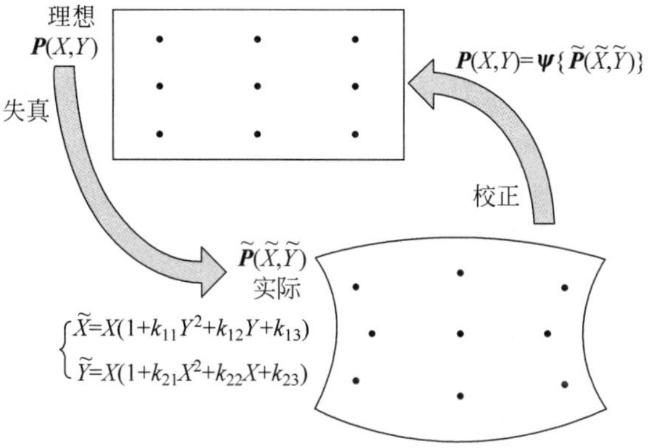

图 4-18 激光系统校准

4.3.4 双工位校准

给定图像系统中的坐标 $\boldsymbol{p}(x,y)$，如何转换到激光系统中的坐标 $\boldsymbol{P}(X,Y)$？也就是寻找一个描述：

$$\boldsymbol{\tau}:\boldsymbol{p}(x,y)\mapsto \boldsymbol{P}(X,Y)$$

可以考虑以下几种方法。

1. 配准法

配准法是从运动恢复结构(Structure from Motion，SfM)的经典方法。

对相机系统，有校正后坐标 $\{\boldsymbol{p}_i=(x_i,y_i)^{\mathrm{T}}\}_{i=1}^{N}$；对激光系统，有校正后坐标 $\{\boldsymbol{P}_i=(X_i,Y_i)^{\mathrm{T}}\}_{i=1}^{N}$。将相机系统至激光系统二次装夹过程建模为先平移后旋转的刚体运动变换，平移参数为 $\{a,b\}$，旋转弧度为 θ：

$$\begin{cases} X=\cos\theta(x+a)-\sin\theta(y+b) \\ Y=\sin\theta(x+a)+\cos\theta(y+b) \end{cases} \tag{4-14}$$

经过优化算法，可以解出参数 $\{a,b,\theta\}$。

这样，获得图像坐标至激光坐标的变换 $\boldsymbol{p}(x,y)\rightarrow \boldsymbol{P}(X,Y)=\boldsymbol{\tau}\{\boldsymbol{p}(x,y)\}$。

给定图像坐标 $\boldsymbol{p}(x,y)$，经过变换，可得激光坐标 $\boldsymbol{P}(X,Y)$，如图 4-19 所示。

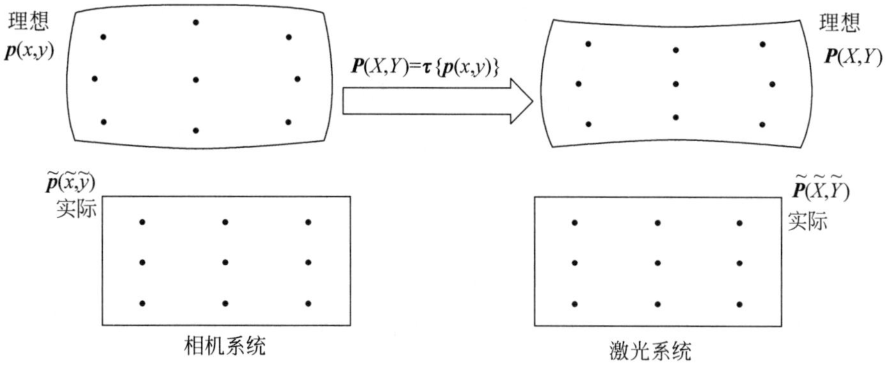

图 4-19 双工位校准

这种方法可以适用图像和激光均未经标定的数据$\boldsymbol{\tau}:\tilde{\boldsymbol{p}}(\tilde{x},\tilde{y})\mapsto\widetilde{\boldsymbol{P}}(\widetilde{X},\widetilde{Y})$，即可以直接用于畸变数据的建模。

2. 双目法

根据相机系统和激光系统机械结构平行布置的特点，可以简单建模为双目视觉系统。

对相机坐标系，记校正后坐标为 $\boldsymbol{p}(x,y)$；对激光坐标系，记校正后坐标为 $\boldsymbol{P}(X,Y)$。记立体系统的基础矩阵为 $\boldsymbol{F}$，3×3 的 $\boldsymbol{F}$ 具有 8 个自由度，最少需要 8 个不同控制点，即可解出 $\boldsymbol{F}$。

根据激光系统齐次形式的极线方程：

$$\boldsymbol{P}^{\mathrm{T}}\boldsymbol{F}\boldsymbol{p}=\boldsymbol{0} \tag{4-15}$$

可以获得相机系统的坐标在激光系统的坐标。

该方法要求相机系统必须显式标定，即标定出投射矩阵还不够，需要拆分出内参矩阵和外参矩阵。

该方法以相机和激光完成显示标定为前置环节。

3. 有限元法

有限元(DEM)双线性插值方法，源于结构力学的应力和变形分析。借鉴这些理论，将幅面划分为若干小区域，例如图 4-20 所示的 3×3 的九个小区域。

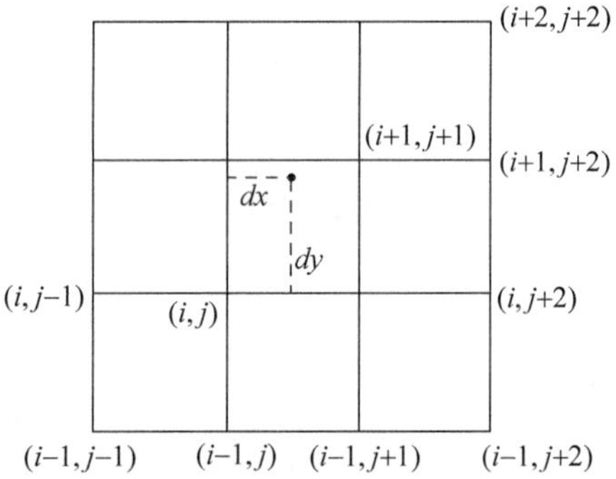

图 4-20 双线性插值

在每个小区域内，对于给定的参考点 P，其某个度量 f_P 为

$$\begin{aligned}f_P=&(1-dx_P)(1-dy_P)f_{(i,j)}+dx_P(1-dy_P)f_{(i,j+1)}+\\&(1-dx_P)dy_Pf_{(i+1,j)}+dx_Pdy_Pf_{(i+1,j+1)}\end{aligned}$$

其中，$dx_P=(x_P-x_j)/L$，$dy_P=(x_P-x_i)/L$，L 为有限元长度。

对于二维图像，每个角点具有两个坐标，因此存在两个度量：

$$\begin{cases}\Delta x=(1-dx)(1-dy)\Delta x_{(i,j)}+dx(1-dy)\Delta x_{(i,j+1)}+(1-dx)dy\Delta x_{(i+1,j)}+\\\quad dxdy\Delta x_{(i+1,j+1)}\\\Delta y=(1-dx)(1-dy)\Delta y_{(i,j)}+dx(1-dy)\Delta y_{(i,j+1)}+(1-dx)dy\Delta y_{(i+1,j)}+\\\quad dxdy\Delta y_{(i+1,j+1)}\end{cases}$$

记有限元数量为 $m\times n$，则通过平差优化

$$\min\left\{\sum_{i=1}^{m}\sum_{j=2}^{n-1}(\Delta x_{ij})^2+\sum_{j=1}^{n}\sum_{i=2}^{m-1}(\Delta y_{ij})^2\right\} \tag{4-16}$$

可以解出参数

$$\Delta x_{(i,j)},\quad \Delta x_{(i,j+1)},\quad \Delta x_{(i+1,j)},\quad \Delta x_{(i+1,j+1)},\quad \Delta y_{(i,j)},$$
$$\Delta y_{(i,j+1)},\quad \Delta y_{(i+1,j)},\quad \Delta y_{(i+1,j+1)}$$

4. 三角网格法

三角网格法将图像划分为不同的三角区域进行计算，每个三角区域以三个顶点作为控制点，记相机系统坐标为(x,y)，激光系统坐标为(X,Y)，建模两者关系为

$$\begin{cases} X = a_0 x + a_1 y + a_2 \\ Y = b_0 x + b_1 y + b_2 \end{cases} \tag{4-17}$$

通过三个顶点的坐标对$\{(x_i, y_i) \leftrightarrow (X_i, Y_i)\}, i = 1,2,3$，可以获得$\{a_0, a_1, a_2, b_0, b_1, b_2\}$系数的精确解析解，从而实现一个三角区域的校正。

在单个三角区域校正基础上，对整幅图像使用三角形遍历，如图 4-21 所示。相邻三角区域公用两个顶点，可以保证相邻三角区域的变换结果是连续的。

额外先验知识对于整幅图像的三角划分有益无害，例如对于失真较大区域可以进行颗粒度更细的网格划分，如图 4-22 所示。

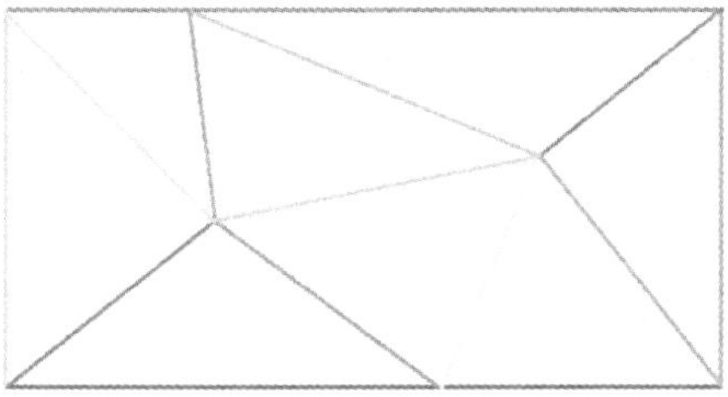
图 4-21 三角网格划分

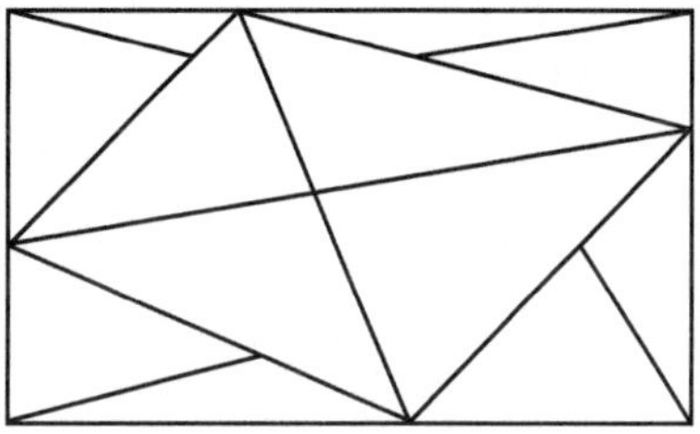
图 4-22 先验控制

以上是采用一阶近似：

$$\begin{cases} X = a_0 x + a_1 y + a_2 \\ Y = b_0 x + b_1 y + b_2 \end{cases}$$

此时具有$\{a_0, a_1, a_2, b_0, b_1, b_2\}$六个参数，最少需要三个控制点，可以按照“三角形”划分。如果采用二阶近似：

$$\begin{cases} X = a_0 + a_1 x + a_2 y + a_3 xy + a_4 x^2 + a_5 y^2 \\ Y = b_0 + b_1 x + b_2 y + b_3 xy + b_4 x^2 + b_5 y^2 \end{cases}$$

此时一共具有$(a_0, a_1, a_2, a_3, a_4, a_5, b_0, b_1, b_2, b_3, b_4, b_5)$十二个参数，最少需要六个控制点，可以按照“六边形”划分。

5. 经验多项式法

记像素校正后坐标为(x, y)，激光校正后坐标为(X, Y)，将二次装夹过程的缩放、平移、旋转建模为径向畸变的简化三阶多项式：

$$\begin{cases} X = a_{00} + a_{10} x + a_{20} x^2 + a_{11} xy + a_{02} y^2 + a_{30} x^3 \\ Y = b_{00} + b_{10} x + a_{20} x^2 + a_{11} xy + a_{02} y^2 + a_{30} x^3 \end{cases} \tag{4-18}$$

通过 N 个控制点对$\{(x_i, y_i) \leftrightarrow (X_i, Y_i)\}_{i=1}^{N}$，基于最小二乘原理，解出 a_{ij}、b_{ij} 系数的封闭解。如果速度无要求可以使用最高项次为 p 的多项式模型，此时需要标记的控制点的数量不少于$(p+1)(p+2)/2$。

6. 机器学习方法

以激光系统 X 坐标如何设定为例，给定图像系统中某一点的 x、y 坐标。三角网格法

$$X = a_0 x + a_1 y + a_2 : \mathbf{R}^2 \to \mathbf{R}$$

使用$\{x, y\}$两个特征预测 X。经验多项式法

$$X=a_{00}+a_{10}x+a_{20}x^2+a_{11}xy+a_{02}y^2+a_{30}x^3: \mathbf{R}^5 \rightarrow \mathbf{R}$$

使用$\{x,x^2,xy,y^2,x^3\}$五个特征预测 X。

分析以上表达式的来源，实质包括特征挖掘、回归拟合两步。

第一步，将图像系统只含 x 和 y 的二维低维原始空间，通过五个非线性函数 $\varphi_i(\cdot)$，提升到五维的高维特征空间 $\varphi_1(x)=x,\varphi_2(x)=x^2,\varphi_3(x)=xy,\varphi_4(x)=y^2,\varphi_5(x)=x^3$。

第二步，对于上步得到的高维特征空间中的五个特征，通过线性函数 $f(\cdot)=w_0+w_1\varphi_1(x)+w_2\varphi_2(x)+w_3\varphi_3(x)+w_4\varphi_4(x)+w_5\varphi_5(x)$，实现样本数据的拟合与数据的预测。

将上步回归得到的线性函数 $f(\cdot)$重新在原始二维空间进行表示，即

$$f(\cdot)=w_0+w_1\varphi_1(x)+w_2\varphi_2(x)+w_3\varphi_3(x)+w_4\varphi_4(x)+w_5\varphi_5(x)$$

$$\Downarrow$$

$$X=a_{00}+a_{10}x+a_{20}x^2+a_{11}xy+a_{02}y^2+a_{30}x^3 \tag{4-19}$$

其中 $w_0=a_{00},w_1=a_{10},w_2=a_{20},w_3=a_{11},w_4=a_{02},w_5=a_{30},\varphi_1(x)=x,\varphi_2(x)=x^2,\varphi_3(x)=xy,\varphi_4(x)=y^2,\varphi_5(x)=x^3$。

可见，特征的数量决定模型的表达能力。

(1) 如果特征数量不足，则将严重限制模型表述能力，表现为模型在样本集和测试集两者效果都差。

(2) 特征的数量也不是越多越好，如果特征数量过多，例如将特征提升到 512 维，则将使标定过程不稳定，泛化能力弱，表现为样本集好而测试集差。这也是目前 SIFT、SUFT、ORB(具体见 5.5.4 节)等检测角点和线条边缘的特征描述子逐渐从 128 维→64 维……逐渐缩减的原因之一。

因此，选择合适数量的特征，对于无模型标定非常重要。

第一步的挖掘特征，主要研究特征的表现是三角形式 $\tan^{-1}(x/y)$还是指数形式 $e^{(x-y)}$？以前这是属于特征工程的活，也称 Dirty Work 即脏活和累活，不仅需要人员具有行业的相关业务知识，同时需要进行大量重复性的实验验证。

这个工作可以通过机器学习完成。

上述多项式 $f(\cdot)=w_0+w_1\varphi_1(x)+w_2\varphi_2(x)+w_3\varphi_3(x)+w_4\varphi_4(x)+w_5\varphi_5(x)$写成向量形式

$$f(\boldsymbol{x})=\boldsymbol{w}^{\mathrm{T}}\boldsymbol{\varphi}(\boldsymbol{x})+b \tag{4-20}$$

其中，$\boldsymbol{x}\in\mathbf{R}^2,\boldsymbol{w}\in\mathbf{R}^5$。可见这是支持向量机的标准形式，这种多项式法只是支持向量机的一个自然结果，一个具体的特例。

支持向量机(SVM)作为有监督的机器学习方法，可以用于回归，能够同时处理线性和非线性场景：记$\mathcal{X}$为低维欧氏空间子集，$\mathcal{Y}$为高维希尔伯特空间，τ 为$\mathcal{X}\rightarrow\mathcal{Y}$的映射，则存在函数 $K(x,z)$满足 $K(x,z)=\tau(x)\tau(z),\forall x,z\in\mathcal{X}$，其中 $K(x,z)$称为核函数。

具有核函数的 SVM 无须区分线性可分和线性不可分，统一为支持向量机：最简单的核函数是线性基函数 $K(x,z)=x\cdot z$；最常用的核函数是径向基函数 $K(x,z)=e^{-\beta\|x-z\|}$，这是一个复高斯函数。

对于数据集$\mathcal{D}=\{(\boldsymbol{x}_i,y_i)\}_{i=1}^n,\boldsymbol{x}_i\in\mathbf{R}^m,y_i\in\mathbf{R}$，支持向量机非线性回归就是使用非线

性函数$\boldsymbol{\varphi}(\cdot)$将样本从原始低维空间映射高维特征空间，然后在高维空间中回归线性函数$f(\cdot)$，实现样本数据拟合和数据预测

$$f(\boldsymbol{x})=\boldsymbol{w}^{\mathrm{T}}\boldsymbol{\varphi}(\boldsymbol{x})+b$$

其中，样本数据 $\boldsymbol{x}\in\mathbf{R}^m$，$m$ 为低维原始空间的维数；模型参数 $\boldsymbol{w}\in\mathbf{R}^n$，$n$ 为高维特征空间的维数。

4.4 印刷机对位纠偏

丝网印刷设备，通过在网板上雕刻模板图案，利用刷头将模板图案印刷到基板指定位置，如图 4-23 所示。

网板的模板图案需要尽量准确的印刷到基板的指定位置。图 4-24(a)为示例意义的模板图案，图 4-24(b)为示例意义的基板位置，理想的印刷效果应该如图 4-24(c)，但是实际印刷效果往往却是图 4-24(d)。

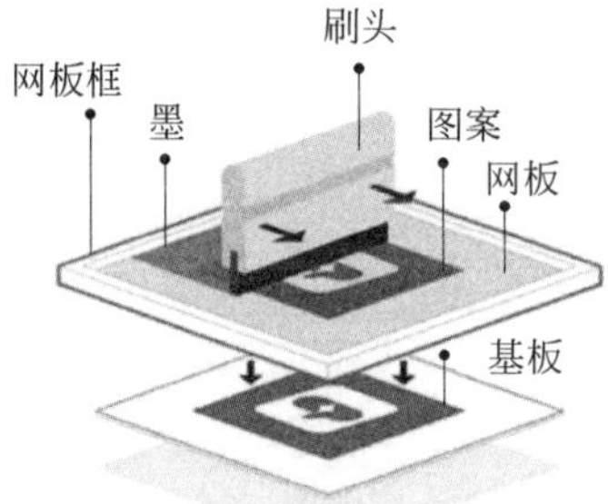

图 4-23 丝网印刷

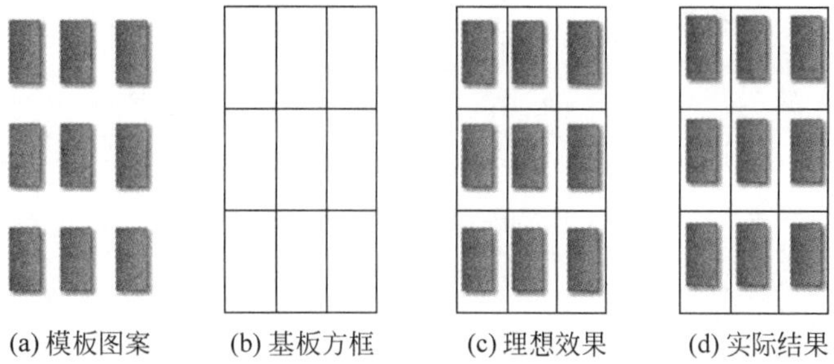

图 4-24 印刷位置控制

因此，需要调整网版的位置和角度，以对齐印刷区域，称为对位纠偏。

4.4.1 算法设计

首先考查印刷机的坐标系。

(1) 网板安装于具有三个自由度的 UVW 精密运动模组，以运动模组(Module)的三轴定义模组坐标系 UVW，简记为$\{M\}$；

(2) UVW 三维运动模组安装于固定基座，定义基座(Base)坐标系为 $X_BY_B\theta_B$，简记为$\{B\}$；

(3) 由于基板印刷幅面较大，采集基板全部图像存在困难，因此在角落分别布置四个副相机采集代表性局部图像，定义副相机坐标系为 $X_{Ci}Y_{Ci}Z_{Ci}$，$i=1,2,3,4$，简记为$\{C_i\}$；

(4) 待印刷的基板摆放于设备轨道，将设备定义为世界坐标系 $X_WY_WZ_W$，简记为$\{W\}$。

以上七个坐标系布局如图 4-25 所示。

此外，以下几个隐含的坐标系也将被用到：

(1) 副相机的像素坐标系$(uv)_i$，$i=1,2,\cdots,4$；

(2) 副相机的像平面坐标系$(xy)_i$，$i=1,2,\cdots,4$。

注意，这些坐标系在图 4-25 中并没有展示出来。

对位纠偏具体步骤如下：

(1) 试印：将网板的模板图案，转印到基板。

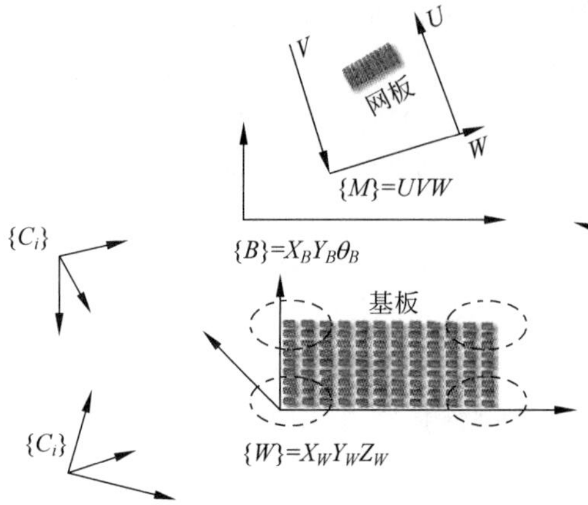

图 4-25 坐标系建立

(2) 各个副相机采集已印刷基板的图像。

(3) 提取目标角点。

① 提取目标(Object)角点,得到基板上各个方框区域中心的像素坐标:

$$^{(uv)_i}\boldsymbol{m}_j,\quad i\in[1,4],\quad j\in[1,N_i]$$

② 通过基变换,像素坐标$^{(uv)_i}\boldsymbol{m}_j$ 转换为相机坐标$^{C_i}\boldsymbol{m}_j$:

$$^{C_i}\boldsymbol{m}_j={}^{C_i}_{(uv)_i}\boldsymbol{T}\,^{(uv)_i}\boldsymbol{m}_j,\quad i\in[1,4],\quad j\in[1,N_i]$$

③ 通过基变换,相机坐标$^{C_i}\boldsymbol{m}_j$ 转换为世界坐标$^{W}\boldsymbol{m}_k$:

$$^{W}\boldsymbol{m}_k={}^{W}_{C_i}\boldsymbol{T}\,^{C_i}\boldsymbol{m}_j,\quad i\in[1,4],\quad j\in[1,N_i],\quad k\in\left[1,\sum_{i=1}^{4}N_i\right]$$

(4) 提取场景角点。

① 提取场景(Scene)角点,得到基板上各个已经印刷图案的中心的像素坐标:

$$^{(uv)_i}\boldsymbol{M}_j,\quad i\in[1,4],\quad j\in[1,N_i]$$

通过基变换,像素坐标$^{(uv)_i}\boldsymbol{M}_j$ 转换为相机坐标$^{C_i}\boldsymbol{M}_j$:

$$^{C_i}\boldsymbol{M}_j={}^{C_i}_{(uv)_i}\boldsymbol{T}\,^{(uv)_i}\boldsymbol{M}_j,\quad i\in[1,4],\quad j\in[1,N_i]$$

② 通过基变换,相机坐标$^{C_i}\boldsymbol{M}_j$ 转换为基座坐标$^{B}\boldsymbol{M}_k$:

$$^{B}\boldsymbol{M}_k={}^{B}_{C_i}\boldsymbol{T}\,^{C_i}\boldsymbol{M}_j,\quad i\in[1,4],\quad j\in[1,N_i],\quad k\in\left[1,\sum_{i=1}^{4}N_i\right]$$

(5) 转换为世界坐标系。

① 刚体变换,在基座坐标系$\{B\}=X_BY_B\theta_B$ 中,设网板运动量为先平移 $\Delta X_B,\Delta Y_B$,然后旋转 $\Delta\theta_B$,则运动之后网版图案各个中心的新坐标为$^{B}\boldsymbol{M}'_k$:

$$^{B}\boldsymbol{M}'_k=\boldsymbol{\psi}(\Delta X_B,\Delta X_B,\Delta\theta_B)'\,^{B}\boldsymbol{M}_k$$

② 通过基变换,基座坐标系$^{B}\boldsymbol{M}'_k$ 转换为世界坐标$^{W}\boldsymbol{M}'_k$:

$$^{W}\boldsymbol{M}'_k={}^{W}_{B}\boldsymbol{T}\,^{B}\boldsymbol{M}'_k={}^{W}_{B}\boldsymbol{T}\boldsymbol{T}(\Delta X_B,\Delta X_B,\Delta\theta_B)\,^{B}\boldsymbol{M}_k$$

(6) 优化求解。

① 最优策略是(3)之③和(5)之②的坐标重合：

$$^{W}\boldsymbol{M}' = {}^{W}\boldsymbol{m}$$

② 以网板运动量$(\Delta X_B,\Delta X_B,\Delta\theta_B)$作为优化参数，求解最优运动参数$(\Delta X_B,\Delta X_B,\Delta\theta_B)^*$：

$$(\Delta X_B,\Delta X_B,\Delta\theta_B)^* = \operatorname{argmin}\| {}^{W}\boldsymbol{M}' - {}^{W}\boldsymbol{m} \|_2^2 \tag{4-21}$$

③ 对于解得的$(\Delta X_B,\Delta X_B,\Delta\theta_B)^*$，根据三维运动模组的正运动学方程

$$(\Delta U,\Delta V,\Delta W) = \boldsymbol{\varphi}(\Delta X_B,\Delta Y_B,\Delta\theta_B)$$

即可得到 UVW 精密模组的控制向量$(\Delta U,\Delta V,\Delta W)$。

分析以上对位纠偏算法，涉及六个参数矩阵：

(1) 内参类的${}^{C_i}_{(uv)_i}\boldsymbol{T}$，来自单相机标定；

(2) 外参类的${}^{W}_{C_i}\boldsymbol{T}$、${}^{B}_{C_i}\boldsymbol{T}$、${}^{W}_{B}\boldsymbol{T}$，来自立体标定；

(3) 运动方程$\boldsymbol{\psi}(\Delta X_B,\Delta X_B,\Delta\theta_B)$，是待求解的刚体变换矩阵；

(4) 模组的正运动学方程$(\Delta U,\Delta V,\Delta W)=\boldsymbol{\varphi}(\Delta X_B,\Delta Y_B,\Delta\theta_B)$，来自模组的规格书。

以下更为具体分析上述四类参数。

首先，在(3)之②的基变换，像素坐标${}^{(uv)_i}\boldsymbol{m}_j$转换为相机坐标${}^{C_i}\boldsymbol{m}_j$：

$${}^{C_i}\boldsymbol{m}_j = {}^{C_i}_{(uv)_i}\boldsymbol{T}\,{}^{(uv)_i}\boldsymbol{m}_j,\quad i\in[1,4], j\in[1,N_i]$$

根据像平面坐标系 xy 到像素坐标系 uv 的仿射变换，有

$$\begin{pmatrix} u \\ v \\ 1 \end{pmatrix} = \begin{pmatrix} 1/dx & 0 & u_0 \\ 0 & 1/dy & v_0 \\ 0 & 0 & 1 \end{pmatrix}\begin{pmatrix} x \\ y \\ 1 \end{pmatrix} \Rightarrow \begin{pmatrix} x \\ y \\ 1 \end{pmatrix} = \begin{pmatrix} dx & 0 & -u_0 dx \\ 0 & dy & -v_0 dy \\ 0 & 0 & 1 \end{pmatrix}\begin{pmatrix} u \\ v \\ 1 \end{pmatrix}$$

根据相机坐标系$\{C_i\}$到像平面坐标系 xy 的投影变换，有

$$Z_C\begin{pmatrix} x \\ y \\ 1 \end{pmatrix} = \begin{pmatrix} f & 0 & 0 & 0 \\ 0 & f & 0 & 0 \\ 0 & 0 & 1 & 0 \end{pmatrix}\begin{pmatrix} X_C \\ Y_C \\ Z_C \\ 1 \end{pmatrix} \Rightarrow \begin{pmatrix} X_C \\ Y_C \\ 1 \end{pmatrix} = Z_C\begin{pmatrix} 1/f & 0 & 0 \\ 0 & 1/f & 0 \\ 0 & 0 & 1 \end{pmatrix}\begin{pmatrix} x \\ y \\ 1 \end{pmatrix}$$

可以得到第 i 个相机的从像素坐标系$(uv)_i$ 到相机坐标系$\{C_i\}$的变换为

$$\begin{pmatrix} X_{Ci} \\ Y_{Ci} \\ 1 \end{pmatrix} = Z_{Ci}\begin{pmatrix} (dx)_i/f_i & 0 & -u_0(dx)_i/f_i \\ 0 & (dy)_i/f_i & -v_0(dy)_i/f_i \\ 0 & 0 & 1 \end{pmatrix}\begin{pmatrix} u_i \\ v_i \\ 1 \end{pmatrix}$$

这就是基变换矩阵${}^{C_i}_{(uv)_i}\boldsymbol{T}$：

$${}^{C_i}_{(uv)_i}\boldsymbol{T} \triangleq Z_{Ci}\begin{pmatrix} (dx)_i/f_i & 0 & -u_0(dx)_i/f_i \\ 0 & (dy)_i/f_i & -v_0(dy)_i/f_i \\ 0 & 0 & 1 \end{pmatrix} = \begin{pmatrix} f_{x_i} & 0 & -u_{0_i} f_{x_i} \\ 0 & f_{y_i} & -v_{0_i} f_{y_i} \\ 0 & 0 & 1 \end{pmatrix} \tag{4-22}$$

这通过第 i 个相机的内参标定可以得到。

在(3)之③的基变换，相机坐标${}^{C_i}\boldsymbol{m}_j$ 转换为全局坐标${}^{W}\boldsymbol{m}_k$：

$$ {}^{W}\boldsymbol{m}_{k} = {}^{W}_{C_i}\boldsymbol{T}^{C_i}\boldsymbol{m}_{j}, \quad i \in [1,4], \quad j \in [1,N_i], \quad k \in \left[1, \sum_{i=1}^{4} N_i\right] $$

其中，${}^{W}_{C_i}\boldsymbol{T}$ 即第 i 相机的外参矩阵，一个平移和旋转的仿射变换：

$$ {}^{W}_{C_i}\boldsymbol{T} \triangleq \begin{pmatrix} \cos\theta_{C_i} & -\sin\theta_{C_i} & {}^{W}_{C_i}dx \\ \sin\theta_{C_i} & \cos\theta_{C_i} & {}^{W}_{C_i}dy \\ 0 & 0 & 1 \end{pmatrix}, \quad i \in [1,4] \tag{4-23} $$

这第 i 个相机的刚体变换的外参矩阵，可以通过标定得到。

在(4)之③的基变换，相机坐标 ${}^{C_i}\boldsymbol{M}_j$ 转换为基座坐标 ${}^{B}\boldsymbol{M}_k$：

$$ {}^{B}\boldsymbol{M}_{k} = {}^{B}_{C_i}\boldsymbol{T}^{C_i}\boldsymbol{M}_{j}, \quad i \in [1,4], \quad j \in [1,N_i], \quad k \in \left[1, \sum_{i=1}^{4} N_i\right] \tag{4-24} $$

这个相机坐标系 $\{C_i\}=X_{Ci}Y_{Ci}Z_{Ci}$ 和基座坐标系 $\{B\}=X_BY_B\theta_B$ 的外参矩阵，也就是第 i 个相机相对于网板运动模组的位姿关系，是需要重点考虑的。

为此需要额外增加硬件，以获取该外参矩阵。

如图 4-26 所示，四个副相机与世界坐标系的关系已经建立，如虚线所示。但是，基座坐标系 $\{B\}=X_BY_B\theta_B$、模组坐标系 $\{M\}=UVW$ 都是悬浮状态，其位姿需要确定。

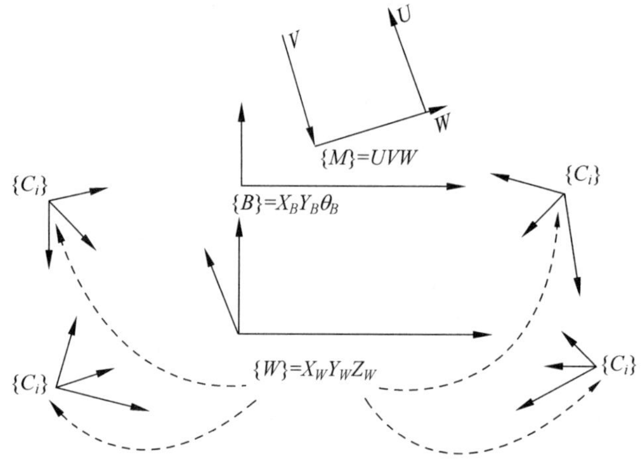

图 4-26 增加坐标系

为此添加标定设施，增设一个主相机，以其定义主相机坐标系 $X_CY_C\theta_C$，简记为 $\{C\}$。此时布局如图 4-27 所示。

利用该主相机，通过标定，可以获得 $\{C\}=X_CY_C\theta_C$ 与基座坐标系 $\{B\}=X_BY_B\theta_B$ 的外参矩阵 ${}^{B}_{C}\boldsymbol{T}$(这个 ${}^{B}_{C}\boldsymbol{T}$ 是纠偏问题的重点)以及 $\{C\}=X_CY_C\theta_C$ 与全局坐标系 $\{W\}=X_WY_WZ_W$ 的外参矩阵 ${}^{W}_{C}\boldsymbol{T}$。

${}^{B}_{C}\boldsymbol{T}$ 和 ${}^{W}_{C}\boldsymbol{T}$ 确定的空间关系如图 4-27 中粗的虚线所示。

至此，全部位置关系确定。

然后，通过主相机标定出的 ${}^{B}_{C}\boldsymbol{T}$ 和 ${}^{W}_{C}\boldsymbol{T}$，即可计算得到 $\{B\}$ 与全局坐标系 $\{W\}$ 的关系：

$$ {}^{W}_{B}\boldsymbol{T} = {}^{W}_{C}\boldsymbol{T}{}^{B}_{C}\boldsymbol{T}^{-1} \tag{4-25} $$

进一步通过 ${}^{W}_{B}\boldsymbol{T}$、可以得到 $\{C_i\}$ 与 $\{B\}$ 的关系：

$$ {}^{B}_{C_i}\boldsymbol{T} = {}^{W}_{B}\boldsymbol{T}^{-1}\,{}^{W}_{Ci}\boldsymbol{T} \tag{4-26} $$

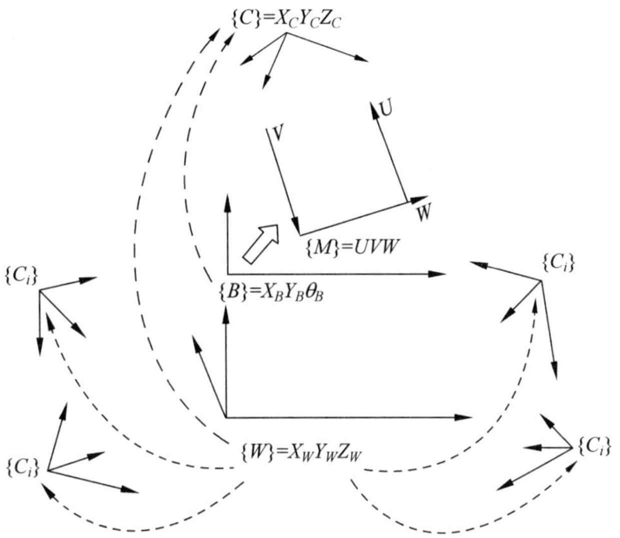

图 4-27 新的坐标布局

这样外参类矩阵${}^{W}_{C_i}\boldsymbol{T}$、${}^{B}_{C_i}\boldsymbol{T}$、${}^{W}_{B}\boldsymbol{T}$中的后两个得以确定下来。

最后,基座坐标系$\{B\}$与模组坐标系$\{M\}=UVW$的映射关系如图 4-27 双实线箭头所标示的,是通过三维模组的运动学正解方程$\boldsymbol{\varphi}(\cdot)$:$(dX_B, dY_B, d\theta_B) \mapsto (dU, dV, dW)$确定,它由精密定位模组的技术规格书提供。

4.4.2 精密运动模组

任意两个以上工件组装都需要对位,例如芯片印刷需要 1μm 级别的精度,低一些的手机屏幕贴合需要 3μm 的精度。实现这种精密对位动作的机构称为对位平台,广泛用于曝光机、邦定机、丝印机、贴合机等行业。

对位平台主要包括串联机构和并联机构,如图 4-28 所示。

(1) 串联机构将若干单自由度的基本机构顺序连接,每个前置机构的输出是后置机构输入;

(2) 并联机构则将动平台和定平台通过至少两个独立的运动链相连接,获得具有两个或者两个以上的自由度。例如,常见对位平台中,串联有 $XY\theta$ 平台,并联有 PRP、PPR(其中 R 为转动副,P 为移动副)等。

采用并联机构可以获得高的精度。例如,图 4-29 的 UVW 并联机构,设 U 轴电机分辨

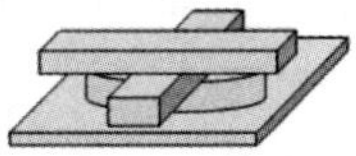

(a) 串联机构

(b) 并联机构

图 4-28 对位平台

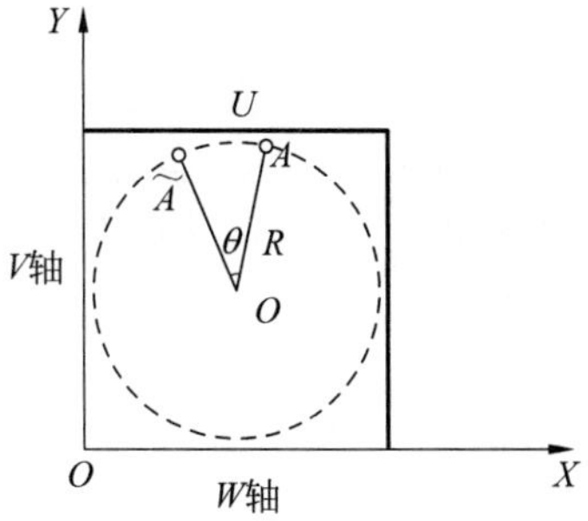

图 4-29 UVW 示意图

率为 10 000PPR(Pulse Per Rotation),丝杆导程为 5mm,则 U 轴最小位移为 0.5μm;假设 U 轴到平台中心距离 $R=100$mm,则旋转细分角度可以达到 $\arctan(0.0005/100)=0.0003°$。而对于同样配置的串联 $XY\theta$ 平台,旋转细分角度就是 $360°/10\,000=0.036°$。两者已经相差两个数量级。

并联机构有八种构型,比较常用的有图 4-30 所示的 3-RPR,其中 3 表示自由度数,P 表示移动副,R 表示旋转副。在 RPR 构型中,三个支链中的每个支链均由一个转动副(R)连接基座、一个转动副(R)连接平台,两个转动副通过一个移动副(P)相互连接。

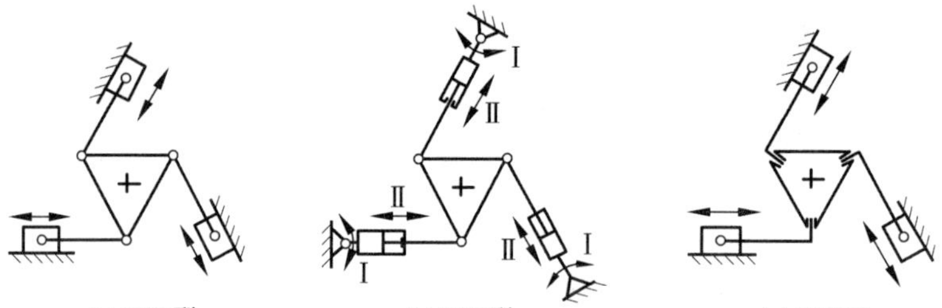

(a) PRR型　(b) RPR型　(c) PRP型

图 4-30　常用并联机构

RPR 的一种变种形式是 XXY 平台,也称 UVW 平台(见图 4-31),通常由四个模组构成,因此称为 4-PPR 结构。四个模组中三个带有驱动,另外一个为无驱动的从动模组。带驱动模组的三个支链构型,U 轴采用 PPR,V 轴和 W 轴采用 RPR。UVW 模组控制三个线性移动轴并联运动实现平面的三个自由度,V 轴和 W 轴上两个马达同步运动实现在一个方向移动,U 轴上一个马达控制在另一方向移动,当 V 和 W 两轴不同步时实现旋转。

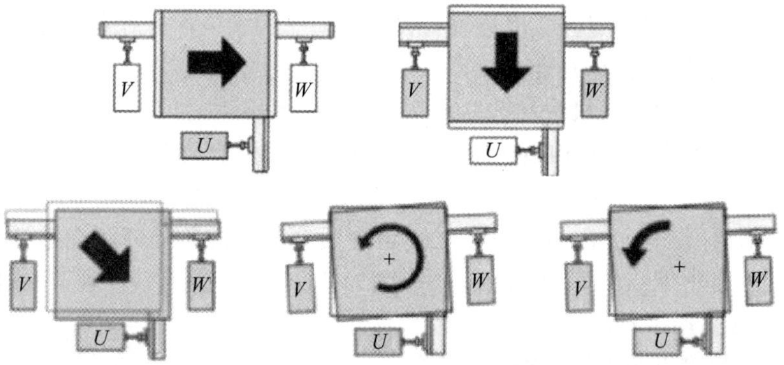

图 4-31　UVW 平台

不过,并联设计导致 $XY\theta$ 平台高度耦合:平台旋转一定角度时任意一个平移都会引起另外一个平移的从动,因此,各运动的输入误差不仅影响驱动方向的位置精度,同时影响耦合方向的位置精度,误差将被放大。

UVW 平台为了实现平移和旋转需要三轴协同运动,从而无法根据各轴独立运动量确定平台和设备的坐标映射关系,因此需要标定如下:

像素坐标系 UV ←位姿标定→ 基座坐标系 $X_BY_B\theta_B$ ←运动学逆解 / 运动学正解→ 模组坐标系 UVW

4.4.3 正运动方程

精密模组安装于固定基座，如前所述，基座上建立有基座坐标系$\{B\}=X_BY_B\theta_B$，而精密模组UVW三轴建有模组坐标系$\{M\}=UVW$。

基座坐标系$\{B\}=X_BY_B\theta_B$内，特征从位置A先平移dX、dY，然后旋转$d\theta$，到达位置B，如图4-32(a)所示；那么在模组坐标系$\{M\}=UVW$内，各轴的位移量为dU、dV和dW，如图4-32(b)所示。

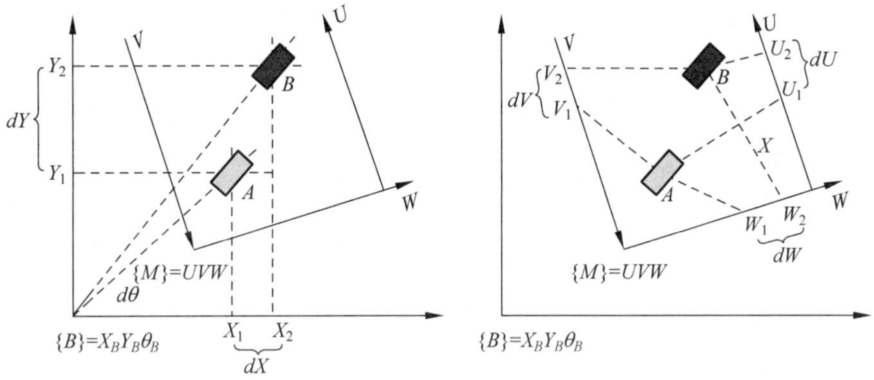

(a) 平移和旋转　　(b) 位移量

图4-32　正运动方程

根据精密模组提供的规格书，给定基座坐标系$\{B\}=X_BY_B\theta_B$内的运动量$(dX_B,dY_B,d\theta_B)$，求解模组坐标系$\{M\}=UVW$内各轴控制量(dU,dV,dW)，其计算方式是给定的。即映射关系$\boldsymbol{\varphi}(\cdot):(dX_B,dY_B,d\theta_B)\mapsto(dU,dV,dW)$已知：

$$\begin{cases}dU=R\cos(d\theta_B+\beta_U+\theta_0)-R\cos(\beta_U+\theta_{B0})\\dV=R\cos(d\theta_B+\beta_V+\theta_0)-R\cos(\beta_V+\theta_{B0})\\dW=R\sin(d\theta_B+\beta_W+\theta_0)-R\sin(\beta_W+\theta_{B0})\end{cases}\tag{4-27}$$

式(4-27)即为模组正解方程$\boldsymbol{\varphi}$，其中R、β_U、β_V、β_W为模组提供的规格参数，θ_{B0}为开始运动之前位置A时的角度。

这个基座坐标系$\{B\}=X_BY_B\theta_B$与模组三轴所成模组坐标系$\{M\}=UVW$之间的映射关系$\boldsymbol{\varphi}:(dX_B,dY_B,d\theta_B)\mapsto(dU,dV,dW)$的研究已经非常彻底、充分，为

$$(dU,dV,dW)=\boldsymbol{\varphi}(dX_B,dY_B,d\theta_B)$$

4.4.4 外部参数标定

基座坐标系$\{B\}=X_BY_B\theta_B$与主相机坐标系$\{C\}=X_CY_CZ_C$的变换关系$\psi(\cdot):(X_B,Y_B)\to(X_C,Y_C)$非常重要。

这是两个坐标系的外参问题，描述两个坐标系变换关系的主要参数有：①基座坐标系$\{B\}=X_BY_B\theta_B$与相机坐标系$\{C\}=X_CY_CZ_C$的夹角ω；②基座坐标系$\{B\}$原点在相机坐标系$\{C\}$中的坐标(X_{B0},Y_{B0})。一旦取得上述ω和(X_{B0},Y_{B0})的参数，即可构成外参矩阵${}_B^C\boldsymbol{T}$：

$$ {}_{B}^{C}\boldsymbol{T} \triangleq \psi(\cdot):(X_B,Y_B)\rightarrow(X_C,Y_C)=\begin{pmatrix}\cos\omega & -\sin\omega & X_{B0}\\ \sin\omega & \cos\omega & Y_{B0}\\ 0 & 0 & 1\end{pmatrix} \tag{4-28} $$

通过式(4-28)所示的外参矩阵${}_{B}^{C}\boldsymbol{T}$，从而获得$\{C\}=X_CY_CZ_C$ 至$\{B\}=X_BY_B\theta_B$ 的刚体变换为

$$ \begin{pmatrix}X_C\\ Y_C\\ 1\end{pmatrix}=\underbrace{\begin{pmatrix}\cos\omega & -\sin\omega & X_{B0}\\ \sin\omega & \cos\omega & Y_{B0}\\ 0 & 0 & 1\end{pmatrix}}_{{}_{B}^{C}\boldsymbol{T}}\begin{pmatrix}X_B\\ Y_B\\ 1\end{pmatrix} $$

以下将模组标定过程分为两步：第一步，标定角度 ω；第二步，标定偏移(X_{B0},Y_{B0})。

1. 标定角度

以下为第一步，模组角度 ω 的标定方法及过程。根据像平面坐标系到像素坐标系的仿射变换，有

$$ \begin{pmatrix}u\\ v\\ 1\end{pmatrix}=\begin{pmatrix}1/dx & 0 & u_0\\ 0 & 1/dy & v_0\\ 0 & 0 & 1\end{pmatrix}\begin{pmatrix}x\\ y\\ 1\end{pmatrix}\Rightarrow\begin{pmatrix}x\\ y\\ 1\end{pmatrix}=\begin{pmatrix}dx & 0 & -u_0dx\\ 0 & dy & -v_0dy\\ 0 & 0 & 1\end{pmatrix}\begin{pmatrix}u\\ v\\ 1\end{pmatrix} $$

根据相机坐标系到像平面坐标系的投影变换，有

$$ Z_C\begin{pmatrix}x\\ y\\ 1\end{pmatrix}=\begin{pmatrix}f & 0 & 0 & 0\\ 0 & f & 0 & 0\\ 0 & 0 & 1 & 0\end{pmatrix}\begin{pmatrix}X_C\\ Y_C\\ Z_C\\ 1\end{pmatrix}\Rightarrow\begin{pmatrix}X_C\\ Y_C\\ 1\end{pmatrix}=Z_C\begin{pmatrix}\frac{1}{f} & 0 & 0\\ 0 & \frac{1}{f} & 0\\ 0 & 0 & 1\end{pmatrix}\begin{pmatrix}x\\ y\\ 1\end{pmatrix} $$

根据相机坐标系到基座坐标系的刚体变换(针对原点重合、只有旋转的情况)，有

$$ {}_{C}^{B}\boldsymbol{R}(z,\omega)=\begin{pmatrix}\cos\omega & -\sin\omega & 0\\ \sin\omega & \cos\omega & 0\\ 0 & 0 & 1\end{pmatrix}\Rightarrow\begin{pmatrix}X_B\\ Y_B\\ 1\end{pmatrix}=\begin{pmatrix}\cos\omega & -\sin\omega & 0\\ \sin\omega & \cos\omega & 0\\ 0 & 0 & 1\end{pmatrix}\begin{pmatrix}X_C\\ Y_C\\ 1\end{pmatrix} \tag{4-29} $$

其中，ω 指基座坐标系 Z 轴按照右手规则正向旋转至与相机坐标系重合的角度。

综合上述，像素坐标系 uv→像平面坐标系 xy→相机坐标系$\{C\}=X_CY_CZ_C$→基座坐标系$\{B\}=X_BY_B\theta_B$ 的三个变换关系，有

$$ \begin{pmatrix}X_B\\ Y_B\\ 1\end{pmatrix}=Z_C\begin{pmatrix}\cos\omega\dfrac{dx}{f} & -\sin\omega\dfrac{dy}{f} & -\cos\omega\dfrac{u_0(dx)}{f}+\sin\omega\dfrac{v_0(dy)}{f}\\ \sin\omega\dfrac{dx}{f} & \cos\omega\dfrac{dy}{f} & -\sin\omega\dfrac{u_0(dx)}{f}-\cos\omega\dfrac{v_0(dy)}{f}\\ 0 & 0 & 1\end{pmatrix}\begin{pmatrix}u\\ v\\ 1\end{pmatrix} $$

其中，ω 为前述基座坐标系$\{B\}=X_BY_B\theta_B$ 旋转至相机坐标系$\{C\}=X_CY_CZ_C$ 的夹角，令$f_x\triangleq Z_C\dfrac{dx}{f}$和$f_y\triangleq Z_C\dfrac{dy}{f}$为相机在 x 方向和 y 方向的像素当量，上式可简化为

$$\begin{pmatrix} X_B \\ Y_B \\ 1 \end{pmatrix} = \begin{pmatrix} \cos\omega f_x & -\sin\omega f_y & -\cos\omega u_0 f_x + \sin\omega v_0 f_y \\ \sin\omega f_x & \cos\omega f_y & -\sin\omega u_0 f_x - \cos\omega v_0 f_y \\ 0 & 0 & 1 \end{pmatrix} \begin{pmatrix} u \\ v \\ 1 \end{pmatrix}$$

其中，ω，u_0，v_0，f_x，f_y 均为固定值，因此可得增量方程：

$$\begin{pmatrix} \Delta X_B \\ \Delta Y_B \end{pmatrix} = \begin{pmatrix} f_x \cos\omega & -f_y \sin\omega \\ f_x \sin\omega & f_y \cos\omega \end{pmatrix} \begin{pmatrix} \Delta u \\ \Delta v \end{pmatrix} \tag{4-30}$$

基于式(4-20)的增量方程，角度标定过程如图 4-33 所示。

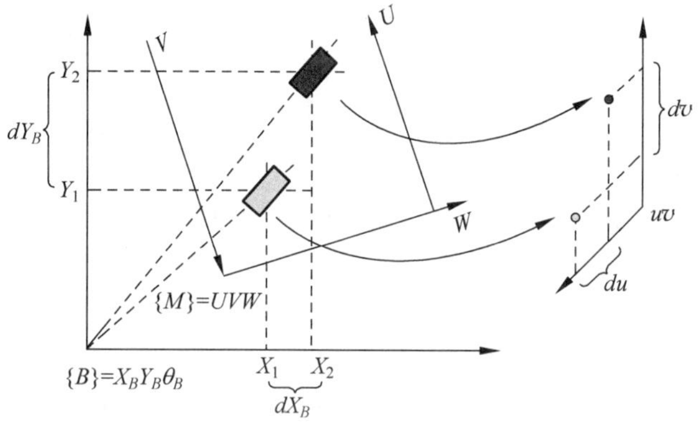

图 4-33 角度标定过程

(1) 控制三维模组回零（此时模组坐标系$\{M\}=UVW$ 原点与基座坐标系$\{B\}=X_BY_B\theta_B$ 原点重合)，相机采集标志图像，获得标志在像素坐标系 uv 内的坐标(u_1,v_1)。

(2) 给定某个 ΔX_B 和 ΔY_B，例如 0.8mm，控制三维模组 UVW 三根轴分别运动$(dU, dV, dW)=\boldsymbol{\varphi}(\Delta X_B, \Delta Y_B, 0)$，从而标志在基座坐标系 $XY\theta$ 的 X 和 Y 方向平移了 dX_B 和 dY_B，但是旋转为零。

(3) 相机采集标志的图像，获得标志在像素坐标系 uv 内的坐标(u_2,v_2)。

(4) 像素坐标系 uv 内，标志的像素坐标从(u_1,v_1)移动到(u_2,v_2)，u 和 v 方向上平移了 du 和 dv。

(5) 根据 $i=1$ 的运动前数据和 $i=2$ 的运动后数据获得一组方程：

$$\begin{pmatrix} \Delta X_B \\ \Delta Y_B \end{pmatrix} = \begin{pmatrix} f_x \cos\omega & -f_y \sin\omega \\ f_x \sin\omega & f_y \cos\omega \end{pmatrix} \begin{pmatrix} \Delta u \\ \Delta v \end{pmatrix} \tag{4-31}$$

其中，$\Delta u = u_2 - u_1$，$\Delta v = v_2 - v_1$。

(6) 重复步骤(A1)～(A5)$n(n\geqslant 2)$次，获得 n 组方程：

$$\begin{pmatrix} \Delta X_{Bj} \\ \Delta Y_{Bj} \end{pmatrix} = \begin{pmatrix} f_x \cos\omega & -f_y \sin\omega \\ f_x \sin\omega & f_y \cos\omega \end{pmatrix} \begin{pmatrix} \Delta u_j \\ \Delta v_j \end{pmatrix}, \quad j=1,2,\cdots,n$$

根据以上方程，解得基座坐标系$\{B\}$至相机坐标系$\{C\}$之间的夹角 ω，以及相机 x 和 y 方向的像素当量 f_x 和 f_y。

2. 标定偏移

以下为第二步，模组偏移量(X_{B0}, Y_{B0})标定的方法和过程如图 4-34 所示。

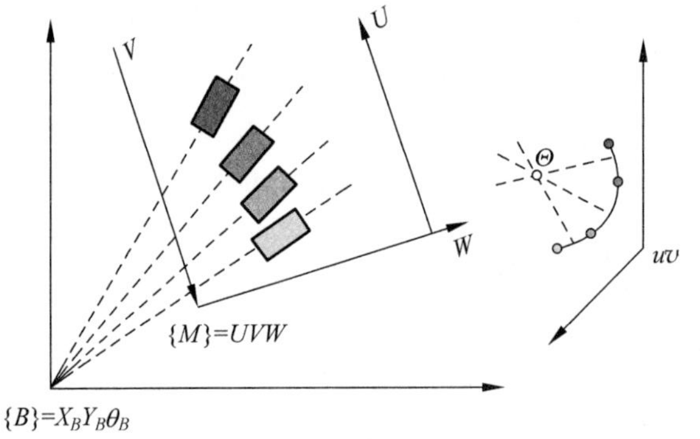

图 4-34 偏移标定

(1) 控制三维模组回零(此时模组坐标系$\{M\}=UVW$原点与基座坐标系$\{B\}=X_BY_B\theta_B$原点已经重合)。

(2) 给定某个角度$\Delta\theta$,例如0.8°,控制精密模组UVW三根轴分别运动$(dU,dV,dW)=\varphi(0,0,\Delta\theta)$。

(3) 相机采集标志的图像,获得标志在像素坐标系uv内的坐标(u,v)。

(4) 重复上述步骤$m(m\geqslant 2)$次,得到m个坐标点$\{(u_i,v_i)\}_{i=1}^m$。

(5) 通过m个像素坐标点构成的圆弧,拟合得到圆心$\Theta(u_{B0},v_{B0})$,此圆心对应基座坐标系$\{B\}$的原点。(u_{B0},v_{B0})即基座坐标系$\{B\}$原点在相机的像素坐标系uv内的偏移量。

(6) 像素坐标系内的(u_{B0},v_{B0})转换至相机坐标系$\{C\}$,即得相机坐标系$\{C\}$内的偏移量$(X_{C_{B0}},Y_{C_{B0}})$。

$$\begin{pmatrix} X_{C_{B0}} \\ Y_{C_{B0}} \\ 1 \end{pmatrix}=\begin{pmatrix} f_x & 0 & -u_0f_x \\ 0 & f_y & -v_0f_y \\ 0 & 0 & 1 \end{pmatrix}\begin{pmatrix} u_{B0} \\ v_{B0} \\ 1 \end{pmatrix}$$

其中,像素当量f_x和f_y为前一步标定所得,(u_0,v_0)通过计算得到。

至此,获得关于角度的参数(f_x,f_y,ω),以及关于偏移的参数(u_{B0},v_{B0})或$(X_{C_{B0}},Y_{C_{B0}})$。

3. 模组外部参数

根据像素坐标系uv→像平面坐标系xy→相机坐标系$\{C\}=X_CY_CZ_C$的关系:

$$\begin{pmatrix} X_C \\ Y_C \\ 1 \end{pmatrix}=Z_C\begin{pmatrix} 1/f & 0 & 0 \\ 0 & 1/f & 0 \\ 0 & 0 & 1 \end{pmatrix}\begin{pmatrix} dx & 0 & -u_0dx \\ 0 & dy & -v_0dy \\ 0 & 0 & 1 \end{pmatrix}\begin{pmatrix} u \\ v \\ 1 \end{pmatrix}=Z_C\begin{pmatrix} dx/f & 0 & -u_0(dx)/f \\ 0 & dy/f & -v_0(dy)/f \\ 0 & 0 & 1 \end{pmatrix}\begin{pmatrix} u \\ v \\ 1 \end{pmatrix}$$

令$f_x\triangleq Z_C\dfrac{dx}{f}$和$f_y\triangleq Z_C\dfrac{dy}{f}$为相机$x$方向和$y$方向的像素当量,则

$$\begin{pmatrix} X_C \\ Y_C \\ 1 \end{pmatrix}=\begin{pmatrix} f_x & 0 & -u_0f_x \\ 0 & f_y & -v_0f_y \\ 0 & 0 & 1 \end{pmatrix}\begin{pmatrix} u \\ v \\ 1 \end{pmatrix}$$

即得主相机的像素坐标系至相机坐标的变换矩阵${}_{uv}^{C}\boldsymbol{T}$为

$${}_{uv}^{C}\boldsymbol{T}\triangleq\begin{pmatrix} f_x & 0 & -u_0f_x \\ 0 & f_y & -v_0f_y \\ 0 & 0 & 1 \end{pmatrix} \tag{4-32}$$

根据从相机坐标系$\{C\}=X_C Y_C Z_C$至基座坐标系$\{B\}=X_B Y_B \theta_B$的变换关系：

$$\begin{pmatrix} X_B \\ Y_B \\ 1 \end{pmatrix}=\begin{pmatrix} \cos\omega & -\sin\omega & X_{C_{B0}} \\ \sin\omega & \cos\omega & Y_{C_{B0}} \\ 0 & 0 & 1 \end{pmatrix}\begin{pmatrix} X_C \\ Y_C \\ 1 \end{pmatrix}$$

即得像相机坐标系$\{C\}=X_C Y_C Z_C$至$\{B\}=X_B Y_B \theta_B$的坐标变换矩阵${}_C^B\boldsymbol{T}$

$${}_C^B\boldsymbol{T} \triangleq \begin{pmatrix} \cos\omega & -\sin\omega & X_{C_{B0}} \\ \sin\omega & \cos\omega & Y_{C_{B0}} \\ 0 & 0 & 1 \end{pmatrix} \tag{4-33}$$

以及

$$(X_B, Y_B)=\psi(u,v)={}_C^B\boldsymbol{T}\underbrace{C_{uv}\boldsymbol{T}\boldsymbol{p}(u,v)}_{{}^C\boldsymbol{P}} \tag{4-34}$$

至此获得六类参数：内参类的${}_{(uv)_i}^{C_i}\boldsymbol{T}$，外参类的${}_{C_i}^{W}\boldsymbol{T}$、${}_C^B\boldsymbol{T}$、${}_B^W\boldsymbol{T}$，运动方程$\boldsymbol{T}(\Delta X_B, \Delta X_B, \Delta\theta_B)$，模组的正运动学方程$(\Delta U, \Delta V, \Delta W)=\varphi(\Delta X_B, \Delta Y_B, \Delta\theta_B)$。重列如下：

$${}_{(uv)_i}^{C_i}\boldsymbol{T}=\begin{pmatrix} f_x^{(i)} & 0 & -u_0^{(i)} f_x^{(i)} \\ 0 & f_y^{(i)} & -v_0^{(i)} f_y^{(i)} \\ 0 & 0 & 1 \end{pmatrix} \quad {}_{C_i}^{W}\boldsymbol{T}=\begin{pmatrix} \cos\theta_C^{(i)} & -\sin\theta_C^{(i)} & {}_{C_i}^{W}dx \\ \sin\theta_C^{(i)} & \cos\theta_C^{(i)} & {}_{C_i}^{W}dy \\ 0 & 0 & 1 \end{pmatrix}$$

$${}_C^B\boldsymbol{T}=\begin{pmatrix} \cos\omega & -\sin\omega & X_C^{(B0)} \\ \sin\omega & \cos\omega & Y_C^{(B0)} \\ 0 & 0 & 1 \end{pmatrix}$$

$${}_B^W\boldsymbol{T}={}_C^W\boldsymbol{T}({}_C^B\boldsymbol{T})^{-1}, \quad {}_{C_i}^{B}\boldsymbol{T}=({}_B^W\boldsymbol{T})^{-1}\,{}_{Ci}^{W}\boldsymbol{T}$$

$$\boldsymbol{T}(\Delta X_B, \Delta Y_B, \Delta\theta_B)=\begin{pmatrix} \cos\Delta\theta_B & -\sin\Delta\theta_B & \Delta X_B \\ \sin\Delta\theta_B & \cos\Delta\theta_B & \Delta Y_B \\ 0 & 0 & 1 \end{pmatrix}$$

$$(\Delta U, \Delta V, \Delta W)=\varphi(\Delta X_B, \Delta Y_B, \Delta\theta_B) \triangleq \begin{cases} dU=R\cos(d\theta_B+\beta_U+\theta_0)-R\cos(\beta_U+\theta_{B0}) \\ dV=R\cos(d\theta_B+\beta_V+\theta_0)-R\cos(\beta_V+\theta_{B0}) \\ dW=R\sin(d\theta_B+\beta_W+\theta_0)-R\sin(\beta_W+\theta_{B0}) \end{cases}$$

以上位姿参数确定后，通过同名特征点构成的数据点集$\{\boldsymbol{M}_i=(X_i, Y_i)^{\mathrm{T}}\}_{i=1}^N$和$\{\boldsymbol{m}_i=(x_i, y_i)^{\mathrm{T}}\}_{i=1}^N$，假设刚体运动变换为先平移后旋转，记平移参数为$a$、$b$，旋转弧度为$\theta$，即可通过优化求解得到$\{a, b, \theta\}$。

具体优化方法，可以参考1.4.1节的L-M算法。

第5章

图像处理与分析

市面上存在许多成熟的和商业化的平台及算法库，例如 Halcon 和 OpenCV 等，都提供了类型丰富、稳定健壮的各种检测算子，可以帮助用户快速构建任务解决方案。如果进一步充分理解各种算法的实现细节，则可以更加娴熟、高效地运用这些高度封装的算子。本章基于作者的图像处理分析软件框架 IPA（Image Process and Analyse），对各种常用算法进行了无依赖的纯 C/C++的实现，包括图像操作、图像处理和图像分析三个层次，如图 5-1 所示。

图 5-1　IPA 框架主要检测算子

其中的核心是 CImgProcess，该类在 Init 中开辟固定内存，各类检测算子共享该区块，代码如下：

```
void CImgProcess::Init(BOOL bGry, DWORD heigth, DWORD width)
{
/* ...... */
if (m_Heigh * m_Width > m_Size)
{
    //复位内存
    Reset();

    //重新申请内存
    m_pRgbImg = new BYTE[m_Heigh * m_Width * 3];          //彩色图像
```

```
    m_pGryImg = new BYTE[m_Heigh * m_Width];          //灰度图像
    m_pGrdImg = new BYTE[m_heigh * m_Width];          //梯度图像
    m_pBinImg = new BYTE[m_heigh * m_Width];          //二值图像
    m_pTmpImg = new BYTE[m_Heigh * m_Width];          //临时图像
    m_pRstImg = new BYTE[m_Heigh * m_Width];          //结果图像

    //记录内存大小
    m_Size = m_Heigh * m_Width;
}
/* …… */
}
```

内存复位的代码片段如下：

```
void CImgProcess::Reset(void)
{
    if (m_pRgbImg)
        { delete m_pRgbImg; m_pRgbImg = NULL; }
    if (m_pGryImg)
        { delete m_pGryImg; m_pGryImg = NULL; }
    if (m_pGrdImg)
        { delete m_pGrdImg; m_pGrdImg = NULL; }
    if (m_pBinImg)
        { delete m_pBinImg; m_pBinImg = NULL; }
    if (m_pTmpImg)
        { delete m_pTmpImg; m_pTmpImg = NULL; }
    if (m_pRstImg)
        { delete m_pRstImg; m_pRstImg = NULL; }

    m_Size = 0;
    /* …… */
}
```

这种方式主要避免频繁操作内存导致碎片化。

通过框架将某个算法调试成功之后，可以编制为动态库，以如下方式导出 API。

```
#ifdef DLL_EXPORT
#define DLL_API_TYPE __declspec(dllexport)
#else
#define DLL_API_TYPE __declspec(dllimport)
#endif

//导出 DllFunc_01 接口
extern "C" DLL_API_TYPE bool DllFunc_01(
    const double DatumIn[],          //输入参数
    double * &DatumOut,              //输出参数
    bool bDebugOut = false           //默认参数
)
```

工业应用界面框架采用 C# 比较常见，使用前述 Dll 接口时，需要注意 C++的内存管理：

```
//指定 C# 调用约定
[DllImport(@"…pathToDll…\\Funcs.dll", EntryPoint = "DllFunc_01",
```

```
    CallingConvention = CallingConvention.Cdecl)]

public static extern int DllFunc_01(
    double[] DatumIn,                    //输入参数
    ref IntPtr DatumOut,                 //输出参数
    bool bDebugOut = false);             //默认参数
    /* ...... */

    double[] DatumIn = new double[LEN_OF_IN];
    //为 CPP 使用 Marshal 的 AllocHGlobal 方法开辟全局内存
    IntPtr DatumCpp = Marshal.AllocHGlobal(LEN_OF_OUT * sizeof(double));
    //调用 CPP 的动态库接口
    DllFunc_01(DatumIn, ref DatumCpp, true);

    /* 从 CPP 复制到 C# */
    //C# 变量空间
    double[] DatumSharp = new double[LEN_OF_OUT];
    //使用 Marshal 的 Copy 方法将数据从非托管 CPP 指针复制到托管 C# 数组
    Marshal.Copy(DatumCpp, DatumSharp, 0, LEN_OF_OUT);
    //释放 C++指针对应非托管内存
    Marshal.FreeHGlobal(DatumCpp);
    /* ...... */
```

需要说明的是，出于控制篇幅考虑，本章中不再分析具体代码实现，否则本书厚度将会增加太多。有兴趣的读者可以到出版社资源区下载框架代码。

本章内容整体上可以分为图像(预)处理和图像分析两部分。其中，预处理包括 5.1 节的图像增强和 5.2 节的平滑滤波，图像分析则按照面、线、点顺序介绍 5.3 节的区域分割、5.4 节的边缘检测及 5.5 节的特征点定位，最后在 5.6 节介绍基线检测案例。

5.1 图像增强

图像增强(Image Enhancement)是图像处理的重要分支，可以加强和突出有用信息，减弱甚至去除干扰信息。

图像增强主要包括空间域和变换域的操作。

(1) 空间域操作(简称空域操作)主要包括灰度变换类的点操作(Point Operation)和平滑锐化类的邻域操作(Neighborhood Operation)。空间域算法比较直观，速度较快。

(2) 变换域操作首先将图像变换到特定的域，例如傅里叶变换到频率域，然后通过高通、低通、带通等手段处理特定频带，最后将处理结果再反变换到空间域。变换域算法比空间域复杂，速度较慢。

在线检测类的应用一般以空间域方法为主，空间域中的图像增强以点操作为主。以灰度图像为例，记原图像为 $f(x,y)$，结果图像为 $g(x,y)$，点操作即变换函数 $g(x,y)=T[f(x,y)]$，结果图像的灰度值 $g(x,y)$ 仅依赖于原图像相同位置的灰度值 $f(x,y)$。

5.1.1 线性拉伸

线性拉伸(Linear Stretch)是常用的灰度变换，变换函数为斜截式直线方程：

$$g(x,y)=k\cdot f(x,y)+b \tag{5-1}$$

其中，k 为斜率，b 为截距。函数曲线如图 5-2 所示。

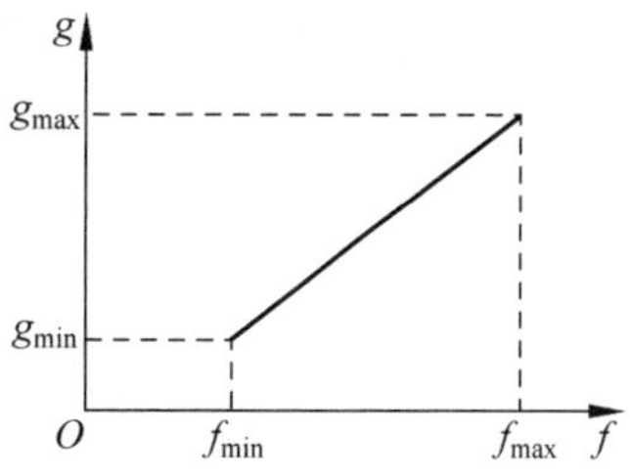

图 5-2 线性拉伸

对于线性拉伸，如果斜率 $k>1$，则结果图像的方差变大，即对比度增强；如果 $k<1$，则方差变小，即对比度降低。特别地，如果指定将灰度从原图像的$[f_{\min},f_{\max}]$变换为结果图像的$[g_{\min},g_{\max}]$，则可以解析地获得斜截式方程的精确数值解 $k=\dfrac{g_{\max}-g_{\min}}{f_{\max}-f_{\min}}$，$b=g_{\min}-k\cdot f_{\min}$。

线性拉伸可以扩大灰度分布范围，提高对比度，使得图像清晰，特征明确。其缺点是，如果原图像存在即使一个噪声像素，也将会导致像素灰度极小值或极大值离群，从而将失去增强效果。

这个缺陷对于某些应用来说是很严重的。

5.1.2 方差规范化拉伸

鉴于 5.1.1 节的线性拉伸对噪声敏感，因此需要考虑更为稳定的物理量，例如均值和方差。

设原图像的均值为 b_1，对比度为 c_1，结果图像的均值为 b_2，对比度为 c_2，则基于方差，可以定义线性拉伸函数为

$$g(x,y)=[f(x,y)-b_1]\times\frac{c_2}{c_1}+b_2 \tag{5-2}$$

其中，第一步的$(f-b_1)$使得均值为零，此时标准差仍然保持 c_1；第二步乘以系数 c_2/c_1，在均值为零的基础上将标准差变为 c_2；第三步加 b_2，在标准差为 c_2 的基础上使得均值为 b_2。该过程称为方差规范化。

方差规范化的优点是增强效果不再容易受到个别噪点影响，缺点是无法保证结果图像的灰度位于$[0,255]$范围。

这个缺陷对于大多数应用通常可以接受。

5.1.3 分段线性拉伸

进一步地，可以通过分段的形式有选择地抑制某范围灰度，将该部分空间留给更重要的信息。

记原图像为 $f(x,y)$，结果图像为 $g(x,y)$，则分段线性拉伸变换函数为

$$g(x,y)=\begin{cases}\alpha f(x,y), & 0\leqslant f(x,y)<f_a\\ \beta\{f(x,y)-f_a\}+g_a, & f_a\leqslant f(x,y)\leqslant f_b\\ \gamma\{f(x,y)-f_b\}+g_b, & f_b<f(x,y)\leqslant 255\end{cases} \tag{5-3}$$

其中，$\alpha=\dfrac{g_a}{f_a}$，$\beta=\dfrac{g_b-g_a}{f_b-f_a}$，$\gamma=\dfrac{255-g_b}{255-f_b}$。

分段拉伸的目的是将原图像中$[f_a,f_b]$区间的重要信息变换为结果图像中的$[g_a,g_b]$，当$(g_a-g_b)>(f_a-f_b)$时就实现了对比度增强，即条件为 $\alpha<1$，$\beta>1$，$\gamma<1$。

分段线性拉伸函数图像如图 5-3 所示。

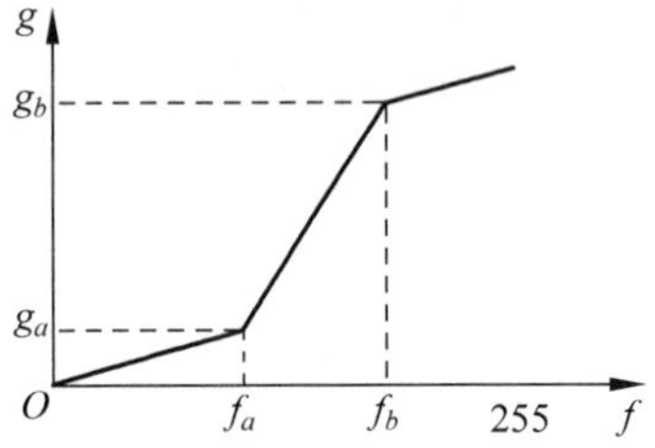

图 5-3 分段线性拉伸函数图像

5.1.4 灰度窗及切片

对于 5.1.3 节的分段线性拉伸，如果极端的压制两侧信息乃至将其完全抛弃，仅保留需要增强的$[f_a, f_b]$范围，则如同从 0 到 255 灰度中间打开一个窗口，从而窗口以外的像素不会干扰目标，这个窗口称为灰度窗，其函数为

$$g(x,y)=\begin{cases}0, & 0 \leqslant g(x,y) < f_a \\ \beta\{f(x,y)-f_a\}, & f_a \leqslant f(x,y) \leqslant f_b \\ 0, & f_b < f(x,y) \leqslant 255\end{cases} \tag{5-4}$$

灰度窗函数图像如图 5-4 所示。

例如图 5-5，医学 CT 设备将影像在不同灰度区间进行开窗，从而形成不同的肺窗、肌肉窗。

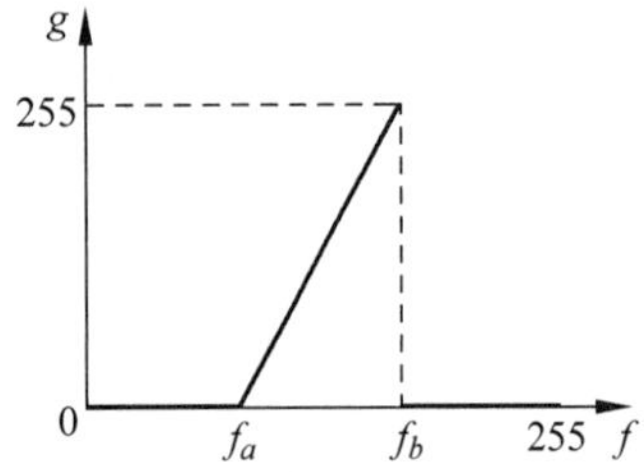

图 5-4 灰度窗函数图像

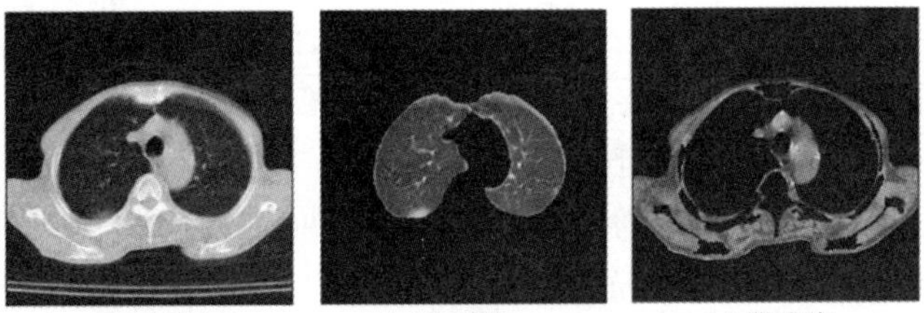

(a) 原图 (b) 肺窗 (c) 肌肉窗

图 5-5 CT 图像开窗

进一步地，如果需要对目标进行测量等操作，则可以将窗口分离为二值图像，此时称为灰度切片，函数为

$$g(x,y)=\begin{cases}0, & 0 \leqslant g(x,y) < f_a \\ 255, & f_a \leqslant f(x,y) \leqslant f_b \\ 0, & f_b < (x,y) \leqslant 255\end{cases} \tag{5-5}$$

灰度切片函数图像如图 5-6 所示。

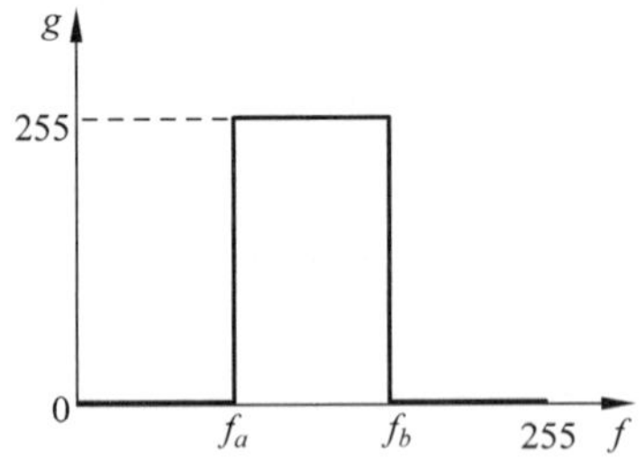

图 5-6 灰度切片函数图像

5.1.5 直方图均衡化

直方图是一种将像素归入不同柱(Bin)的统计方法，常用的有灰度直方图、梯度直方图等。直方图的横轴从左到右表示灰度的增加，如 0～255；纵轴从下到上表示像素的数量或者百分比。如果直方图某个位置的峰比较高，通常表示对应该灰度的像素数量比较多。

注意：直方图仅记录像素亮度出现的频数，丢失了像素的空间位置信息。任一幅图像都唯一给出对应的直方图，但两个直方图完全相同的图像可能内容完全不同，因此直方图与图像是一对多的关系。

换言之，即使所有像素均不改变，而仅改变其相对位置，则直方图完全相同，而图像内容迥异。这一点很重要，对于理解直方图的本质有很大帮助。

例如对于图 5-7，图 5-7(a)明显曝光过度，图 5-7(b)则显然欠曝，图 5-7(c)相对合理，这些信息似乎是显然的。但是由于直方图只记录了亮度信息，并无其他位置内容，实际上无法获得上述判断。因此，这是直方图先天的局限：它只反映亮度信息，并不代表其他含义。当然，如果额外具有图像的先验知识，例如可以结合业务场景，此时是可以得出更多的信息的，但需要附加信息。

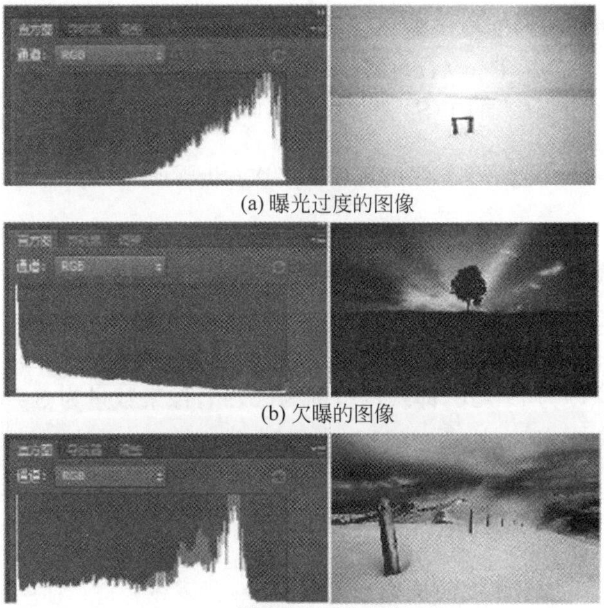

(a) 曝光过度的图像

(b) 欠曝的图像

(c) 曝光度相对合理的图像

图 5-7　直方图及原图

图像处理系统对于图像要求细节清晰、层次分明，如果背景和前景目标的灰度过于接近，将给后期工作增加难度。直方图均衡可以用来实现这一目的。

直方图均衡(Histogram Equalization)的思路是对图像中像素数多的灰度等级进行展宽，对像素数少的灰度等级进行缩减。这是因为某个灰度的像素数量在整幅图像占比较大，说明其对图像的影响较大；相反，占比较少的个别灰度等级对于图像的影响是有限的。通过均衡处理，使得结果图像直方图是平坦的，从而达到清晰图像的目的。

以 f 表示原图，g 表示结果图，$f(i,j)$和 $g(i,j)$分别表示原图和结果图中(i,j)位置像素的灰度数值；同时，设原图编码深度为 L，即灰度范围为$[0,L-1]$，图像尺寸为高 H 和宽 W，即像素总数为 $S=H\times W$。那么，直方图均衡可以表示为一个映射 $T: f(i,j)\rightarrow g(i,j)$，该映射 $T(\cdot)$满足：

(1) 对于原图的灰度数值 $0\leqslant f(i,j)\leqslant L-1$，在结果图中有 $0\leqslant g(i,j)\leqslant L-1$，即变换

前后灰度等级的数量不会增加；

(2) 映射 $T(\cdot)$在$[0,L-1]$范围内单调不减，即变换前后不改变灰度排列次序。

显然，满足这种性质的首选是累积分布函数(Cumulative Distribution Function，CDF)，由此可得直方图均衡的具体步骤如下。

(1) 计算原图 f 的灰度直方图h_f，得到 L 维向量。

$$\boldsymbol{h}_f(k)=(h_f(0),h_f(1),\cdots,h_f(L-1))$$

(2) 通过直方图 h_f，计算原图灰度的概率密度函数 p_f。

$$p_f(k)=\frac{\boldsymbol{h}_f(k)}{S},\quad k=0,1,\cdots,L-1$$

(3) 通过概率密度 p_f，计算原图灰度的累积分布函数 P_f。

$$P_f(k)=\sum_{i=0}^{k}p_f(i),\quad k=0,1,\cdots,L-1$$

(4) 获得直方图均衡的变换函数。

$$g(i,j)=(L-1)\times P_f(f(i,j)),\quad i=0,1,\cdots,H-1,\quad j=0,1,\cdots,W-1$$

上述均衡过程中步骤(2)的 $1/S$，把灰度排名映射至$[0,1]$区间；步骤(3)的 $\sum_{i=0}^{k}p_f(i)$，统计从第 0～k 级的灰度的名次；步骤(4)的$(L-1)$，将名次空间重新映射回$[0,L-1]$灰度空间。

$$f=\begin{bmatrix}1&3&9&9&8\\2&1&3&7&3\\3&6&0&6&4\\6&8&2&0&5\\2&9&2&6&0\end{bmatrix}$$

图 5-8 原图

对于直方图均衡之后的结果图像，其直方图不一定平坦，对比度也不一定增加；但是，主要的收益是波峰之间的距离可以被拉宽。例如，给定原图如图 5-8 所示。

可见原图编码深度为 $L=10$，即灰度范围为$[0,9]$，像素数量为 $S=5\times5=25$，以下按照前述步骤执行。

(1) 计算原图 f 的灰度直方图即 10 维向量 $\boldsymbol{h}_f$。

$$\boldsymbol{h}_f=(\underbrace{3}_{0}\ \underbrace{2}_{1}\ \underbrace{4}_{2}\ \underbrace{4}_{3}\ \underbrace{1}_{4}\ \underbrace{1}_{5}\ \underbrace{4}_{6}\ \underbrace{1}_{7}\ \underbrace{2}_{8}\ \underbrace{3}_{9})$$

(2) 通过 $\boldsymbol{h}_f$，计算原图灰度的概率密度函数 p_f。

$$p_f=\left(\underbrace{\frac{3}{25}}_{0}\ \underbrace{\frac{2}{25}}_{1}\ \underbrace{\frac{4}{25}}_{2}\ \underbrace{\frac{4}{25}}_{3}\ \underbrace{\frac{1}{25}}_{4}\ \underbrace{\frac{1}{25}}_{5}\ \underbrace{\frac{4}{25}}_{6}\ \underbrace{\frac{1}{25}}_{7}\ \underbrace{\frac{2}{25}}_{8}\ \underbrace{\frac{3}{25}}_{9}\right)$$

(3) 通过 p_f，计算原图灰度的累积分布函数 P_f。

$$P_f=\left(\underbrace{\frac{3}{25}}_{0}\ \underbrace{\frac{5}{25}}_{1}\ \underbrace{\frac{9}{25}}_{2}\ \underbrace{\frac{13}{25}}_{3}\ \underbrace{\frac{14}{25}}_{4}\ \underbrace{\frac{15}{25}}_{5}\ \underbrace{\frac{19}{25}}_{6}\ \underbrace{\frac{20}{25}}_{7}\ \underbrace{\frac{22}{25}}_{8}\ \underbrace{\frac{25}{25}}_{9}\right)$$

(4) 获得直方图均衡的变换函数。

$$\begin{aligned}g(i,j)&=9\times P_f(f(i,j))\\&=(\underbrace{1.1}_{0}\ \underbrace{1.8}_{1}\ \underbrace{3.2}_{2}\ \underbrace{4.7}_{3}\ \underbrace{5.0}_{4}\ \underbrace{5.4}_{5}\ \underbrace{6.8}_{6}\ \underbrace{7.2}_{7}\ \underbrace{7.9}_{8}\ \underbrace{9}_{9})\\&=(\underbrace{1}_{0}\ \underbrace{2}_{1}\ \underbrace{3}_{2}\ \underbrace{5}_{3}\ \underbrace{5}_{4}\ \underbrace{5}_{5}\ \underbrace{7}_{6}\ \underbrace{7}_{7}\ \underbrace{8}_{8}\ \underbrace{9}_{9})\end{aligned}$$

可见直方图均衡函数 $T(\cdot)$类似于查表操作(LUT)：$f_0 \to g_1, f_1 \to g_2, f_2 \to g_3, f_3$、$f_4$、$f_5 \to g_5, f_6, f_7 \to g_7, f_8 \to g_8, f_9 \to g_9$。

将所得变换应用于原图，从而获得处理过的结果图，如图 5-9 所示。

$$\underset{f}{\begin{array}{|ccccc|}\hline 1 & 3 & 9 & 9 & 8 \\ 2 & 1 & 3 & 7 & 3 \\ 3 & 6 & 0 & 6 & 4 \\ 6 & 8 & 2 & 0 & 5 \\ 2 & 9 & 2 & 6 & 0 \\ \hline \end{array}} \Rightarrow \underset{g}{\begin{array}{|ccccc|}\hline 2 & 5 & 9 & 9 & 8 \\ 3 & 2 & 5 & 7 & 5 \\ 5 & 7 & 1 & 7 & 5 \\ 7 & 8 & 3 & 1 & 5 \\ 3 & 9 & 3 & 7 & 1 \\ \hline \end{array}}$$

图 5-9　处理过的结果图

以下分析直方图均衡的效果。

(1) 考查直方图均衡前的原图灰度直方图 h_f 和均衡后的结果图像直方图 h_g。

$$\begin{pmatrix} h_f \\ h_g \end{pmatrix} = \begin{pmatrix} 3 & 2 & 4 & 4 & 1 & 1 & 4 & 1 & 2 & 3 \\ \underbrace{0}_{0} & \underbrace{3}_{1} & \underbrace{2}_{2} & \underbrace{4}_{3} & \underbrace{0}_{4} & \underbrace{6}_{5} & \underbrace{0}_{6} & \underbrace{5}_{7} & \underbrace{2}_{8} & \underbrace{3}_{9} \end{pmatrix}$$

可以发现，结果图灰度的直方图出现三个空位 0，即压缩了三个灰度等级。

(2) 考查直方图均衡前后灰度的概率密度函数 p_f 和 p_g。

$$\begin{pmatrix} p_f \\ p_g \end{pmatrix} = \begin{pmatrix} 0.12 & 0.08 & 0.16 & 0.16 & 0.04 & 0.04 & 0.16 & 0.04 & 0.08 & 0.12 \\ \underbrace{0}_{0} & \underbrace{0.12}_{1} & \underbrace{0.08}_{2} & \underbrace{0.16}_{3} & \underbrace{0}_{4} & \underbrace{0.24}_{5} & \underbrace{0}_{6} & \underbrace{0.2}_{7} & \underbrace{0.08}_{8} & \underbrace{0.12}_{9} \end{pmatrix}$$

(3) 汇总数据得到表 5-1。

表 5-1　直方图均衡化

f	h_f	p_f	P_f	g	g	p_g
原始灰度	直方图	概率密度	累积分布	均衡函数	圆整之后	概率密度
0	3	3/25=0.12	0.12	1.08	1	0.12
1	2	2/25=0.08	0.2	1.8	2	0.08
2	4	4/25=0.16	0.36	3.24	3	0.16
3	4	4/25=0.16	0.52	4.68		
4	1	1/25=0.04	0.56	5.04	5	0.24
5	1	1/25=0.04	0.6	5.4		
6	4	4/25=0.16	0.76	6.84	7	0.2
7	1	1/25=0.04	0.8	7.2		
8	2	2/25=0.08	0.88	7.92	8	0.08
9	3	3/25=0.12	1	9	9	0.12

从表 5-1 可以看出灰度映射过程：$f_0 \to g_1, f_1 \to g_2, f_2 \to g_3, f_3$、$f_4$、$f_5 \to g_5, f_6$、$f_7 \to g_7, f_8 \to g_8, f_9 \to g_9$，即经过直方图均衡之后，三个灰度等级被合并掉。

5.2　平滑滤波

图像在采集、存储、处理和传输过程中，不可避免地存在噪声。例如采集时目标物体和透镜本身的灰尘、传感器的量化误差、传输时的电气噪声和外界干扰等，这些最终都会在图像中形成噪声，导致图像质量下降甚至湮没特征，给后续处理分析增加难度。

因此，需要对图像进行平滑滤波，对噪声进行抑制，以改善图像质量。而为了有效抑制噪声，需要事先充分了解噪声的类型和特点，从而可以有的放矢，达到事半功倍的效果。

记理想图像为 $h(x,y)$，噪声为 $n(x,y)$，实际图像 $f(x,y)$ 一般认为是具有一定概率分布的随机变量，数学模型为

$$f(x,y)=\psi\{\varphi[h(x,y)]\}\oplus n(x,y) \tag{5-6}$$

其中，$\varphi(\cdot)$ 表示涂污，即斑块化，$\psi(\cdot)$ 为非线性变换，$\oplus$ 表示引入噪声干扰的形式。

按照噪声与信号的关系，噪声加入方式 $\oplus$ 包括加性和乘性两种方式。加性噪声与信号强度无关，而乘性噪声则依赖于信号强度。

(1) 加性噪声干扰后的实际图像为 $f(x,y)=h(x,y)+n(x,y)$。

(2) 乘性噪声干扰后的实际图像为 $f(x,y)=h(x,y)[1+n(x,y)]$。

可见乘性噪声干扰下的实际图像 $f(x,y)$ 包含两部分，其中第二个噪声项受到 $h(x,y)$ 的影响，$h(x,y)$ 越大该项越大，即噪声受 n 到信号 h 的调制。类似光量子噪声、底片颗粒噪声均具有类似乘性噪声的特性。

乘性噪声计算复杂，而且通常在信号变化不大时第二项近似不变，此时可以将其近似为加性噪声。因此，通常假设噪声为加性噪声，而且进一步地，假设噪声与信号独立。

以上基于噪声与信号两者的关系分析了噪声引入方式，如果考查功率密度形态，噪声可以分为高斯噪声、瑞利噪声、伽马噪声、指数噪声、均匀噪声、脉冲噪声和单双极的椒盐噪声等。

以下为几种重要的噪声形态。

(1) 高斯噪声。

高斯噪声通常用于建模热噪声，例如相机电路干扰，有时也用来建模光子计数和胶片颗粒噪声。

高斯噪声采用以下高斯密度函数描述：

$$n(t)=\frac{1}{\sqrt{2\pi}\sigma}\mathrm{e}^{-\frac{(t-u)^2}{2\sigma^2}} \tag{5-7}$$

其中，μ 为噪声均值，σ 为方差。

(2) 单双极的椒盐噪声。

椒盐噪声的命名来源于直观的视觉效果，其表现为图像中的黑点和白点，如同空白 A4 纸张上面散布了黑色的胡椒和白色的盐粒，因此称为椒盐噪声。

椒盐噪声主要用来建模数字图像传输线路受到的干扰。设图像灰度值使用 N 位二进制 $b_{N-1},b_{N-2},\cdots,b_0$ 编码，即 $h(x,y)=\sum_{k=0}^{N-1}b_k 2^k$，再假设传输时每一位翻转的概率为 β，即理想信号 h 与实际信号 f 满足概率 $P(|h-f|=2^k)=\beta,k=0,1,\cdots,N-1$，那么最高有效位(Most Significant Bit，MSB)反转即意味着出现黑变白或者白变黑的结果。

椒盐噪声使用以下模型描述：

$$f(t)=\begin{cases}p_a, & t=a\\ p_b, & t=b\\ 0, & 其他\end{cases} \tag{5-8}$$

其中，p_a 和 p_b 为服从某种分布的随机变量，p_a 与 p_b 接近时为椒盐噪声，如果某一项为零则称为单极脉冲。

(3) 均匀分布的量化噪声。

量化噪声发生在连续信号截断为有限精度的数字信号这一过程当中，它是源于数据表示而引入的误差，一般采用均匀分布来建模。

$$f(t)=\begin{cases}\dfrac{1}{b-a}, & a \leqslant t \leqslant b \\ 0, & \text{其他}\end{cases} \tag{5-9}$$

5.2.1 均值滤波

均值滤波(Average Filtering)是一种线性的空间域滤波技术。

设高 H、宽 W 的理想图像 $h(x,y)$ 经噪声 $n(x,y)$ 干扰后成为含噪图像 $g(x,y)$，则噪声的均值为

$$\bar{n}=E[n(x,y)]=\frac{1}{H\times W}\sum_{x=1}^{H}\sum_{y=1}^{W}n(x,y) \tag{5-10}$$

均值 $\bar{n}$ 反映了图像中噪声的整体亮度。

噪声的方差为

$$\sigma^2=E\{[n(x,y)-\bar{n}]^2\}=\frac{1}{H\times W}\sum_{x=1}^{H}\sum_{y=1}^{W}[n(x,y)-\bar{n}]^2$$

方差 σ^2 反映了图像中噪声的强弱分布。

如果假设噪声是加性的，而且与信号独立，即

$$g(x,y)=h(x,y)+n(x,y)$$

则两边取均值，有

$$\bar{g}=E[g(x,y)]=\frac{1}{H\times W}\sum_{x=1}^{H}\sum_{y=1}^{W}h(x,y)+\underbrace{\frac{1}{H\times W}\sum_{x=1}^{H}\sum_{y=1}^{W}n(x,y)}_{\bar{n}}$$

可见经过均值处理后，含噪图像中噪声的均值不变，但是方差变小了，即噪声偏差变小，这表明噪声强度得到一定程度的削减，起到噪声抑止效果。

进一步地，如果将噪声 $n(x,y)$ 限制为期望为0、标准差为 σ 的高斯噪声 $n\sim N(0,\sigma)$，则前式退化为

$$\bar{g}=E[g(x,y)]=\frac{1}{H\times W}\sum_{x=1}^{H}\sum_{y=1}^{W}h(x,y)=\bar{h}$$

可见经过均值操作之后，含噪图像 $g(x,y)$ 已经不包含噪声，即均值滤波尤其对于高斯噪声具有很好的滤除效果。

均值滤波的一维形式为

$$g(x)=\frac{\sum_{i=-m}^{m}f(x+i)}{2m+1} \tag{5-11}$$

二维形式为

$$g(x,y)=\frac{\sum_{i=-m}^{m}\sum_{j=-n}^{n}f(x+i,y+j)}{(2m+1)\times(2n+1)} \tag{5-12}$$

实际应用中的均值滤波算法，可以利用离散化所得的模板通过卷积实现。一般根据图像特点选择模板形状和尺寸，常用模板形状主要包括矩形、正方形或十字形。例如，上述二维形式的均值滤波器即为$(2m+1)\times(2n+1)$的矩形邻域，该邻域称为滤波窗口。

对于非矩形滤波窗口，可以使用图形表示该邻域，此时滤波窗口称为模板(Template)，例如以下为 3×3 的模板示例。

$$\boldsymbol{T}_{3\times3}=\frac{1}{5}\underbrace{\begin{pmatrix}0&1&0\\1&1&1\\0&1&0\end{pmatrix}}_{3\times3\text{的模板}}$$

可见模板就是小矩阵，其中置 1 的位置参与运算，置 0 的位置不参与运算。某像素的邻域与模板矩阵相乘，即为卷积操作。

因此，均值滤波等价于卷积运算，此时模板 $\boldsymbol{T}$ 也称为卷积核。

上述 $\boldsymbol{T}_{3\times3}$ 模板对应的均值滤波为

$$g(x,y)=\frac{\sum_{i=-m}^{m}\sum_{j=-n}^{n}f(x+i,y+j)T(i,j)}{\sum_{i=-m}^{m}\sum_{j=-n}^{n}T(i,j)},\quad m=n=1$$

处理过程中，窗口大小和形状可以保持不变，也可以根据图像局部的统计特性而有所变化。

原则上，窗口的中心应该落在待处理像素上。

均值滤波特点是，可以平滑图像的局部变化，结果图像的亮度(即均值)不变，但图像细节会遭到破坏，对比度(即标准差)会降低，即图像变得模糊，这种情况在边界位置尤其严重，非常不利于边界检测。

由于均值滤波存在边界模糊的致命缺点，对于图像质量要求比较高，因此实际使用场合并不多。

5.2.2 高斯滤波

高斯滤波是在均值滤波的基础上进行了改进。高斯滤波类似于均值滤波，但是更进一步，它利用二维高斯分布为不同位置赋予权重系数，使得距离目标越近的位置贡献越大，反之，距离目标越远的位置影响越小。

高斯滤波使用以下函数描述：

$$G(x,y;\sigma)=\frac{1}{2\pi\sigma^2}\exp\left(-\frac{x^2+y^2}{2\sigma^2}\right) \tag{5-13}$$

可见，权重只与像素之间的空间距离有关，即权重因子是基于像素间距离关系生成的。高斯滤波函数具有以下性质：

(1) 旋转对称，即各个方向上平滑程度相同；

(2) 单值性，即邻域内不同像素权值随其至中心距离单调增减；

(3) 傅里叶变换为单瓣频谱，即高斯函数的傅里叶变换为其自身；

(4) 滤波器的宽度 σ 可以直接决定平滑程度。

基于高斯函数的可分离性，可以将二维高斯函数分为两个一维高斯函数：

$$G(x,y;\sigma)=G(x;\sigma)G(y;\sigma) \tag{5-14}$$

因此二维卷积也就可以分为两步：首先将图像与水平的一维高斯函数进行卷积；然后将卷积结果与垂直的一维高斯函数进行卷积。

因此，二维高斯滤波的计算量随着模板尺寸呈现线性增长，而非二次方关系。

以下示例介绍如何构建 3×3 的高斯滤波器。

首先以模板中心作为原点，确定像素的位置关系：

$$\begin{pmatrix} (1,-1) & (1,0) & (1,1) \\ (0,-1) & (0,0) & (0,1) \\ (-1,-1) & (-1,0) & (-1,1) \end{pmatrix}$$

假设 $\sigma=0.8$，则对各个位置通过 $\frac{1}{2\pi\sigma^2}\exp\left(-\frac{x^2+y^2}{2\sigma^2}\right)$ 计算得到权值

$$\begin{pmatrix} 1 & 2.1842 & 1 \\ 2.1842 & 4.7707 & 2.1842 \\ 1 & 2.1842 & 1 \end{pmatrix}$$

然后取为整数，有

$$\begin{pmatrix} 1 & 2 & 1 \\ 2 & 4 & 2 \\ 1 & 2 & 1 \end{pmatrix}$$

最后以模板内元素总和 16 进行归一化，即得到尺寸为 3×3 的高斯滤波器：

$$\underbrace{\frac{1}{16}\begin{pmatrix} 1 & 2 & 1 \\ 2 & 4 & 2 \\ 1 & 2 & 1 \end{pmatrix}}_{3\times3\text{的高斯滤波器}}$$

高斯滤波器可以很好地滤除图像中的高斯噪声，主要缺点是不能滤除图像的椒盐噪声，同时也会造成图像一定程度的模糊。

5.2.3　邻域加权

邻域加权滤波器类似高斯滤波器，也是使用邻域内的加权均值，但是其权值并非基于距离通过高斯函数计算得到，而是直接基于模板。

邻域加权滤波器常用模板有

$$\boldsymbol{T}_8=\frac{1}{8}\begin{pmatrix} 1 & 1 & 1 \\ 1 & 0 & 1 \\ 1 & 1 & 1 \end{pmatrix},\quad \boldsymbol{T}_{16}=\frac{1}{16}\begin{pmatrix} 1 & 2 & 1 \\ 2 & 4 & 2 \\ 1 & 2 & 1 \end{pmatrix}$$

$$\boldsymbol{T}_9=\frac{1}{9}\begin{pmatrix} 1 & 1 & 1 \\ 1 & 1 & 1 \\ 1 & 1 & 1 \end{pmatrix},\quad \boldsymbol{T}_{10}=\frac{1}{10}\begin{pmatrix} 1 & 1 & 1 \\ 1 & 2 & 1 \\ 1 & 1 & 1 \end{pmatrix}$$

上述模板在去除噪声的同时也会导致图片模糊。为此,可以考虑结合条件滤波:

$$g(x,y)=\begin{cases}f(x,y), & |f(x,y)-h(x,y)|<T \\ h(x,y), & |f(x,y)-h(x,y)|\geqslant T\end{cases} \tag{5-15}$$

其中,$f(x,y)$为原图像素灰度,$h(x,y)$为均值,$g(x,y)$为滤波后的像素灰度。

5.2.4 双边滤波

以上所述均值、高斯和邻域加权波器均只考虑像素远近距离决定权值系数,从而对于高频细节保护较差,容易模糊边缘细节。

保边滤波器(Edge Preserving Filter)可以在去噪的同时保护边缘细节,例如双边滤波器、引导滤波器、加权最小二乘滤波器等。其中的双边滤波器(Bilateral Filter)是一种非线性滤波器,它同时考虑空间邻近度和灰度相似性,使用了空间域核与值域核两个核。

(1) 空间域核,由像素位置与模板窗口中心的欧氏距离决定,权值 w_d 为

$$w_d(i,j)=\exp\left(-\frac{(i-k)^2+(j-l)^2}{2\sigma_d^2}\right)\in(0,1) \tag{5-16}$$

其中,(k,l)为模板窗口中心像素坐标,(i,j)为模板窗口其余像素坐标,σ_d 为高斯函数标准差,权值 w_d 衡量临近像素到中心像素的接近程度,称为空间系数。

(2) 值域核,由像素灰度的差值决定,权值 w_r 为

$$w_r(i,j)=\exp\left(-\frac{|f(i,j)-f(k,l)|^2}{2\sigma_r^2}\right)\in(0,1) \tag{5-17}$$

其中,$f(\cdot)$为像素的灰度,σ_r 为高斯函数标准差。

将上述两个权值相乘,即得双边滤波器的权值:

$$w(i,j)=w_d(i,j)w_r(i,j)=\exp\left(-\frac{(i-k)^2+(j-l)^2}{2\sigma_d^2}-\frac{|f(i,j)-f(k,l)|^2}{2\sigma_r^2}\right) \tag{5-18}$$

即空间距离越大,空间域权值 w_d 越小;灰度差距越大,值域权值 w_r 越小。

双边滤波器受到三个参数控制:滤波器半宽 N 和两个标准差参数 σ_d 与 σ_r。在平坦区域,临近像素的灰度差值较小,值域权值 w_r 接近 1,主要是空间域权值 w_d 起作用,因此平坦区域相当于执行高斯模糊;在边缘区域,临近像素灰度差值较大,值域权值 w_r 接近 0,导致此处核函数($w=w_dw_r$)下降,当前像素受到影响较小,从而保持原图边缘细节信息。

经过双边滤波之后,像素灰度为

$$g(i,j)=\frac{\sum_{i,j\in S(x,y,N)}f(i,j)w(i,j)}{\sum_{i,j\in S(x,y,N)}w(i,j)} \tag{5-19}$$

其中,$S(x,y,N)$表示中心(x,y)的$(2N+1)\times(2N+1)$邻域。

双边滤波器的加权系数由两部分因子非线性组合而来。总体而言,在像素强度变化不大的区域,双边滤波有类似于高斯滤波的效果,而在图像边缘等梯度较大的位置,可以保持边缘梯度。

5.2.5 中值滤波

中值滤波(Median Filtering)是一种排序滤波的非线性方法,可以有效过滤噪声,同时

不破坏图像的轮廓信息。即中值滤波既可以去除噪声，又可以保护图像的边缘，其做法是将窗口内的所有像素按灰度从小到大排序，取窗口灰度值的中值代替原值。

中值的定义：给定一组数 $x=\{x_1,x_2,\cdots,x_n\}$，假设其排序为 $x_{i,1}\leqslant x_{i,2}\leqslant\cdots\leqslant x_{i,n}$，则 x 的中值 y 为

$$y=\mathrm{Med}(x)=\begin{cases}x_{i,(1+n)/2}, & n=1,3,5,\cdots\\ \dfrac{1}{2}(x_{i,n/2}+x_{i,(1+n)/2}), & n=2,4,6,\cdots\end{cases} \tag{5-20}$$

中值滤波的具体步骤为：

(1) 窗口模板在图中滑动，将模板中心与图像某个像素重合；

(2) 读取模板下所有像素点的灰度值；

(3) 将所得模板中所有点的灰度值从小到大排序取得中间值；

(4) 将对应模板中心位置的像素使用该中间值替代。

可见，中值滤波的主要功能是，让与周围像素灰度差异较大的像素替代为与周围像素灰度接近的数值，从而消除孤立噪点。由于它不是简单的取均值，因此产生的模糊比较少。

中值滤波的效果与滤波窗口的尺寸和形状存在密切关系。

(1) 一般小于滤波器面积一半的超亮或超暗物体，基本会被滤除，比较大的物体会被保留，因此滤波窗口大小需要根据图像而选择。同时，邻域大小的选择，需要严格保证邻域内最多包含两类目标，这一点通常可以得到满足：当邻域不大时，对于受到噪声干扰的像素，其灰度值在该邻域范围内要么最大，要么最小，一般不会是中间值，从而它(噪声)不会被选中，即噪声被去除了。

(2) 选取何种形状的滤波模板，则需要具体根据图像内容选取。一般地，对于有缓变的较长的轮廓线物体的图像，采用方形或圆形窗口为宜；至于包含有尖顶物体的图像，可以用十字形窗口；如果图像中点、线、尖角等细节较多，则说明不宜采用中值滤波。

均值滤波之所以会伪造出原图像不存在的灰度等级，原因在于其将不同种类的像素均“贫富”，类似于将大象和老鼠的体重取平均而虚构出一个新的物种。而中值滤波则不会凭空生成新的灰度，其以当前位置像素为中心选取邻域，将区域的中值作为像素灰度。

不过，中值滤波从邻域中选择大的进入，容易形成马太效应，造成强者恒强的结果。

中值滤波在抑制随机噪声的同时，可以保护图像的一维边缘信息少受模糊，对于脉冲干扰和椒盐噪声，抑制效果较好，是比较经典的平滑噪声方法。它的主要缺点是会平滑图像的二维的角特征，并且在椒盐噪声密度较大的情况下容易失效。

5.2.6 条件滤波

前述各种滤波，必须对原图像(x,y)位置的像素的灰度进行替换，但是也可以依据条件判断是否执行替换动作，称为条件滤波。例如，对反光图像进行极值滤波，可以去除反光，不过部分区域也会灰度降低、亮度变暗。此时可以将极值滤波改进为极值条件滤波：

$$G(x,y)=\begin{cases}\min(x,y), & g(x,y)-\min(x,y)\geqslant T\\ g(x,y), & \text{其他}\end{cases} \tag{5-21}$$

这样，差距小于阈值的像素就不替换为极小值。

同样，如前所述，邻域加权均值滤波也可以改进为均值条件滤波：

$$G(x,y)=\begin{cases}u(x,y), & |u(x,y)-g(x,y)|\geqslant T\\ g(x,y), & \text{其他}\end{cases} \tag{5-22}$$

5.3 区域分割

图像区域分割(Image Segmentation)是指按照一定规则将图像集合 R 划分为若干非空的子集合 $R_1, R_1, \cdots, R_n$,使得 $\bigcup_{i=1}^{n} R_i = R$ 并且 $R_i \cap R_j = \phi, i \neq j$。其中第一个条件使得分割是完全的,第二个条件保证分割互不重叠。即这些区域 R_i 的并集构成整幅图像,而交集为空集。

图像区域分割是图像处理的主要内容,向前联系图像去噪和锐化,向后联系图像特征和分析。区域分割一般根据各区域的不同特性进行,例如灰度、颜色和纹理等,主要包括基于阈值、基于边缘以及基于区域的分割方法。基于边缘的分割方法主要是图像锐化,也即边缘检测,具体见 5.4 节。本部分主要介绍区域分割方法和阈值分割方法。

5.3.1 区域分割方法

区域分割是将图像全部像素根据某种共同属性划归为区域子集的像素集合,其实质是在图像中把具有某种共同特性的像素点连接起来形成区域子集,主要有区域生长和区域分裂合并两种方法。

(1) 区域生长是指从一个单一像素开始,按照某种特性的相似度,把相似的像素点合并起来,组建形成区域。

(2) 区域分裂合并是指将整幅图像按照某种规定先分裂再合并,从而形成区域子集。

具体地,区域生长是从图像的某一个像素开始,将区域向外扩展的过程。从起始像素坐标开始,这些像素点区域的扩展,是通过比较每个像素点的相似属性例如灰度级或者颜色差,然后将相似的像素点合并到一个区域,这是通过迭代算法来完成的。分裂合并的基本思想是,首先确定一个分裂合并的准则,即区域特征一致性度量,当图像中某个区域的特征不一致时就将该区域分裂成四个相等的子区域,当相邻子区域满足一致性特征时则将它们合成一个大区域,直至所有区域不再满足分裂合并条件为止。当分裂到无法再分的情况时,分裂结束,然后查找相邻区域有没有相似的特征,如果有就将相似区域进行合并,最后达到分割的作用。

一定程度上,区域生长和区域分裂合并异曲同工,互相促进,相辅相成。区域分裂到最小的颗粒度,就是单一像素点,然后按照一定的准则进行合并。因此,可以认为分裂合并法就是单一像素的区域生长法,区域生长法也可以认为是省略了分裂环节的分裂合并法。或者,分裂合并法可以在较大的相似区域基础上进行相似合并,而区域生长法只能从单一像素点出发进行生长(合并)。

1. 区域生长法

区域分割是从最小颗粒度,也就是从逐个像素着眼,对每个像素进行分割。对于每一区域,从一个预设种子开始,依据某种相似性度量,逐次向外扩张;如果存在相似程度超过阈值的新像素,则将其归为同类区域,否则停止生长。

该方法通常需要预先获得待分类区域的数量，所用特征可以是灰度、颜色、组织、结构等，相似程度的度量通常采用距离。

例如，对于如图 5-10 所示的 6×6 的灰度图像，(事先)选择 $f(3,3)=5$ 为种子点，设置停止准则为灰度之差小于 3。

则生长之后原图像被分割为如图 5-11 所示的两类。

1	2	5	5	4	3
2	0	4	5	4	3
1	1	$\boxed{5}$	5	0	0
0	2	5	2	2	0
3	3	1	1	1	1
4	4	2	2	3	3

图 5-10　6×6 的灰度图像

~~1~~	~~2~~	$\boxed{5}$	$\boxed{5}$	$\boxed{4}$	$\boxed{3}$
~~2~~	~~0~~	$\boxed{4}$	$\boxed{5}$	$\boxed{4}$	$\boxed{3}$
~~1~~	~~1~~	$\boxed{5}$	$\boxed{5}$	~~0~~	~~0~~
~~0~~	~~2~~	$\boxed{5}$	~~2~~	~~2~~	~~2~~
~~3~~	~~3~~	~~1~~	~~1~~	~~1~~	~~1~~
~~4~~	~~4~~	~~2~~	~~2~~	~~3~~	~~3~~

图 5-11　原图像被分割为两类

从上述生长过程可以发现，区域生长关键在于三点：种子选取、生长准则、停止条件。其中，种子可以选取单个像素，也可以是多点所成区域集合；生长准则一般基于相似度的距离度量；停止条件可以是全局的超参数，也可以基于生长而确定的变参数。

2. 区域分裂合并法

区域生长法需要预先设置种子点，需要指定一种策略确定种子，这有时候并不便利。区域分裂合并法不需要这个先验设置，该方法将图像分为若干子块，然后计算每个子块的属性，如果属性表明某个子块包含不同区域的像素，则进一步将该子块分裂；如果几个子块具有相似属性，则这些子块合并为一个大的子块。

以图 5-12 为例演示区域分裂合并法过程，可见具体步骤包括：

(1) 将原图分割为四个相等子块 R_{11}、R_{12}、R_{13}、R_{14}，计算这些子块的属性。通常可以将属性选择为均值、方差等统计参数。

(2) 如果某个子块的属性(例如方差)超过设定的阈值，则对该子块进行进一步分割，如图 5-12 中将 R_{11} 进一步分割为四块，然后分别计算四块的属性值。

(3) 如果子块属性值(例如方差)均小于设定阈值，说明该子块具有一致性，不再继续分裂。

(4) 对于当前各个不再分裂的子块，比较其属性值(例如均值)，如果小于设定阈值则进行合并。

(5) 重复以上操作，直至不再存在可以分裂或合并的子块。

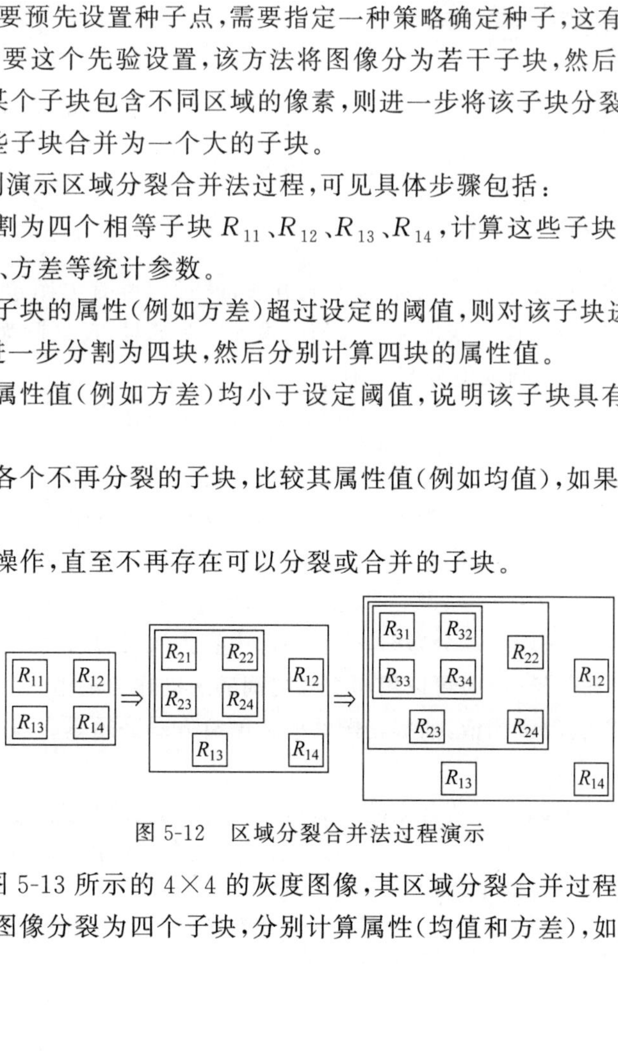

图 5-12　区域分裂合并法过程演示

例如，对于如图 5-13 所示的 4×4 的灰度图像，其区域分裂合并过程如下。

(1) 将原灰度图像分裂为四个子块，分别计算属性(均值和方差)，如图 5-14 所示。

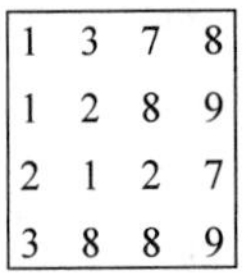

图 5-13 4×4 的灰度图像

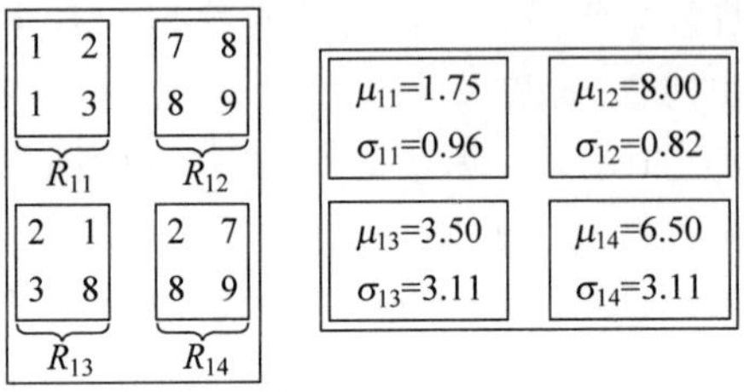

图 5-14 分裂的四个子块及其属性

(2) 选择方差作为判断是否分裂的属性,并设定阈值为 $\sigma_T=1$。可见,子块 R_{11}、R_{12} 不需要进一步分裂,子块 R_{13}、R_{14} 需要继续进行下一层分裂,如图 5-15 所示。

(3) 此时判断,方差均小于 $\sigma_T=1$,说明不需要继续分裂,选择均值作为是否合并的属性,并设定灰度阈值为 $\mu_T=4$。合并后如图 5-16 所示

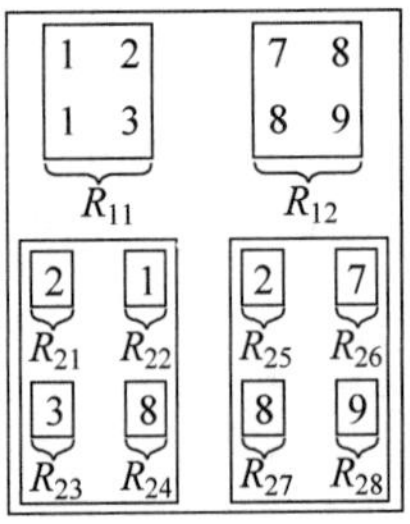

图 5-15 继续分裂

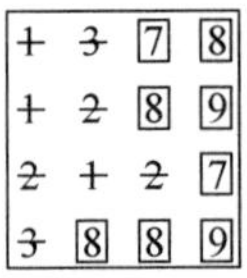

图 5-16 合并属性

可见经过分裂合并之后,图像已经分割为两类。

5.3.2 阈值分割方法

阈值化(Thresholding)是图像分割的主流方法,通过一维直方图包含的目标种类及灰度特征信息选择阈值,将图像中灰度大于阈值的像素归为前景,反之归为背景。

设原图像为 $f(x,y)$,则阈值分割的图像 $g(x,y)$为

$$g(x,y)=\begin{cases}255, & f(x,y)\geqslant T\\ 0, & f(x,y)<T\end{cases} \tag{5-23}$$

其中,T 为分割阈值。可见阈值分割之后图像 $g(x,y)$为二值图像,该过程即图像的二值化(Image Binarization)。

1. 峰谷阈值法

当图像灰度直方图呈现双峰分布时,表明图像内容大致可以分为两部分,分别位于两个峰附近,对应着背景和前景,此时可以用两个峰之间的灰度作为阈值。

利用直方图峰谷法确定阈值,前提是图像的灰度直方图必须具有双峰性。

2. 半调阈值法

如果实际需要,则可以在屏蔽背景的同时,保留前景的灰度信息,称为半调阈值法。

$$g(x,y)=\begin{cases}f(x,y), & f(x,y)\geqslant T\\ 0, & f(x,y)<T\end{cases} \tag{5-24}$$

此类阈值类方法的核心在于合理确定阈值 T。

3. 极小值法

如果将直方图 p_f 的包络看作一条曲线 S，则通过求取曲线极小值可以获得直方图的波谷。

$$\frac{\partial p_f(k)}{\partial k}=0, \quad \frac{\partial^2 p_f(k)}{\partial k}>0 \tag{5-25}$$

实际的直方图肯定存在起伏，从而会得到很多虚假的谷，因此一般需要通过平滑处理获取包络，然后再用式(5-26)求解极小值。

平滑的方法，通常使用高斯函数 $g(k,\sigma)$ 与原始直方图 $p(k)$ 进行卷积。

$$p(k,\sigma)=p(k)*g(k,\sigma)=\int p(k-u)\frac{1}{\sqrt{2\pi}\sigma}\exp\left(\frac{-k^2}{2\sigma^2}\right)\mathrm{d}u \tag{5-26}$$

4. 最小误差法

最小误差法，即贝叶斯最小误差分类方法，基本假设是最佳阈值应该使得分类错误达到最低。

设 x 是图像某位置像素的灰度，$p_{\mathrm{B}}(x)$ 是像素属于背景(Background)的概率，$p_{\mathrm{F}}(x)$ 是像素属于前景(Foreground)的概率；对于阈值 T，记 $E_{\mathrm{B}\to\mathrm{F}}(T)$ 是将背景像素错误分类成前景的概率，$E_{\mathrm{F}\to\mathrm{B}}(T)$ 是将前景像素错误分类成背景的概率

$$E_{\mathrm{F}\to\mathrm{B}}(T)=\int_0^T p_{\mathrm{F}}(x)\mathrm{d}x$$

$$E_{\mathrm{B}\to\mathrm{F}}(T)=\int_T^{255} p_{\mathrm{B}}(x)\mathrm{d}x \tag{5-27}$$

可见，式(5-27)的约定是背景为低灰度值，前景为高灰度值。由此可以得到总错误率 $E=E_{\mathrm{B}\to\mathrm{F}}(T)+E_{\mathrm{F}\to\mathrm{G}}(T)$。最小误差法就是将使得总错误率 E 最小的阈值 T 为最佳阈值：

$$\hat{T}=\underset{T\in[f_{\min},f_{\max}]}{\operatorname{argmin}} E \tag{5-28}$$

以下讨论一种可以通过解析方式求解的例子：背景直方图分布为均值 u_{B}、标准差 c_{B} 的高斯分布，像素占比为 w_{B}；前景也是高斯分布，参数分别为 u_{F}、c_{F}、w_{F}，且标准差相同 $c_{\mathrm{B}}=c_{\mathrm{F}}=c$。此时最佳分割阈值为

$$\hat{T}=\frac{u_{\mathrm{B}}+u_{\mathrm{F}}}{2}-\frac{c^2}{u_{\mathrm{B}}+u_{\mathrm{F}}}\ln\frac{w_{\mathrm{B}}}{w_{\mathrm{F}}} \tag{5-29}$$

由此可见，当背景像素占比大($w_{\mathrm{B}}>w_{\mathrm{F}}$)时，最佳分割阈值 $\hat{T}$ 偏向前景平均值 u_{F}。这个结论可以从朴素的直观分析得到：最佳阈值应该远离像素占比较大的品类，从而可以降低分类错误的概率。进一步地，如果假设占空比为 50%($w_{\mathrm{B}}=w_{\mathrm{F}}$)，则最佳阈值就简化为 $\hat{T}=\frac{u_{\mathrm{B}}+u_{\mathrm{F}}}{2}$。也就是最佳阈值为两个波峰对应灰度的均值。当然，$c_{\mathrm{B}}=c_{\mathrm{F}}=c$ 而且 $w_{\mathrm{B}}=w_{\mathrm{F}}$ 这两个条件同时满足，是困难的，以上仅为示例性质说明过程。

注意： 最小误差法在目标和背景的分布不满足正态假设，或者图像中除了背景和前景两类之外还存在其他更多品类时，其有效性无法保证。

---

5. 大津阈值法

大津阈值法(Otsu Thresholding)也称为最大间距法，其基本假设是最佳阈值应该使背

景和前景之间的间距最大。如果选择阈值 T 将图像分为背景和前景，记背景灰度均值为 $u_B(T)$，像素占比为 $w_B(T)$；相应地，前景的灰度均值为 $u_F(T)$，像素数量占比为 $w_F(T)$，则背景像素到前景像素的距离为

$$d_{B\to F}(T)=|u_B(T)-u_F(T)|\times w_B(T)$$

前景像素到背景像素的距离为

$$d_{F\to B}(T)=|u_F(T)-u_B(T)|\times w_F(T)$$

定义背景像素和目标像素的类间距为

$$d(T)=d_{B\to F}(T)\times d_{F\to B}(T)$$

则类间距 $d(T)$ 为最大时获得最佳阈值：

$$\hat{T}=\underset{f_{\min}\leqslant T\leqslant f_{\max}}{\operatorname{argmax}}\ d(T) \tag{5-30}$$

最大间距法不需要正态假设，而且由于采用了灰度均值，对于噪声相对不敏感，因此获得广泛应用。

注意：大津阈值法假设图像中只包含有两种品类，否则有效性不能确定。

---

6. 面积比例法

面积比例法需要已知前景目标在图像中的面积占比 p，其基本思路是选择阈值 T，使得前景在图像中的面积占比为 p。具体步骤如下。

(1) 从先验知识获得理想状态下前景目标占据图像面积的比例 $p\triangleq\dfrac{N_{\text{obj}}}{N_{\text{img}}}$。其中，$N_{\text{obj}}$ 为前景目标的像素数量，N_{img} 为整幅图像的像素数量。

(2) 计算图像的灰度分布 $p_F(k)=\dfrac{N_k}{N_{\text{img}}}, k=0,1,\cdots,L-1$，其中 N_k 是灰度值为 k 的像素的数量。

(3) 计算图像的累积分布 $P_F(k)=\sum\limits_{i=0}^{k}p_F(i), k=0,1,\cdots,L-1$。

(4) 计算阈值 $T=\underset{k}{\operatorname{argmin}}|P_F(k)-p|$。

5.3.3 二维阈值分割

一维直方图完全抛弃了图像的空间结构信息，而这些信息是可以提供附加价值的。因此，可以将像素自身灰度 f 和邻域灰度均值 u 结合，构造二维的联合直方图 $H(f,u)_{256\times256}$，该二维联合直方图具有以下优势。

(1) 一维直方图完全忽略了位置信息，二维直方图可以适当保留位置信息。图像背景区域内部和前景区域内部的像素，均值相对均匀，变化不大，像素的灰度值接近领域均值，在二维联合直方图上呈现为沿着对角线分布；而边界上的像素不具有这个特点。

(2) 一维直方图中，噪声的灰度不可避免地要被计入直方图；二维直方图中，噪声和邻域均值相差较大。因此，噪声在二维联合分布直方图中不会出现于对角线位置。这样，如果提取二维直方图的对角线，再重新构造一维直方图，然后根据此一维直方图进行分割阈值选择，将具有一定抗噪能力。

二维直方图方法使用灰度值接近领域均值的这部分像素，这部分像素可以认为位于背景区域或者前景目标的内部，而不会是噪声像素或者边界位置的像素。考虑同样都是图像中的像素但是对于直方图的价值却并不相同，因此可以为每个像素构造直方图价值系数：

$$w(x,y)=\frac{1}{\max(|f-u|_{(x,y)},1)}\in(0,1] \tag{5-31}$$

其中，f 为像素灰度，u 为邻域均值，$v\triangleq|f-u|_{(x,y)}$ 表示接近边缘强度 grdiant(x,y)，因此像素的直方图价值取决于该像素的边缘强度。

具体使用方法示例如下。

1. 边缘强度反比法

该方法假设当像素的边缘强度较大时对直方图价值较小。简单地，可以将构造直方图的

$$\text{histogram}[g(x,y)]+=1$$

替代为

$$\text{histogram}[g(x,y)]+=f\{v(x,y)\}$$

选择的函数 f 要使得当 v 这个边缘强度较大时 $f(v)$ 取值较小，例如：

$$f(v)=\begin{cases}1, & v=0\\ \dfrac{1}{kv}, & \text{其他}\end{cases} \tag{5-32}$$

极端些，甚至可以

$$f(v)=\begin{cases}1, & v\approx 0\\ 0, & \text{其他}\end{cases}$$

这种情况下，仅选择背景和目标的内部像素来统计出直方图，完全忽略了过渡像素。所以，该方法降低直方图的谷底而利于选取阈值，尤其在光照不均时。

2. 边缘强度正比法

上述反比直方图选用区域内部像素，相反地，可以采用边界像素，将构造直方图的

$$\text{histogram}[g(x,y)]+=1$$

替代为

$$\text{histogram}[g(x,y)]+=f\{v(x,y)\}$$

选择 f 以使得边缘强度 v 越大 $f(v)$ 越大，例如：

$$f(v)=kv,\quad k\geqslant 1 \tag{5-33}$$

极端些，甚至可以

$$f(v)=\begin{cases}1, & v\geqslant \text{阈值}\\ 0, & \text{其他}\end{cases}$$

这样仅使用边缘像素，而忽略了背景和目标的内部像素。如果图像中目标和背景之间的像素具有较大边缘强度而其他位置像素的边缘强度较低，则在目标和背景之间将出现波峰，该峰值即阈值。光照均匀时此方法阈值明显。

3. 散布图法

如果某像素的灰度与其邻域平均灰度相差较大，则该像素为边界点或者噪声点。根据此假设，以(全局)灰度为横轴，以(局部)邻域平均灰度为纵轴，可以构造灰度的全局-局部散

布图。该散布图对角线的点为目标内部或背景内部的点；而偏离对角线的点则为区域边界的点。具体包括以下两步。

(1) 给定初始阈值 $T=T^0=(T_x^0,T_y^0)$，将图像分为背景 C_B 和前景 C_F 两类；

(2) 按照某种评价指标，例如均衡性指标，计算最佳阈值 T。

4. 二维熵法

二维熵可以度量像素与其邻域的空间相互关系，当空间相互关系最大时，可以认为达到最佳分割。具体步骤如下。

(1) 对于每一像素，计算灰度的联合概率分布。

$$p_F(i,j)=\frac{N_{ij}}{N_{\text{img}}},\quad i=0,1,\cdots,L-1,j=0,1,\cdots,L-1$$

其中，N_{ij} 为像素灰度为 i、邻域平均灰度为 j 的像素数量。

(2) 选定阈值初值 $T=T_0$，将图像分为背景 C_B 和前景 C_F 两类。

(3) 分别计算两个类的平均相对二维熵。

$$E_B=-\sum_{i=0}^{S}\sum_{j=0}^{T}\left(\frac{p_{ij}}{P_{ST}}\cdot\ln\frac{p_{ij}}{P_{ST}}\right)$$

$$E_F=-\sum_{i=S+1}^{255}\sum_{j=T+1}^{255}\left(\frac{p_{ij}}{1-P_{ST}}\cdot\ln\frac{p_{ij}}{1-P_{ST}}\right)$$

其中，$P_{ST}=\sum_{i=0}^{S}\sum_{j=0}^{T}p_{ij}$。

(4) 计算阈值 T，使得 $\max(E_B+E_F)$。

5.3.4 轮廓的特征描述

经过上述区域分割步骤，分割所得的区域即可用于图像分析，例如目标的解析方程、周长、面积等。但是这些分割是区域子集的划分与合并的过程，只是把相同属性的区域合并在一起，这样的结果依然存在着大量的冗余信息。为了得到更为适宜的图像效果，需要提取图像中关注区域的感兴趣的信息，即既要使目标物体的轮廓和形状更为清晰，又要消除图像中冗余信息的干扰。

通常，分割所得区域就是目标，目标可以使用轮廓描述，轮廓就是若干轮廓点的序列 $\{(x_i,y_i)\}_{i=1}^N$ 构成的闭合曲线，轮廓点就是本身属于目标但是它的邻接中至少有一个不属于目标的像素，邻接主要包括 4-邻接和 8-邻接两种。

1. 两种邻接关系

图像中的像素在空间按照某种规律排列，相互之间存在拓扑关系。对于如图 5-17 所示的当前像素点 p，如果只考虑水平和垂直两个方向的四个相邻元素，则 0、2、4、6 位置称为像素 p 的 4-邻域，记作 $n_4(p)$；如果只考虑对角方向的四个相邻元素，则 1、3、5、7 位置称为像素 p 的 4-对角邻域，记作 $n_D(p)$；如果全部考虑 4-邻域和 4-对角邻域的八个相位置，则称为像素 p 的 8-邻域，记作 $n_8(p)$。

给定像素 p 以及异于 p 的像素 q，如果 q 是 p 的 4-邻域则称 q 和 p 构成 4-邻接。相应地，如果 q 是 p 的 8-邻域，则称 q 和 p 构成 8-邻接。例如图 5-18 中的 q 和 p 构成 8-邻接，但是不构成 4-邻接。

具有邻接关系的像素全部连接后称为连通域,连通域依赖于连接的定义。如图 5-19 所示,如果基于 8-邻接定义,则为一个连通域;而如果基于 4-邻接定义,则存在三个连通域。

3	2	1
4	p	0
5	6	7

图 5-17 示例图像

p	0
0	q

图 5-18 8-邻接

1	1	0	0	0
0	0	1	0	0
0	0	1	0	0
0	0	1	0	0
0	0	0	1	1

图 5-19 连通域

连通域上与背景相邻的元素称为边界点。例如给定一幅分割完毕的二值图像,如图 5-20 所示。

使用 * 标记边界点,如果基于 4-邻接定义,则边界点如图 5-21(a)所示;如果基于 8-邻接定义,则边界点如图 5-21(b)所示。

0	0	0	0	0	0	0
0	0	1	1	1	0	0
0	1	1	1	1	1	0
0	1	1	1	1	1	0
0	1	1	1	1	1	0
0	0	1	1	1	0	0
0	0	0	0	0	0	0

图 5-20 分割完毕的图像

0	0	0	0	0	0	0
0	0	*	*	*	0	0
0	*	*	1	*	*	0
0	*	1	1	1	*	0
0	*	*	1	*	*	0
0	0	*	*	*	0	0
0	0	0	0	0	0	0

(a) 4-邻接边界点

0	0	0	0	0	0	0
0	0	*	*	*	0	0
0	*	1	1	1	*	0
0	*	1	1	1	*	0
0	*	1	1	1	*	0
0	0	*	*	*	0	0
0	0	0	0	0	0	0

(b) 8-邻接边界点

图 5-21 边界点

可见,4-邻接定义下的边界点即任意一个 8-邻接为背景的像素点,而 8-邻接定义下的边界点则是任意一个 4-邻接为背景的像素点。

2. 六种距离度量

通常用以度量相似度的距离,以 n 维空间中两点 $\boldsymbol{x}(x_1,x_2,\cdots,x_n)$ 和 $\boldsymbol{y}(y_1,y_2,\cdots,y_n)$ 为例,主要有以下几种。

(1) 欧几里得距离(Euclidean Distance,也称欧氏距离),定义为

$$D(\boldsymbol{x},\boldsymbol{y})=\sqrt{\sum_{i=1}^{n}(y_i-x_i)^2} \tag{5-34}$$

可见欧几里得距离受量纲影响,不同量纲例如米和毫米,计算出来的欧几里得距离差异很大,所以计算欧几里得距离之前一般需要先对数据进行归一化。

另外欧几里得距离在向量维度比较大时,度量效果会大大下降。

(2) 余弦距离(Cosine Distance),定义为

$$D(\boldsymbol{x},\boldsymbol{y})=\frac{\boldsymbol{x}^{\mathrm{T}}\boldsymbol{y}}{\|\boldsymbol{x}\|\|\boldsymbol{y}\|} \tag{5-35}$$

可见余弦距离计算时已经执行了类似于归一化的操作,因此余弦距离不用考虑向量本身大小,两个向量即使都缩放各自的特定倍率,计算之后的结果依然不变,所以不需要进行归一化。

(3) 马哈拉诺比斯距离(Mahalanobis Distance,简称马氏距离),推广了欧氏距离,修正了欧氏距离中各个维度尺度不一而且相关的问题。

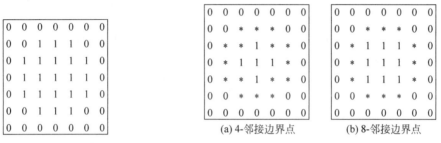

$$D(\boldsymbol{x},\boldsymbol{y})=\sqrt{(\boldsymbol{x}-\boldsymbol{y})^{\mathrm{T}}\boldsymbol{\Sigma}^{-1}(\boldsymbol{x}-\boldsymbol{y})} \tag{5-36}$$

其中,$\boldsymbol{\Sigma}$ 是多维随机变量 $\boldsymbol{x}$ 和 $\boldsymbol{y}$ 的协方差矩阵。

马氏距离在涉及距离的问题模型中都是不错的特征。

(4) 曼哈顿距离(Manhattan Distance),定义为

$$D(\boldsymbol{x},\boldsymbol{y})=\sum_{i=1}^{n}|y_i-x_i| \tag{5-37}$$

曼哈顿距离也称街道距离,其计算方式类似于直角转弯的街道的长度。

对于高维空间,曼哈顿距离在有时可以取得比欧氏距离更好的效果。

(5) 切比雪夫距离(Chebyshev Distance),定义为

$$D(\boldsymbol{x},\boldsymbol{y})=\max_i|y_i-x_i| \tag{5-38}$$

切比雪夫距离也称棋盘距离,例如国际象棋的后可以在上、下、左、右、左上、右下、右上、左下八个方向上移动任意的距离。切比雪夫距离是两个向量在单个维度上绝对值之差最大的值,在一些特殊场景中具有重要物理意义。

例如,组装一个玩具,但是需要很多零件,而且每个零件处于不同位置,需要物流运输,此时切比雪夫距离就是需要的最短时间。

(6) 闵可夫斯基距离(Minkowski Distance,简称闵氏距离),定义为

$$D(\boldsymbol{x},\boldsymbol{y})=\left(\sum_{i=1}^{n}|y_i-x_i|^p\right)^{\frac{1}{p}} \tag{5-39}$$

可见欧几里得距离、曼哈顿距离、切比雪夫距离都是闵可夫斯基距离的特殊例子。

闵可夫斯基距离的优势在于,可以通过调整 p 值,在此基础上寻找最优值,用于最终预测。应该注意,在进行距离计算之前,一般需要对向量进行归一化。

3. 三种像素距离

图像的像素除了相互之间的空间拓扑关系外,另一个重要概念就是距离度量。像素 $p(u,v)$ 和 $q(s,t)$ 的距离度量常用的是欧氏距离、曼哈顿距离、切比雪夫距离。

(1) 欧氏距离 $D_{\mathrm{E}}(p,q)$ 为 2-范数距离。

$$D_{\mathrm{E}}(p,q)=\sqrt{(u-s)^2+(v-t)^2} \tag{5-40}$$

(2) 曼哈顿距离 $D_4(p,q)$ 是 1-范数距离。

$$D_4(p,q)=|(u-s)|+|(v-t)| \tag{5-41}$$

(3) 切比雪夫距离 $D_8(p,q)$ 是∞-范数距离。

$$D_8(p,q)=\max(|(u-s)|,|(v-t)|) \tag{5-42}$$

例如,图 5-22 中的像素 p 与 q,其距离分别为 $D_{\mathrm{E}}(p,q)=5$,$D_4(p,q)=7$,$D_8(p,q)=4$。

再如,按照三种不同定义,距离 p 点不大于 3 的像素 * 如图 5-23 所示。

4. 链码表示

图像边缘像素连接起来形成轮廓(Contour),通常将轮廓点以 Freeman 码格式描述。Freeman 码也称链码(Chain Code),链码可以基于 4-邻接,称为 4-方向链码;常用的是基于 8-邻接,称为 8-方向链码,这样可以保持旋转不变性。

对于当前像素 p,8-方向链码各个方位按照逆时针编码如图 5-24 所示。

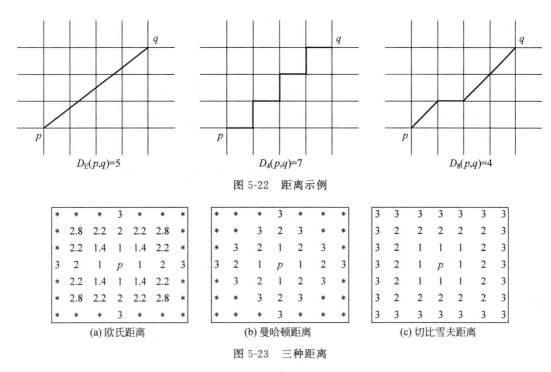

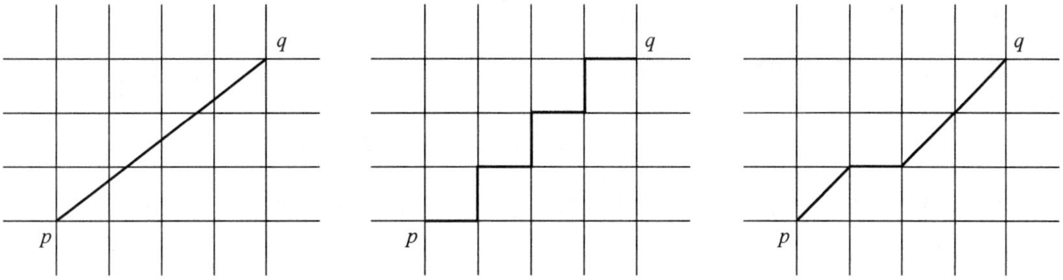

$D_E(p,q)=5$　　$D_4(p,q)=7$　　$D_8(p,q)=4$

图 5-22 距离示例

*	*	*	3	*	*	*
*	2.8	2.2	2	2.2	2.8	*
*	2.2	1.4	1	1.4	2.2	*
3	2	1	*p*	1	2	3
*	2.2	1.4	1	1.4	2.2	*
*	2.8	2.2	2	2.2	2.8	*
*	*	*	3	*	*	*

(a) 欧氏距离

*	*	*	3	*	*	*
*	*	3	2	3	*	*
*	3	2	1	2	3	*
3	2	1	*p*	1	2	3
*	3	2	1	2	3	*
*	*	3	2	3	*	*
*	*	*	3	*	*	*

(b) 曼哈顿距离

3	3	3	3	3	3	3
3	2	2	2	2	2	3
3	2	1	1	1	2	3
3	2	1	*p*	1	2	3
3	2	1	1	1	2	3
3	2	2	2	2	2	3
3	3	3	3	3	3	3

(c) 切比雪夫距离

图 5-23 三种距离

例如，给定如图 5-25 所示的二值图像，从「1 开始至 1」的轮廓链码为 1,0,7,6,5,5,5,6,0,0,0。

3	2	1
4	*p*	0
5	6	7

图 5-24 8-方向链码各个方位按照逆时针编码

0	1	1	0
「1	0	0	1
0	0	0	1
0	0	1	0
0	1	0	0
1	0	0	0
1	1	1	1」

图 5-25 二值图像

实际应用中，如果直接对分割所得目标轮廓进行编码，可能出现问题：①不光滑的轮廓，导致链码过长；②噪声干扰，导致小的轮廓变化。因此，常用改进方法是以比较大的网格重新采样，这样减少链码长度，降低噪声影响。

5.4 边缘检测

边缘是图像的重要特征，图像之所以产生边缘，一般源于：

(1) 深度不连续，即反射面处于不同的平面；

(2) 方向不连续，例如正方体两侧的不同平面；

(3) 材料不连续，从而导致反射系数存在差异；

(4) 光照不连续，例如投射到地面的树荫。

可见，某个像素是否判断为边缘点，与该像素所处的位置十分相关，因此边缘检测是一种邻域运算。

邻域运算对应着卷积操作。对于一维信号 f，给定高斯函数 g 的一阶导数$\frac{\mathrm{d}g}{\mathrm{d}x}$，将信号 f 与高斯函数一阶导数$\frac{\mathrm{d}g}{\mathrm{d}x}$卷积，则信号 f 跳变位置出现极值，该极大值位置对应信号边缘位置，例如图 5-26(c)所示。因此，可以利用高斯函数一阶导数的极值点，检测二维图像的(一维)边缘位置。

也可以利用高斯函数 g 二阶导数$\frac{\mathrm{d}^2g}{\mathrm{d}x^2}$的过零点。将一维信号 f 与高斯函数二阶导数$\frac{\mathrm{d}^2g}{\mathrm{d}x^2}$卷积后，则信号 f 跳变位置穿越过零，该过零点位置对应信号边缘位置，例如图 5-26(d)所示。

上述为边缘类型的一种，即如图 5-26(a)～图 5-26(d)所示，称为阶跃型边缘；另外还有一种常见的边缘类型，如图 5-26(e)～图 5-26(h)所示，称为屋顶型边缘。

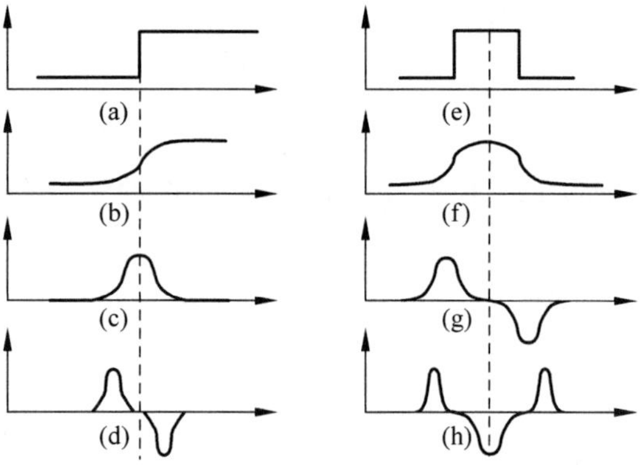

图 5-26　阶跃型和屋顶型边缘

注：图 5-26(a)和图 5-26(e)为理论曲线；图 5-26(b)和图 5-26(f)为实际曲线；图 5-26(c)和图 5-26(g)为一阶导数；图 5-26(d)和图 5-26(h)为二阶导数。

综上可见，对于阶跃型边缘，边缘对应着一阶微分的极值和二阶微分零点；对于屋顶型边缘，边缘对应着一阶微分零点和二阶微分极值。因此，数值方法的边缘检测主要基于图像一阶导数和二阶导数。

5.4.1　一阶算子

一阶算子使用一阶梯度，主要包括梯度算子、Kirsch 算子、Roberts 算子、Prewitt 算子和 Sobel 算子等。

1. 梯度算子

边缘作为区域分界线，即灰度变化显著的像素的集合，具有幅值和方向两个属性，对应多元微积分梯度概念，因此可以根据梯度寻找边界。

梯度(向量)是方向导数最大的方向，图像的梯度算子(Gradient Operator) 定义为

$$\boldsymbol{G}(x,y)=(\boldsymbol{G}_x \quad \boldsymbol{G}_y)=\left(\frac{\partial f(x,y)}{\partial x} \quad \frac{\partial f(x,y)}{\partial y}\right) \tag{5-43}$$

梯度向量 $\boldsymbol{G}$ 的方向垂直于边缘方向，幅值 $G=\|\boldsymbol{G}\|$ 代表边缘强度。

注意：图像 $\boldsymbol{G}_x$、$\boldsymbol{G}_y$、$\boldsymbol{G}$ 都是与原图像尺寸相同的图像，分别是原图像在 x 方向、y 方向和 xy 方向上关于图像 f 在 (x,y) 位置的变化。通常称 $\boldsymbol{G}$ 为原图像的梯度图，简称梯度；称 $\boldsymbol{G}_x$、$\boldsymbol{G}_y$ 为水平梯度图像和垂直梯度图像。

梯度向量 $\boldsymbol{G}$ 的方向 θ 定义为

$$\theta=\arctan\frac{\Delta y}{\Delta x}$$

梯度向量 $\boldsymbol{G}$ 的幅值 G 一般采用 2-范数：

$$G=\|\boldsymbol{G}(x,y)\|=\sqrt{\boldsymbol{G}_x^2+\boldsymbol{G}_y^2}$$

不过由于 2-范数平方、开方计算较复杂，因此有时采用∞-范数(无穷范数)：

$$G=\|\boldsymbol{G}(x,y)\|=\max(\boldsymbol{G}_x,\boldsymbol{G}_y)$$

这两种范数引起的精度差异可以忽略不计。

也使用其他范数，例如后述 Roberts 算子，使用 1-范数 $G=\|\boldsymbol{G}(x,y)\|=|\boldsymbol{G}_x|+|\boldsymbol{G}_y|$。

实际使用时，通常利用有限差分代替微分来近似梯度

$$\frac{\partial f}{\partial x}=\lim_{\Delta x\to 0}\frac{f(x+\Delta x,y)-f(x,y)}{\Delta x}=\underbrace{f(x+1,y)-f(x,y)}_{\Delta x=1}$$

$$\frac{\partial f}{\partial y}=\lim_{\Delta y\to 0}\frac{f(x,y+\Delta y)-f(x,y)}{\Delta y}=\underbrace{f(x,y+1)-f(x,y)}_{\Delta y=1} \tag{5-44}$$

当梯度算子采用上述差分近似形式时，Δx 和 Δy 的模板(卷积核)为

$$\underbrace{\begin{pmatrix}0&0&0\\0&-1&1\\0&0&0\end{pmatrix}}_{\Delta x},\quad \underbrace{\begin{pmatrix}0&0&0\\0&-1&0\\0&1&0\end{pmatrix}}_{\Delta y}$$

通过上述卷积模板对原图像进行滑动，执行卷积，即得到梯度图像。如图 5-27 所示，左侧为原图像，右侧为梯度图像。

$$\begin{bmatrix}1&1&1&1&1&1&1&1\\1&1&1&1&1&1&1&1\\1&1&7&7&7&7&1&1\\1&1&7&7&7&7&1&1\\1&1&7&7&7&7&1&1\\1&1&7&7&7&7&1&1\\1&1&1&1&1&1&1&1\\1&1&1&1&1&1&1&1\end{bmatrix}\Rightarrow\begin{bmatrix}0&0&0&0&0&0&0&0\\0&0&6&6&6&6&0&0\\0&6&0&0&0&6&0&0\\0&6&6&0&0&6&0&0\\0&6&0&0&0&6&0&0\\0&6&6&6&6&8&0&0\\0&0&0&0&0&0&0&0\\0&0&0&0&0&0&0&0\end{bmatrix}$$

图 5-27 得到梯度图像的过程

如果再给定阈值 T，例如上例中可以设 $T=6$，以此阈值 T 将梯度图像进行二值化，即可检测到边缘。

注意，原图像中，列的真实边缘位于第 2.5 列；而梯度图像检出的边缘，位于第 2 列，即偏移了半个像素；行的边缘同样偏移了半个像素。

2. Kirsch 算子

Kirsch 算子使用以下八个卷积模板对图像的每一像素进行卷积。

$$\underbrace{\begin{pmatrix} 5 & 5 & 5 \\ -3 & 0 & -3 \\ -3 & -3 & -3 \end{pmatrix}}_{\boldsymbol{M}_0}, \quad \underbrace{\begin{pmatrix} -3 & 5 & 5 \\ -3 & 0 & 5 \\ -3 & -3 & -3 \end{pmatrix}}_{\boldsymbol{M}_1}, \quad \underbrace{\begin{pmatrix} -3 & -3 & 5 \\ -3 & 0 & 5 \\ -3 & -3 & 5 \end{pmatrix}}_{\boldsymbol{M}_2}, \quad \underbrace{\begin{pmatrix} -3 & -3 & -3 \\ -3 & 0 & 5 \\ -3 & 5 & 5 \end{pmatrix}}_{\boldsymbol{M}_3}$$

$$\underbrace{\begin{pmatrix} -3 & -3 & -3 \\ -3 & 0 & -3 \\ 5 & 5 & 5 \end{pmatrix}}_{\boldsymbol{M}_4}, \quad \underbrace{\begin{pmatrix} -3 & -3 & -3 \\ 5 & 0 & -3 \\ 5 & 5 & -3 \end{pmatrix}}_{\boldsymbol{M}_5}, \quad \underbrace{\begin{pmatrix} 5 & -3 & -3 \\ 5 & 0 & -3 \\ 5 & -3 & 5 \end{pmatrix}}_{\boldsymbol{M}_6}, \quad \underbrace{\begin{pmatrix} 5 & 5 & -3 \\ 5 & 0 & -3 \\ -3 & -3 & -3 \end{pmatrix}}_{\boldsymbol{M}_7}$$

这八个模板代表了八个方向，每个方向间隔 45°，如图 5-28 所示。

对图像上每像素在这八个特定方向计算最大响应，运算中取最大值作为图像边缘输出，即梯度为 $G=\max(\boldsymbol{G}_x,\boldsymbol{G}_y)$。

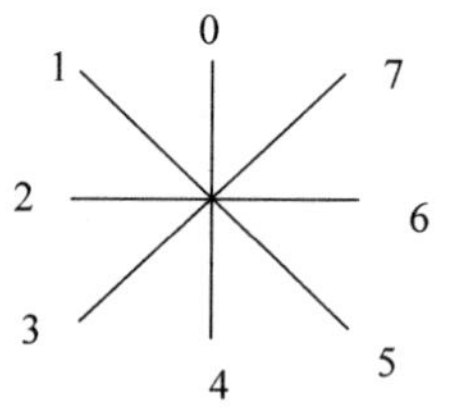

图 5-28　八个模板的方向

3. Roberts 算子

Roberts 算子又称交叉微分算法，是基于交叉差分的梯度算法，通过局部差分计算检测边缘线条，当图像边缘接近于 45°时，该算法处理效果更理想。

Roberts 算子使用 2×2 模板计算两个交叉的对角线：

$$\boldsymbol{G}_x=\begin{pmatrix} \boxed{1} & 0 \\ 0 & -1 \end{pmatrix}, \quad \boldsymbol{G}_y=\begin{pmatrix} 0 & \boxed{1} \\ -1 & 0 \end{pmatrix}$$

Roberts 算子的最大优点是计算量小，速度较快。但是由于采用了偶数模板，中心□并不居中，导致检出的梯度幅度值偏移半个像素。

Roberts 算子采用 1-范数：

$$\nabla f=|f(x,y)-f(x+1,y+1)|+|f(x,y+1)-f(x+1,y)|$$

但是由于 Roberts 算子没有进行平滑处理，因此不具备噪声抑制能力，适宜处理具有陡峭的明显的边缘的、低噪声的图像；否则边缘定位并不准确，而且提取边缘线条较粗。

4. Prewitt 算子

Prewitt 算子使用水平和垂直的两个有向算子分别逼近两个偏导数 $\boldsymbol{G}_x$ 和 $\boldsymbol{G}_y$：

$$\boldsymbol{G}_x=\underbrace{\begin{pmatrix} -1 & 0 & 1 \\ -1 & \boxed{0} & 1 \\ -1 & 0 & 1 \end{pmatrix}}_{\text{垂直边缘}}, \quad \boldsymbol{G}_y=\underbrace{\begin{pmatrix} 1 & 1 & 1 \\ 0 & \boxed{0} & 0 \\ -1 & -1 & 1 \end{pmatrix}}_{\text{水平边缘}}$$

以上中心对称的 3×3 的卷积模板，类似于计算偏微分的估计值，其梯度为

$$G=\|\boldsymbol{G}_x\|+\|\boldsymbol{G}_y\| \quad \text{或者} \quad G=\max(\boldsymbol{G}_x,\boldsymbol{G}_y)$$

对于原图像 (x,y) 位置的像素，如果其梯度幅值 $G(x,y)$ 超出阈值 T，则判为边缘点。Prewitt 算子检出结果不能排除虚假边缘。

5. Sobel 算子

Sobel 算子类似于 Prewitt 算子，但是更进一步，考虑了邻域中各个像素对于当前位置

的影响作用是不等价的，距离越远则影响越小。因此，其采用加权的平均，将 Prewitt 算子的模板中心线位置设置为 2，即得 Sobel 算子：

$$\boldsymbol{G}_x=\begin{pmatrix}-1 & 0 & 1\\ -2 & \boxed{0} & 2\\ -1 & 0 & 1\end{pmatrix},\quad \boldsymbol{G}_y=\begin{pmatrix}1 & 2 & 1\\ 0 & \boxed{0} & 0\\ -1 & -2 & 1\end{pmatrix}$$

以检测纵向边缘 x 方向的 $\boldsymbol{G}_x$ 模板为例，其可以拆解为

$$\boldsymbol{G}_x=\begin{pmatrix}-1 & 0 & 1\\ -2 & \boxed{0} & 2\\ -1 & 0 & 1\end{pmatrix}=\begin{pmatrix}1\\ 2\\ 1\end{pmatrix}(-1\quad 0\quad 1)$$

其中，$(-1\quad 0\quad 1)$为差分运算，$(1\quad 2\quad 1)$为平滑运算。可见 Sobel 算子处理图像本质上是一次差分和一次平滑的连续运算。因此，Sobel 算子将差分运算和平滑滤波相互结合，在(x,y)位置的 3×3 邻域内计算 x 和 y 方向的偏导数，既突出中心像素，又兼具平滑效果，是粗精度下最常用的边缘检测算子，其具有以下优点：

(1) 高频像素少而低频像素多，具有抑制噪声能力；

(2) 检出边缘较宽，至少两个像素。

Sobel 算子的主要缺点是检出结果不能排除虚假边缘。

如果将 Sobel 算子矩阵中所有的系数 2 都改为$\sqrt{2}$：

$$\boldsymbol{G}_x=\begin{pmatrix}-1 & 0 & 1\\ -\sqrt{2} & \boxed{0} & \sqrt{2}\\ -1 & 0 & 1\end{pmatrix},\quad \boldsymbol{G}_y=\begin{pmatrix}1 & \sqrt{2} & 1\\ 0 & \boxed{0} & 0\\ -1 & -\sqrt{2} & 1\end{pmatrix}$$

即得到各向同性的 Isotropic Sobel 算子。其中$\sqrt{2}$来源是，对于图 5-29 中心元素 Z_5 的八个邻域，其具有对角线和水平垂直共四个方向。

使用曼哈顿距离，即相邻对角线像素距离为 2、水平与垂直像素距离为 1，定义上述四个方向的梯度向量的幅度，计算后得到系数$\sqrt{2}$。

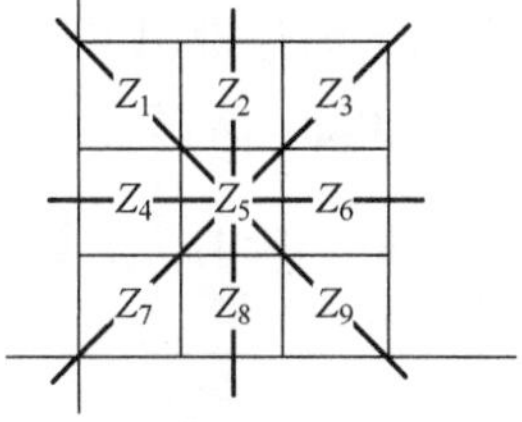

图 5-29　四个方向

6. 效果总结

Kirsch 算子采用不等权的八个 3×3 模板分别与图像卷积然后输出其最大值，可以检测各个方向的边缘，减少由于平均而造成的细节丢失，但是放大了噪声，而且增加计算量。

Roberts 算子使用两个 2×2 模板，利用局部差分检测比较陡峭的边缘，对于噪声比较敏感，容易出现孤立点。

Prewitt 算子和 Sobel 算子在求梯度之前首先进行邻域平均或加权平均，然后再作微分，适当抑制了噪声，但容易出现边缘模糊现象。

上述常见算子检出效果如图 5-30 所示。

由图 5-30 可见，Kirsch 算子检出边缘效果并不明显，而且可以看出它有放大噪声的作用，处理过的梯度图图像存在很多白噪点。Roberts 算子检出的边界比较清楚细小。Prewitt 算子和 Sobel 算子抑制噪声方面强于 Kirsch 算子，但是仍然带来一定程度的噪声，

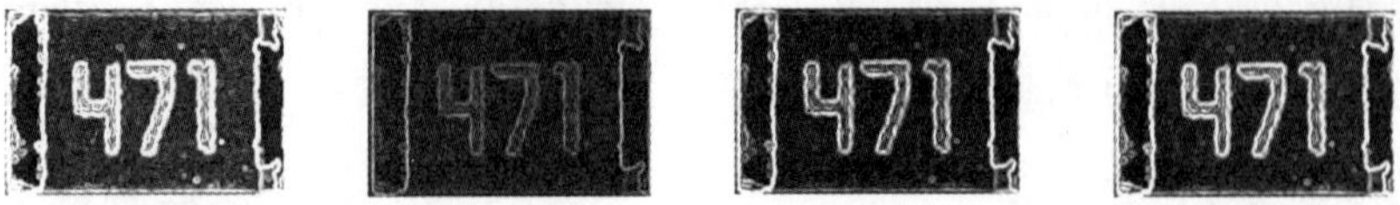

(a) Kirsch (b) Roberts (c) Prewitt (d) Sobel

图 5-30 效果总结

边缘轮廓也不是很清晰。

因此，一阶微分的边缘检测算子整体上对于噪声敏感。由于噪声也是突变信号，因此，对于存在噪声的图像一阶算子容易失效。

5.4.2 二阶算子

前述一阶算子需要配合适当条件例如阈值才能确定像素是否是边缘点，二阶算子如 Laplace(拉普拉斯)算子则不再需要其他条件。而且二阶导数算子与方向无关，对取向不敏感，因而计算量小。

Laplace 算子作为边缘提取算子相当于高通滤波，因此对噪声相当敏感，容易出现虚假边缘。因此 Marr 提出，先对图像使用高斯函数平滑，然后利用 Laplace 算子对平滑之后的图像求二阶导数，以二阶导数过零点作为候选边缘，称为高斯拉普拉斯(LOG)滤波器，也称 Marr 算子。

Marr 算子就是对图像进行滤波和微分的过程，利用旋转对称的 LOG 模板与图像做卷积，具有人眼的特性。但它的检测效果并不好，容易出现过多虚假特征。因此，Canny 提出边缘检测的三条准则，在此基础上形成 Canny 算子。Canny 算子通过对弱边缘进行非极大值抑制和对边缘进行双阈值提取，可提取出最强的单像素边缘，其难点在于边缘双阈值的选取。

以下简述常用二阶算子：Laplace 算子、Marr 算子和 Canny 算子。

1. Laplace 算子

根据一阶的梯度算子$\nabla f=\frac{\partial i}{\partial x}+\frac{\partial j}{\partial y}$，可以得到二阶梯度：

$$\nabla^2=\nabla\cdot\nabla=\left(\frac{\partial i}{\partial x}+\frac{\partial j}{\partial y}\right)\cdot\left(\frac{\partial i}{\partial x}+\frac{\partial j}{\partial y}\right)=\frac{\partial^2 i}{\partial x^2}+\frac{\partial^2 j}{\partial y^2}$$

即为 Laplace 算子：

$$\nabla^2 f=\frac{\partial^2 f(x,y)}{\partial x^2}+\frac{\partial^2 f(x,y)}{\partial y^2} \tag{5-45}$$

Laplace 算子应用到例如图像这类离散二维矩阵时，一般使用差分近似微分：

$$\frac{\partial^2 f}{\partial x^2}=\frac{\partial \boldsymbol{G}_x}{\partial x}=\frac{\partial[f(x,y)-f(x,y-1)]}{\partial x}=f(x,y+1)-2f(x,y)+f(x,y-1)$$

$$\frac{\partial^2 f}{\partial y^2}=\frac{\partial \boldsymbol{G}_y}{\partial y}=\frac{\partial[f(x,y)-f(x-1,y)]}{\partial y}=f(x+1,y)-2f(x,y)+f(x-1,y)$$

于是

$$\nabla^2 f(x,y)=\frac{\partial^2 f}{\partial x^2}+\frac{\partial^2 f}{\partial y^2}$$

$$=f(x+1,y)+f(x,y+1)+f(x-1,y)+f(x,y-1)-4f(x,y)$$

从而可以拼出 Laplace 算子的卷积模板：

$$\underbrace{\begin{pmatrix} 0 & 1 & 0 \\ 1 & \boxed{-4} & 1 \\ 0 & 1 & 0 \end{pmatrix}}_{\text{4-邻域模板}}$$

以上为 4-邻域定义下的模板，8-邻域的拉普拉斯卷积核为

$$\underbrace{\begin{pmatrix} 1 & 1 & 1 \\ 1 & \boxed{-8} & 1 \\ 1 & 1 & 1 \end{pmatrix}}_{\text{8-邻域模板}} \quad 或 \quad \underbrace{\begin{pmatrix} 1 & 4 & 1 \\ 4 & \boxed{-20} & 4 \\ 1 & 4 & 1 \end{pmatrix}}_{\text{8-邻域模板}}$$

使用上述卷积核与图像做卷积，所得卷积图像中 0 像素即为边缘。

Laplace 算子不依赖于边缘方向，是一个标量而非向量，具有旋转不变性(各向同性)，适用于关注边缘点的位置而对方向没有要求的情况。

2. Marr 算子

Laplace 算子并不常用，主要是因为：

(1) 二阶导数与一阶导数相比，去噪能力更弱；

(2) 无法检测边缘方向；

(3) 存在双边缘。

为了改善抗噪能力，Marr 提出先高斯平滑实现降低噪声目的，然后使用 Laplace 算子检测边缘，这种结合 Laplace 算子和高斯滤波的算子称为 LOG(Laplace of Gaussian)算子，也称 Marr 算子。

Marr 算子是利用二阶过零检测阶跃边缘的最好算子，由于该算子到中心的距离与位置加权系数的关系曲线呈现轴对称的草帽状，如同墨西哥草帽剖面图，因此 Marr 算子俗称墨西哥草帽滤波器。

对于二维高斯核函数

$$G(x,y,\sigma)=\frac{1}{2\pi\sigma^2}\exp\left(-\frac{x^2+y^2}{2\sigma^2}\right)$$

应用 Laplace 算子

$$\nabla^2 f=\frac{\partial^2 f}{\partial x^2}+\frac{\partial^2 f}{\partial y^2}$$

有

$$\nabla^2 G=\frac{\partial^2 G}{\partial x^2}+\frac{\partial^2 G}{\partial y^2}=\frac{x^2+y^2-2\sigma^2}{2\pi\sigma^6}\exp\left(-\frac{1}{2}\frac{x^2+y^2}{\sigma^2}\right) \tag{5-46}$$

可见 Marr 算子轴对称，而且定义域内均值为 0，所以它与图像卷积不会改善图像的动态区域，而会使图像模糊(平滑)，模糊程度正比于 σ：

(1) σ 较大，则高斯滤波较大程度的抑制噪声，平滑效果较好，但会丢失部分边缘细节降低边缘定位精度；

(2) σ 较小，则边缘定位精度提高，但是信噪比降低。

因此需要依据定位精度及噪声情况合理确定 σ。

二维 Marr 算子可以通过任何一个方形卷积核逼近，只要保证核中全部元素之和为零，例如通常采用如下 5×5 的矩阵：

$$\underbrace{\begin{pmatrix} 0 & 0 & -1 & 0 & 0 \\ 0 & -1 & -2 & -1 & 0 \\ -1 & -2 & \boxed{16} & -2 & -1 \\ 0 & -1 & -2 & -1 & 0 \\ 0 & 0 & -1 & 0 & 0 \end{pmatrix}}_{5\times5\text{的Marr算子}} \quad \text{或} \quad \underbrace{\begin{pmatrix} -2 & -4 & -4 & -4 & -2 \\ -4 & 0 & 8 & 0 & -4 \\ -4 & 8 & \boxed{24} & 8 & -4 \\ -4 & 0 & 8 & 0 & -4 \\ -2 & -4 & -4 & -4 & -2 \end{pmatrix}}_{5\times5\text{的Marr算子}}$$

Marr 算子的高斯平滑有效抑制 3σ 范围内所有像素影响，因此寻找二阶导数是稳定的，缺点是：①对形状过渡平滑；②具有环形边缘倾向。

3. Canny 算子

Canny 将边缘检测归纳为如下三条准则：

(1) 信噪比准则：将非边缘点判定为边缘点的概率要低，将边缘点判为非边缘点的概率要低；

(2) 定位精度准则：检测出的边缘点要尽可能在实际边缘的中心；

(3) 单一边缘响应准则：单个边缘产生多个响应的概率要低，并且虚假响应边缘应该得到最大抑制。

Canny 根据以上准则，给出了解析表达式，从而转换为泛函优化问题，其具体流程为：

(1) 用高斯滤波器平滑图像；

(2) 用 Sobel 等梯度算子计算图像梯度得到边缘幅值和角度；

(3) 对梯度幅值进行非极大值抑制，即边缘细化；

(4) 用双阈值算法检测和连接边缘；

(5) 抑制孤立弱边缘，完成边缘检测；

(6) 图像二值化，输出结果。

以下分析上述算法流程中的主要环节。

(1) 高斯模糊。

Canny 算子使用高斯滤波器来与图像卷积实现图像平滑，降低噪声对边缘检测的影响。对于 $(2k+1)\times(2k+1)$ 的高斯滤波器，其卷积核为

$$H_{x,y}=\frac{1}{2\pi\sigma^2}\exp\left(-\frac{1}{2}\frac{[x-(k+1)]^2+[y-(k+1)]^2}{\sigma^2}\right),\quad 1\leqslant x,y\leqslant 2k+1 \tag{5-47}$$

例如，$k=1$，$\sigma=1.4$ 的 3×3 高斯滤波器的卷积核为

$$\underbrace{\begin{pmatrix} 0.092 & 0.119 & 0.092 \\ 0.119 & 0.153 & 0.119 \\ 0.092 & 0.119 & 0.092 \end{pmatrix}}_{3\times3\text{的高斯滤波器}}$$

卷积核的尺寸影响算子性能，尺寸越大对于噪声越不敏感，但边缘定位的误差增加。在使用高斯卷积核与图像卷积后，即得高斯滤波后图像，实现了噪声抑制。

(2) 梯度计算。

Canny 算法检测图像水平、垂直和对角方向,可以使用 Roberts、Prewitt、Sobel 等边缘检测算子返回水平 G_x 和垂直 G_y 方向的一阶导数,由此确定梯度的幅值和方向

$$G=\sqrt{G_x^2+G_y^2}$$

$$\theta=\arctan(G_y/G_x)$$

(3) 非极大值抑制。

基于梯度值提取的边缘仍然模糊,非极大值抑制将局部极大值以外的所有梯度抑制为零:首先,比较当前像素的梯度强度与正负梯度方向的两个像素;其次,如果当前像素梯度强度大于另外两个像素则保留为边缘点,否则该像素将被抑制。

可见非极大值抑制作用是瘦边,因此该步骤也称边缘细化。

出于精确目的,通常在跨越梯度方向的两个相邻像素之间使用线性插值以获得需要比较的梯度。例如在图 5-31 中,p 点梯度是否要被抑制,取决于 p_1 和 p_2。

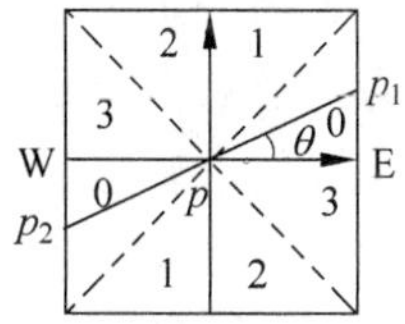

图 5-31 非极大值抑制

(4) 双阈值检测。

非极大值抑制之后的剩余像素可以更准确地表示图像边缘,但仍然存在噪声边缘像素。为了解决这些杂散响应,使用弱的梯度过滤边缘像素,同时保留高梯度的边缘像素,通过选择高低双阈值实现,做法是:给定一个低阈值 A 和一个高阈值 B,一般将 B 取为图像整体灰度级分布的 70%,并且 B 为 1.5~2 倍大小的 A。然后将灰度值大于 B 的置为 255,灰度值小于 A 的置为 0,灰度值介于 A 和 B 之间的则需要考查该像素点临近的 8 像素是否存在灰度值为 255,若没有 255 则表示这是一个孤立的局部极大值点,予以排除,置为 0;若存在 255 则表示与其他边缘有连接,置为 255;重复执行该步骤直到考查完之后一个像素点。即如果梯度高于高阈值则标记为强边缘像素,如果边缘像素梯度小于高阈值且大于低阈值则标记为弱边缘像素,若梯度值小于低阈值则该边缘像素被抑制。

(5) 边缘检测。

通过抑制孤立的弱边缘完成边缘检测:至此强边缘像素可被确认为边缘点,它们是从图像真实边缘提取的。但对于弱边缘像素并不确定,它们可能从真实边缘提取,也可能因噪声导致。为了使结果精确,后者导致的弱边缘应被抑制。

通常真实边缘的弱边缘像素将连接到强边缘像素,而噪声响应的弱边缘不连接。为了跟踪边缘连接,查看弱边缘像素及其八个邻居即可,只要任一为强边缘像素,则保留该弱边缘点为真实边缘像素。

(6) 二值输出。

此时直接得到输出结果。

整体上 Canny 算子在定位和抗噪方面均优于 Marr 算子,不足之处是对于无噪图像边缘模糊。

5.5 角点定位

角点也称特征点或兴趣点,是图像的重要特征。

角点的检测主要包括单尺度和多尺度两类算子。早期的检测算子对于角点仅能产生一

种描述,可以具有一定程度的旋转、平移、光照不变性。而多尺度算子除了继承上述优点之外,还具有各向同性的尺度不变性。

5.5.1 单尺度检测

单尺度的角点检测算法主要包括 Moravec 算子、Harris 算子、SUSAN 算子、Fostner 算子等,它们基本都包括两个步骤:首先计算每个像素的兴趣值,然后选定兴趣点。

1. Moravec 算子

特征点作为灰度曲面不连续的点,一般表现为尺寸不确定的邻域。因此,对于每个像素都可以采用一定尺寸的模板进行卷积,得到邻域的兴趣值,然后通过设定的阈值判定该像素是否为兴趣点。基于该思路,Moravec 算子将具有局部最低自相关性的点确定为角点。

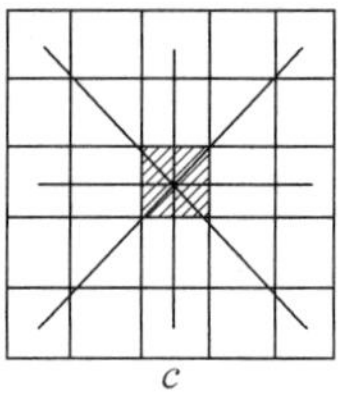

图 5-32 四个方向的八个灰度值方差

图 5-32 中,计算每个像素沿水平、垂直、对角线和反对角线这四个方向的八个灰度值方差(Sum of Squared Difference,SSD),将八个 SSD 中最小者作为该像素的兴趣值,再通过局部非极大值抑制来检测其是否为特征点。

算法步骤如下:

(1) 设置 $m\times m$ 模板窗口 Ω,对于图像 f 任意位置 (x,y) 的像素,计算 (x,y) 局部窗口 Ω 与该窗口滑动 $(\Delta x,\Delta y)$ 之后所得窗口之间的 SSD:

$$\mathrm{SSD}_{(\Delta x,\Delta y)}(x,y)=\sum_{(i,j)\in\Omega}[f(x+\Delta x+i,y+\Delta y+j)-f(x+i,y+j)]^2 \tag{5-48}$$

注意,一共有八个 $(\Delta x,\Delta y)$ 偏移方向。

(2) 以八个 SSD 中最小值作为该像素的兴趣值(Interesting Value,IV)。

$$\mathrm{IV}=\min(\mathrm{SSD}_{(\Delta x,\Delta y)}(x,y)) \tag{5-49}$$

(3) 遍历图像所有像素,将兴趣值超过阈值 T 的像素标记为候选兴趣点,也即小于阈值 T 的兴趣值重置为零。阈值的设置原则是,候选点中包括所需特征点,同时不含有过多非特征点。

(4) 选定 $n\times n$ 的抑制窗口进行非最大值抑制,以该抑制窗口遍历图像,以窗口内兴趣值最大的候选点作为特征点。

使用中,可以将每个抑制窗口内的最大兴趣值统计为可视化的散点图,以确定合理阈值,如图 5-33 所示。

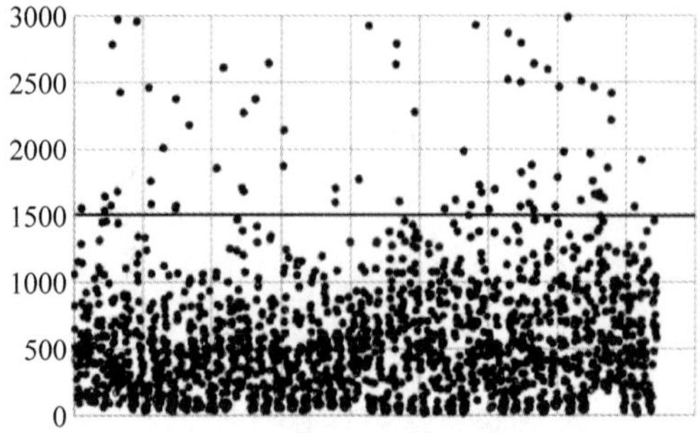

图 5-33 最大兴趣值散点图

Moravec 算子作为比较早期的角点检测算法，起初应用于序贯图像的跟踪任务，其显著优点是简单快速，但也存在以下缺点：

(1) 对于强边缘敏感，因为响应值是自相关的最小值而不是差值；

(2) 对于噪声敏感，可以考虑先进行平滑滤波以消除噪声；

(3) 最主要的缺点是特征并非旋转不变，对于旋转图像尤其是边缘方向不在八个主方向的特征，检出效果不佳。

2. Harris 算子

Harris 算子基于 Moravec 算子改进而来，主要改进了以下三方面。

(1) Harris 算子改用高斯函数 $w(x,y)$代替二值窗口函数。

$$w(x,y)=\frac{1}{\sqrt{2\pi\sigma^2}}\exp\left(-\frac{x^2+y^2}{2\sigma^2}\right) \tag{5-50}$$

这样，距离中心点近的像素具有大的权重，从而减少噪声影响；更为关键的是，这个圆形模板改进 Moravec 算子各向异性的缺点，带来各向同性的好处。

(2) Moravec 算子每隔 45°计算一个平方和，而 Harris 算子计算任意方向的灰度变化，并使用解析方式表达。

对于以(x,y)为中心的窗口 Ω，经过 x 方向移动 u、y 方向移动 v 之后，该窗口灰度变化量可以解析的表达如下：

$$E_{(x,y)}(u,v)=\sum\{w(x,y)[f(x+u,y+v)-f(x,y)]^2\} \tag{5-51}$$

其中，$w(x,y)$是窗口函数，可以都为 1，也可以采用高斯核；$f(x,y)$为当前位置的灰度值；$E_{(x,y)}$为窗口的灰度变化量。可见，只要 $E_{(x,y)}$ 在任意方向滑动，函数值都很大，则可以断定当前窗口中心(x,y)就是角点。

将 $f(x+u,y+v)$进行一阶泰勒展开，式(5-51)变为

$$E_{(x,y)}(u,v)=\sum\left\{w(x,y)\left[u\frac{\partial f}{\partial x}+v\frac{\partial f}{\partial y}+o(\sqrt{u^2+v^2})\right]^2\right\} \tag{5-52}$$

忽略无穷小量，则

$$E_{(x,y)}=\sum\left\{w(x,y)\left[u^2\left(\frac{\partial f}{\partial x}\right)^2+2uv\frac{\partial f}{\partial x}\frac{\partial f}{\partial y}+v^2\left(\frac{\partial f}{\partial y}\right)^2\right]^2\right\}=Au^2+2Cuv+Bv^2 \tag{5-53}$$

其中

$$A=\left(\frac{\partial f}{\partial x}\right)^2 * w(x,y),B=\left(\frac{\partial f}{\partial y}\right)^2 * w(x,y),C=\left(\frac{\partial f}{\partial x}\frac{\partial f}{\partial y}\right) * w(x,y)$$

式中的 * 为卷积操作。

式(5-53)可以写成矩阵形式，为二次型：

$$E_{(x,y)}=(\boldsymbol{u}\quad \boldsymbol{v})\boldsymbol{M}\begin{pmatrix}\boldsymbol{u}\\ \boldsymbol{v}\end{pmatrix} \tag{5-54}$$

其中

$$\boldsymbol{M}=\sum\left\{w(x,y)\begin{pmatrix}f_x^2(x,y) & f_xf_y(x,y)\\ f_xf_y(x,y) & f_y^2(x,y)\end{pmatrix}\right\}$$

该矩阵为灰度自相关矩阵，式中的 f_x、f_y 为图像在 x、y 方向的一阶导数。

由于 $\boldsymbol{M}$ 为实对称矩阵，从而函数 E 是以 $\{u,v\}$ 作为参数的二次曲线（椭圆函数）。该实对称矩阵 $\boldsymbol{M}$ 可以对角化为

$$\boldsymbol{M}=\boldsymbol{R}^{-1}\begin{pmatrix}\lambda_1 & 0\\ 0 & \lambda_2\end{pmatrix}\boldsymbol{R} \tag{5-55}$$

式中的 $\boldsymbol{R}$ 为旋转因子，矩阵 $\boldsymbol{M}$ 对角化并不改变以 $\{u,v\}$ 作为坐标参数的空间曲面的形状，从而椭圆函数尺寸以及扁率决定于对角化所得特征值 λ_1 和 λ_2，这两个特征值表示了图像在主轴方向的表面曲率，因此：

① 如果 λ_1，λ_2 均为较小的值，则说明椭圆函数（自相关函数）在所有方向上变化较小，目标的附近区域较为平坦；

② 如果为一大一小的值，则说明目标位于边缘上，从而一个方向平坦而另一方向变化剧烈；

③ 如果均为较大的值，则说明任何方向的移动都将导致灰度剧烈变化，此时目标点将被视为角点。

两个特征值的三种类型如图 5-34 所示。

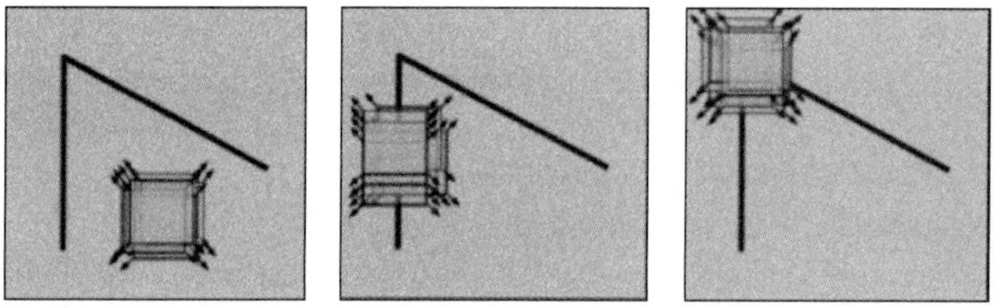

图 5-34　两个特征值的三种类型

（3）Harris 算子还改进了角点判定的计算方法，省去求解特征值的计算量。

由于计算特征值 λ_1 和 λ_2 需要求解平方根，复杂度较高，因此算法并不直接计算 $\boldsymbol{M}$ 的特征值。考虑特征值之和为矩阵的迹 $\mathrm{tr}\boldsymbol{M}=\lambda_1+\lambda_2$、特征值之积为矩阵行列式 $\det\boldsymbol{M}=\lambda_1\lambda_2$，因此通过式(5-56)计算兴趣值：

$$\mathrm{IV}(x,y)=\det\boldsymbol{M}(x,y)-k[\mathrm{tr}\boldsymbol{M}(x,y)]^2 \tag{5-56}$$

其中，k 为校正系数，一般情况下 $k\in[0.04,0.06]$。

对所有极值点排序，如果候选兴趣点的 IV 超过阈值 T，则可根据要求选出兴趣值最大的若干点作为最终特征点。

Harris 算子采用差分，对平移不变；采用圆形模板，具有旋转不变性；对梯度进行了高斯滤波，一般高斯卷积模板取值为 0.3～0.9。其主要缺点是对尺度敏感：小尺度来看是角点，但是大尺度可能就是边缘，甚至是平坦区域，如图 5-35 所示。

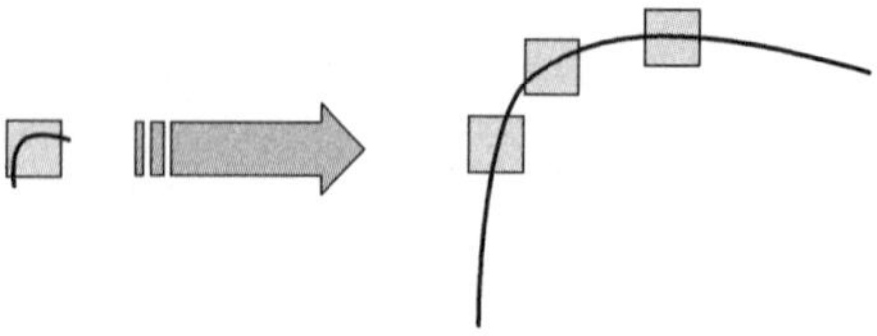

图 5-35　对于尺度敏感

3. Hessian 算子

Hessian 算子类似 Harris 算子，采用偏导数检测特征。不过 Harris 算子使用一阶导数，而 Hessian 算子使用二阶导数：

$$\underbrace{\begin{pmatrix} f_x^2(x,y) & f_x f_y(x,y) \\ f_x f_y(x,y) & f_y^2(x,y) \end{pmatrix}}_{\text{Harris算子}} \Rightarrow \underbrace{\boldsymbol{H}(x,y) = \begin{pmatrix} f_{xx}(x,y) & f_{xy}(x,y) \\ f_{xy}(x,y) & f_{yy}(x,y) \end{pmatrix}}_{\text{Hessian算子}} \tag{5-57}$$

Hessian 算子认为如果某个像素在相互正交两个方向上具有较大的偏导数,则该点即为潜在的特征点。也即如果某个像素的 Hessian 矩阵行列式为局部最大值,则该点为潜在特征点。Hessian 算子通过式(5-58)计算行列式

$$\det\boldsymbol{M} = f_{xx}f_{yy} - f_{xy}^2 \tag{5-58}$$

然后以 3×3 滑动进行非局部最大值抑制,仅保留极大值点;最后进行阈值化,即可获得特征。

4. SUSAN 算子

SUSAN 算子基于灰度的特征点检测模板,也可以用于检测边缘、图像去噪等目的。该算法无须梯度,保证了运算效率;同时具有积分特性,从而对于局部噪声不敏感;而且使用圆形模板,具有旋转不变性。

在图 5-36 中,当 SUSAN 圆形模板在图像上移动时,计算模板所覆盖局部区域所有非中心点与中心点的灰度值之差,差值小于某个阈值的点看作和中心点是同质的,其余点是非同质的。

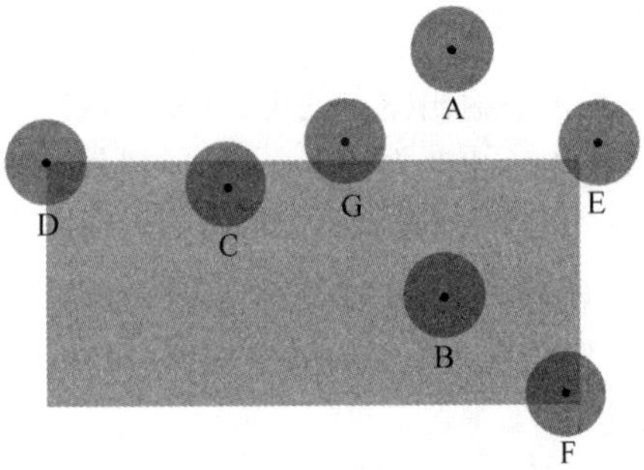

图 5-36　圆形模板三种区域示意图

例如,图 5-36 中包含下述三类区域。

(1) 平坦区域:局部区域的所有非中心点和中心点是同质的,差值为 0 或接近于 0,如图 5-36 中的 A 和 B。

(2) 边缘区域:如图 5-36 的 C,同质区域是进入阴影区的部分;图 5-36 中的 G,同质区域是尚未进入阴影区的部分;可以发现对于边缘而言,同质区域占的比例总是大于 1/2。

(3) 角点区域:图 5-36 中的 D、E、F,描述了三种情况,即恰好进入 1/ 4 的、进入一点点的、进入了绝大部分。

因此如果角点区域的同质区域都是小于 1/2 的,那么就可以直接区分边缘和角点。但实际角点区域也有同质区域比例大于 1/2 的情况,例如图 5-36 中的 E,为了方便直接区分边缘和角点,SUSAN 算法直接抛弃这一类情况,因为这一类本来不是最佳角点位置,即使抛弃也问题不大,只考虑角点的同质区域比例小于 1/2 的情况 F。

观察 D 与 F:D 的同质区域比例是 1/4,不存在同质区域比例小于 1/4 的情况,因为无论怎么移动,D 的中心点离开了阴影,同质区域就变了,D 是同质区域比例最小的情况。相比之下,F 的同质比例大于 1/4 且小于 1/2,因此,只要找局部区域内同质区域比例最小的点作为角点即可。

实际操作中,因为抛弃了角点区域比例大于 1/2 的情况,同质区域比例记为 0,同时把平坦区域的同质区域比例也记为 0,如果找局部极小值,就会把平坦区域也算进去,因此引入一个 SUSAN 响应值,平坦区域和比例大于 1/2 情况的 SUSAN 响应值为 0,比例小于 1/2 的情况 SUSAN 响应值记为 1/2-同质区域比例,只要找 SUSAN 响应值局部-极大值即可判定为角点。实现这一步就是非极大化抑制。除此之外,SUSAN 算子还引入了同质随

着距离增大而减弱的函数：距离越远，与中心点的同质程度减弱。

综上，可以得到 SUSAN 角点的检测流程如下。

(1) 利用圆形模板遍历整幅图像，比较模板内每一像素与中心像素的灰度，基于阈值判别是否属于 USAN(Univalue Segment Assimilating Nucleus)

$$c(\boldsymbol{r},\boldsymbol{r}_0)=\begin{cases}1, & |f(\boldsymbol{r})-f(\boldsymbol{r}_0)|\leqslant T\\ 0, & |f(\boldsymbol{r})-f(\boldsymbol{r}_0)|>T\end{cases} \tag{5-59}$$

其中，$\boldsymbol{r}_0$、$\boldsymbol{r}$ 为模板中心像素(核)及其他像素的位置向量，$c(\boldsymbol{r},\boldsymbol{r}_0)$为模板内属于 USAN 区域像素的判别函数，$T$ 为灰度差的阈值，根据图像的对比度和噪声等确定。图像中某一点的 USAN 区域大小表示为

$$n(\boldsymbol{r}_0)=\sum_{\boldsymbol{r}\in c(\boldsymbol{r}_0)} c(\boldsymbol{r},\boldsymbol{r}_0) \tag{5-60}$$

(2) 得到每个像素的 USAN 区域之后，根据阈值 g 进行阈值化，得到角点响应为

$$R(\boldsymbol{r}_0)=\begin{cases}g-n(\boldsymbol{r}_0), & n(\boldsymbol{r}_0)\leqslant g\\ 0, & \text{其他}\end{cases} \tag{5-61}$$

其中，g 是输出角点的 USAN 区域的最大值，即只要图像中的像素的具有比 g 小的 USAN 区域，则输出为角点；g 不仅控制检出角点的多寡，同时也是阈值；g 的数值越小，检出的角点越尖锐。

(3) 使用非极大值抑制来寻找初始角点响应的局部最大值。

SUSAN 算子的圆形模板，通常半径为 3.4 像素，包含 37 像素；g 一般为 USAN 最大值的一半。

5. Forstner 算子

Forstner 算子提取角点的方法：首先计算各像素的 Roberts 梯度，然后基于 Roberts 梯度计算以像素(c,r)为中心的窗口邻域的灰度协方差矩阵，最后根据兴趣值在图像中寻找特征点，如图 5-37 所示。

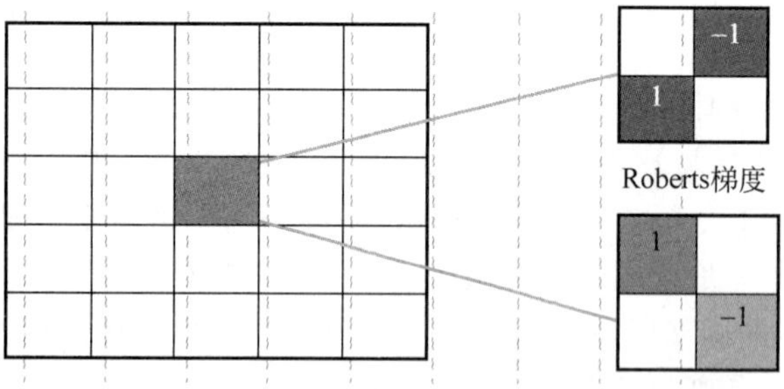

图 5-37 Forstner 算子梯度计算

Forstner 算子具体环节如下：

(1) 计算各像素的 Roberts 梯度。

$$\begin{cases}f_u=\dfrac{\partial f}{\partial u}=f_{j+1,j+1}-f_{j,j}\\ f_v=\dfrac{\partial f}{\partial v}=f_{i,j+1}-f_{i+1,j}\end{cases}$$

(2) 计算 5×5 或更大的窗口的灰度的协方差矩阵。

$$\boldsymbol{Q}=\boldsymbol{N}^{-1}=\begin{pmatrix}\sum g_u^2 & \sum g_u g_v \\ \sum g_v g_u & \sum g_v^2\end{pmatrix}^{-1}$$

(3) 计算兴趣值 q、w。

$$q=\frac{4\det\boldsymbol{N}}{(\operatorname{tr}\boldsymbol{N})^2},\quad w=\frac{1}{\operatorname{tr}\boldsymbol{Q}}=\frac{\det\boldsymbol{N}}{\operatorname{tr}\boldsymbol{N}} \tag{5-62}$$

其中,q 为像素(c,r)对应的误差椭圆的圆度。其表达式为

$$q=\frac{(a^2-b^2)^2}{(a^2+b^2)^2}$$

其中,a、b 分别为椭圆的长短半轴长度;w 为该像素的权值。如果 a、b 中任意一个为零,则说明像素可能位于边缘;如果 $a=b$ 即 $q=1$,则说明是一个圆。

(4) 确定待选点。

定义阈值 $T_q=0.5\sim0.7$ 以及 $T_w=f\cdot\bar{w}$,$f=0.5\sim1.5$,其中 $\bar{w}$ 为权值平均值。当 $q>T_q$ 且 $w>T_w$ 时,该像素为候选点。

(5) 选取极值点。

以权值 w 为依据选取最大者,即为极值点。

5.5.2 多尺度空间

尺度空间理论属于图像多分辨率分析领域,其基本思想是对原图像进行尺度变化,获得多尺度下的尺度空间表示序列,对这些表示序列进行尺度空间主轮廓提取,并以该主轮廓作为特征向量。

由于尺度空间表示的是基于区域而不是基于边缘的表达,因此不需要关于图像的先验知识。

尺度空间基于热扩散理论演化而来。物理学中,将杂质浓度分布不均匀的介质中杂质从高浓度区域向低浓度区域迁移的过程称为扩散。类似地,若介质温度分布不均匀时高温区域向低温区域传递能量的过程称为热扩散。如果以时变函数 $L=L(x,y,t)$表示介质浓度或温度随时间的分布,以∇L 表示浓度或温度分布的不均匀性,则对于各向同性的介质,可以使用如下偏微分方程描述扩散过程:

$$\frac{\partial L}{\partial t}=\operatorname{div}(k\,\nabla L) \tag{5-63}$$

其中,k 称为扩散系数或传导系数。当 k 为常数时称为线性扩散方程;如果 k 与 L 有关即 $k=\varphi(L)$,则称为非线性扩散方程。

如果使用正交坐标系,则上述偏微分方程变为

$$\frac{\partial L}{\partial t}=\frac{\partial}{\partial x}\left(k\,\frac{\partial L}{\partial x}\right)+\frac{\partial}{\partial y}\left(k\,\frac{\partial L}{\partial y}\right)=k\left(\frac{\partial^2 L}{\partial x^2}+\frac{\partial^2 L}{\partial y^2}\right) \tag{5-64}$$

式(5-64)可以看作两个相互垂直方向上的扩散之和,而且两个方向的扩散系数相同,称为各向同性扩散。

对于二维线性扩散方程,如果省略固定不变常数 k,则为

$$\begin{cases}\dfrac{\partial L(x,y;t)}{\partial t}=\nabla^2 L=\Delta L \\ L(x,y;0)=L_0(x,y)\end{cases},(x,y)\in \mathbf{R}^2$$

上述方程的解析解,可以通过傅里叶变换得到:

$$L(x,y,t)=L_0(x,y)*g_{\sigma=\sqrt{t}}(x,y) \tag{5-65}$$

其中,g_σ 为高斯卷积核函数,具体如下:

$$g_\sigma(x,y)=\frac{1}{\sqrt{2\pi}\sigma}\exp\left(-\frac{x^2+y^2}{2\sigma^2}\right) \tag{5-66}$$

式中的尺度参数 $\sigma=\sqrt{t}$。

在信号处理领域,可以把信号函数 $f(\cdot):\mathbf{R}^N\to\mathbf{R}$ 视作 $t=0$ 时刻的空间分布,则时变信号 $f(\cdot,t)$ 可以理解为信号随时间 t 变化的热传导空间分布,将其中的 t 理解为空间尺度,可以由不同的 t 得到一族信号集合,称为信号的尺度空间,具有类似热传导方程的形式:

$$\frac{\partial L}{\partial t}=k\ \nabla^2 L=k\sum_{i=1}^{N}\frac{\partial^2 L}{\partial x_i^2} \tag{5-67}$$

信号具有功率概念,因此为其赋予系数 1/2,即

$$\frac{\partial}{\partial t}L=\frac{1}{2}\ \nabla^2 L=\frac{1}{2}\sum_{i=1}^{N}\{\partial_{x_i^2}L(x_1,x_2,\cdots,x_N;t)\}$$

结合该偏微分方程初始条件:

$$L(x_1,x_2,\cdots,x_N;0)=f_0(x_1,x_2,\cdots,x_N)$$

可以得到信号 $f(\boldsymbol{x})$ 的尺度空间:

$$L(\boldsymbol{x};t):\mathbf{R}^N\times\mathbf{R}_+\to\mathbf{R} \tag{5-68}$$

解的解析表达式同样可以由傅里叶变换得到:

$$L(\boldsymbol{x};t)=f_0(\boldsymbol{x})*g_t(\boldsymbol{x};t)=\int_{\boldsymbol{\xi}\in R^N}f_0(\boldsymbol{x}-\boldsymbol{\xi})g_t(\boldsymbol{\xi})\mathrm{d}\boldsymbol{\xi} \tag{5-69}$$

其中,$g_t:\mathbf{R}^N\times\mathbf{R}_+\backslash\{0\}\to\mathbf{R}$ 是具有尺度参数 $t\in\mathbf{R}_+$ 的高斯核函数:

$$g_t(\boldsymbol{x};t)=\frac{1}{(2\pi t)^{1/2}}\exp\left(-\frac{\boldsymbol{x}^{\mathrm{T}}\boldsymbol{x}}{2t}\right) \tag{5-70}$$

此时 $L(\boldsymbol{x};t)$ 称为高斯尺度空间,其中尺度参数 $t=\sigma^2$。

高斯卷积核函数具有一些好的性质,例如:

(1) 微分性质,对于微分算子∂,有$\partial(u*g)=\partial u*g=u*\partial g$,其中第一项$\partial(u*g)$含义是将经过 g 模糊的图像微分;

(2) 半群性质,$g(\cdot,t)*g(\cdot,s)=g(\cdot,t+s)$,即较粗糙分辨率 $t+s$ 图像的修复,可以通过精细分辨率的 t 图像和 s 图像通过线性卷积得到。

1. 一维尺度空间

对于高斯尺度空间,以下以频率为 ω_0 的一维正弦信号 $f(x)=\sin\omega_0 x$ 为例。此时尺度空间的解析解(略去常数系数)为

$$L(x;t)=\left\{\exp\left(-\frac{x^2}{2t}\right)\right\}*\{\sin\omega_0 x\}=\mathrm{e}^{\omega_0^2 t/2}\sin\omega_0 x \tag{5-71}$$

该解析解在尺度 t 时的振幅为 $L(t)=\mathrm{e}^{\omega_0^2 t/2}$,$m$ 阶导数的振幅为 $L_{x^m}(t)=\omega_0^m\mathrm{e}^{\omega_0^2 t/2}$,其

曲线都随着尺度增大而呈指数级衰减。因此图像在尺度空间的最大响应总是发生在最小尺度。这个结论是显然的，因此并不具有意义。为了消除尺度参数 t 对响应的影响，引入坐标规范化，定义规范化之后变量为

$$\xi \triangleq \frac{x}{(\sqrt{t})^{\gamma}} = \frac{x}{\sigma^{\gamma}} \tag{5-72}$$

其中，γ 为规范化参数，用以调节坐标规范的强度。

式(5-72)中坐标规范化的微分算子为 $\partial_{\xi} = t^{\gamma/2}\partial_{x}$，从而 m 阶导数的振幅 $L_{x^m}(t) = \omega_0^m \mathrm{e}^{\omega_0^2 t/2}$ 经过规范化之后为

$$L_{\xi^m}(\boldsymbol{t}) = t^{m\gamma/2}\omega_0^m \mathrm{e}^{\omega_0^2 t/2}$$

这个函数曲线是先增后减的，因此存在极大值：当尺度为 $t^* = m\gamma/\omega_0^2$ 时，响应取得极大值。这个结论才是有价值的。

记 $\lambda_0 \triangleq 2\pi/\omega_0$ 为信号 $f(x) = \sin\omega_0 x$ 的波长，将其代入尺度解 $t^* = m\gamma/\omega_0^2$，有

$$\sigma = \sqrt{t^*} = \sqrt{m\gamma/\omega_0^2} = \frac{\sqrt{m\gamma}}{2\pi}\lambda_0 \tag{5-73}$$

即取得最大响应时的尺度正比于信号的波长：在尺度 $t^* = m\gamma/\omega_0^2$ 时，最大响应为

$$L_{\xi^m}(\boldsymbol{t}^*) = \frac{(m\gamma)^{m\gamma/2}}{\mathrm{e}^{m\gamma/2}}\omega_0^{m(1-\gamma)} \tag{5-74}$$

令规范化参数 $\gamma=1$，由尺度解 $t^* = m/\omega^2$ 可见，频率越小，尺度可以越大。这也是显然的：频率越小，则波长越大，信号的结构也就越大，就可以在比较大的尺度进行观测。而对于高频成分，需要在较小的尺度才可以观察到。

2. 二维尺度空间

以上尺度选择以一维正弦信号作为例子，当然这是可以扩展的，以下以二维的图像为例。此时，同样需要在不同尺度下观察不同特征从而完成不同任务。

对于图 5-38，如果需要判断图像是否包含前景，那么在 12×8 尺度就已足够。如果需要识别图中水果类型，则 64×48 的尺度勉强可以完成。如果需要计算该幅图像的景深，则需要在更小尺度进行，例如 640×480 分辨率的图像。

图 5-38 尺度与需求

可以证明：图像 $u = u(x,y)$ 与不同尺度高斯函数 g_σ 卷积，等价于热传导方程 $\frac{\partial u(x,y,t)}{\partial t} = c\nabla^2 u$，其解的尺度参数 t 和高斯滤波参数 σ 成正比。

当高斯函数 g_σ 的滤波参数 σ 增加，即尺度 t 增大时，卷积后的图像精确信息受到抑制，图像随着尺度 t 增大而越来越模糊，图 5-39 是经典的示意图，分别演示了 $t=0$、1、4、16 的效果。

图 5-39　不同尺度效果示意

5.5.3　尺度选择算子

在进行图像处理时，事先并不清楚图像中的目标的尺度。

感兴趣的图像结构会在何种尺度达到最大响应，也就是描述的最佳尺度，是需要考虑的问题。

1. LOG 算子

常用的特征尺度选择算子是 LOG 算子，LOG 也是最早的斑块检测算法之一，它在本质上是图像二阶偏导的线性组合。

对于图像 $f(x,y)$，通过与高斯核卷积，可以得到不同尺度下的尺度空间表达，具体为

$$L(x,y,\sigma)=f(x,y)*g_{\sigma=\sqrt{t}}(x,y;\sigma) \tag{5-75}$$

其中

$$g(x,y;\sigma)=\frac{1}{\sqrt{2\pi\sigma^2}}\exp\left(-\frac{x^2+y^2}{2\sigma^2}\right)$$

是标准差为 σ 的二维高斯函数，卷积 $*$ 表示在 x 和 y 两个方向进行卷积操作。

对于上述获取的高斯尺度图像 $L(x,y,\sigma)$，进行拉普拉斯运算 ∇^2 为

$$\nabla^2 L(x,y,\sigma)=L_{xx}(x,y,\sigma)+L_{yy}(x,y,\sigma)$$

根据二维高斯函数 $g(x,y;\sigma)$ 的拉普拉斯变换：

$$\nabla^2 g=\frac{\partial^2 g}{\partial x^2}+\frac{\partial^2 g}{\partial y^2}$$

可以通过搜索规范化 LOG 尺度极值自动选择尺度：

$$\nabla^2_{\mathrm{norm}} g=\sigma^2\left(\frac{\partial^2 g}{\partial x^2}+\frac{\partial^2 g}{\partial y^2}\right)=\sigma^2\ \nabla^2 g=-\frac{1}{\pi\sigma^2}\left(1-\frac{x^2+y^2}{2\sigma^2}\right)\exp\left(\frac{x^2+y^2}{2\sigma^2}\right) \tag{5-76}$$

其图形如图 5-40 所示。

可见规范化 LOG 算子的图像是对称的，天然的具有旋转不变性。而且 LOG 算子通过改变不同 σ 值，可以检测不同尺寸的二维斑块。即不仅利用了图像位置信息，而且利用了图

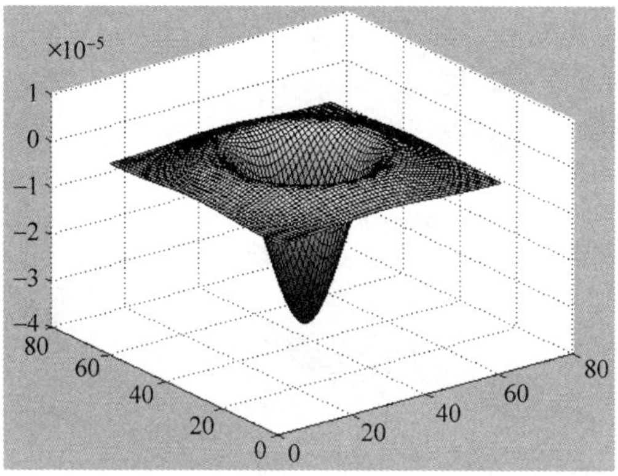

图 5-40　规范化 LOG 算子的图像

像的尺度信息，从而是在三维的空间(二维位置和尺度)展开搜索。

考虑图像与某个函数做卷积，就是评估图像与这个函数的相似度，因此图像与 LOG 函数做卷积就是求取图像与 LOG($\nabla^2_{\text{norm}} g=\sigma^2 \nabla^2 g$)的相似性：当图像中斑点尺寸与 LOG 函数形状趋于一致时，图像的拉普拉斯响应达到最大。求取$\nabla^2_{\text{norm}} g$ 的极值等价于$\frac{\partial \nabla^2_{\text{norm}} g}{\partial \sigma}=0$，即 $x^2+y^2-2\sigma^2=0$，令 $r^2=x^2+y^2$ 得

$$\sigma=r/\sqrt{2} \tag{5-77}$$

即对于圆形斑点，当尺度 $\sigma=r/\sqrt{2}$ 时，LOG 响应达到峰值，此时的 $\sigma=r/\sqrt{2}$ 称为特征尺度。

2. DOG 算子

LOG 算子的时间复杂度比较高，可以使用高斯差分(Different of Gaussian，DOG)算子近似，DOG 算子定义为两个不同尺度的高斯卷积核的差分，具有计算简单的特点。

具体地，DOG 算子利用不同尺度高斯核的差分与图像进行卷积得到，对于图像 $f(x,y)$，其 DOG 算子图像 $D(x,y,\sigma)$为 $f(x,y)$与高斯差分函数的卷积：

$$\begin{aligned} D(x,y;\sigma) &= [g_{k\sigma}(x,y,k\sigma)-g_{\sigma}(x,y,\sigma)] * f(x,y) \\ &= L(x,y;k\sigma)-L(x,y;\sigma) \end{aligned} \tag{5-78}$$

DOG 算子作为尺度归一化 LOG 算子的近似，其快速源于卷积过程包含的两个操作，即高斯平滑和相邻尺度空间相减。LOG 算子需要两个方向上的高斯二阶微分卷积操作，而 DOG 算子直接使用了高斯卷积核。由于高斯尺度空间构建必须进行高斯图像平滑，这是多尺度检测的共有操作，因此多出的唯一运算就是图像相减(即差分)，而差分的计算效率很高。

DOG 图像的具体构建过程如图 5-41 所示。

由图 5-41 可见，图像 $f(x,y)$与不同尺度的高斯核卷积，形成图像高斯金字塔。这个高斯金字塔具有组(Octave)和层(Interval)两个概念，每组中具有若干层，一般选择个 4 组，每组中有 5 个层。

对于第一组，第一组的第一层为原图像；将该图像执行参数 σ 的高斯卷积，得到第一组第二层；将 σ 乘以一个比例系数 k 作为新的平滑因子，对第一组第二层的图像进行平滑，得到第一组第三层；重复若干次，得到 $L=5$ 层，各层的平滑系数分别为 0、σ、$k\sigma$、$k^2\sigma$、$k^3\sigma$。

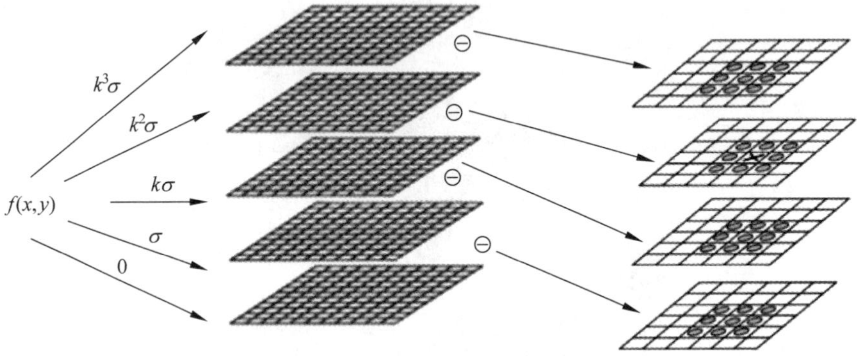

图 5-41　DOG 图像的具体构建过程

将该组最后一幅图像进行比例为 2 的降采样，则得到第二组第一层，通过同样方法得到第二组的其他层。持续以上操作，从而形成完整的高斯金字塔。

然后将高斯金字塔逐层相减，即得到 DOG 金字塔。

5.5.4　角点特征描述

在检出图像的特征角点之后，需要构建特征向量对特征进行描述。最简单的可以使用角点的坐标(x,y)作为二维特征向量，但这种仅仅提供位置信息的方式实在过于简单。

目前主流方法是采用基于像素分布的描述，主要包括 SIFT、SURF、ORB 等特征描述子。其中，SIFT 和 SURF 为浮点型描述子，ORB 采用 BRIEF 描述子。

SIFT、SUFT 和 ORB 的 BREIEF 都是优秀的特征描述子，具有不变、唯一和稳定、独立的特点，建立过程为：

首先，在选定的尺度空间图像$L(x,y,\sigma)$上以特征点位置(x,y)为中心选取局部图像块，对其中每个像素计算梯度大小和梯度方向。

然后，统计梯度直方图。例如以 10°为间距，一共可得 36 个柱(Bin)，以直方图峰值所在柱所对应的度数作为主方向。在图 5-42 的示例中，主方向为←，也就是 180°。

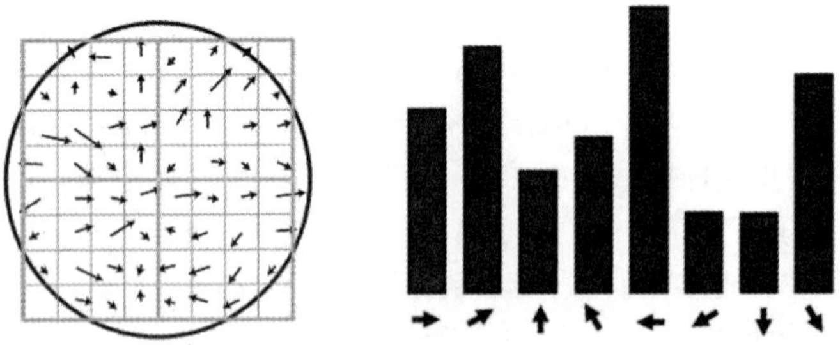

图 5-42　梯度大小和方向

由于是从梯度直方图构建特征向量，因此对于灰度变化具有天然的不变性。

在特征检测阶段检出的每个特征点，都带有高斯尺度空间的尺度信息，根据特征点的尺度，选取与之最为接近的高斯尺度空间图像$L(x,y,\sigma)$，从而尺度不变。

进行特征描述之前，对于每个特征点，通过特征点邻域计算梯度直方图的主方向，然后根据主方向选取局部图像块进行梯度直方图统计，再构建特征向量，具有旋转不变性。

1. SIFT 描述子

SIFT(Scale Invariant Feature Transformation,尺度不变特征变换)是应用最为广泛的局部关键点检测和描述算法,它基于图像规则格网的梯度直方图构建特征向量：首先,计算该图像块内每个像素的梯度大小和梯度方向,并以经过设计的高斯函数为其赋予权值,距离块中心越近权值越大；然后,将图像块划分为 4×4 的子块,每个子块统计出一个 8 柱(Bin)的梯度直方图,将这些梯度直方图依次拼接获得 4×4×8=128 维的特征向量；最后,将特征向量进行归一化处理,以获得光照强度的不变性。

图 5-43 演示了一个简化版本,其将图像划分为 2×2 来建立 SIFT 描述子。

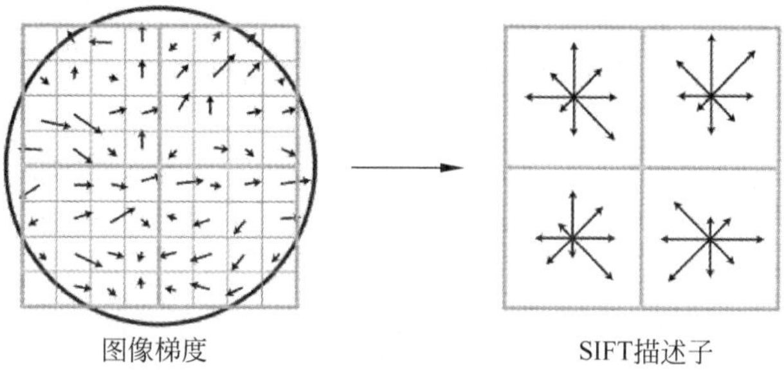

图 5-43 简化版本示意图

图 5-43 的左侧,方框为局部图像块,圆圈为高斯加权过程,箭头的长度为梯度大小,箭头方向为梯度方向；图 5-43 的右侧,则是构建的 SIFT 描述子,每一个子块统计出 8 柱的梯度直方图,依然是箭头长度为梯度大小、箭头方向为梯度方向。

SIFT 算子主要步骤包括：图像预处理、建立尺度空间、检测尺度空间极值点、确定关键点位置等几个步骤。其中,图像预处理包括图像灰度变换及归一化,建立尺度空间见 5.5.3 节 DOG 金字塔的描述,剩余极值点检测和位置确定这两个环节,简述如下。

为了检测尺度空间的极值点,每个抽样点都需要在三维方向上与其所有相邻点比较大小,当然最底层和最顶层除外。对于图 5-44 中叉号"×"标记的当前像素点,其周边的邻接像素点标记为圆圈"○"。可见,×需要和它同尺度的 8 个邻接点以及上下相邻两个尺度的 18 个邻接点即一共 26 个点进行比较。如果×是所有邻接像素点的最大值或最小值,则其将被标记为特征点。通常,对于非极值点的检测不需要遍历所有 26 个邻接点,几个检测就可将其轻易剔除。

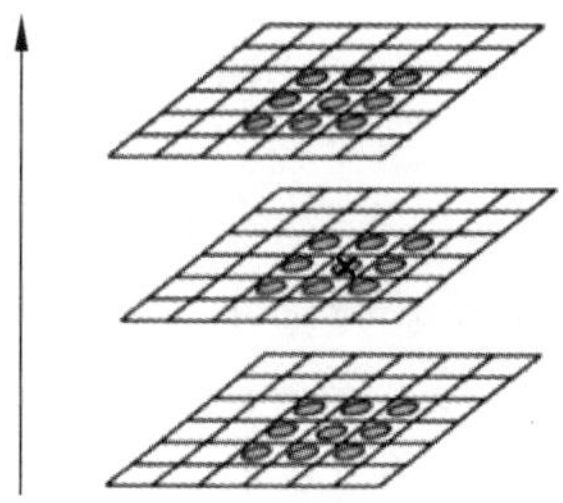

图 5-44 DOG 图像极大极小像素点示意图

通过尺度空间实现尺度不变性之后,还要实现旋转不变性,为此需要对特征点的方向重新分配。利用关键点邻域像素的梯度方向分布特性为每个关键点指定方向参数,使算子具备旋转不变性：

$$m(x,y)=\sqrt{[L(x+1,y,\sigma)-L(x-1,y,\sigma)]^2+[L(x,y+1,\sigma)-L(x,y-1,\sigma)]^2}$$
$$\theta(x,y)=\tan^{-1}\{[L(x,y+1,\sigma)-L(x,y-1,\sigma)]/[L(x+1,y,\sigma)-L(x-1,y,\sigma)]\} \tag{5-79}$$

其中,L 所用尺度为每个关键点各自所在的尺度。利用尺度空间函数 $D(x,y;\sigma)$的二阶泰勒展开进行最小二乘拟合：

$$D(\boldsymbol{x})=D+\frac{\partial D^{\mathrm{T}}}{\partial \boldsymbol{x}}\boldsymbol{x}+\frac{1}{2}\boldsymbol{x}^{\mathrm{T}}\frac{\partial^2 D}{\partial \boldsymbol{x}^2}\boldsymbol{x} \tag{5-80}$$

其中，向量 $\boldsymbol{x}=(x,y,\sigma)^{\mathrm{T}}$，将式(5-80)对 $\boldsymbol{x}$ 求导并令导数为零 $0=\frac{\partial D}{\partial \boldsymbol{x}}+\frac{\partial^2 D}{\partial \boldsymbol{x}^2}\boldsymbol{x}$，即

$$\begin{bmatrix} \frac{\partial^2 D}{\partial x^2} & \frac{\partial^2 D}{\partial x\sigma} & \frac{\partial^2 D}{\partial xy} \\ \frac{\partial^2 D}{\partial y\sigma} & \frac{\partial^2 D}{\partial y^2} & \frac{\partial^2 D}{\partial xy} \\ \frac{\partial^2 D}{\partial y\sigma} & \frac{\partial^2 D}{\partial x\sigma} & \frac{\partial^2 D}{\partial \sigma^2} \end{bmatrix}\begin{pmatrix} x \\ y \\ \sigma \end{pmatrix}=-\begin{pmatrix} \frac{\partial D}{\partial x} \\ \frac{\partial D}{\partial y} \\ \frac{\partial D}{\partial \sigma} \end{pmatrix}$$

从而解得平稳点 $\boldsymbol{x}=\left(\frac{\partial^2 D}{\partial \boldsymbol{x}^2}\right)^{-1}\frac{\partial D}{\partial \boldsymbol{x}}$。

2. SUFT 描述子

由于 SIFT 算子不借助专门硬件很难达到实时速度，因此出现了加速健壮性特征(Speeded Up Robust Features，SUFT)检测。SUFT 相当于 SIFT 的加速版，借鉴和发展了 SIFT 中利用 DOG 近似的思想，采用 Hessian 矩阵行列式确定角点位置，然后根据角点邻域的 Haar 小波响应确定描述子。

SIFT 利用 DOG 来近似 LOG，SURF 借鉴之，并且更进一步，它使用非常小的盒子滤波来近似二阶高斯偏导数，然后基于近似所得的二阶偏导数进行尺度不变的 Hessian 角点检测。同时考虑盒子滤波为块状结构，SUFT 引入积分图以简化计算。对于矩形窗口下的像素求和，只需要三次减法即可完成。

例如，图 5-45 使用 9×9 盒子来近似标准差 $\sigma=1.2$ 的高斯滤波器。

图 5-45 中白色为 1，黑色为 -1，灰色为零。使用 D_{xx}、D_{yy}、D_{xy} 表示 L_{xx}、L_{yy}、L_{xy} 的近似，则 Hessian 矩阵的行列式可以近似为

$$\det \boldsymbol{H}\approx D_{xx}D_{yy}-(wD_{xy})^2 \tag{5-81}$$

其中，$\boldsymbol{w}$ 为平衡系数，一般 $w=0.9$。

SUFT 描述符的建立过程类似 SIFT。首先，根据像素所在位置、尺度以及方向找到用于特征描述的方形局部图像块。其次，将其划分为 4×4 的方形子块。与 SIFT 不同的是 SUFT 计算每个子块内 5×5 个 Haar 小波的水平响应值和垂直响应值 dx、dy；同时进行标准差 $\sigma=3.3s$ 的高斯加权。然后，对子块内的 dx、dy 分别求和作为特征向量的前部分，对子块内的 dx、dy 绝对值分别求和作为特征向量的后部分，即子块的特征向量为 $\left(\sum dx,\sum dy,\sum|dx|,\sum|dy|\right)^{\mathrm{T}}$。最后将这些子块的特征向量依次拼接，获得局部图像块 $4\times 4\times 4=64$ 维的特征向量，如图 5-46 所示。

SUFT 关键之处简述如下。

(1) 积分图。

同 SIFT 一样 SURF 也需要考虑如何确定兴趣点位置，SIFT 是采用 DOG 代替 LOG，找到其在尺度和图像内的局部极值视为特征点；而 SURF 基于近似而来的 Hessian 矩阵，利用积分图像，从而减少运算时间。

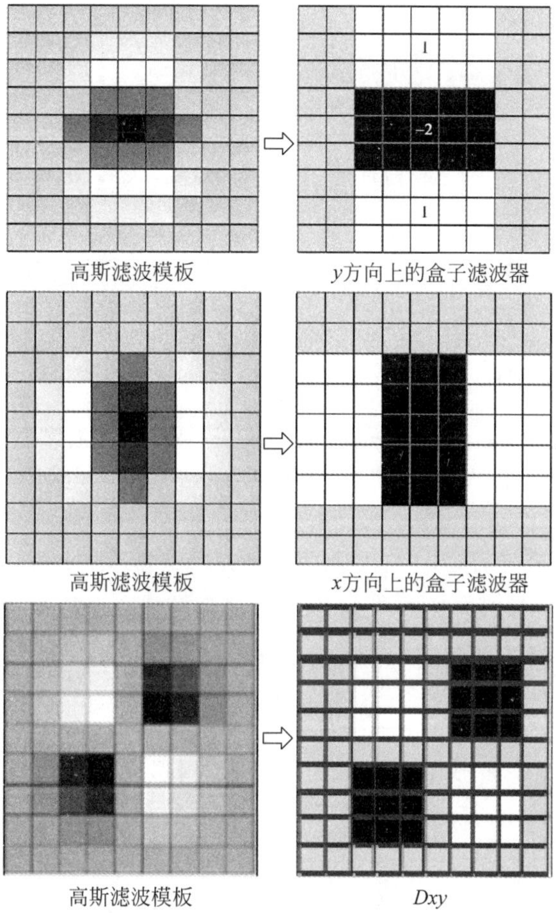

图 5-45　盒子近似

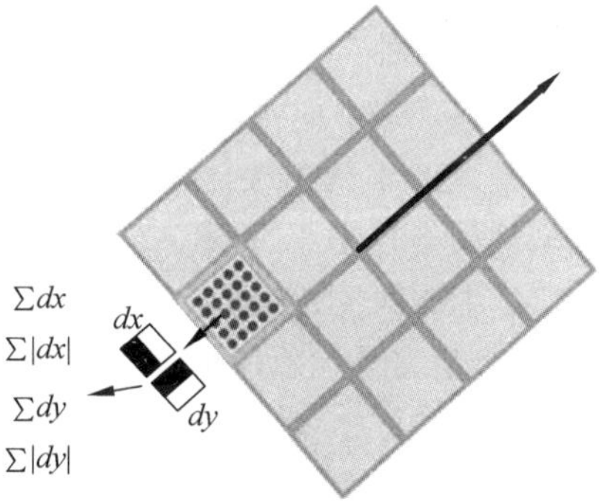

图 5-46　SUFT 特征向量

图 5-47 中(i,j)位置决定于斜线的局部图像，其灰度值综合为

$$it(i,j)=\sum_{i'<i,j'<j} f(i',j')$$

通过迭代，即可获得积分图像。

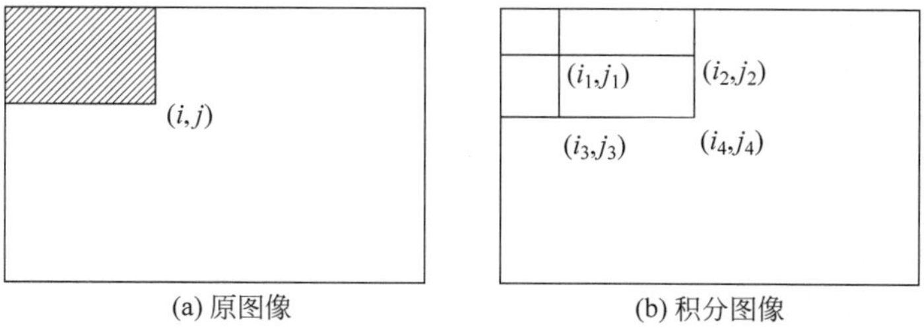

图 5-47　SUFT 积分

(2) Hessian 行列式近似。

SURF 保持原图像不变，而是改变滤波器大小，从而节省降采样过程提高处理速度。其通过不同尺寸的盒子滤波模板，与积分图像求取 Hessian 矩阵行列式的响应图像，得以构建一幅近似 Hessian 的行列式图(类似于 SIFT 的 DOG 图像)。

对于图像 f 中一点(x,y)和尺度 σ 的 Hessian 矩阵：

$$\boldsymbol{H}(x,y,\sigma)=\begin{pmatrix}L_{xx}(x,y,\sigma) & L_{xy}(x,y,\sigma)\\ L_{yx}(x,y,\sigma) & L_{yy}(x,y,\sigma)\end{pmatrix} \tag{5-82}$$

其中，$L_{xy}(x,y,\sigma)$为高斯二阶微分$\dfrac{\partial^2 g(\sigma)}{\partial xy}$在点$(x,y)$与图像 f 的卷积。为了将图像与模板的卷积转换为盒子滤波，因此将高斯二阶微分模板进行了简化，例如 $\sigma=1.2$ 时高斯二阶微分所用的 9×9 的盒子模板如前所述。以 D_{xx}、D_{yy}、D_{xy} 表示 L_{xx}、L_{yy}、L_{xy} 的近似，则 Hessian 矩阵的行列式可以近似为

$$\det\boldsymbol{H}\approx D_{xx}D_{yy}-(wD_{xy})^2 \tag{5-83}$$

其中，w 为平衡系数，一般 $w=0.9$。

Hessian 矩阵描述函数函数局部曲率：其像素点 Hessian 矩阵正定则该点是局部极小值，其像素点 Hessian 矩阵负定则该点是局部极大值点，其像素点 Hessian 矩阵不定则该像素点不是极值点。从而，利用判定结果符号即可将点分类，根据判别式取值正负来判别该点是否为极值点。

(3) 主方向。

为了保证特征向量具有旋转不变性，SUFT 为每一个特征点分配一个主方向。与 SIFT 不同的是 SUFT 并不统计梯度直方图，改为统计邻域子块内的 Harr 小波特征。即在特征点邻域例如半径为 6s 的圆内，统计 60°扇形内所有点的水平 Haar 特征和垂直 Haar 特征总和，Haar 小波的尺寸变长为 4s，这样一个扇形得到了一个值。然后 60°扇形以规定间隔进行旋转，最后将最大值那个扇形的方向作为该特征点的主方向，如图 5-48 所示。

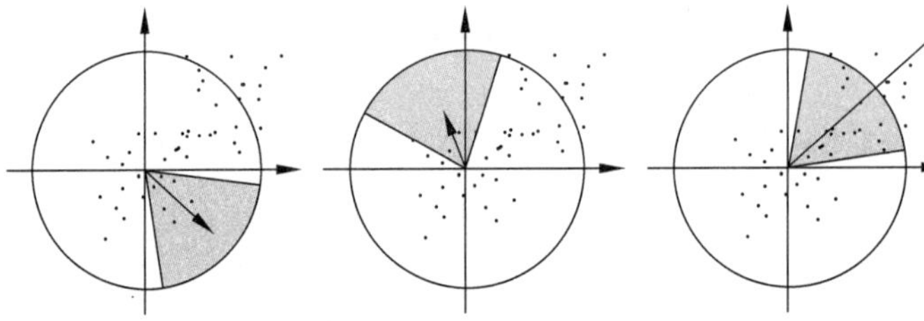

图 5-48 SUFT 主方向

最后，SURF 同 SIFT 一样也是通过建立角点附近领域信息来建立描述子，不同之处在于 SIFT 利用邻域点方向，而 SURF 利用 Haar 小波响应。首先，SURF 在兴趣点附近建立 20s 大小方形区域，为了获得旋转不变性，将其首先旋转到主方向，然后，将方形区域划分成 4×4 个子块。对每个子块域(大小 5s×5s)，计算 5×5=25 个空间归一化的采样点的 Haar 小波响应 dx、dy，将每个 4×4 子块 dx、dy 相加。因此每个区域具有一个描述子，所有 16 个子区域的 4 位描述子结合得到该兴趣点的 64 维描述子。

3. ORB 描述子

ORB(Oriented FAST and Rotated BRIEF)是目前公认最快的特征提取和描述算法，它包括特征点提取和特征点描述两部分。

ORB 的特征提取采用 FAST(Features from Accelerated Segment Test)算法，基于特征点周围的图像灰度值，检测候选特征点周围一圈的像素值，如果候选点周围领域内有足够多的像素点与该候选点的灰度值差别够大，则认为该候选点为一个特征点。ORB 的特征描

述基于 BRIEF（Binary Robust Independent Elementary Features）描述算法改进而来。ORB 结合 FAST 特征检测与 BRIEF 描述，速度达到 SIFT 的 100 倍、SUFT 的 10 倍，从而可用于实时性特征检测。

以下简介 ORB 的特征检测和特征描述。

（1）FAST 特征检测。

正如名称所蕴含的意义，FAST 算法主要解决 SIFT 速度较慢的问题。SIFT 检测特征需要建立尺度空间，然后基于局部图像梯度直方图来计算描述子，整个算法计算和存储复杂度均比较高，不能适用强实时性场合。FAST 算法通过候选和筛选实现了提速。

FAST 算法首先在圆周部分像素进行非角点检测，如果初步判断为角点，才在全部圆周像素进行角点检测，然后对角点进行非极大值抑制得到角点输出。主要包括以下两步：

① 候选角点：FAST 算法在半径为 3 的圆周上沿顺时针方向从 1 到 16 对圆周像素进行编号，根据这 16 个像素点判定圆心像素 p 是否为角点，如图 5-49 所示。如果圆周上存在参数 N 个连续像素亮度都比圆心像素亮度加上阈值还亮或者比圆心像素亮度减去阈值还暗，则圆心像素视为角点。

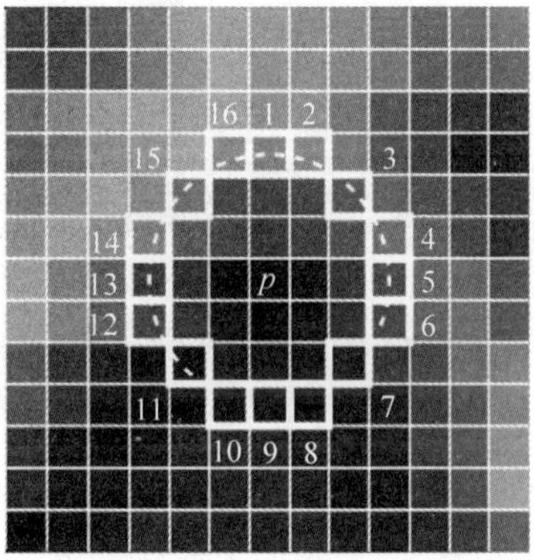

图 5-49 FAST 候选角点

通常图像中非角点占据绝对的多数，而且非角点检测角点易于判断，因此剔除多数非角点有利于提高检测速度。由于参数 N 一般设为 12（OpenCV 中为 8），因此 1、5、9、13 这四个圆周像素点中至少三个满足角点条件，圆心像素才有可能成为角点。因此首先检查 1、9 像素，如果 f_1 和 f_9 处于区间$[f_p-t, f_p+t]$，则圆心肯定不是角点，否则检查 5、13 像素点；如果这四个像素中至少有三个满足亮度高于 f_p+t 或低于 f_p-t，则进一步检查圆周其余像素点。

② 筛选角点：以上方法将检出众多的密集的角点，不过考虑这些候选角点多数彼此相邻，可以采用非最大值抑制算法以增强健壮性：首先，假设 P、Q 为两个相邻点，分别计算两点与其圆周 16 个像素点之间的差分，记和为 V；然后，将 V 值较小的点去除，即抑制了非最大的候选角点。

（2）BRIEF 特征描述。

传统描述子例如 SIFT 和 SURF 对每个特征采用 128 维或 64 维向量描述，如果每个维度上使用 4 字节，则 SIFT 需要 $128\times4=512$ 字节内存，SURF 也需要 256 字节。对于内存资源有限的情况这种描述子方法未必适应，而且描述子建立过程也非常耗时。

为解决上述缺点，BRIEF 抛弃了利用区域灰度直方图描述特征点的传统方法，使用二进制编码对检测到的特征点进行描述，码串长度可选 128、256、512 几种，从而提高了描述符建立速度。而且二进制码串匹配采用汉明距离，这样又可以大幅降低特征匹配的时间。

需要注意的是，BRIRF 只是一种描述特征的方法，它需要结合具体的 SIFT、SURF 或 FAST 等特征检测算法才能可使用，一般是与 FAST 结合更能体现 BRIEF 的速度优势。

5.6 基线检测应用

以下通过电子行业基线检测案例结束本章内容。某基板上刻有水平的横向基线和竖直的纵向基线，后续工艺将在基线构成的网格内生成芯片，如图 5-50 所示。

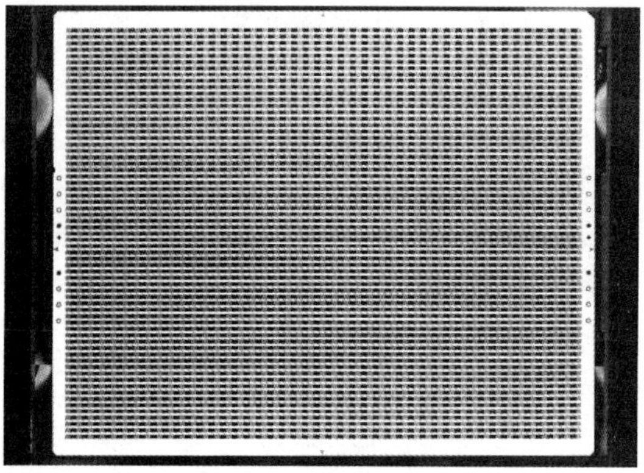

图 5-50　芯片基线检测

图 5-50 中基板尺度为 50～60mm，采用 3000 万（6573×4384）像素相机，像素当量约为 15μm/pixel；视觉系统设计重复精度为 1μm，测量精度为 5μm。由于芯片定位完全取决于基线，因此精确检测基线位置具有重要意义。

以下以纵向基线定位为例介绍算法主要步骤，横向基线检测原理完全相同。

5.6.1 图像预处理

采用 5.1.3 节所述分段线性拉伸的对比度增强方法，突出感兴趣的灰度区间，效果如图 5-51 所示。

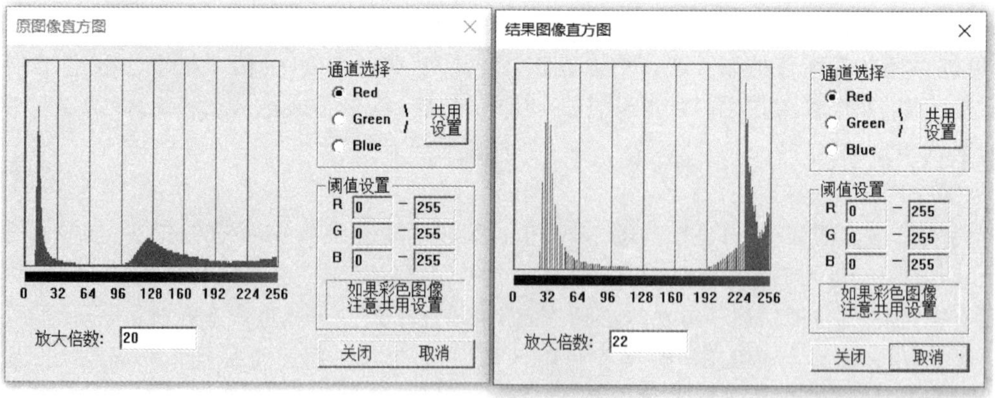

图 5-51　对比度增强

5.6.2 确定基线区域

基线是通过切削工艺，去除一定深度材料形成凹槽，采用 7.3.1 节所述背光照明方式，较薄部位的基线成像更为明亮。切削的凹槽具有宽度，占据若干像素，具有区域属性，其中基线区域为前景,其余为背景。

夹具工装约束可以保证工件基本平直,因此可以首先通过纵向投影,定位基线区域,为此构造投影向量 **V**:

$$\mathbf{V}=(v_1,v_2,\cdots,v_W) \tag{5-84}$$

用以存储图像每一列的像素灰度,其中 W 为图像宽度。投影向量 **V** 的第 i 个元素 v_i,即图像第 i 列各像素灰度累计值:

$$v_i=\sum_{y=1}^{H} f(i,y)$$

其中,H 为图像的高度。

对一维向量 **V** 进行寻峰,通过均值方差控制寻峰宽度,可以确定纵向基线 $x_1,x_2,\cdots$所在区域。例如图 5-52 中对应 x_i 的纵向基线,其基线区域为$[x_{\min},x_{\max}]$。

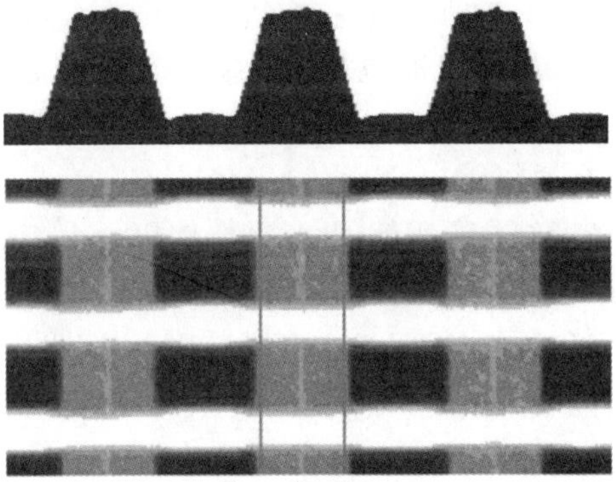

图 5-52 确定纵向基线所在区域

5.6.3 确定基线边界

纵向基线具有宽度,在水平方向横跨多个像素,属于区域的概念,因此需要确定基线的左、右边界。以下以确定 $y=y_j$ 行的左、右边界为例。

寻找基线左边界时,具有先验知识:左边界的左侧,为低亮度的背景区域;左边界的右侧,为高亮度的基线区域。因此采用自左至右的搜索方向,即寻找 L 使得

$$f(L+1,y_j)-f(L,y_j)>T,\quad y_{\min}\leqslant L<y_{\max} \tag{5-85}$$

满足式(5-85)的(L,y)为左边界点,显然 L 与 y 有关,是以 y 为自变量的函数:$L=L(y)$。

同样地,寻找基线右边界时具有先验知识:右边界的右侧,为低亮度的背景区域;右边界的左侧,为高亮度的基线区域。因此自右至左搜索像素点 R,使得

$$f(R,y_j)-f(R-1,y_j)>T,$$

$$y_{\max}\geqslant R>y_{\min} \tag{5-86}$$

满足式(5-86)的(R,y)为右边界点,显然 R 与 y 有关,是以 y 为自变量的函数:$R=R(y)$。

经此步骤,确定 $y=y_j$ 行的基线边界,如图 5-53 所示。

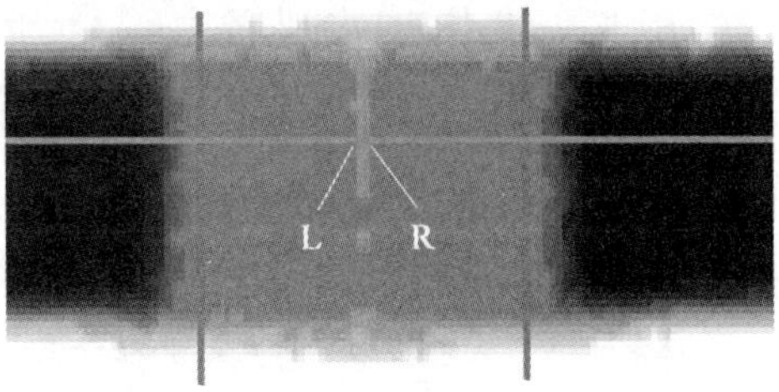

图 5-53 确定纵向基线左、右边界

5.6.4 确定基线坐标

根据基线左、右边界，即可着手确定基线位置。是否可以简单搜寻区间[L,R]最高灰度值的像素，以其位置 x 作为基线位置，如图 5-54(a)所示。

虽然图 5-54(a)中实线的位置 x 是客观存在的物理数据，但是这种方式存在定位精度粗糙、对噪声敏感以及测量重复性差的缺点。为此通过拟合方法获得基线坐标 $\tilde{x}$，实现亚像素精度的同时，同时提高测量重复性，如图 5-54(b)中虚线所示。

结合基板材质经过高温工序热应力导致拱形变形的先验，采用二阶多项式拟合抛物线。一个抛物线 $y=ax^2+bx+c$ 由三个系数决定，从系数 a、b、c 即可获得峰谷有无和幅值/位置信息。

此时的求解需要考虑基线边界[L,R]所包含像素的数量：

(1) 如果区间像素数量 $W=1$，即基线左、右边界完全重合，退化为一点。

(2) 如果区间包含 $W=2$ 像素，此时退化为一条直线，可以使用一阶线性插值；

(3) 如果区间包含 $W=3$ 像素，则可以完全决定一条抛物线，并精确解得三个系数；此时没有平滑降噪，而只有拟合插值。

(4) 如果 $W>3$，意味着可能是矛盾解，此时需要使用最小二乘拟合，最小二乘拟合也是提高信噪比和降低高频噪声的过程，此时既有平滑降噪，又有拟合插值。

通过对原始数据进行密化插值，返回亚像素浮点数，从而测量精度更高。

重复执行以上步骤，在基线区域内扫描每一行，从而得到该纵向基线坐标集基线坐标为

$$\Omega_i=\{\tilde{x}(y_j),y_j\},\quad j=1,2,\cdots$$

如图 5-55 中间细线所示，注意偏下位置发生一个像素的错位。

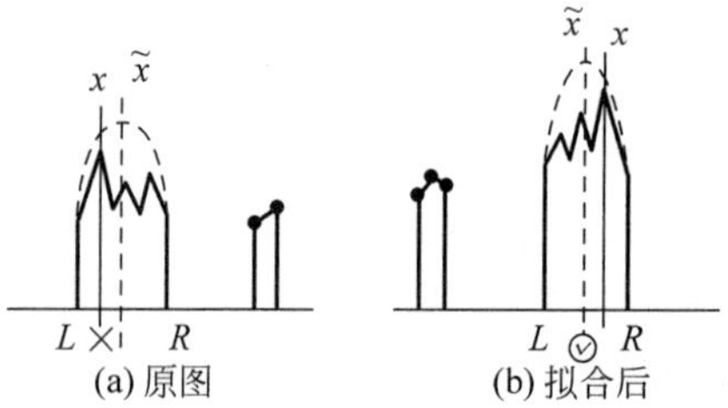

图 5-54 确定纵向基线坐标

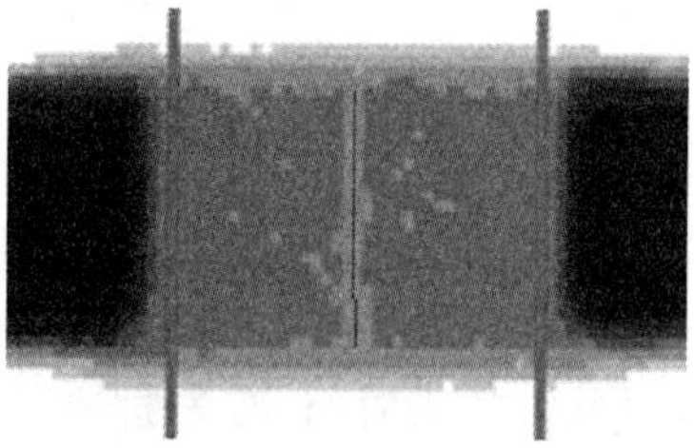

图 5-55 基线坐标

再重估扫描图像中每一个基线区域，则得到全部纵向基线的坐标集为

$$\Omega=\bigcup\Omega_i=\{\tilde{x}_i(y_j),y_j\},\quad i=1,2,\cdots,\quad j=1,2,\cdots$$

至此得到的轮廓数据已经基本可用。

5.6.5 优化改进措施

实践中，进行了以下改进。首先，5.6.3 节中搜寻左、右边界是在一维方向进行的，而且仅计算比较相邻两个像素。为了提高准确度，扩展为在二维平面搜寻，使用如图 5-56 所示的 3×5 领域窗口。

其次，从 $y=y_j$ 的行开始搜寻边界点 y_j，这个起始点没有明确给出选择方案。为此补充了起始点选择策略，考虑成像系统畸变以及工件自身特性，选定以中间行作为起始位置，搜寻起始边界点。

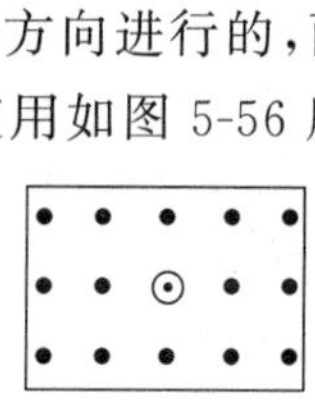

图 5-56 二维平面搜寻

最后，每一条纵向基线，除非位于中心，否则并不成为直线。由于加工工艺高温和应力等因素的综合作用，其实呈现为曲率极小的弧线。对此，可以利用离散的数据点集 $\Omega_i=\{\tilde{x}(y_j),y_j\}$ 进行二次的多项式拟合 $y=a_2x^2+a_1x+a_0$，从而基线获得由 a_2、a_1、a_0 参数化描述的连续的解析表示。主要代码如下：

```
//优化参数:a2,a1,a0
    double a[3];

//数据集合
double x[NUM_H], y[NUM_H];
for (int RR = 0; RR < NUM_H; RR++)
{
    x[RR] = RR;
    y[RR] = Jr_(RR, CC);
}

//求解器
polyfit(NUM_H, x, y, 2, a);

//输出系数
for (int i = 0; i <= 2; i++)
    printf("\na[ %d]\t = % + e", i, a[i]);

//……

//记录日志
char buf[1024];
sprintf(buf,"列号 = % 02d\ta[2] = % + e\ta[1] = % + e\ta[0] = % + e",
    CC, a[2], a[1], a[0]);
f01 << std::string(buf) << std::endl;
```

拟合结果如图 5-57 所示。

列号=21	a[2]=-4.697837e-04	a[1]=+1.187767e-01	a[0]=+2.676510e+03
列号=22	a[2]=-1.075936e-03	a[1]=+1.670223e-01	a[0]=+2.760115e+03
列号=23	a[2]=-1.205442e-03	a[1]=+1.825369e-01	a[0]=+2.843729e+03
列号=24	a[2]=-7.626749e-04	a[1]=+1.387938e-01	a[0]=+2.928588e+03
列号=25	a[2]=-8.512284e-04	a[1]=+1.522874e-01	a[0]=+3.012578e+03
列号=26	a[2]=-1.160630e-03	a[1]=+1.691745e-01	a[0]=+3.096419e+03
列号=27	a[2]=-1.067573e-03	a[1]=+1.727265e-01	a[0]=+3.180147e+03
列号=28	a[2]=-1.080224e-03	a[1]=+1.712199e-01	a[0]=+3.264248e+03

图 5-57　拟合结果

通过以下代码检视效果：

```
//画出标识
int xx = (int)y;
int yy = (int)((coarse_T.at(RR) + coarse_B.at(RR))/2);
cv::Point cc(xx, yy);
double rr = 1.0;
cv::circle(imgSrc, cc, rr, cv::Scalar(0, 0, 0), 1);
```

拟合效果如图 5-58 所示。

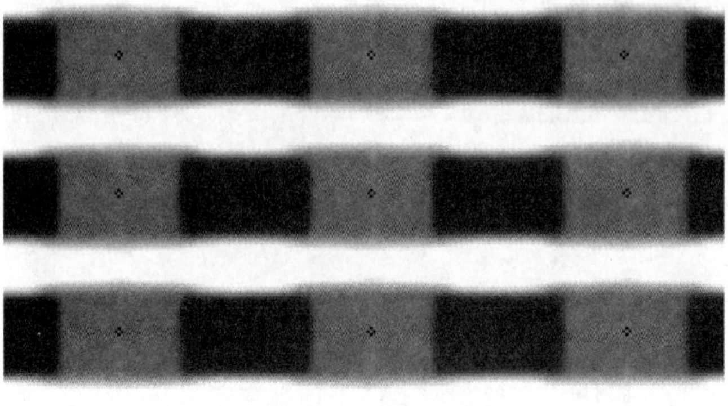

图 5-58　拟合效果

第6章 颜色检测应用

前几章主要为灰度图像处理的理论和应用,机器视觉中介绍灰度图像的文献非常多。相对地,涉及彩色图像的内容就略少,主要在于颜色的描述和度量并不是很直观。例如,灰度图像的亮度值可以比较大小,能够线性排序,可以通过阈值进行二值分割;而彩色图像的颜色值非但不具有线性,甚至序的关系也不能保证,很难说红色值大于黄色值或者黄色值大于绿色值。因此,灰度理论的轮廓、边缘和角点等特征以及特征的描述方式不大适应于彩色图像。

给定集合 A 和 B,卡氏积 $A\times B$ 的子集 R 称为 A 和 B 上的二元关系,简称关系。如果 $(a,b)\in R\subset A\times B$,则称 a 与 b 有关系 R,记作 aRb。若集合 $A=B$,则称 R 为 A 上的二元关系。常见的二元关系有等价关系、偏序关系。

如果集合 A 上的关系 $\leqslant$ 满足

(1) 自反性,$\forall a\in A, a\leqslant a$;

(2) 反对称性,$\forall a,b\in A, a\leqslant b, b\leqslant a \Leftrightarrow a=b$;

(3) 传递性,$\forall a,b,c\in A, a\leqslant b, b\leqslant c \Rightarrow a\leqslant c$;

则 $\leqslant$ 为集合 A 上的一个偏序关系。

如果集合 A 上的偏序关系 $\leqslant$ 还额外满足

(4) 任意 $a,b\in A$,成立 $a\leqslant b$ 或 $b\leqslant a$;

则 $\leqslant$ 为 A 上的全序关系。

不过彩色图像所蕴含的颜色是一种非常健壮的特征,可以用于检测目的,例如图像检索、人脸识别以及通过火焰评价燃烧的充分性、通过表面色泽判定水果的成熟程度等。因此,本章在灰度图像基础上进行扩展,介绍彩色图像的颜色特征和具体的应用实践。

本章结构安排如下:6.1 节和 6.2 节介绍光生色的原理和常用颜色模型,6.3 节介绍机器学习和主元分析法,6.4 节介绍具体的颜色检测应用。

6.1 颜色描述

机器视觉或计算机视觉无外乎对于几何及颜色的感知和处理,其中颜色特征是最显著、最可靠和最稳定的视觉特征。人类对于图像的印象往往是从图像的颜色分布开始的。相较于几何特征，颜色类的特征对于图像中目标的大小和方向变化都不敏感，具有先天的健壮性。

几何与颜色的感知，分别对应光度和色度。

几何主要研究空间在变换群下的不变性。例如，任意多条平行直线必交于相同一点，共点四线复比不变，共线三点简比不变，两线夹角构成欧氏不变量，等等。这些都是形而上的，与研究人员性别、年龄、种族等无关。

颜色的研究则有赖于实验实证，与话语权有关。例如，先有 123 名非洲人一起观察一种颜色，并定义其名为“红”；后来 456 名欧洲人一起观察，发现 12 份钠灯颜色混合 34 份汞灯颜色接近非洲人称呼的那种红，于是就为该“红”颜色定义坐标(12,34)。以上数字和人物仅为示例意义存在，并不具有特定意义。

但是，眼睛中用于感知光度的杆细胞、用于感知色度的锥细胞，以及感知色度的锥细胞中用于感知长波能量 L、中波 M 和短波 S 的细胞个数，均与人种、年龄、性别、健康程度等因素有关，所以颜色很难做到绝对，这也是颜色检测的难点，涉及辐射光的性质。

几何及颜色的感知离不开光，没有光就没有形状和颜色。光波作为一种电磁波具有波动性和粒子性，短波段主要体现粒子性，长波段显示波动性，中间波段具有波粒二相性。对于光的描述和度量(Metric)，主要包括辐射度量(Radiometric)、频谱度量(Spectral Radiometric)以及可见波段的光度度量(Photometric)、色度度量(Colorimetric)几个维度：

(1) 研究全部波长的能量，形成辐射度量；

(2) 研究能量与波长关系，形成频谱度量；

(3) 研究人眼可见波段的能量问题，形成光度度量；

(4) 研究人眼可见波段不同波长成分，形成色度度量。

其中和本书机器视觉话题有关的，主要基于辐射度量和频谱度量发展而来的两个方向：通过视效函数 $V(\lambda)$产生的光度学分支和基于匹配函数产生的色度学分支。

6.1.1 光谱分布

一般而言，光辐射包括不同波长，而且所占比例不同，所以光谱密度是波长的函数。这种光谱密度与波长之间的关系称为光谱能量分布，简称光谱分布。

实用层面，一般将各波长单色光相对某个特定波长单色光进行归一化。通常取波长 555nm 处辐射能量为 100，作为参考点。光谱密度归一化后的相对值与波长之间的关系称为相对光谱功率分布(Spectral Power Distribution，SPD)，简称相对光谱分布，记作 $P(\lambda)$或 $S(\lambda)$。

以波长为横坐标，相对光谱能量分布为纵坐标，即可绘出光源的相对光谱能量分布曲线，例如图 6-1 为某 LED 光源的相对光谱能量分布。

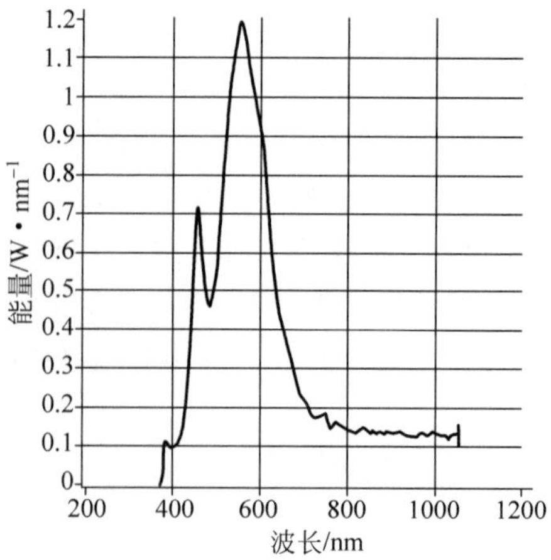

图 6-1 相对光谱能量分布

在照明评价和像质评定中，常规高斯光学定义 LED 相对光谱功率分布为

$$P(\lambda,\lambda_p,\Delta\lambda)=\exp\left[-2.7752\left(\frac{\lambda-\lambda_p}{\Delta\lambda}\right)^2\right]$$

也有部分资料的改进高斯模型为

$$P(\lambda,\lambda_p,\Delta\lambda)=\frac{\exp\left[-0.8498\left(\frac{\lambda-\lambda_p}{\Delta\lambda}\right)^2\right]+2\left[\exp\left[-0.8498\left(\frac{\lambda-\lambda_p}{\Delta\lambda}\right)^2\right]\right]^5}{3}$$

光谱分布曲线确定，则主波长、色坐标等相关色度学参数随之确定。

6.1.2 视效函数

视效函数 $V(\lambda)$考虑了人眼对于不同波长的可见光的感觉程度不同这一事实，用于光度度量，例如光通量(流明)、光强(坎德拉)、光照度(勒克斯)、亮度(尼特)等。

CIE 总结了人眼对不同波长单色光的灵敏度，在明视觉条件(亮度高于 3cd/m^2)，人眼标准光度观测者光效率函数 $V(\lambda)$如图 6-2 所示。

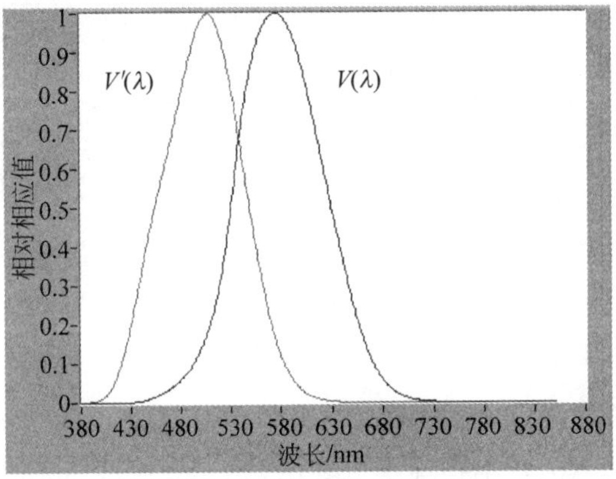

图 6-2 视效函数曲线

$V(\lambda)$在 λ 为 555nm 时有最大值，此时 1W 辐射通量相当于 683lm。暗视觉条件(亮度低于 0.001cd/m^2)的视效函数 $V'(\lambda)$也是类似定义，如图 6-2 所示。

可以将明视场和暗视场的视效函数回归为以下函数：

$$V(\lambda)=1.019\exp[-285.4(\lambda-0.559)^2]$$

$$V'(\lambda)=0.992\exp[-321.9(\lambda-0.503)^2]$$

6.1.3 光度度量

光度度量是与辐射度量相关的概念，主要有光通量、光强、光照度、亮度。

(1) 光通量，类似辐射通量概念，只不过是为视觉所能感应到的可见光范围的能量。明视觉条件下，辐射通量向光通量的转换为

$$\Phi_V=683\int_{380}^{780}\Phi_E(\lambda)V(\lambda)\mathrm{d}\lambda$$

其中，光谱分布函数 $\Phi_E(\lambda)$与视效函数 $V(\lambda)$相乘就是求取光谱分布与视效函数的卷积，380～780 为卷积窗口尺寸，卷积效果如图 6-3(a)为原始分布，图 6-3(b)为加权之后的分布。

暗视觉条件下，辐射量向光通量的转换为

$$\Phi_V=1700\int_{380}^{780}\Phi_E(\lambda)V'(\lambda)\mathrm{d}\lambda$$

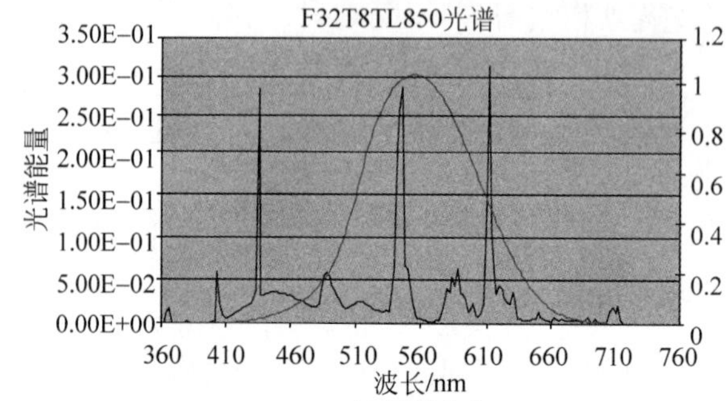

(a) 原始分布

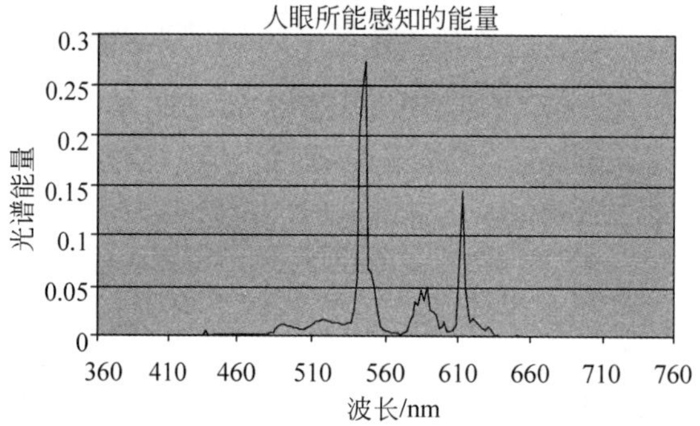

(b) 加权之后的分布

图 6-3　卷积过程

(2) 光强，是光源单位立体角内发出的光通量，1 单位立体角度发出 1lm 的光强度为 1cd。发光强度的单位是七个基本物理单位之一，也是光度度量、色度量的基础，像光通量、光照度、光亮度等都是由发光强度直接或间接推导而来。

(3) 光照度，是单位面积上接收的光通量，单位为勒克斯，光照度满足平方反比率。

(4) 亮度，指光源在垂直传输方向上单位面积单位立体角内的光通量，单位为 nit(尼特)。

光度度量是基于生理概念的，辐射度瓦特和光度流明的关系通过视效函数加权积分联系起来。对于宽带的复合光，得到光谱功率密度分布曲线，辅助视效函数曲线，即可完成从辐射度到光度的转换。例如根据图 6-4 在 Xe 灯正前方 0.5m 处的辐照度曲线，可以解得正前方 1m 处的光照度。

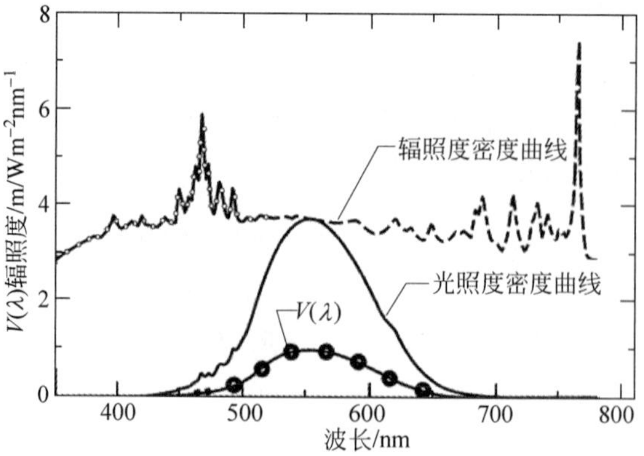

图 6-4　辐照度曲线

由于辐照度曲线是位于正前方 0.5m 处采集的，根据光照度平方反比率，正前方 1m 处的辐照度是其 1/4。实心的珠珠线所代表的视效函数，把点点线所表示的辐照度密度曲线进行加权积分即可获得用粗实线表示的光照度密度曲线，也就是把 $W/m^2 \cdot nm$ 的辐照度，转换为 $IW/m^2 \cdot nm$ 或 $lm/m^2 \cdot nm$ 的光照度，然后积分或求和即可。这里 IW 称为光瓦(Light Watt)，光瓦与 683 相乘即可转换为流明(lm)。实际求和后(间隔采用 50nm)，光照度为 $392IW/m^2$，也即 $392\times683=267.7lm/m^2$，或者 267.7 勒克斯(lx)。

一般在相机、扫描仪、单色仪中都使用光度传感器收集光线输入，光度探头使用余弦校正器模拟光线散射，使用视效函数滤光器模拟人眼响应。但是实际光学镜片的滤波效果并不能完全模拟出人眼 $V(\lambda)$ 曲线的形状，因此需要进行匹配。给定光谱分布为 $P_T(\lambda)$ 的照明，记传感器的响应函数为 $S(\lambda)$，则

(1) 视效函数 $V(\lambda)$，可以根据数据建模为

$$V(\lambda)=1.019\exp[-285.4(\lambda-0.559)^2]$$

(2) 相对光谱响应 $S(\lambda)$，可以建模为正弦调制模型

$$S(\lambda)=V(\lambda)+A\sin\left(\frac{\lambda-\lambda_0}{\lambda_T}2\pi+\theta_0\right)$$

这是光度探头响应的正弦调制模型，$A=0.02$，$\lambda_0=380$，$\lambda_T=20$，$\theta_0=0$。

式中第二部分即为失配部分：A 为调制幅度，决定失配大小；λ_T 为调制周期，λ_0 为调制起始点，θ_0 为初始相位，决定失配偏差的正负。

(3) 根据普朗克等式

$$P(\lambda,T)=\frac{c_1\lambda^{-5}}{\exp\left(\frac{c_2}{\lambda T}\right)-1}$$

其中，$c_1=3.741\,77W/m^2$ 为第一辐射常数，$c_2=0.014\,388K$ 为第二辐射常数。

(4) $P_A(\lambda)$ 为标准 A 光源的相对光谱功率分布，可以由黑体辐射相对光谱功率分布模拟：

$$P_A(\lambda)=100\times\left(\frac{560}{\lambda}\right)^5\times\frac{\exp\left(\frac{1.435\times10^7}{2848\times560}\right)-1}{\exp\left(\frac{1.435\times10^7}{2848\lambda}\right)-1}$$

(5) 得到归一化相对光谱响应 $S^*(\lambda)$ 为

$$S^*(\lambda)=\frac{\int_{380}^{780}P_A(\lambda)V(\lambda)d\lambda}{\int_{380}^{780}P_A(\lambda)S(\lambda)d\lambda}S(\lambda)$$

(6) LED 光源建模为高斯扩展模型：

$$P_T(\lambda,\lambda_p,\Delta\lambda)=\frac{\exp\left[-0.8498\left(\frac{\lambda-\lambda_p}{\Delta\lambda}\right)^2\right]+2\left[\exp\left[-0.8498\left(\frac{\lambda-\lambda_p}{\Delta\lambda}\right)^2\right]\right]^5}{3}$$

其中，$\lambda_p=460$，$\Delta\lambda=20$，即蓝色 LED 光源。

(7) 汇总各函数曲线如图 6-5 所示。

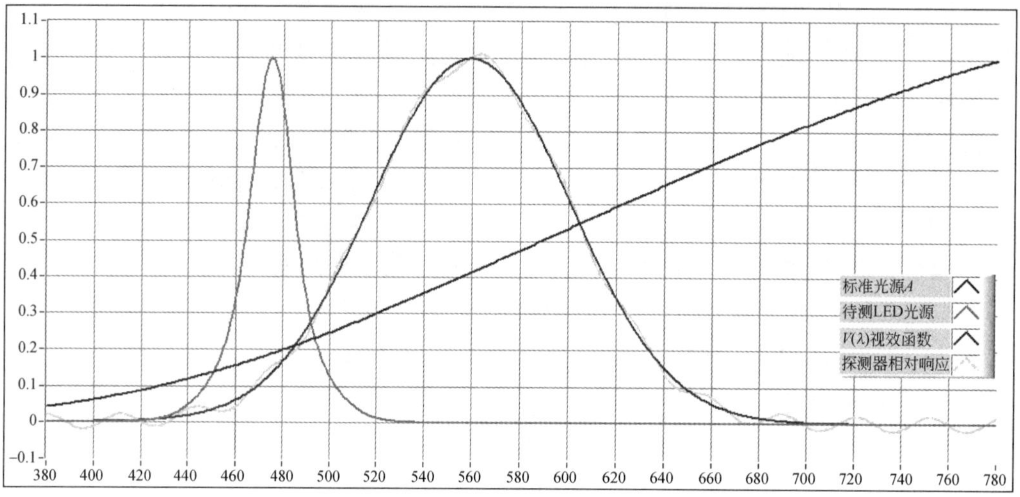

图 6-5 各函数曲线

(8) 根据图 6-5，可以计算传感器的修正系数为 $K_E = 0.9986$。

$$K_E = \frac{\int_{380}^{780} P_T(\lambda)V(\lambda)\mathrm{d}\lambda \int_{380}^{780} P_A(\lambda)S(\lambda)\mathrm{d}\lambda}{\int_{380}^{780} P_A(\lambda)V(\lambda)\mathrm{d}\lambda \int_{380}^{780} P_T(\lambda)S(\lambda)\mathrm{d}\lambda}$$

6.1.4 颜色度量

人眼感知颜色主要与光的波长成分也就是光谱分布有关，不同波长对于人眼颜色刺激是不同的。例如，700nm 波长引起的感觉是红色，510nm 波长引起的感觉是绿色，450nm 波长引起的感觉是蓝色，等等。

用来描述颜色的量包括：

(1) 色度坐标，使用数学参数描述颜色，体现为色品图中不同位置，如图 6-6 所示。

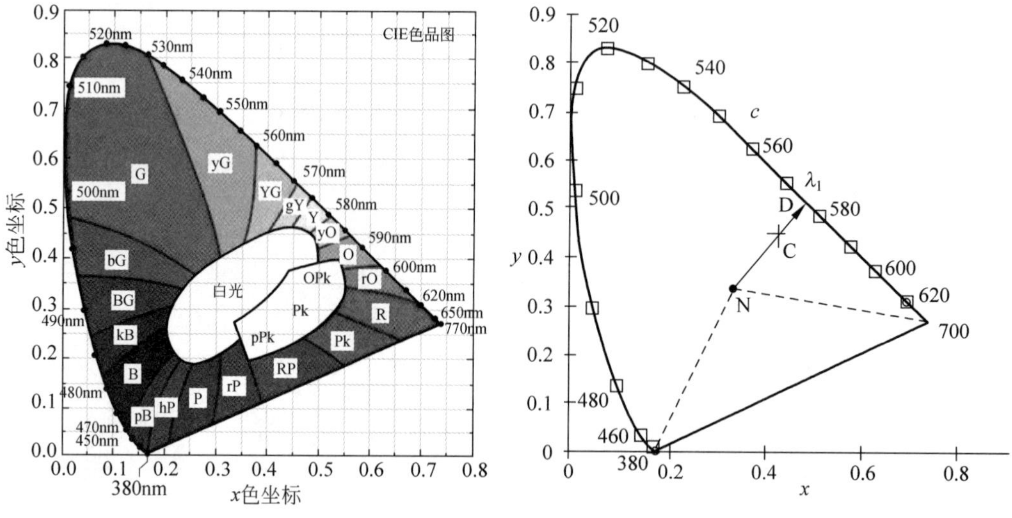

图 6-6 色品图

(2) 色温，指光辐射所呈现的颜色。标准黑体温度逐渐上升时颜色由深红—浅红—橙红—黄—黄白—白—蓝白—蓝而变化，例如当黑体加热到 550℃时呈现深红，因此色温以黑体作为参照，当光的光谱能量分布与黑体的辐射能量分布相同时，称黑体此时温度为光源的色温(Color Temperature,CT)，用绝对温度 K 表示。

在色度图上，例如 CIE—1960，当黑体从较低温度逐渐升高时，对应的色度坐标(u,v)形成一段连续曲线，称为黑体轨迹(BBL)或者普朗克线(PL)，如图 6-7 所示。

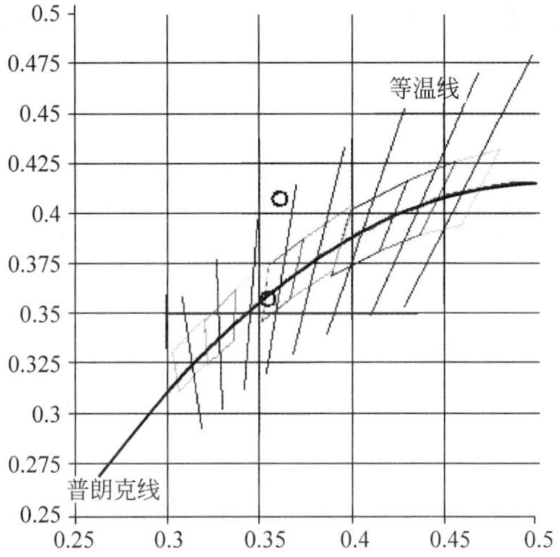

图 6-7　普朗克线

等温线是由色温相同的色度坐标点所组成的曲线，图中与每一条普朗克线相垂直的线都是等温线。

辐射度和色度之间的关系是通过观察者函数联系起来的。通过把光谱密度分布函数分别对观察者曲线加权积分，可以得到三刺激值，从而得到色度坐标，以此获得色度的度量。

6.1.5　颜色匹配函数

颜色匹配函数指特定波长单色光与人眼对原色的匹配程度，主要用于色度度量，例如色品坐标的计算。

按照三原色原理，任何一种颜色都可以通过混合不同比例原色通过颜色匹配得到。把两种颜色调整到视觉效果相同的方法称为颜色匹配。

颜色匹配是利用色光加色实现的，具体匹配方法如图 6-8 所示，在白屏幕上方投射三原色光，在下方投射待配色光，上下被挡屏(隔离板)隔开，白屏幕两部分反射的光通过小孔抵达观察者，不断调节上方三原色的强度，当观察者眼中上、下两部分色光相同也就是分界线消失时，认为此时待配色光与三原色光的混合光达到了色匹配。

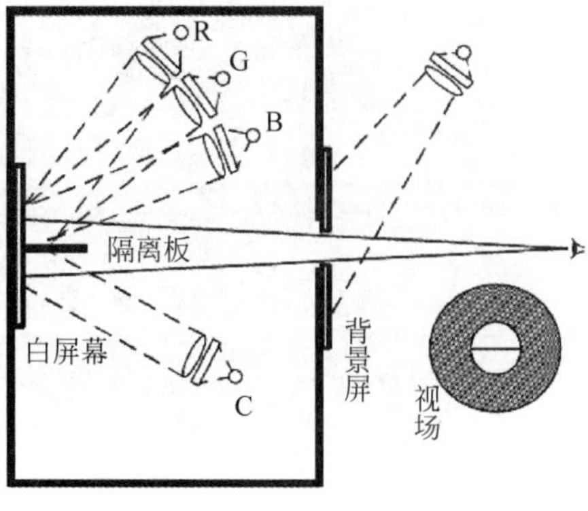

图 6-8　颜色匹配实验

不同的待配色光达到匹配时所需原色的亮度是不同的，以 CIE-RGB 三原色为例，可以用颜色方程表示为

$$C \equiv \bar{r}(R) + \bar{g}(G) + \bar{b}(B) \tag{6-1}$$

CIE-RGB 系统的三原色的匹配曲线如图 6-9 所示。

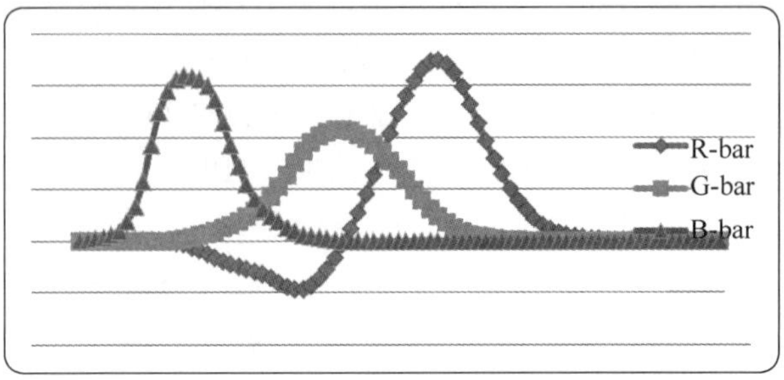

图 6-9　CIE-RGB 系统的三原色的匹配曲线

CIE-XYZ 系统的三原色的匹配曲线如图 6-10 所示。

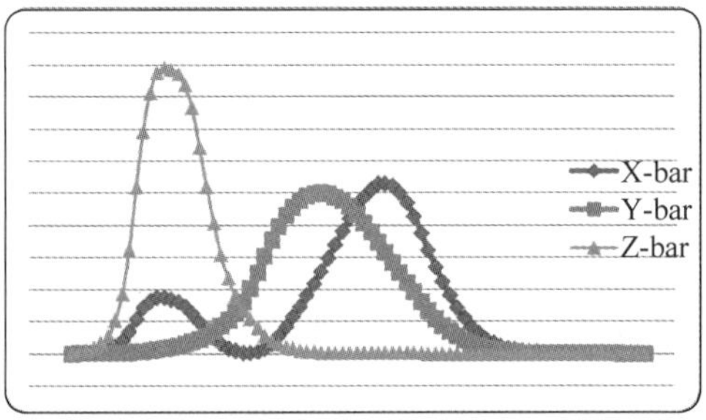

图 6-10　CIE-XYZ 系统的三原色的匹配曲线

虽然 CIE 有 5nm 和 1nm 为间隔的数据，但是大部分时候还是需要更细小的间隔，因此需要对其进行插值以获得更小的间隔。

按照 GB/T 26180—2010 规定，推荐线性插值法，根据情况也可以使用样条、多项式、拉格朗日等插值方法。例如图 6-11 是插值之后的匹配函数的曲线，曲线形状没变化，但是间隔更小。

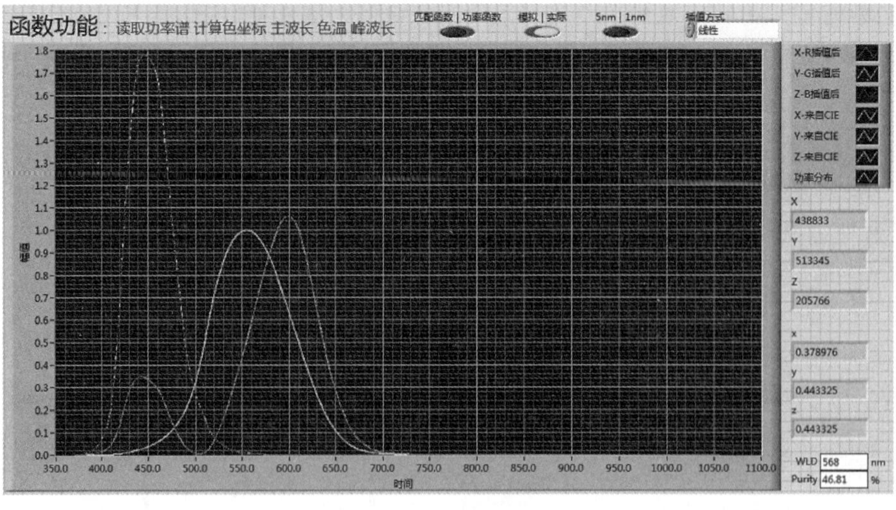

图 6-11　插值间隙

6.2　颜色模型

考虑外部依赖性，颜色模型可以分为设备依赖型和设备独立型。

(1) 设备依赖的色度系统主要包括 RGB、CMYK 和 YUV、YCC 及 HSV、HSL 等。像 RGB、CMYK，只是规定了分量的取值范围，例如规定 RGB 每个分量取值范围为 0～255 等。至于该取值如何呈现出光，还需要依赖设备的具体解释，并没有直接关联到人眼的刺激值。

(2) 设备独立的色度系统主要包括 CIE-RGB、CIE-XYZ 和 CIE-Luv、CIE-Lab 等。像 CIE-XYZ、CIE-Lab，都反映真实的可见颜色。

考虑加减性，在设备相关颜色模型里面，主要颜色模型是 RGB，次级颜色模型是 CMYK。

(1) RGB 具有加法性质，从黑色开始，通过主要颜色(R、G、B)的增加，逐步获得新的颜色。

(2) CMYK 称为次级模型，因为其颜色成分(C、M、Y)是基本 RGB 初级颜色的再次组合；CMYK 创建颜色是从白色背景减去基色，是具有减法性质的颜色空间。

也可以以分离性作为依据，将颜色模型分为基色颜色空间(例如 RGB)以及亮色分离颜色模型(例如 YUV、YIQ、YCC、HSV 等)。

6.2.1　基础颜色模型

最基础的模型使用三个独立属性描述颜色，给定三种基色(A_1，A_2，A_3)和三个权重(c_1，c_2，c_3)，则可以根据格拉斯曼定律生成如下颜色方程：

$$C \equiv c_1A_1 + c_2A_2 + c_3A_3 \tag{6-2}$$

在式(6-2)的颜色方程中，≡表示视觉色度上相等，也即颜色匹配。

注意：以上颜色方程成立的意义是在色度领域，式(6-2)成立即说明在颜色上相等(颜色匹配)，无须考虑亮度的概念(亮度基本不会相同)。

基于格拉斯曼颜色方程，在实验实证基础上，产生了真实的 CIE-RGB 色度空间；后来，经过理论推导，产生了虚拟的 CIE-XYZ 色度空间。

1. CIE-RGB

CIE-RGB 选择 700nm、546.1nm、435.8nm 单色光作为三种原色，原色中的任何一种都不能通过另外两种混合得到，三种原色亮度比例为 1.0000∶4.5907∶0.0601 时匹配得到的是等能白光。对于等能光谱色，CIE 在 1931 年从 380nm 到 780nm 的每一波长，使用三原色光，依靠 317 位正常视觉的观察员，通过颜色匹配实验，得到了每纳米波长单色光的三刺激值(Tristimulus Values)，称为 CIE—1931 RGB 系统标准色度观察者刺激值，如图 6-12 所示。

至此得到 CIE-RGB 系统的配色方程为

$$C \equiv \bar{r}(R) + \bar{g}(G) + \bar{b}(B) \tag{6-3}$$

其中，$\bar{r}$、$\bar{g}$、$\bar{b}$ 为三刺激值。通过

$$\begin{cases} r = \bar{r}/(\bar{r} + \bar{g} + \bar{b}) \\ g = \bar{g}/(\bar{r} + \bar{g} + \bar{b}) \\ b = \bar{b}/(\bar{r} + \bar{g} + \bar{b}) \end{cases}$$

即可得到 CIE-RGB 系统色坐标 r、g、b。由于三个坐标 $r+g+b=1$ 的约束，只有两个独立参数，因此一般使用 r 和 g 作图。

CIE-RGB 系统可以用正方体示意，如图 6-13 所示。如果使用 8 位深度，则称为 24 位真彩色，可以表示多达 $2^8 \times 2^8 \times 2^8 \approx 1600$ 万种颜色。

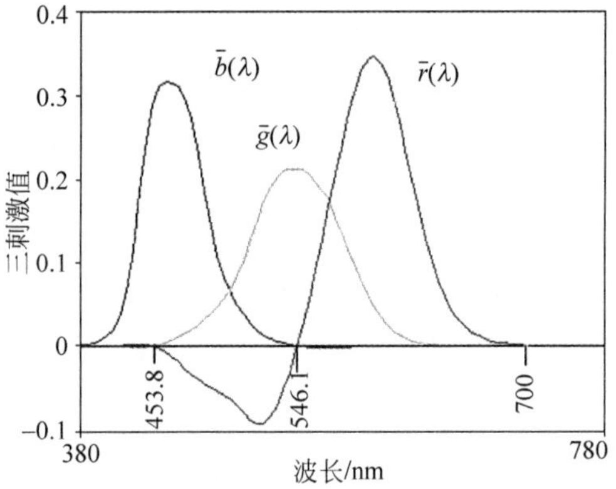

图 6-12　RGB 三刺激值

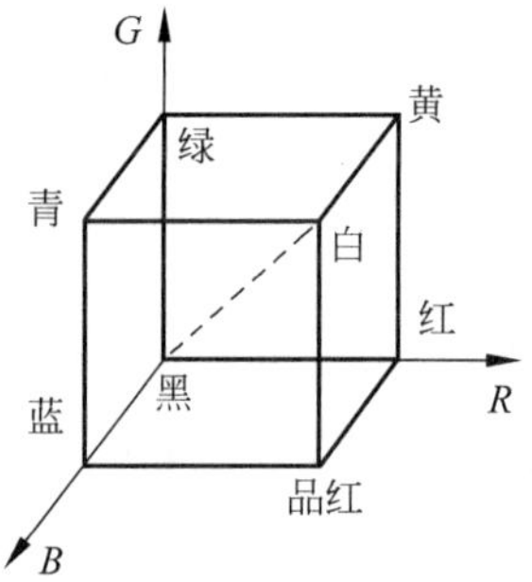

图 6-13　RGB 颜色立方体

2. CIE-XYZ

但是，CIE-RGB 三刺激值的红色分量出现部分负数，即匹配方程部分权值为负数。这说明不可能仅靠混合红、绿、蓝三种色光匹配出对应的光，需要负光。负光的概念非常不容易理解。

为了找出代替 CIE-RGB 中 RGB 的另一组原色，CIE 在 1931 年提出了三种假想标准原色 X、Y、Z，使得颜色匹配函数的三刺激值全部为正，如图 6-14 所示。

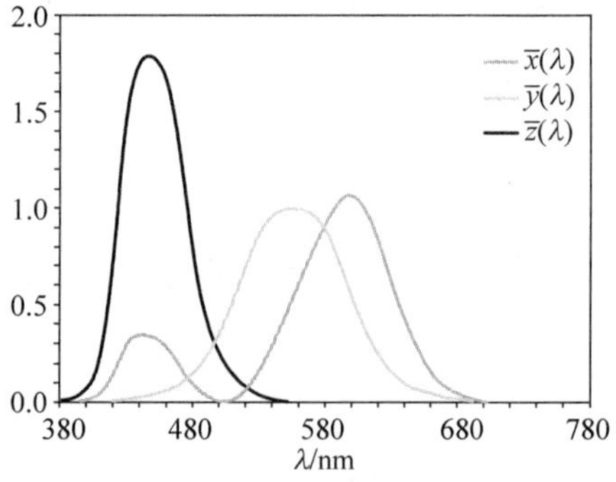

图 6-14　X、Y、Z 三刺激值

注意： 此时 X、Y、Z 的三种原色已经成为虚拟概念，不再是可以进行实际实验的物理实体了。

同样地，在计算出三刺激值 X、Y、Z 后，通过

$$\begin{cases} x = X/(X+Y+Z) \\ y = Y/(X+Y+Z) \\ z = Z/(X+Y+Z) \end{cases}$$

即可计算得到 CIE-XYZ 的色坐标。

同样地，由于三个坐标 $x+y+z=1$ 只有两个独立的量，一般使用 x 和 y 作图。

从 CIE-RGB 系统到 CIE-XYZ 的转换公式为

$$\begin{cases} X = 2.7689R + 1.7517G + 1.1302B \\ Y = 1.0R + 4.5907G + 0.0601B \\ Z = 0.0R + 0.565G + 5.5943B \end{cases}$$

CIE-RGB 和 CIE-XYZ 均为非匀色空间，色度上相等的距离不能对应视觉感知到的相等色差。

6.2.2 均匀颜色模型

在图像分类时，如果考虑颜色，两个像素的颜色之间测量到大的差异，那么应该认为这两个像素属于不同类型的组成部分。但是，实际上这两个像素对于人眼是非常相似的。

基础模型的 CIE-RGB 和 CIE-XYZ 缺乏均匀性即感知线性：感知到的两种色彩的差异，并不符合色度图的距离，也即色度图上欧氏距离相等的两种颜色的差异，可能对于人类感知是完全不同的。例如图 6-15，左上(对应绿色)区域的色坐标变动相当大，但感知却别并没有那么大。

CIE—1931 的 CIE-RGB 和 CIE-XYZ 的色度图并不是均匀系统，而 CIE—1976 允许使用数字量 ΔE 表示两种颜色的差异，给出了评估两种颜色的近似程度的一种方法：一种为 CIE—1976 Luv，用于自发光照明体；另一种为 CIE—1976 Lab，用于非自发光照明体。它们都是通过对 CIE—1931 的 XYZ 系统进行非线性变换而来的。

1. CIE-Lab

CIE-Lab 适用非自发光，例如被别的光源照亮的物体。对于非自照明的颜色空间，CIE-Lab 系统使用的坐标叫作对色坐标(Opponent Color Coordinate)，如图 6-16 所示。

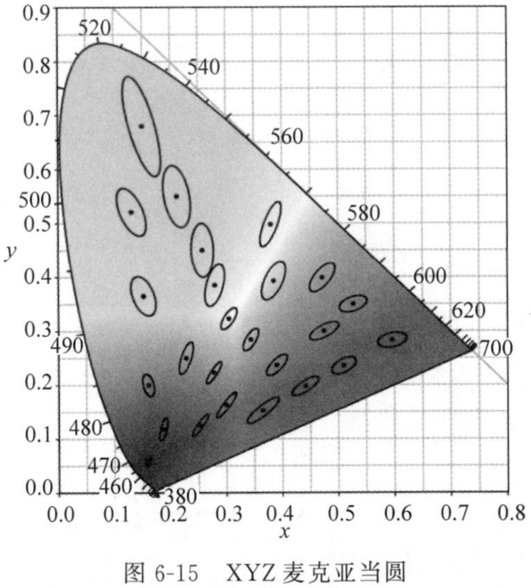

图 6-15 XYZ 麦克亚当圆

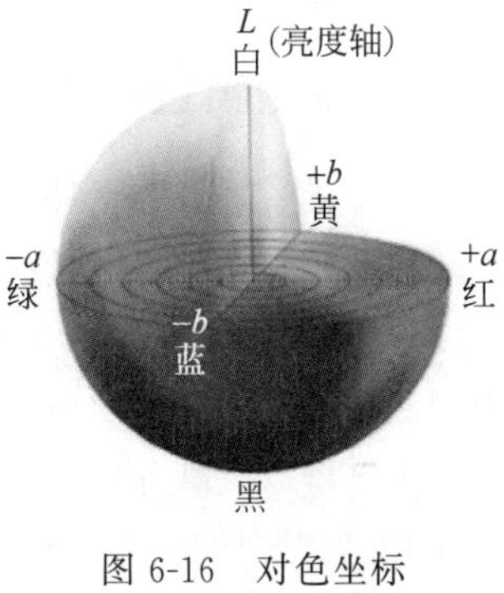

图 6-16 对色坐标

使用对色坐标的想法来自这样的概念：颜色不能同时是红和绿，或者同时是黄和蓝，但颜色可以被认为是红和黄、红和蓝以及绿和黄、绿和蓝的组合。

CIE-Lab 使用 b、a 和 L 坐标轴定义 CIE 颜色空间，其中 L 值代表光亮度，其值从 0(黑色)到 100(白色)；b 和 a 代表色度坐标，其中 a 代表红-绿轴，b 代表黄-蓝轴，它们的值从 0 到 100。$a=b=0$ 表示无色，因此 L 就代表从黑到白的比例系数。

CIE-Lab 可以从 CIE-XYZ 转换而来，首先给定一个函数

$$f(x)=\begin{cases}x^{1/3}, & 0.008\,856 \leqslant x \leqslant 1 \\ 7.87x+16/116, & 0 \leqslant x \leqslant 0.008\,856\end{cases}$$

则从 CIE-XYZ 到 CIE-Lab 的转换为

$$\begin{cases}L=166\times f(X/X_n)-16 \\ a=555\times[f(X/X_n)-f(Y/Y_n)] \\ b=200\times[f(Y/Y_n)-f(Z/Z_n)]\end{cases}$$

而 X_n、Y_n、Z_n 取决于光源。在 Lab 匀色空间内，计算两种颜色的差异，即简单求取三维空间的欧氏距离：

$$\Delta E_{\text{Lab}}=\sqrt{\Delta L^2+\Delta a^2+\Delta b^2}$$

当色差 $\Delta E>1$ 时，人眼可以感知到颜色变化；当 $\Delta E>6$ 时，人眼可以感觉色差很大。不过，相同 Lab 距离的实际区域不是球形而是椭球。

2. CIE-Luv

CIE-Luv 描述自发光体，例如照亮别人的光源，从 CIE-XYZ 的三刺激值到 CIE-Luv 的色坐标关系为

$$\begin{cases}u=\dfrac{4X}{X+15Y+3Z} \\ v=\dfrac{6Y}{X+15Y+3Z}\end{cases}$$

或者根据 CIE-XYZ 的色坐标(x,y)转换到 CIE—1960 UCS 的色坐标(u,v)为

$$\begin{cases}u=\dfrac{4x}{-2x+12y+3} \\ v=\dfrac{6y}{-2x+12y+3}\end{cases}$$

一般用后者的情况较多。

6.2.3 感知颜色模型

CIE—1931 的 CIE-RGB 和 CIE-XYZ 的色度图并不是均匀系统，CIE—1960 UCS 的 Luv 和 Lab 虽然解决了不均匀性问题，但是其并不包含明度坐标，在给出(u,v)数值时还是需要单独标明 Y 的数值。从而出现了 HSI 和 HSV。

1. HSI

HSI 的颜色参数分别为色调(Hue)、饱和度(Saturation)、亮度(Intensity)，其作为最常见的圆柱坐标颜色模型，如图 6-17 所示。HSI 重新影射了 RGB 模型，视觉上比 RGB 模型更具直观性。

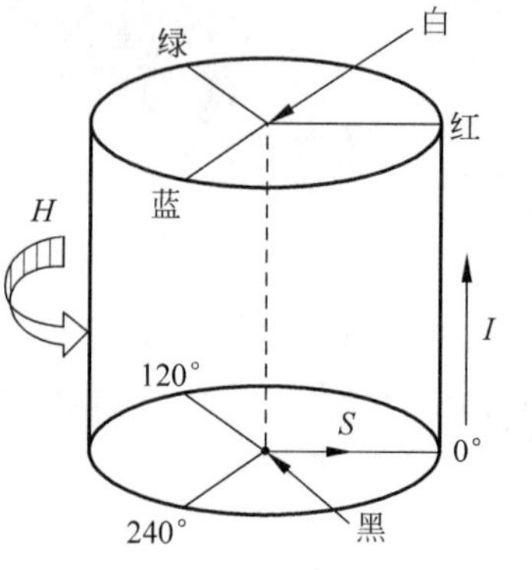

图 6-17　HSI 颜色圆柱体

色调是色彩基本属性，即平常所说的颜色例如红色、黄色等，使用角度度量，取值范围为 0°～360°，按逆时针方向 0°为红色、120°为绿色、240°为蓝色。而饱和度表示颜色与光谱色的接近程度，颜色越接近光谱色，其饱和度也就越

高，饱和度高则颜色深而艳。光谱色的白光成分为0，其饱和度达到最高。至于亮度则表示颜色明亮的程度，对于光源色明度值与发光体的光亮度有关，对于物体色明度值与物体的透射比或反射比有关。

如果使用HSI空间，有时甚至只需简单判断 H 分量差异 $\text{abs}(H_1-H_2)$ 就能实现目的，或者进一步地也可以再辅助 S 和 I 分量。

而且HSI将亮度与颜色分开，具有实用意义。例如若要对彩色图像进行直方图均衡化，可能只希望操作强度分量而不操作颜色分量，否则将获得非常奇怪的颜色。此时，仅操作色相分量，即可以使算法对于光照变化的敏感性降低。

从RGB到HSI的转换关系如下：

$$\begin{cases} I=\dfrac{1}{3}(R+G+B) \\ S=1-\dfrac{3\min(R,G,B)}{R+G+B} \\ H=G\geqslant B?\ \theta:2\pi-\theta \end{cases}$$

其中，$\theta=\cos^{-1}\dfrac{[(R-G)+(R-B)]/2}{\sqrt{(R-G)(R-G)+(R-B)(G-B)}}$。

2. HSV

HSV也称六角锥模型，颜色参数分别为色调(Hue)、饱和度(Saturation)、明度(Value)，如图6-18所示。

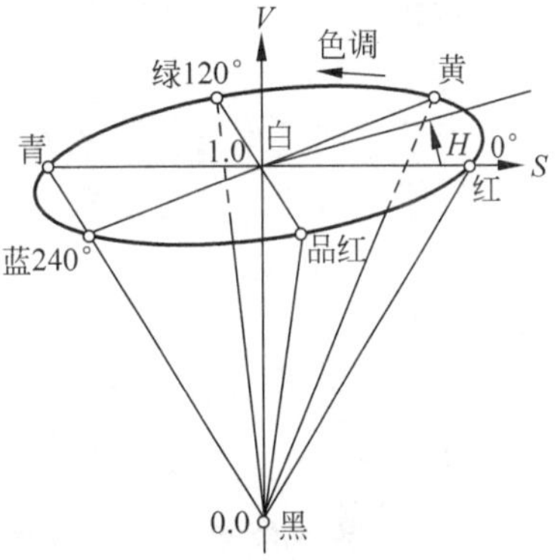

图6-18　HSV颜色六角锥

从图6-18中可见，红、绿、蓝分别相隔120°。HSV中每一种颜色的互补色分别相差180°，即两种颜色在互补时最大为180°。

从RGB到HSV的转换关系如下：

$$V=\max(R,G,B)$$

$$S=\begin{cases}[V-\min(R,G,B)]/V, & V>0 \\ 0, & v=0\end{cases}$$

$$H=\begin{cases}60(G-B)/SV, & V=R \\ 60[2+(B-R)/SV], & V=G \\ 60[4+(R-G)/SV], & V=B \\ 0, & V=0 \\ H+360, & H<0\end{cases}$$

6.3　主元分析

主元分析是一种机器学习方法，以下首先介绍机器学习的相关概念。

6.3.1　机器学习

机器学习可以定义为：给定任务T(Task)和性能P(Performance)，经由经验E(Experience)

提升任务 T 的性能 P。其中的任务 T,一般指分类或者回归；性能 P 一般称为目标函数、代价函数或者惩罚函数、成本函数等；经验 E 一般是指数据集,例如有监督机器学习的训练集和测试集、验证集等,也有一些场景数据集并不固定,例如强化学习的经验需要和环境进行交互。

以日常生活中水果作为例子介绍相关概念：水果的颜色可以称为一个特征(Feature),或者属性(Attribute)。水果的颜色、重量等多个特征构成的序列称为特征向量(Feature Vector)。水果好坏或者成熟程度这样的指标称为标签(Label)。具有特征和标签的一个水果称为一个样本(Sample),或者实例(Instance)。若干样本构成的集合称为数据集(Data Set),例如训练集、验证集和测试集等。

以 d 维的特征向量 $\boldsymbol{x}=(x_1,x_2,\cdots,x_d)^{\mathrm{T}}$ 表示样本的 d 个特征,以标量 y 表示标签,则这 n 个独立同分布(Independent Identically Distribution,IID)的样本 $(\boldsymbol{x},y)$ 构成训练集 $\mathcal{D}=\{(\boldsymbol{x}^{(i)},y^{(i)})\}_{i=1}^{n}$。机器学习就是从某个函数集合 $\mathcal{F}=\{f_1(\boldsymbol{x}),f_2(\boldsymbol{x}),\cdots\}$ 中,通过特定学习算法 $\mathcal{A}$,寻找得到最优函数 $f^*(\boldsymbol{x})$,以逼近特征向量 $\boldsymbol{x}$ 与标签 y 之间的映射关系,即可以通过函数 $f^*(\cdot)$ 预测标签：

$$y \leftarrow \hat{y}=f^*(\boldsymbol{x}) \tag{6-4}$$

机器学习的基本流程如图 6-19 所示。

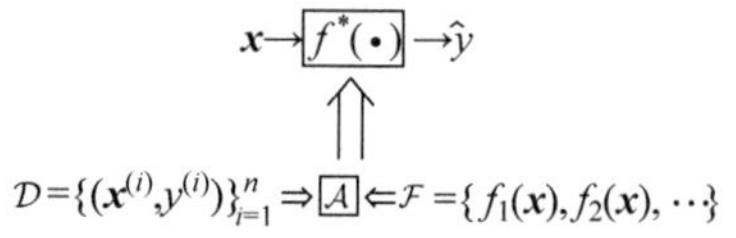

图 6-19 机器学习流程

与机器学习比较接近的概念是模式识别。以分类为例,模式识别研究如何通过输入特征对样本进行分类,而机器学习则关注如何从输入样本提取出合适特征进而实现分类。即模式识别是明确给出了特征,而机器学习则需要先找特征再作判断。因此,机器学习在广义上涵盖了模式识别：模式识别是根据已有特征,通过参数或者非参数等方法,确定模型中的参数,从而达到判别目的；而机器学习是在特征不明确情况下,用某种具有普适性的算法给定分类规则。因此,模式识别可以简单类比为分类,类是确定的,可检验的；而机器学习就需要类比为聚类,类的定义尚不明确,也就更谈不上检验。

至于神经网络,狭义上是指机器学习的一种实现方式,深度神经网络则是利用两层以上神经网络的一种实现方法。

机器学习按照数据标签有无,可以分为有监督学习、无监督学习以及强化学习。有监督学习一般把连续输出称为回归(Regression),把离散输出称为分类(Classification)。按照用途,机器学习可以分为回归、分类、聚类关联规则和降维等应用,如图 6-20 所示。

本节主要介绍其中用于降维的主成分分析(PCA)。

6.3.2 SVD 特征提取

设特征维度为 d,样本数量为 n,即数据矩阵 $\boldsymbol{X}$ 为

$$\boldsymbol{X}^{d\times n}=\begin{pmatrix} x_{11} & x_{12} & x_{13} & \cdots & x_{1n} \\ x_{21} & x_{22} & x_{23} & \cdots & x_{2n} \\ \vdots & \vdots & \vdots & & \vdots \\ x_{d1} & x_{d2} & x_{d3} & \cdots & x_{dn} \end{pmatrix}=\left(\underbrace{\boldsymbol{x}_1}_{样本1} \quad \underbrace{\boldsymbol{x}_2}_{样本2} \quad \underbrace{\boldsymbol{x}_3}_{样本3} \quad \cdots \quad \underbrace{\boldsymbol{x}_n}_{样本n}\right) \tag{6-5}$$

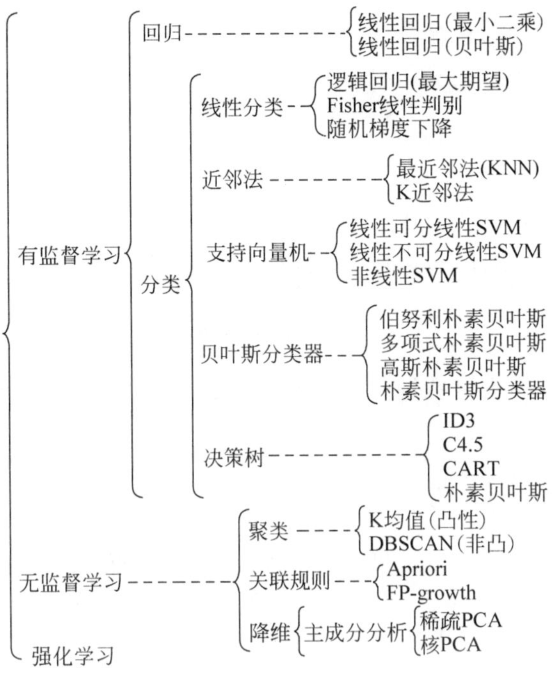

图 6-20 机器学习功能分类

数据矩阵 $\boldsymbol{X}$ 的结构,需要考虑样本数据按行排布还是按列排布,这里采用了常见的按列排布,即每一列代表了一个样本。随着样本数量增加,矩阵的宽度增加。

根据奇异值分解(SVD)定理,数据矩阵 $\boldsymbol{X}\in\mathbf{R}^{d\times n}$ 可以分解为

$$\underbrace{\boldsymbol{X}}_{d\times n}=\underbrace{\boldsymbol{U}}_{d\times d}\underbrace{\boldsymbol{\Sigma}}_{d\times n}\underbrace{\boldsymbol{V}^{\mathrm{T}}}_{n\times n}=\underbrace{\boldsymbol{U}}_{d\times d}\underbrace{\begin{pmatrix}\boldsymbol{\Lambda}_{r\times r} & \mathbf{0}\\ \mathbf{0} & \mathbf{0}\end{pmatrix}}_{\boldsymbol{\Sigma}_{d\times n}}\underbrace{\boldsymbol{V}^{\mathrm{T}}}_{n\times n} \tag{6-6}$$

其中,$\boldsymbol{U}$、$\boldsymbol{V}$ 分别为正交矩阵,$r=\mathrm{rank}\boldsymbol{X}$ 为数据矩阵 $\boldsymbol{X}$ 的秩,矩阵 $\boldsymbol{\Sigma}_{d\times n}$ 对角线上的元素 $\sigma_1\geqslant\cdots\geqslant\sigma_r\geqslant\sigma_{r+1}\geqslant\cdots\geqslant\sigma_{\min(m,n)}\geqslant0$ 称为矩阵 $\boldsymbol{X}$ 的奇异值,这些奇异值同时也是方阵 $\boldsymbol{X}^{\mathrm{T}}\boldsymbol{X}$ 或 $\boldsymbol{X}\boldsymbol{X}^{\mathrm{T}}$ 的特征值的平方根,其中 r 个非零奇异值 $\sigma_1,\sigma_2,\cdots,\sigma_r$ 拼成了对角阵 $\boldsymbol{\Lambda}=\mathrm{diag}(\sigma_1,\sigma_2,\cdots,\sigma_r)$,这些非零的奇异值 σ_i 可以看作输入与输出之间的膨胀系数,原因分析如下。

根据

$$\underbrace{\boldsymbol{X}}_{d\times n}=\underbrace{\boldsymbol{U}}_{d\times d}\underbrace{\boldsymbol{\Sigma}}_{d\times n}\underbrace{\boldsymbol{V}^{\mathrm{T}}}_{n\times n}\Rightarrow\underbrace{\boldsymbol{X}}_{d\times n}\underbrace{\boldsymbol{V}}_{n\times n}=\underbrace{\boldsymbol{U}}_{d\times d}\underbrace{\boldsymbol{\Sigma}}_{d\times n}$$

从而有

$$(\boldsymbol{X}\boldsymbol{v}_1,\boldsymbol{X}\boldsymbol{v}_2,\cdots,\boldsymbol{X}\boldsymbol{v}_n)=(\boldsymbol{u}_1\sigma_1,\boldsymbol{u}_2\sigma_2,\cdots,\boldsymbol{u}_n\sigma_n) \tag{6-7}$$

即

$$\boldsymbol{X}\boldsymbol{v}_i=\sigma_i\boldsymbol{u}_i,\quad i=1,2,\cdots,n$$

式(6-7)说明,正交矩阵 $\boldsymbol{V}$ 的某个单位向量 $\boldsymbol{v}_i$,在经过矩阵 $\boldsymbol{X}$ 变换之后,可以使用另一单位向量 $\boldsymbol{u}_i$ 以及该向量的附加模长 σ_i 表示,因此非零奇异值 σ_i 可以看作输入 $\boldsymbol{v}_i$ 与输出 $\boldsymbol{u}_i$ 之间的膨胀系数。

至于 SVD 实现特征提取，源于 $\underbrace{\boldsymbol{X}}_{d\times n}=\underbrace{\boldsymbol{U}}_{d\times d}\underbrace{\begin{pmatrix}\boldsymbol{\Lambda}_{r\times r} & \boldsymbol{0}\\ \boldsymbol{0} & \boldsymbol{0}\end{pmatrix}}_{\boldsymbol{\Sigma}_{d\times n}}\underbrace{\boldsymbol{V}^{\mathrm{T}}}_{n\times n}$，其可以通过分量和表示为

$$\boldsymbol{X}=\sum_{i=1}^{r}\boldsymbol{u}_i\sigma_i\boldsymbol{v}_i^{\mathrm{T}} \tag{6-8}$$

其中，$r=\mathrm{rank}\boldsymbol{X}$ 为数据矩阵 $\boldsymbol{X}$ 的秩，也就是非零奇异值的数量，$\sigma_1,\sigma_2,\cdots,\sigma_r$ 从大到小依次排列，而且下降非常快。因此，可以取 $\boldsymbol{X}$ 的前 k 个奇异值来近似矩阵 $\boldsymbol{X}$：

$$\boldsymbol{X}\approx\sum_{i=1}^{k}\boldsymbol{u}_i\sigma_i\boldsymbol{v}_i^{\mathrm{T}}$$

这样奇异值分解就实现了特征提取，即提取最具有代表性的 k 个特征来近似矩阵，实现数据压缩。

6.3.3 PCA 基本原理

主成分分析(Principal Component Analysis，PCA)是历史悠久的经典的无监督机器学习方法，目标是将 d 维高维空间中的数据集合 $\boldsymbol{X}=\{\boldsymbol{x}_1,\boldsymbol{x}_2,\cdots,\boldsymbol{x}_n\}$ 变化为 k 维的低维空间的数据集合 $\boldsymbol{Y}=\{\boldsymbol{y}_1,\boldsymbol{y}_2,\cdots,\boldsymbol{y}_n\}$。

PCA 的基本假设是：

(1) 数据中的重要信息分布在变化程度最大的 k 个方向上；

(2) PCA 计算过程中对于数据协方差矩阵的处理方式隐含所有数据服从相同的高斯分布。

PCA 的结果具有如下特点：

(1) 主元个数远远小于原有变量的数量；

(2) 主元之间一般互不相干；

(3) 主元具有可以解释的实际意义。

从代数角度看，PCA 变换就是 2.1.1 节介绍的基变换，通过选取一组正交基，将样本数据从高维空间切换到低维空间重新描述。降维之后的低维线性子空间由 k 个相互正交的基向量表示，这些正交基向量称为主元，也称主成分。

新的正交基当然需要最大程度地保留原始数据的信息。按照信息论思想，方差较大的方向就是信号方向，方差较小的方向则是噪声方向，如图 6-21 所示。

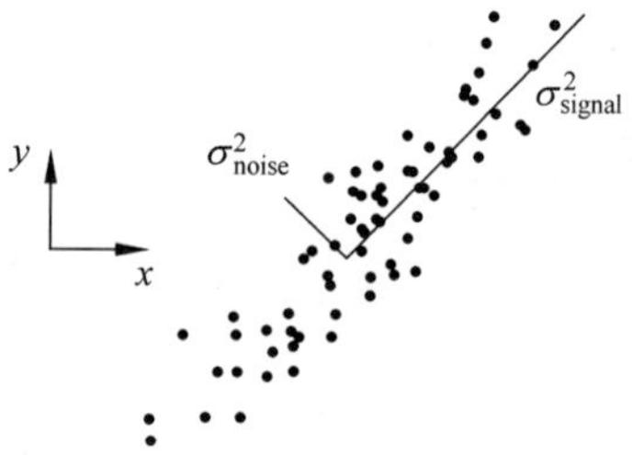

图 6-21　方差最大方向

图 6-21 中，样本点投影到 x 轴或者 y 轴的方差都差不多，因为样本点呈 45°。但是变换后的坐标系就明显多了，信号方向投影后方差明显大。因此，可以认为具有最大方差的正交基可以足够好地表示原始数据，这些正交基向量就是需要寻找的投影方向，也就是主元。

描述样本数据方差的数学工具是协方差矩阵。对于前述数据矩阵 $\boldsymbol{X}^{d\times n}$，其协方差矩阵为 $\boldsymbol{S}^{d\times d}=\mathrm{cov}(\boldsymbol{X},\boldsymbol{X})$。协方差矩阵 $\boldsymbol{S}$ 描述了特征的不同维度之间的关系，对角线元素表示每个维度的方差，其余元素则是两个不同维度的协方差。

PCA 的目标就是寻找一组正交基，使得样本数据的方差最大，也就是使得协方差对角

线元素的数值最大、其余元素为零，这其实就是将协方差矩阵 $\boldsymbol{S}$ 对角化为 $\boldsymbol{S}=\boldsymbol{W\Lambda W}^{\mathrm{T}}$ 的过程。

6.3.4 EVD 数据降维

根据特征值分解(EVD)定理，可逆方阵 $\boldsymbol{S}^{d\times d}$ 可以分解为 $\boldsymbol{Sx}=\boldsymbol{x\Lambda}$，也就是

$$\boldsymbol{Sx}_i=\lambda_i\boldsymbol{x}_i \tag{6-9}$$

其中，λ_i 是方阵 $\boldsymbol{S}$ 的一个特征值，$\boldsymbol{x}_i$ 为对应特征值 λ_i 的一个特征向量，即向量 $\boldsymbol{x}_i$ 经过 $\boldsymbol{S}$ 矩阵乘法之后，方向不变而仅有尺度变化。

如果可逆矩阵 $\boldsymbol{S}$ 加强为正定矩阵，则 $\boldsymbol{S}$ 具有更加良好的性质。首先 $\boldsymbol{x}^{\mathrm{T}}\boldsymbol{Sx}>0$，即 $\boldsymbol{x}$ 向量经过正定矩阵 $\boldsymbol{S}$ 的矩阵乘法后不会越过超平面。其次实数域内正定矩阵 $\boldsymbol{S}$ 一定是对称的，因此 $\boldsymbol{S}$ 分解后的各个特征向量正交。例如对于 $\boldsymbol{S}^{2\times2}=\begin{pmatrix}1.5 & 0.5\\ 0.5 & 1.0\end{pmatrix}$，其特征值为 $\lambda_1=1.81$，$\boldsymbol{x}_1=(0.85,0.53)^{\mathrm{T}}$，特征值为 $\lambda_2=0.69$，$\boldsymbol{x}_2=(-0.53,0.85)^{\mathrm{T}}$，明显可见两个特征向量 $\boldsymbol{x}_1$ 和 $\boldsymbol{x}_2$ 相互正交。

上述正定矩阵 $\boldsymbol{S}^{2\times2}$，将图 6-22 中左侧 $\boldsymbol{x}=(1,1)^{\mathrm{T}}$ 通过 $\boldsymbol{y}=\boldsymbol{Sx}$ 变换为右侧的 $\boldsymbol{y}=(2,1.5)^{\mathrm{T}}$。整体上，将左图整个圆变换为右图的椭圆。因此，对应正定矩阵乘法的空间一定存在一组正交基，伸缩变换只发生在基坐标上，这些基向量就是主成分。

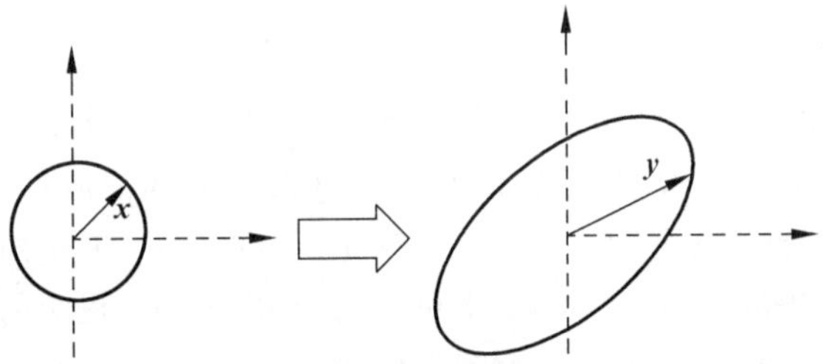

图 6-22 正定矩阵作用

协方差矩阵 $\boldsymbol{S}$ 对角化之后的新矩阵，其主对角线元素的数值就是协方差矩阵 $\boldsymbol{S}$ 的特征值，表示了各个维度的新方差，特征值越大方差越大，主对角线上较小特征值对应的维度就是需要去除的冗余维度。可见，PCA 不仅降维，还有去噪功能，从而使得算法更为健壮。

这样特征值分解通过去除小特征值对应的冗余成分，实现降维目的。

6.3.5 PCA 降维过程

具体到前述特征维度为 d、数量为 n 的样本数据 $\boldsymbol{x}_1,\boldsymbol{x}_1,\cdots,\boldsymbol{x}_n$，其在原始空间的中心点也就是所有 n 个样本数据的均值向量为

$$\boldsymbol{\mu}=\frac{1}{n}\sum_{i=1}^{n}\boldsymbol{x}_i \tag{6-10}$$

PCA 就是寻找某个投影方向向量 $\boldsymbol{w}$，使得整个数据投影到方向向量 $\boldsymbol{w}$ 之后，$\boldsymbol{w}^{\mathrm{T}}\boldsymbol{x}_i$ 变化程度尽量大，变化程度尽量大的含义就是使得方差最大化。

以 $\boldsymbol{w}$ 作为自变量，所有样本数据 $\boldsymbol{x}_1,\boldsymbol{x}_2,\cdots,\boldsymbol{x}_n$ 投影到 $\boldsymbol{w}$ 之后的方差为

$$\mathrm{var}(\boldsymbol{w})=\frac{1}{n}\sum_{i=1}^{n}\{(\boldsymbol{w}^{\mathrm{T}}\boldsymbol{x}_i-\boldsymbol{w}^{\mathrm{T}}\boldsymbol{\mu})^2\}=\frac{1}{n}\sum_{i=1}^{n}\boldsymbol{w}^{\mathrm{T}}\{\underbrace{(\boldsymbol{x}_i-\boldsymbol{\mu})(\boldsymbol{x}_i-\boldsymbol{\mu})^{\mathrm{T}}}_{\in\mathbf{R}^{d\times d}}\}\boldsymbol{w}$$

$$=\boldsymbol{w}^{\mathrm{T}}\underbrace{\left\{\frac{1}{n}\sum_{i=1}^{n}(\boldsymbol{x}_i-\boldsymbol{\mu})(\boldsymbol{x}_i-\boldsymbol{\mu})^{\mathrm{T}}\right\}}_{\boldsymbol{S}}\boldsymbol{w}=\boldsymbol{w}^{\mathrm{T}}\boldsymbol{S}\boldsymbol{w} \tag{6-11}$$

式(6-11)中间部分 $d\times d$ 的方阵，就是数据矩阵 $\boldsymbol{X}\in\mathbf{R}^{d\times n}$ 的协方差矩阵

$$\boldsymbol{S}^{d\times d}=\mathrm{cov}(\boldsymbol{X},\boldsymbol{X})=\frac{1}{n}\sum_{i=1}^{n}(\boldsymbol{x}_i-\boldsymbol{\mu})(\boldsymbol{x}_i-\boldsymbol{\mu})^{\mathrm{T}} \tag{6-12}$$

因此寻找最佳投影方向 $\boldsymbol{w}$ 等价于如下优化问题：

$$\max \boldsymbol{w}^{\mathrm{T}}\boldsymbol{S}\boldsymbol{w} \tag{6-13}$$

显然，随着向量 $\boldsymbol{w}$ 的模长增加，数值 $\boldsymbol{w}^{\mathrm{T}}\boldsymbol{S}\boldsymbol{w}$ 将会持续增大而不存在最大值，为此施加单位范数约束 $\boldsymbol{w}^{\mathrm{T}}\boldsymbol{w}=1$，得到如下约束优化问题：

$$\begin{gathered}\max \boldsymbol{w}^{\mathrm{T}}\boldsymbol{S}\boldsymbol{w}\\ \text{s. t. } \boldsymbol{w}^{\mathrm{T}}\boldsymbol{w}=1\end{gathered} \tag{6-14}$$

该最小二乘问题可以通过拉格朗日乘子转换为无约束优化问题：

$$\mathcal{L}(\boldsymbol{w},\lambda)=\boldsymbol{w}^{\mathrm{T}}\boldsymbol{S}\boldsymbol{w}+\lambda(1-\boldsymbol{w}^{\mathrm{T}}\boldsymbol{w})$$

令$\mathcal{L}(\boldsymbol{w},\lambda)$对 $\boldsymbol{w}$ 求偏导并令其为零，可得平稳点。

$$\mathbf{0}=\frac{\partial\mathcal{L}}{\partial\boldsymbol{w}}=2\boldsymbol{S}\boldsymbol{w}-2\lambda\boldsymbol{w}\Rightarrow\boldsymbol{S}\boldsymbol{w}=\lambda\boldsymbol{w}$$

可见最佳投影向量 $\boldsymbol{w}$ 就是协方差矩阵 $\boldsymbol{S}$ 的一个特征向量，对应特征值为 λ。

因此，通过对协方差矩阵 $\boldsymbol{S}$ 进行特征值分解，选取最大特征值对应特征向量，即可得到第一个主成分 $\boldsymbol{w}_1$，也就是第一根轴。一旦 $\boldsymbol{w}_1$ 确定后，在与 $\boldsymbol{w}_1$ 正交的平面内寻找方差最大的值，可以确定第二个主成分 $\boldsymbol{w}_2$。而 $\boldsymbol{w}_3$ 则可以在与 $\boldsymbol{w}_1$ 和 $\boldsymbol{w}_2$ 正交的平面内寻得。其余以此排序类推，从而可以得到一组相互正交的坐标轴。

由于协方差矩阵 $\boldsymbol{S}\in\mathbf{R}^{d\times d}$ 为对称阵，可以保证至少半正定，因此一定可以找到一组标准正交特征向量 $\boldsymbol{w}_1,\boldsymbol{w}_2,\cdots,\boldsymbol{w}_d$，拼接之后即可获得系数矩阵 $\boldsymbol{W}^{d\times d}$ 为

$$\boldsymbol{W}^{d\times d}=(\boldsymbol{w}_1,\boldsymbol{w}_2,\cdots,\boldsymbol{w}_d) \tag{6-15}$$

实际从中选取重要的 k 个主成分即可，将上述 k 个重要的主成分 $\boldsymbol{w}_i$ 拼为投影矩阵 $\widetilde{\boldsymbol{W}}^{d\times k}$

$$\widetilde{\boldsymbol{W}}^{d\times k}=(\boldsymbol{w}_1,\boldsymbol{w}_2,\cdots,\boldsymbol{w}_k)=\begin{bmatrix}w_{11} & w_{12} & \cdots & w_{1k}\\ w_{21} & w_{22} & \cdots & w_{2k}\\ w_{31} & w_{32} & \cdots & w_{3k}\\ \vdots & \vdots & & \vdots\\ w_{d1} & w_{d2} & \cdots & w_{dk}\end{bmatrix} \tag{6-16}$$

这样，对于高维空间样本数据 $\boldsymbol{X}=\{\boldsymbol{x}_1,\boldsymbol{x}_2,\cdots,\boldsymbol{x}_n\}$中任意一个样本点 $\boldsymbol{x}_i\in\mathbf{R}^d$，通过投影矩阵 $\widetilde{\boldsymbol{W}}^{d\times k}$，可以计算得到特征空间的低维表示 $\boldsymbol{y}_i\in\mathbf{R}^k$：

$$\underbrace{\boldsymbol{y}_i}_{\in\mathbf{R}^k}=\underbrace{\widetilde{\boldsymbol{W}}^{\mathrm{T}}}_{k\times d}\underbrace{(\boldsymbol{x}_i-\boldsymbol{\mu})}_{\in\mathbf{R}^d} \tag{6-17}$$

以人脸识别的 PCA 为例，设视频监控获取的图像尺寸为 300×200，将其沿着行或者列拼出高度 60 000 的列向量，即特征维度 $d=60\,000$，若训练样本共 150 幅图像，则数据矩阵为 $\boldsymbol{X}^{60\,000\times 150}$，这个矩阵的维数是很大的。

如果利用 PCA 方法，假设采纳 12 个主要成分，则可以由数据矩阵 $\boldsymbol{X}^{60\,000\times 150}$ 获得投影矩阵 $\widetilde{\boldsymbol{W}}^{60\,000\times 12}$。此前的 150 幅样本图像，可以由 12 幅图像表示。将这 12 个 60 000 维列向量重排成为 300×200 的二维矩阵，可以得到 12 幅新的图像，称为特征脸。

图 6-23 演示了 ORL 人脸库中某幅样本图像的 PCA 降维效果，其中图 6-23(a)中 $k=20$，图 6-23(b)中 $k=5$。

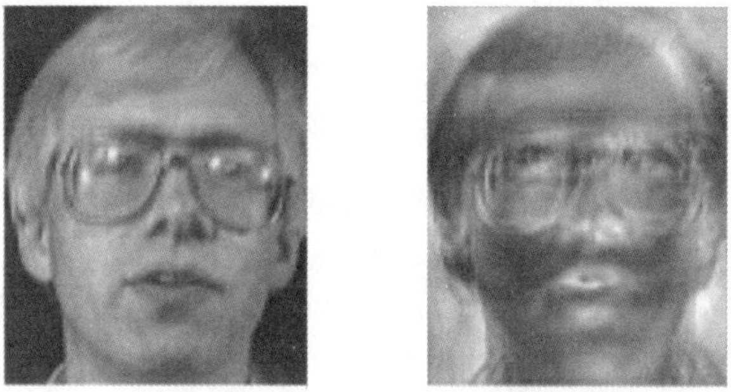

(a) k=20　　(b) k=5

图 6-23　特征脸降维效果

此时如果给出陌生人脸图像，同样将其降维为 12 维特征脸，然后与 150 幅训练样本的特征通过距离度量即可完成识别(分类)，从而存储和计算量都得以大幅缩减。

6.4　漏镀检测应用

某种金属工件，如图 6-24 所示，具有两个极耳，极耳部位电镀工艺属于重点控制的工艺环节，需要严格避免漏镀和镀错，主要判定标准是偏离黄色的程度。

生产现场整理所得典型样本的图像如图 6-25 所示。

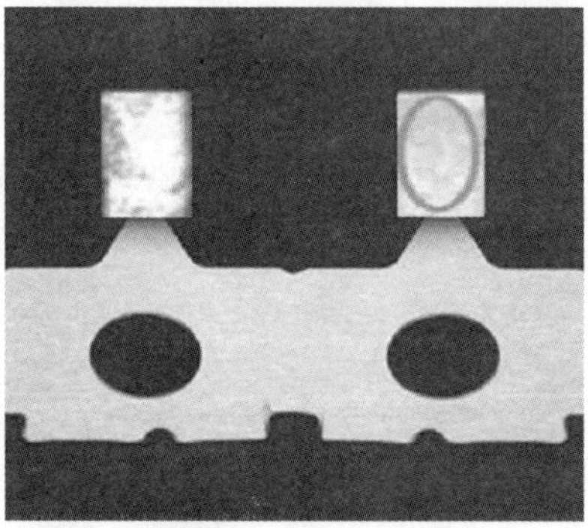

图 6-24　金属工件

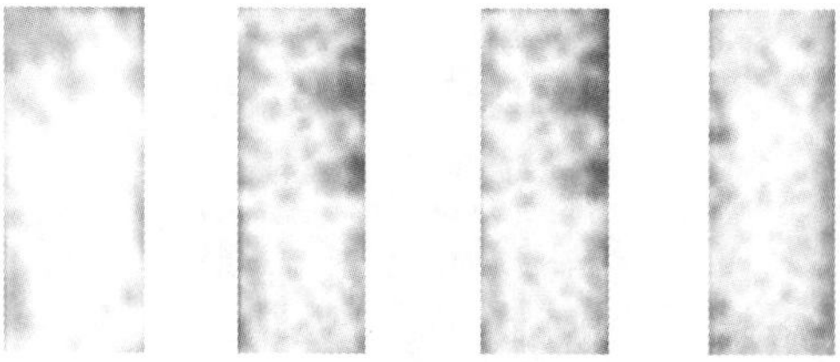

图 6-25　典型样本的图像

检测流程如图 6-26 所示，包括离线训练和在线检测两条主线。离线训练针对搜集的良品(OK)和缺陷品(Not Good，NG)样本，通过特征工程中的特征提取和约简方法得到特征，设计基于距离度量的分类器实现 OK/NG 的判定。在线检测针对现场工况的实时检测，将工件图像投影到特征空间，分类器打分实现 OK/NG 判定。

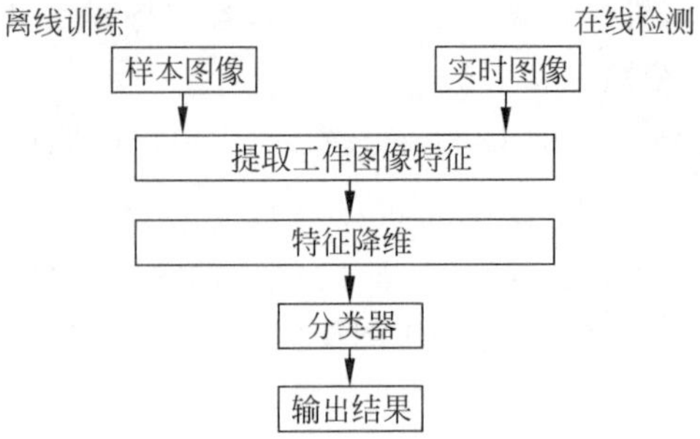

图 6-26 检测流程

6.4.1 颜色空间

本案例涉及颜色感知的表述问题，即给定某种颜色，以何种方式表述它。这涉及颜色表示问题，需要建立某种色度空间。参考 6.2 节的各种颜色模型，主要比较了以下几种空间：

(1) 设备相关颜色模型，例如 RGB 和 CMYK，其只是规定了分量取值范围，至于该值如何呈现出光，并不直接关联人眼的观感，因此放弃；

(2) 设备无关的颜色模型，例如 CIE-XYZ、CIE-Lab 等，能够反映真实的可见颜色，可以考虑；

(3) 重点考虑的是亮色分离模型，例如 YUV、YIQ、YCC、HSV 等初级类型和 HSV、HLI 等向量化的分离模型。

项目经过实验验证，以亮色分离模型为基础，综合考虑了 YCbCr 和 YUV 空间的特点，单独提取亮度通道，经过非线性校准(Non-linear Calibration)预处理，构造 Huv 颜色空间，可以适当实现颜色的恒常性。

1. 非线性校准

非线性校准用来提高光照亮度的健壮性，主要代码如下。

```
double percent = 0.05;              //最亮像素的比例数
int LightPixNumber = 0;             //最亮像素的数量
int GrayLevelIndex;                 //满足 percent 的临界灰度例

for (int i = 0; i < rows; i++)
{
    for (int j = 0; j < cols; j++)
    {
        ucharb = rgb.at<Vec3b>(i, j)[0];
        ucharg = rgb.at<Vec3b>(i, j)[1];
        ucharr = rgb.at<Vec3b>(i, j)[2];
        long gray = (299 * r + 587 * g + 114 * b) / 1000;
        if (gray >= (255 - GrayLevelIndex))
        {
            rgb.at<Vec3b>(i, j)[0] = 255;
            rgb.at<Vec3b>(i, j)[1] = 255;
            rgb.at<Vec3b>(i, j)[2] = 255;
        }
        else
        {
```

```
            b = b * factor <= 255 ? b * factor : 255;
            rgb.at<Vec3b>(i, j)[0] = b;
            g = g * factor <= 255 ? g * factor : 255;
            rgb.at<Vec3b>(i, j)[1] = g;
            r = r * factor <= 255 ? r * factor : 255;
            rgb.at<Vec3b>(i, j)[2] = r;
        }
    }
}
```

2. uv 色度空间

从 RGB 空间映射到 Huv 空间主要代码如下。

```
//rgb: 待转换的图像
//huv: 转换之后的图像
//得到改进的 Y_Cb_Cr 空间

    for (int i = 0; i < row; i++)
    {
        for (int j = 0; j < col; j++)
        {
            unsigned char b = rgb.at<Vec3b>(i, j)[0]; //b
            unsigned char g = rgb.at<Vec3b>(i, j)[1]; //g
            unsigned char r = rgb.at<Vec3b>(i, j)[2]; //r
            if (b == 0)
            {
                huv.at<Vec3b>(i, j)[0] = 0;
                huv.at<Vec3b>(i, j)[1] = 0;
                huv.at<Vec3b>(i, j)[2] = 0;
            }
            else
            {
                huv.at<Vec3b>(i, j)[0] = (299 * r / 1000)
+ (587 * g / 1000) + (114 * b / 1000);
                huv.at<Vec3b>(i, j)[1] = -(169 * r / 1000)
- (331 * g / 1000) + (500 * b / 1000) + 128;
                huv.at<Vec3b>(i, j)[2] = (500 * r / 1000)
- (419 * g / 1000) - (81 * b / 1000) + 128;
                sumPix++;
            }
        }
    }
```

这样，原始 RGB 的三维空间，剥离并剔除亮度信息后，得到二维的 uv 色度空间。颜色成分从 256×256×256 的 1600 万色，降维至 256×256 的 6 万色。

3. 二维直方图

颜色是一种整体观感，是图像的全局特征，因此进一步在 uv 色度空间统计颜色成分的二维直方图。

```
//统计样本图像的颜色特征
    for (int i = 0; i < huvImg.cols; i++)
```

```
    {
        for (int j = 0; j < huvImg.rows; j++)
        {
            Vec3b yuv = huvImg.at<Vec3b>(j, i);
            uchar u = yuv[1];
            uchar v = yuv[2];
            localGMAT[u][v]++;
        }
    }
```

其中,分量 u 和分量 v 的取值范围为 0～255,因此结果是 256×256 矩阵。但是该矩阵相当稀疏,主要颜色成分集中于(129～141)×(112～128)的椭圆子集,如图 6-27 所示。

0	0	0	0	0	0	0	30	83	137	296	426	395	236	136	69	42	21	0
0	0	0	0	0	0	0	52	130	289	479	466	343	241	90	47	31	22	0
0	0	0	0	0	0	27	82	188	419	618	476	304	154	72	44	27	21	0
0	0	0	0	0	0	53	144	321	474	530	452	240	113	58	34	0	0	0
0	0	0	0	0	37	111	201	436	515	409	281	176	77	32	34	0	0	0
0	0	0	0	28	61	94	293	416	435	352	175	109	50	39	26	0	0	0
0	0	0	0	36	82	212	367	414	330	195	127	68	29	28	0	0	0	0
0	0	0	24	34	127	240	351	363	223	103	92	42	23	0	0	0	0	0
0	0	0	41	50	217	279	331	270	156	110	61	28	25	0	0	0	0	0
0	0	23	33	76	299	319	264	158	98	80	49	27	0	0	0	0	0	0
0	0	28	41	96	355	300	183	100	68	51	0	0	0	0	0	0	0	0
0	0	27	49	157	351	220	110	68	47	26	0	0	0	0	0	0	0	0
0	22	46	32	308	189	155	79	50	34	0	0	0	0	0	0	0	0	0

图 6-27　uv 色度空间中颜色特征分布

图 6-27 中椭圆子集的表述有很多方法,可以利用长短轴将其建模为标准椭圆,这是解析的方法。本案例使用模板覆盖,方式更加灵活,如图 6-28 所示。

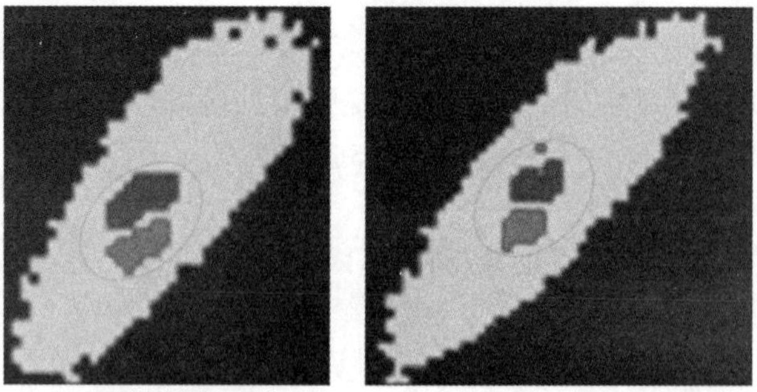

(a) OK样本颜色分布　　(b) NG样本颜色分布

图 6-28　两种样本的颜色特征

其中，图 6-28(a)为 OK 样本颜色分布，图 6-28(b)为 NG 样本颜色分布。从中可以发现 OK 样本和 NG 样本的规律，大面积的黑色为共有成分，OK 样本和 NG 样本都具有该特征；在椭圆圈中，浅色区域为 OK 样本的优势特征，深色区域代表 NG 样本的优势特征。可见颜色特征已经完成聚类，可以用于分类。

6.4.2 特征工程

6.2.1 节中已经包含了两次降维操作：首先，将亮色混合的 RGB 彩色图像，通过 $\mathbf{R}^3 \to \mathbf{R}^2$ 从三维变换到二维的 uv 色度空间，从而由 1600 万色降至 6 万色；其次，统计样本特征之后，通过椭圆模板掩膜，由 6 万色降为 13×17 色，大约为 200 色。但是特征数量依然过多，需要进一步约简。

特征降维最主要的常用方法包括主元分析和线性判别分析两种。线性判别分析(Linear Discriminant Analysis，LDA)是数据降维和分类的经典算法，又称 Fisher 线性判别(Fisher Linear Discriminant，FLD)，基本思想是将高维模式投影到低维特征空间，保证样本在新空间具有最大类间距离和最小类内距离。LDA 一般用于多类目标分类，而主元分析重点针对单类别数据，从原特征的协方差角度寻找较好的投影方式。

本案例的 OK/NG 类别分类，符合主元分析的使用场景，该方法原理见 6.3 节。

1. 数据矩阵

6.4.1 节二维颜色直方图椭圆模板(129～141)×(112～128)可以视作 13×7 的单通道图像，将其按列拼出高度为 91 的列向量，即特征维度 $d=91$；包含 OK 样本和 NG 样本的图像一共 60 幅，即样本数量 $n=60$，则得到训练矩阵 $\boldsymbol{X}^{91\times 60}$ 为

$$\boldsymbol{X}^{91\times 60}=\begin{pmatrix} x_{1,1} & x_{1,2} & x_{1,3} & \cdots & x_{1,60} \\ x_{2,1} & x_{2,2} & x_{2,3} & \cdots & x_{2,60} \\ \vdots & \vdots & \vdots & & \vdots \\ x_{91,1} & x_{91,2} & x_{91,3} & \cdots & x_{91,60} \end{pmatrix}=\Big(\underbrace{\boldsymbol{x}_1}_{\text{样本1}} \quad \underbrace{\boldsymbol{x}_2}_{\text{样本2}} \quad \underbrace{\boldsymbol{x}_3}_{\text{样本3}} \quad \cdots \quad \underbrace{\boldsymbol{x}_{60}}_{\text{样本60}}\Big)$$

计算 $n=60$ 个样本数据 $\boldsymbol{x}_1,\boldsymbol{x}_1,\cdots,\boldsymbol{x}_n$ 在原始空间的中心点，也就是所有的样本数据的均值向量：

$$\boldsymbol{\mu}=\frac{1}{n}\sum_{i=1}^{n}\boldsymbol{x}_i$$

将训练矩阵 $\boldsymbol{X}^{91\times 60}$ 逐列与均值向量相减，即得到去中心化的训练矩阵 $\widetilde{\boldsymbol{X}}^{91\times 60}$ 为

$$\widetilde{\boldsymbol{X}}^{91\times 60}=(\boldsymbol{x}_1-\boldsymbol{\mu} \quad \boldsymbol{x}_2-\boldsymbol{\mu} \quad \boldsymbol{x}_3-\boldsymbol{\mu} \quad \cdots \quad \boldsymbol{x}_{60}-\boldsymbol{\mu})$$

根据 $\widetilde{\boldsymbol{X}}^{91\times 60}$ 构建协方差矩阵 $\boldsymbol{S}^{91\times 91}$ 为

$$\boldsymbol{S}^{91\times 91}=\operatorname{cov}(\widetilde{\boldsymbol{X}}^{91\times 60},\widetilde{\boldsymbol{X}}^{91\times 60})=\frac{1}{n}\sum_{i=1}^{n}\widetilde{\boldsymbol{x}}_i\widetilde{\boldsymbol{x}}^{\mathrm{T}}$$

2. 特征空间

计算方阵 $\widetilde{\boldsymbol{X}}\widetilde{\boldsymbol{X}}^{\mathrm{T}}$ 的特征值 λ_i 及其对应的正交归一化特征向量 $\boldsymbol{w}_i=\frac{1}{\sqrt{\lambda_i}}\widetilde{\boldsymbol{X}}^{91\times 60}$，选取重要的 $k=12$ 个最重要的特征向量，拼出投影矩阵 $\widetilde{\boldsymbol{W}}^{91\times 12}$ 为

$$\widetilde{\boldsymbol{W}}^{91\times12}=(\boldsymbol{w}_1,\boldsymbol{w}_2,\cdots,\boldsymbol{w}_{12})=\begin{pmatrix} w_{1,1} & w_{1,2} & \cdots & w_{1,12} \\ w_{2,1} & w_{2,2} & \cdots & w_{2,12} \\ w_{3,1} & w_{3,2} & \cdots & w_{3,12} \\ \vdots & \vdots & & \vdots \\ w_{91,1} & w_{91,2} & \cdots & w_{91,12} \end{pmatrix}$$

这样,通过投影矩阵 $\widetilde{\boldsymbol{W}}^{91\times12}$,将高维空间中的样本数据 $\boldsymbol{x}\in R^{91}$ 投影到特征空间,即可得到特征空间的低维表示 $\boldsymbol{y}\in R^{12}$ 为

$$\boldsymbol{y}=\widetilde{\boldsymbol{W}}^{\mathrm{T}}(\boldsymbol{x}-\boldsymbol{\mu}) \tag{6-18}$$

主要代码如下。

```
//选择 K 个特征向量,得到投影矩阵 W
//-- Lamdabs,特征值
//-- Vs,特征向量
//-- K,主元个数
//-- W,输出的 K 个列向量
select_eigne (lamdabs, Vs, K, W);

//样本矩阵投影到特征空间
//-- W,投影矩阵,d * K
//-- X,数据矩阵,d * num
//-- projX,数据矩阵 X 的投影,k * num
matrix_mutil (projX, W, X, d, NUM, K);
```

这 $k=12$ 个颜色特征直观效果如图 6-29 所示,其中上部浅色为 OK 样本的特征及其强度,下部深色为 NG 样本的特征及其强度,中间明亮区域为共有特征。

图 6-29　最终颜色特征空间

如何充分利用降维得到的 $k=12$ 个颜色特征是需要考虑的问题,最简单的是统计特征数量,然后据此构造统计指标,最后通过全局阈值化进行 NG/OK 分割。这种方式显然不够合理,因为丢掉了特征强度信息。例如 500 个明显的强强的缺陷颜色与 500 个弱弱的缺陷颜色相比,虽然同样是 500 的数量,但是其所包含的信息的量、所表达出的分割能力,存在巨大的区别。因此,需要合理设计分类器。

6.4.3 分类器

将金属工件分为 NG 类型和 OK 类型,本质上是一种聚类操作,对于本案例则是有监督

的二分类。即从几何来看，是寻找一个超平面，分割两个超球；从代数角度来看，是构造两个集合 A 与 B，使集合 A 和 B 的直径尽量小，而集合之间距离足够大，如图 6-30 所示。总之需要构建恰当的分类器(Classifier)。

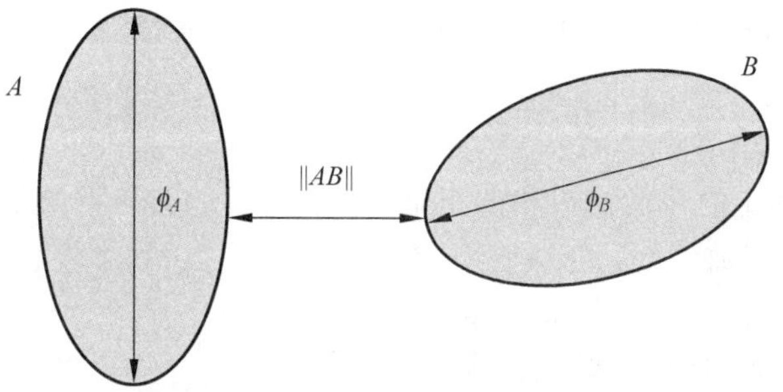

图 6-30　聚类操作

分类器相关的算法很多，例如支持向量机、神经网络等。本案例由于前期已经通过特征工程构建了良好的特征空间，因此可以采用距离度量函数、相关性度量函数、信息度量函数等通过阈值化实现分类功能。

距离度量是模式识别中的常见评判标准，常用距离函数如表 6-1 所示，其中各种距离含义参考 5.3.4 节。

表 6-1　常用距离函数

距离名称	距离公式
欧氏距离(Euclidean Distance)	$D(x,y)=\sqrt{\sum_{i=1}^{n}(y_i-x_i)^2}$
曼哈顿距离(Manhattan Distance)	$D(x,y)=\sum_{i=1}^{n}\mid y_i-x_i\mid$
切氏距离(Chebyshev Distance)	$D(x,y)=\max_i\mid y_i-x_i\mid$
闵氏距离(Minkowski Distance)	$D(x,y)=\left(\sum_{i=1}^{n}\mid y_i-x_i\mid^p\right)^{\frac{1}{p}}$
马氏距离(Mahalanobis Distance)	$D(x,y)=\sqrt{(\boldsymbol{x}-\boldsymbol{y})^{\mathrm{T}}\boldsymbol{C}^{-1}(\boldsymbol{x}-\boldsymbol{y})}$
兰氏距离(Lance Distance)	$D(x,y)=\sum_{i=1}^{n}(y_i-x_i)/(y_i+x_i)$

以下从概率测度角度出发，具体推导需要选用何种距离度量函数。

1. 距离度量

对于某个特征 X_i，其取值为集合 $\Omega_i=[0,\infty)$，若将结果 A 视为事件，记 $P_i(A)$为事件 A 的概率，则(Ω_i,P_i)构成概率空间，$P_i(A)$构成测度意义上的概率。由 n 个特征构成的特征向量 $\boldsymbol{X}=(X_1,X_2,\cdots,X_n)^{\mathrm{T}}$，可以视作 n 个随机变量构成的多维随机向量，记随机向量联合概率密度为 $p(x_1,x_2,\cdots,x_n)$，则有

$$P\{(X_1,X_2,\cdots,X_n)\in D\}=\int\cdots\int_D p(x_1,x_2,\cdots,x_n)\mathrm{d}x_1\mathrm{d}x_2\cdots\mathrm{d}x_n \tag{6-19}$$

其中，D 为长方体$\{(x_1,x_2,\cdots,x_n)\mid a_i<x_i\leqslant b_i\}$，则该 $P(\cdot)$可以作为一种评价指标。

考虑 $p(\cdot)$的设计，对于某个具体特征 X_i，有理由假设其服从参数(μ,σ)的正态分布

$X_i \sim N(\mu, \sigma^2)$，即概率密度为

$$p(x) = \frac{1}{\sqrt{2\pi}\sigma} \exp\left(-\frac{1}{2}\frac{(x-\mu)^2}{\sigma^2}\right)$$

则向量 $\boldsymbol{X} = (X_1, X_2, \cdots, X_n)^{\mathrm{T}}$ 服从 n 维正态分布 $\boldsymbol{X} \sim \boldsymbol{N}(\boldsymbol{\mu}, \boldsymbol{\Sigma})$，联合密度为

$$p(x_1, x_2, \cdots x_n) = \frac{1}{\sqrt{(2\pi)^n}\sqrt{|\Sigma|}} \exp\left[-\frac{1}{2}(\boldsymbol{x}-\mu)^{\mathrm{T}}\Sigma^{-1}(\boldsymbol{x}-\mu)\right] \tag{6-20}$$

其中，$\boldsymbol{\Sigma} = (\sigma_{i,j})$为固定的 n 阶的对称的正定矩阵，exp(·)为单调的单值函数，因此可以简单使用式(6-20)中的指数部分：

$$(\boldsymbol{x}-\boldsymbol{\mu})^{\mathrm{T}}\boldsymbol{\Sigma}^{-1}(\boldsymbol{x}-\boldsymbol{\mu}) \tag{6-21}$$

这是一个标量数值，即前面提到的马氏距离的平方。

即可以其作为评分函数，主要代码如下：

```
/** 马氏距离 **************
//pixel:某个特征
//gDPbotMean:特征均值
//gDPbotStd:特征方差
************************/

//Huv 空间的 u 坐标
for (int i = 0; i < 256; i++)
{
    //……
    //Huv 空间的 v 坐标
    for (int j = 0; j < 256; j++)
    {
        //……
        if ((gDPbotMean[i][j] > 0) && (gDPbotStd[i][j] != 0))
        {
            t = (pixel - gDPbotMean[i][j]) * (pixel -
            gDPbotMean[i][j]) / gDPbotStd[i][j] /
            DPbotStd[i][j];
            score += t;
        }
    }
}
```

实践中还可以进一步简化，去掉权值矩阵$\boldsymbol{\Sigma}$，直接使用 $\boldsymbol{x}^{\mathrm{T}}\boldsymbol{x}$ 作为指标，分类效果依然可用。此时使用的是欧氏距离的平方，一般在图像检索中应用，例如几何的、颜色的或者颜色综合几何的混合检索等，最终也是采用 2-范数欧氏距离作为衡量距离标准图远近的度量。

2. 阈值分割

图 6-31 为试验样本数据的分值文件，使用 6.3.2 节约简的特征，采用马氏距离计算分值。可见 NG 和 OK 两个类别存在清晰明确的分割线，例如采用数值 1300 作为阈值即可实现有效分割。

1	Score	Image	22	2474	E:\OK\17时19分18秒_800823_.bmp
2	513	E:\NG_PA311_.bmp	23	2570	E:\OK\17时19分18秒_800824_.bmp
3	520	E:\NG_PA312_.bmp	24	2612	E:\OK\17时19分18秒_800825_.bmp
4	531	E:\NG_PA313_.bmp	25	2612	E:\OK\17时19分18秒_800826_.bmp
5	546	E:\NG_PA314_.bmp	26	2622	E:\OK\17时19分18秒_800827_.bmp
6	718	E:\NG_PA315_.bmp	27	2625	E:\OK\17时19分18秒_800828_.bmp
7	762	E:\NG_PA316_.bmp	28	2635	E:\OK\17时19分18秒_800829_.bmp
8	954	E:\NG_PA317_.bmp	29	2702	E:\OK\17时19分18秒_800830_.bmp
9	954	E:\NG_PA318_.bmp	30	2714	E:\OK\17时19分18秒_800831_.bmp
10	963	E:\NG_PA319_.bmp	31	2725	E:\OK\17时19分18秒_800832_.bmp
11	985	E:\NG_PA320_.bmp	32	2747	E:\OK\17时19分18秒_800833_.bmp
12	1032	E:\NG_PA321_.bmp	33	2757	E:\OK\17时19分18秒_800834_.bmp
13	1121	E:\NG_PA322_.bmp	34	2783	E:\OK\17时19分18秒_800835_.bmp
14	1502	E:\OK\17时19分18秒_800815_.bmp	35	2841	E:\OK\17时19分18秒_800836_.bmp
15	1595	E:\OK\17时19分18秒_800816_.bmp	36	2873	E:\OK\17时19分18秒_800837_.bmp
16	1814	E:\OK\17时19分18秒_800817_.bmp	37	2877	E:\OK\17时19分18秒_800838_.bmp
17	1815	E:\OK\17时19分18秒_800818_.bmp	38	2882	E:\OK\17时19分18秒_800839_.bmp
18	1983	E:\OK\17时19分18秒_800819_.bmp	39	2892	E:\OK\17时19分18秒_800840_.bmp
19	2084	E:\OK\17时19分18秒_800820_.bmp	40	2925	E:\OK\17时19分18秒_800841_.bmp
20	2142	E:\OK\17时19分18秒_800821_.bmp	41	2946	E:\OK\17时19分18秒_800842_.bmp
21	2268	E:\OK\17时19分18秒_800822_.bmp	42	2948	E:\OK\17时19分18秒_800843_.bmp

图 6-31　试验样本数据的分值文件

第7章

视觉系统硬件构成

机器视觉应用如果进行大颗粒度划分，可以认为由硬件和软件两部分构成，其共同对象是图像。一幅图像即可容纳系统所需全部信息，可见图像质量对于机器视觉系统至关重要。优秀的硬件设计，可以帮助软件处理以达到事半功倍的效果。

本章介绍机器视觉的硬件系统：相机、镜头和光源。

7.1 相机

相机需要考虑以下要素。

7.1.1 传感器类型

相机的传感器主要有 CCD 和 CMOS 两种。

对于需要高质量图像的场景，例如尺寸测量，首先考虑 CCD，小尺寸传感器中 CCD 成像质量普遍优于 CMOS。例如，人眼最低只能感知到 1lx 的目标，而 CCD 传感器可以感应的照度范围为 0.1～0.3lx，是人眼的 10 倍，也是 CMOS 的 3 倍多。

传感器还需要考虑应用场景。采集静态物体时，出于成本考虑可以使用 CMOS，但是对于运动目标，应该首选 CCD，因为卷帘曝光的 CMOS 无法应对运动目标(全局曝光方式的 CMOS 相机，可以用于采集运动目标)。

7.1.2 传感器尺寸

相机传感器的尺寸有时称为像方视场，表示相机成像芯片的尺寸，即有效像素区域的大小。

像方视场是影响成像表现力的最重要指标之一，传感器面积越大，捕获光子能力越强，感光性越好，信噪比越高。

传感器的尺寸通常用英寸表示，例如常见的 1/3"、1/2"等。这种表示方法称为光学格式(Optical Format，OF)规范，该数值称为 OF 值，以英寸为单位。

注意：对于相机而言，1in 为 16mm，而不是英制和公制长度单位的 1in = 25.4mm。

在 20 世纪 50 年代，电子成像技术刚开始，尚未出现 CCD 和 CMOS 等传感器。那时的相机利用一种称作光导摄像管（Vidicon Tube）的成像器件进行感光，从而成像。这种光导摄像管是一种特殊设计的电子管，其直径大小决定成像面积的大小。而早期的管子在外面安装有玻璃罩，从而管子直径计算也就包括玻璃罩厚度。因此 1in (25.4mm)的管子扣除玻璃罩之后的实际成像区域只有 16mm 左右，从而导致 1in 与 16mm 的对应关系，并成为相机行业约定俗成的度量单位。例如，1/2"的 CCD/CMOS 相机的成像区域与直径 1/2in 的光导摄像管的成像靶面基本相同，即该传感器的真实对角线长度为 1/2×16mm=8mm。

传感器的业界通用规范是 4∶3 的矩形，所以得到对角线长度也获得了长短边的尺寸，例如 1"传感器的长短边和对角线尺寸分别为 12.8mm、9.6mm 和 16mm。因此无须标注完整尺寸参数，只需对角线尺寸，即可根据简单的 4∶3∶5 比例得到所有尺寸数据。

常见传感器尺寸如图 7-1 所示。

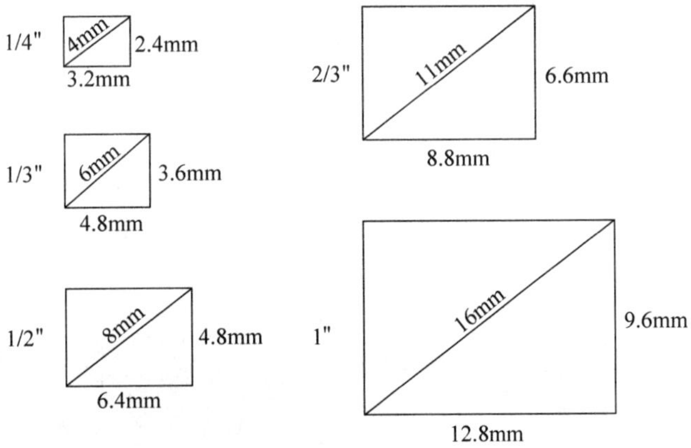

图 7-1 常见传感器尺寸

7.1.3 曝光时间

相机曝光时间指传感器的曝光时长，决定了传感器上每个像元吸收光子的时间长短。

最小曝光时间称为快门（Shutter）速度，相机快门速度和镜头光圈大小共同决定了最终曝光量。

快门速度直接决定目标的最大运动速度，或者说，目标的运动速度对相机快门提出了要求。例如拍摄动态目标时所采集图像往往具有一定程度的模糊，解决这个问题最常用的方法是减少曝光时间。工程上认为，当运动目标在曝光时间内的移动距离不超过相机的空间分辨率（或精度要求）时，图像的模糊可以忽略不计。

假设目标运动速度为 1mm/s，测量精度要求 0.01mm/pixel，那么物体由于运动所导致的拖影必须小于精度 0.01mm。运动 0.01mm 所需时间为 0.01s/1=0.01s=10ms，从而得到相机曝光需要小于 10ms。

工业相机最小曝光时间可以达到微秒级别，如此短的曝光时间对于光源的能量要求较高，需要选择合适的光源及光源控制器。如果目标照明效果无法提升，则需要降低快门速度以增加曝光时间，或者降低物体的运动速度。可见，最小曝光时间、目标运动速度和照明光源之间具有约束关系。

7.1.4 分辨率

根据不同使用习惯，相机存在像素分辨率和空间分辨率两种表述方式。

像素分辨率是指图像的行数和列数，单位为像素。例如 CCIR 制式的 768×576、EIA 制式的 640×480 等。

空间分辨率是指每像素对应的成像物体的物理长度。

视觉系统设计需要重点关注空间分辨率。

例如 1280×1024 的 130 万像素的相机，如果靶面尺寸为 1/2"即传感器尺寸为 6.4mm×4.8mm，则每个像元尺寸为 6.4mm/1280pixel=5μm/pixel，这就是相机硬件精度的误差大小。注意，这并不是分辨率。

在规划视觉系统时，空间分辨率指标可以结合最小特征尺寸以及识别最小特征需要的像素数量确定。假如对 0.3mm 工件进行可靠定位需要 6 像素，则空间分辨率需要 0.3mm/6pixel=0.05mm/pixel。注意这只是相机精度要求，并不是视觉系统精度，更不是设备精度。

7.1.5 芯片测试机案例

图 7-2 为作者主持开发的一款半导体芯片测试机，本节以其为例分析视觉系统的相机选型设计。

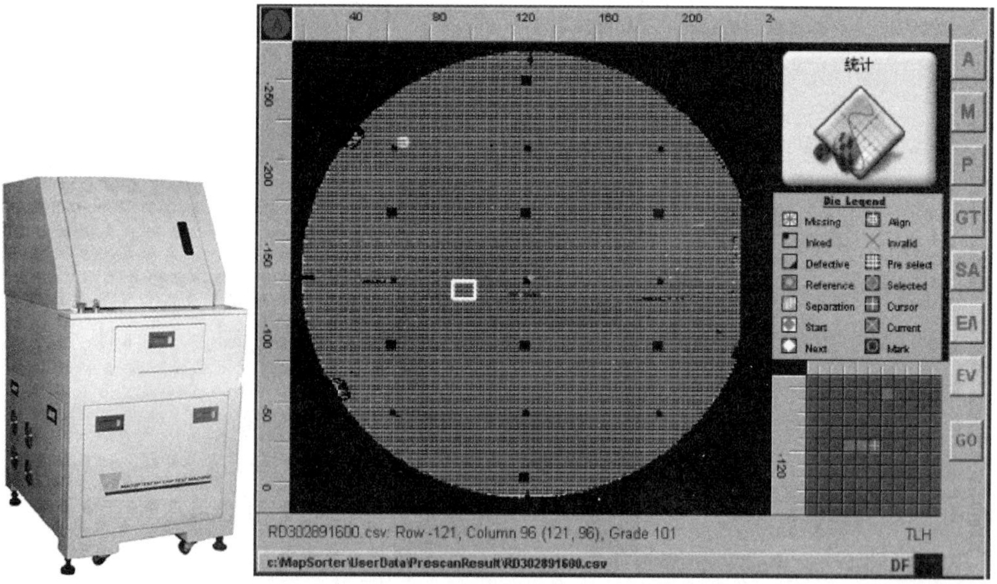

图 7-2 芯片测试机

在一张 CD 盘片大小的晶圆硅片(Wafer)上面，存在 10 万余颗晶粒(Die)。芯片测试机快速移动金属探针(Prober)，定位到电极，实现电气连接，然后通过测试机(Tester)，测量每颗芯片的光电参数，对每颗芯片进行分档分级(Bin)，如图 7-3 所示。

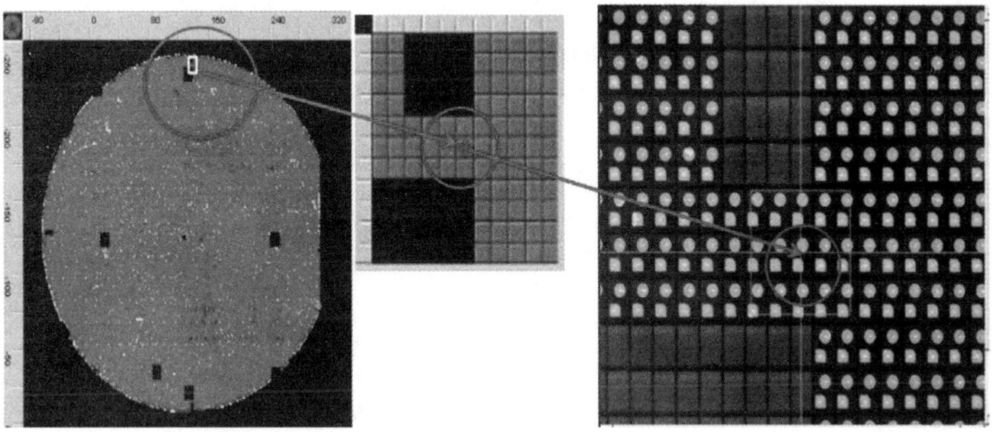

图 7-3　晶圆与晶粒

芯片测试机主要规格参数如表 7-1 所示。

表 7-1　芯片测试机主要规格参数

项 目 类 型	描　　述
Chuck 盘参数	直径为 160mm，平面度为 0.01mm
X、Y 轴参数	分辨率为 1μm，双向重复精度为 2.5μm
Z 轴参数	行程为 3.5mm
θ 轴参数	分辨率为 0.001°

芯片测试机视觉系统的相机选型设计按照先定性、后定量原则进行。

1. 定性参数

定性项目，主要考虑以下非参数的因素：

(1) 根据经验和成本考量，选择 1/2"相机靶面。

(2) 每颗芯片检测周期限定 30ms 以内，包括了运动时间和测量时间。其中运动的加速、减速整定时间均极短，属于高精度、高加速度设备，因此需要在极短时间内采集到芯片清晰图片。CCD 传感器灵敏度和信噪比均优于 CMOS，因此选择 CCD 传感器。

2. 定量参数

定量参数涉及具体参数的确定。

1) 物方视场

根据芯片测试机设计指标，每颗芯片尺寸约 0.5mm×0.3mm，视场中需要维持 10 行/列的芯片数量，因此市场尺寸不低于 5mm 范围，扩展 10%工程裕量，确定视场为 6.4mm×4.8mm。

2) 空间分辨率

相机空间分辨率 R_S 由被检元件最小特征的尺寸和图像算法识别特征所需的像素数量共同决定。

$$R_S = \frac{S_F}{N_F} \tag{7-1}$$

其中，S_F 为视觉系统需要识别的最小特征尺寸，N_F 为算法识别特征需要的像素数量。

芯片测试机所检测的芯片尺寸为 0.3mm，芯片的电极尺寸约为 0.1mm。为保证金属探针可靠接触电极(Pad)，所需精度为 0.1mm×10%=0.01mm。软件算法实现此 0.01mm 可靠定位需要 4 像素，因此确定空间分辨率为

$$R_S=\frac{0.01\text{mm}}{4\text{pixel}}=2.5\mu\text{m/pixel}$$

3）像素分辨率

相机的空间分辨率 R_S 和像素分辨率 R_C 的关系为

$$R_S=\frac{\text{FOV}}{R_C} \tag{7-2}$$

也即

$$R_C=\frac{\text{FOV}}{R_S}=\text{FOV} * \frac{N_F}{S_F}$$

其中，FOV 为相机视场，R_S 为空间分辨率，R_C 为图像分辨率。

根据前述确定的 2.5μm/pixel 的空间分辨率(R_S)，结合 6.4mm 的视场(FOV)，通过以上计算，可得相机图像分辨率为 2560×1920，因此就近选择 2592×1944 的 500 万像素相机。

4）快门速度

运动设备的视觉系统必须解决动态目标拍摄带来的成像模糊问题。工程上认为，当运动目标在曝光时间内移动距离不超过相机空间分辨率时，图像模糊可以忽略不计。因此，最小曝光时间计算方法为

$$\text{Exp}=\frac{R_S}{v_{\max}} \tag{7-3}$$

其中，$v_{\max}$ 为目标的最大运动速度。

由已知的 v=0.1m/s 和 R_S=2.5μm/pixel，结合式(7-3)，计算可得曝光时间 Exp=0.0025ms/0.1=0.025ms。

根据上述主要参数，查询产品型录，相机选择 Sony 公司的 XC-HR50 型号。

7.1.6 线扫描系统

线扫描系统采用线阵相机，可以进行高频率扫描，适用于被测工件与相机存在相对运动的场景，主要应用领域为连续生产线，包括图 7-4 的平移工件和图 7-5 的旋转工件。

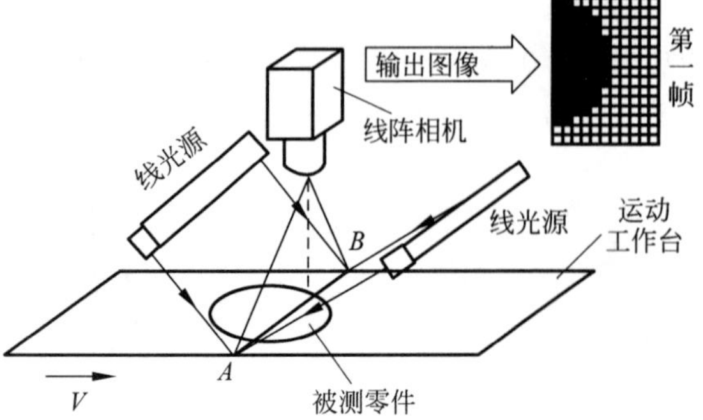

图 7-4　平移工件

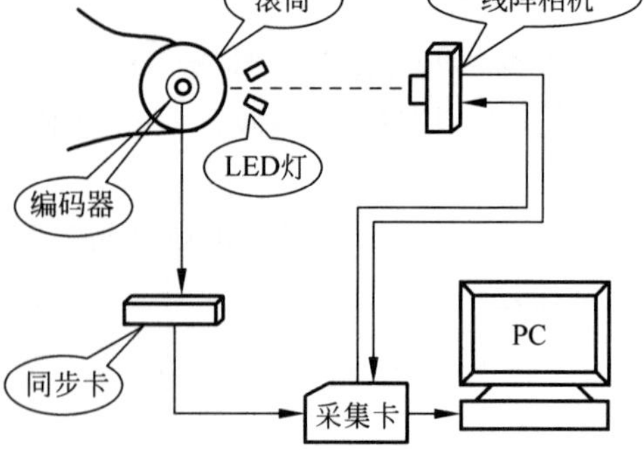

图 7-5　旋转工件

线阵相机(Line Scan Camera)是一行一行扫描的相机。例如 640×480 的面阵相机，就是相机横向 640 个像元、纵向 480 个像元。而线阵相机分辨率只体现在横向，2K 像素线阵相机就是横向有 2048 个像元；至于纵向，大多数为 1。

线阵相机图像采集流程为：采集一条线，运动单位长度，继续采集一条线，经过一段时间后拼成一幅类似面阵相机采集的二维图像，与面阵相机不同之处在于纵向为无限长。通过驱动软件把这幅无限长图像截取一定长度，即可进行实时处理，或者放入缓存稍后处理。

线阵相机需要关注的重要参数有：①像素分辨率(Resolution)，即靶面的像素数量；②行频率(Line Rate)，即每秒采集的行数，单位为 line/s；③像素时钟，即每秒的数据量，单位为 Hz。这三个参数满足关系：像素时钟=像素数量×行频率。

例如，某线阵相机像素数量为 8K，像素时钟为 160M，则行频率为 160M/8192≈19 000line/s，即每秒采集 19 000 行。图像横向 8192 像素，纵向 19 000 像素，每秒取得图像 160M。

线阵相机也有曝光时间指标，与相机行频率直接相关，Exp 的设定需要低于最大行频率。例如前述行频率 19 531 的相机，曝光时间需要设定为 1s/19 000=53μs；再适当考虑延迟，可以设置为 47μs。

线阵相机的扫描同步控制是线阵系统的关键，也是影响测量精度的最主要因素。线阵相机一般具有自由触发和外部触发两种触发方式：自由触发对应匀速运动模式，可以根据设定的触发时间乘像素对应的长度计算；外部触发对应速度变化的场景，计算图像长度一般需要通过读取编码器脉冲。

(1) 自由触发。

例如，对于焦距 f=50mm、工作距离 WD=150mm 的应用场景，设线阵相机靶面上的像元尺寸为 14μm×14μm，则相应的物方尺寸为 150/50×14μm=42μm；如果线扫描速度为 500line/s，则单位时间内线阵相机所采集图像总和对应物方实际尺寸，即相机扫描速度为 42μm×500=21mm/s。为了实现工件扫描同步，需要工件输送线行进速度为 21mm/s。

(2) 外部触发。

外部触发通过编码器实现，相机接收一个脉冲扫描一行。如果 1mm 发送一个脉冲，则相机 1mm 扫描一次，获得一幅图像，这样纵向分辨率就是 1mm。假设横向分辨率为 0.11mm，这样造成两者不匹配。对此有两种解决方案：一是选择编码器使编码器当量与行频一致；二是设定相机改变行频，使用 convert 模式将接收脉冲转为需要数值。延续前述例子，需要将横向 0.11 和纵向 1 都变成 0.11 的分辨率，因此纵向增加 9.090 909 倍即可，从而相机每接收一个脉冲扫描 9 次，每一行分辨率就是 1mm/9=0.11mm，两个方向分辨率一致。

再如，使用线扫描系统的电子铜带表面缺陷检测设备，已知电子铜带宽度为 450mm，生产线速度为 120m/min，需要检测最小特征为 0.2mm，选型步骤如下：

(1) 横向像素 450mm/0.2mm×2=4500，可选 4K 相机，横向分辨率为 450mm/4096=0.11mm。

(2) 纵向像素 120m/min=2000mm/s，为了横向和纵向分辨率相同，(2000line/s)/0.11=18 181line/s，即设置行频率为 19 000line/s。

(3) 综上，选择 4K 像素、19 000 行频率的线阵相机，可以实现产品全幅取像。

(4) 纵向扫描同步采用外触发模式，使用相机 convert 模式，纵向增加 9.090 909 倍，相机每接收一个脉冲自动连续扫描9次，每行分辨率为1mm/9=0.11mm。

目前主流的线阵，例如DALSA公司的LA-GM-08K08A，其最大像素为8K。因此，对于幅面较大的应用场景，需要通过多个线阵相机拼接实现。

例如，对于最小特征0.1mm、像素数量48 000、最高速度250mm/s，此时可以使用8台6K像素的线阵相机，此时全速运行的数据带宽为122.88MB/s，每块采集卡单独传输带宽为15.36MB/s。

这种多个线阵组合方案，不仅可以在同一维度方向延长拼接，也可以组合出二维、三维的测量系统。目前面阵多以千万级为主，即单方向分辨率3000左右。进一步提升分辨率，不仅提升空间有限，而且成本巨大，因此可以充分利用结构简单成本较低的线阵实现。

7.2 镜头

镜头常见结构有四片三组式天塞镜头和六片四组式双高斯镜头，这些透镜组合可以简化为图7-6。

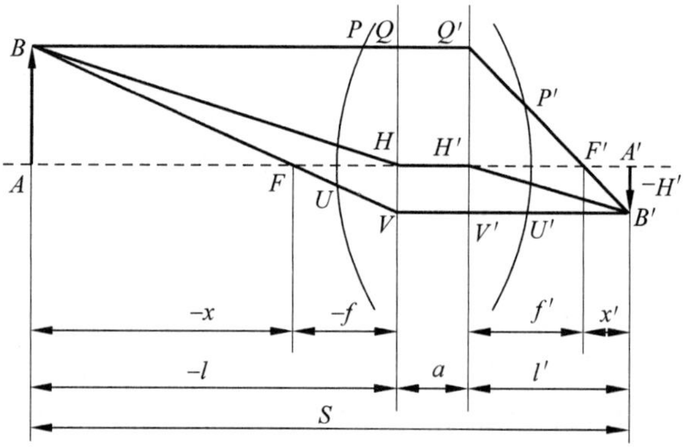

图7-6 镜头透镜结构

工业检测应用对于镜头主要考虑内部参数和外部参数。

内部参数主要有焦距、像方视场(芯片尺寸)、约束极限、分辨率、光圈(相对孔径)、像差(畸变等)；外部参数主要包括视场(FOV)、放大率、工作距离(WD)、景深(DOF)等。

其中，有三个参数是构建视觉系统特别需要关心的，包括两个内部参数和一个外部参数：内部参数是焦距和光圈，这两个通常是可以调节的；外部参数是工作距离，对于某些镜头来说该距离也是可以调节的。

7.2.1 内部参数

以下介绍镜头的内部参数。

1. 焦距

焦距描述镜头的屈光能力，是镜头成像质量的重要参考。

一般镜头上都可以找到两个刻有刻度的调节圈，其中一个用来调节光圈，另外一个用来调节焦距(即调焦)。调焦的刻度圈上一般会标明镜头工作距离，从近到远。即使在一些非变焦的镜头上也会设置这样一个环，同样叫作调焦环。不过调焦并不能改变镜头的焦距，它改变的是镜头光心到相机成像传感器的距离。这个环虽然不能改变焦距,但是可以调节镜头的放大倍率。

通常镜头失真随着焦距减小(视场角增大)而增大,因此在测量场合通常不会选择 8mm 焦距以下的(大视场角)镜头。

对于一般的应用,镜头可以选择变焦倍数可调。例如对于 1/3"相机 4.8mm×3.6mm 靶面,如果使用镜头 0.75 倍率则物方视场是 6.4mm×4.8mm,如果使用镜头 3.6 倍率则物方视场为 1.33mm×1mm,因此具有较大的灵活性。

覆盖景物镜头的焦距可用下述公式计算:

$$\frac{f}{D}=\frac{u}{U} \tag{7-4}$$

其中,f 为镜头焦距,D 为镜头至工件的距离,u 为靶面图像高度,U 是待测目标高度。

例如,选择 1/2"镜头,相机靶面尺寸为 4.8mm×6.4mm,即 $u=4.8\text{mm}$,设镜头距离工件 3.5m,即 $D=3.5\text{m}$,则可以计算焦距为 $f=\frac{4.8\text{mm}}{2.5\text{m}}\times 3.5\text{m}=6.72\text{mm}$,从而可以就近选择 6mm 定焦镜头。

焦距的等效表达是视场角,视场角就是镜头能够看多宽的角度,计算方法为

$$2\omega=2\arctan\left(\frac{y_{\max}}{f}\right) \tag{7-5}$$

其中,$y_{\max}$ 是镜头某个维度的长度,例如宽度方向。

当使用视场角代替焦距描述镜头时,摄取景物的镜头视场角就代替焦距成为极重要的参数。例如最常用的三种镜头就是按照焦距 50/25/16 划分的,如果按照视场角则镜头相应的分为远距镜头/标准镜头/广角镜头。

2. 像方视场

镜头的像方视场即镜头所能支持的相机芯片大小,是镜头重要的内部参数。

镜头的像方视场与镜头本身设计和生产有关,越大越好。有些镜头受限于设计生产水平,成像面会比较小。这就是为什么有些镜头不能支持 1/2"或 1"的相机,而有些却可以。因为这些镜头成像小于相机芯片尺寸,所以不能用于该相机。

选择镜头需要注意的第一原则,就是镜头与相机匹配。

原则上镜头规格必须等于或大于相机规格,特别对于测量应用最好使用稍大规格的镜头。镜头往往在边缘处失真最大,如果相机芯片大过镜头像方视场就会出现如图 7-7 所示的结果,相机视场边缘出现黑边,四方窗口中圆形以外的地方都是黑色。

3. 约束极限

客观世界中两个点如果本来可以分辨,但是经过光学系统成像之后变为不可分辨,称为像的模糊。与此相关的是以下两个约束。

(1) 阿贝极限,有时也称半波长极限或者绕射极限,指光线在远场(大于一个波长)范围内观察目标时必然无法避免由于光的波动性所造成的干涉和绕射,从而仅仅只能获得半个波长的分辨力。

(2) 瑞利判据,由 Rayleigh(瑞利)提出。在图 7-8 中,两点之间位置的光强如果低于最大光强的 81.1%,此时可以分辨两点中间存在一个暗区,即两点是可以分辨的;但是如果中

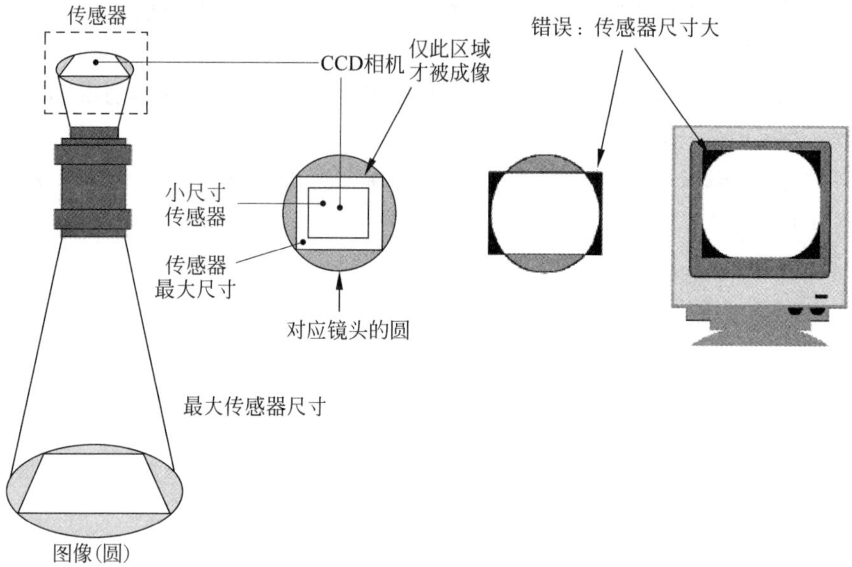

图 7-7　镜头失真

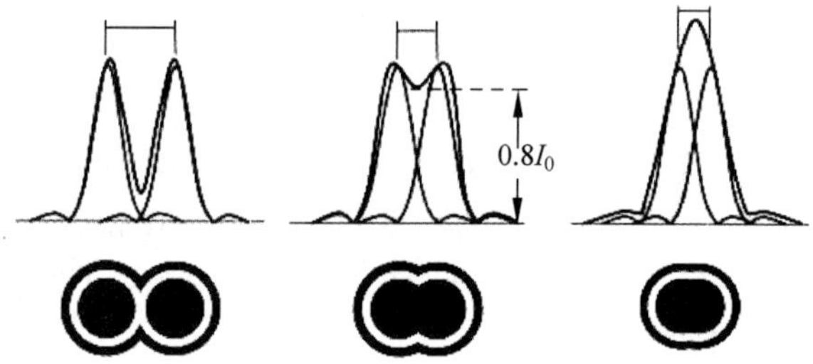

(a) 可以分辨　(b) 临界状态　(c) 无法分辨

图 7-8　极限约束

间位置光强再增大，则这两点就会连成一片，导致无法分别是两点还是一点。

因为任何镜头都存在像差，所以目标物体的一个点，在通过镜头成像后就不再保持一个点，而成为一个分布的圆，这个圆称为弥散圆。

弥散圆的大小取决于镜头的像差大小，好镜头像差小，分辨率就高；反之分辨率就低。而且，即使在没有像差的理想状况下，由于光的衍射现象，目标物上的一个点所成的像同样也是一个光斑。此时不称作弥散圆，而是称作爱里斑。

按照瑞利判据，爱里斑大小与光的波长和通光口径有关，理论推演可以得到物镜的光学极限分辨距离（即爱里斑直径）为

$$d=\frac{1.22\lambda}{2\mathrm{NA}}=\frac{0.61\lambda}{\mathrm{NA}}=\frac{0.61\lambda}{n\sin\theta} \tag{7-6}$$

其中，d 为远场光学所能达到的极限分辨距离，λ 为所使用光的波长，NA 为镜头组的物方数值孔径，n 为物方介质折射率（空气 $n=1$），θ 为镜头组的物方部分的半孔径角。

所以，制约镜头分辨率的原因主要是光的衍射现象，即衍射光斑——爱里斑。

对于某些特定场合，对分辨率要求非常高，爱里斑对于分辨率的影响就不可忽视。例如，亚微米大规模集成电路制版光刻工艺所用曝光波长越来越短，主要出于此点考虑。

4. 分辨率

表征镜头成像质量的内在指标是镜头的光学传递函数与各种畸变参数，但是从使用角度看最直观的还是需要一种称为镜头分辨率的参数。

镜头分辨率又称鉴别率、解像力，表征镜头清晰分辨被摄物体细节能力，是判断镜头好坏的重要指标，一定程度上决定了被摄物通过镜头成像后的清晰程度。

镜头分辨率一般用成像平面上1mm间距内能分辨的黑白相间的线条对数表示，单位是线对/毫米(lp/mm)，就是每毫米能够分辨的黑白条纹数。视觉系统中镜头分辨率N可以通过相机靶面计算得到：

$$N=\frac{180}{\text{相机靶面尺寸}} \tag{7-7}$$

从该式可见，相机靶面尺寸越小，要求镜头分辨率越高。所以需要注意，如果选择小尺寸相机，此时对于镜头要求就提高了，硬件成本转嫁到镜头。

镜头分辨率的指标设计最重要的是结合相机整体考虑。

(1) 通过相机靶面尺寸，可以决定镜头最低分辨率。例如，1/2"相机，靶面尺寸为6.4mm×4.8mm，此时需要镜头最低分辨率为180lp/4.8mm=38lp/mm。

(2) 通过相机像素数量，可以确定镜头的分辨率。例如对于上述靶面面尺寸的1/2"相机，如果其为200M像素，即分辨率为1600×1200，则相机水平像素密度为1600pixel/6.4mm=250pixel/mm，垂直像素密度为1200pixel/4.8mm=250pixel/mm，考虑黑白两条线需要除以2，所以需要镜头分辨率为125lp/mm。

(3) 同样，对于前述1/2"相机，如果像素分辨率为2592×1944的500M，即相机像素密度为2592pixel/6.4mm=400pixel/mm，此时需要镜头分辨率不低于200lp/mm。

7.2.2 外部参数

以下介绍镜头主要的外部参数。

1. 视场

视场(FOV)的计算公式为

$$\text{FOV}=\frac{\text{CCD尺寸}}{M} \tag{7-8}$$

或者

$$\frac{f}{\text{WD}}=\frac{\text{CCD尺寸}}{\text{FOV}} \tag{7-9}$$

其中，M为光学放大倍率，f为焦距，WD为工作距离。

2. 放大率

放大率分为物理放大率和系统放大率。物理放大率基本取决于镜头；系统放大率指最终显示环节上的目标尺寸与实际目标尺寸的比值，取决于物理放大率和显示系统的参数。镜头决定了光学系统的物理放大率。

对于测量检测设备而言，物理放大率具有重要意义。

对于镜头厂家来说，更多是用光学放大倍率、数字放大倍率、总放大倍率这几个概念。其中，光学放大率=CCD接头倍率×附加物镜倍率×变倍主体放大倍率，例如相机接头为

1x,无附加物镜(乘数为 1),变倍主体的变倍环刻度位于 2,则光学放大倍率=1×1×2=2。

3. 工作距离

工作距离也称为物距,指被摄物体到镜头的距离。

一般镜头可以看到无穷远处,因此不存在最大工作距离,但是却有最小工作距离限制。如果镜头在最小距离再往里将得不到清晰的图像,镜头上一个可以调节工作距离的调节圈上就清晰地标出了镜头的工作距离。

工作距离在视觉应用中也是至关重要的,它与视场大小成正比,有些系统工作空间很小因而需要镜头有小的工作距离,但有的系统在镜头前可能需要安装光源或其他工作装置因而必须有较大的工作距离保证空间。通常 FA 镜头与监控镜头相比,FA 镜头的工作距离较小是一个重要特征。

7.2.3 贴片机案例

图 7-9 为作者开发的一款贴片机。

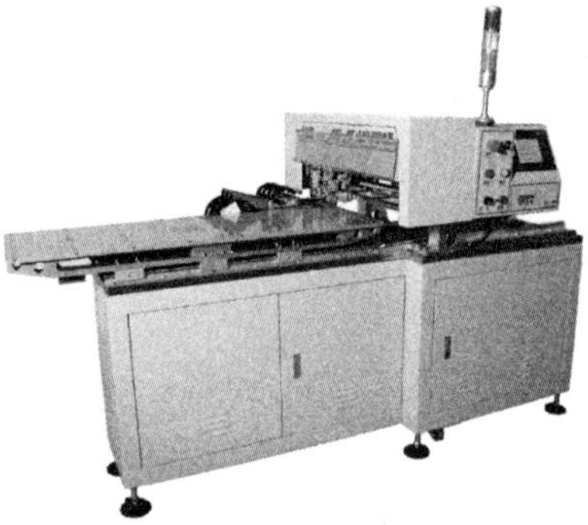

图 7-9 贴片机

该贴片机主要规格参数如下表。

电路板最大尺寸:	48mm×36mm
可检测元件尺寸:	0.6mm×0.3mm(0603 器件)
电路板的基准标志精度:	≤6μm
贴片元件的定位精度:	≤20μm
X、Y 轴最大移动速度:	0.5m/s

根据前述镜头需要考虑相机配套原则,镜头的极限空间分辨率必须高于相机的极限空间分辨率才能实现最佳成像性能。在初期的指标设计阶段,相机和镜头型号参数如下。

相机:IGS_LW500CG-15

Optical Format:	1/2"
Sensor:	MT9P031
Pixel Size:	2.46μm×2.46μm
ArrayFormat:	2,592H×1,944V
Imaging Area:	6.40mmx4.8mm
Color Filter Array:	RGB Bayer color filters
Exposure Time:	5μs-32s;

镜头:TLW110D-1.5x

```
Magnifing:      1x
WD:             110mm
Resolution:     8.0μm
NA:             0.04
FOV:            6.4mm×4.8mm (1/2")
```

以下校验其配套性能。

(1) 镜头性能。

由镜头 Resolution：8.0μm、NA：0.04，可知：

① 如果按数值孔径为 0.04 为准，可得分辨率为 0.04×1500＝60，单位为 lp/mm；

② 如果按精度 8μm 为准，可得分辨率为 1000/8/2＝62.5，单位为 lp/mm。

所以，镜头空间分辨率为 60lp/mm。

(2) 相机性能。

根据规格表：

① 由像元 Pixel Size：2.46μm×2.46μm，可以计算空间分辨率为 1000/2.46/2≈200，单位为 lp/mm；

② 由靶面 Imaging Area：6.4mm×4.8mm，可得水平方向 6.4mm/2.46μm≈2600 线。

则分辨率应为 2600/2/6.4≈200lp/mm。

(3) 匹配分析。

通过以上数据，可见该视觉系统匹配不佳，镜头品质有待提高。

按项目设计指标，精度为 2.5μm/pixel，而实际情况是：

① 相机精度为 2.46μm/pixel；

② 镜头精度为 1000μm/60/2≈8.3μm(厂家规格书参数为 8μm)。

可见瓶颈在于镜头，这也是工业视觉系统经常遇到的问题。

在本案例中，可以把镜头分辨率设定为 3.3μm，即调整为 1000/3.3/2＝150lp/mm 的镜头。

7.3 光源

光源的作用主要有两个：首先是照亮目标，提高亮度，形成有利于图像处理的效果；其次是克服环境光照的干扰，保证图像的稳定性。

光源是影响图像质量的重要因素，也是整个视觉系统成败的关键所在。合适的光源照明，可以直接改善整个图像系统的分辨率，成功分离图像前景和背景，简化视觉软件算法，降低处理算法的复杂度，提高系统的健壮性。不合理的光源照明则会导致诸多问题，例如花点和过度曝光都可能隐藏目标物的重要信息，阴影则会引起边缘的误检，信噪比的降低以及不均匀的照明会导致图像处理阈值选择的困难。

因此照明系统是机器视觉应用最关键的部分之一，往往关系到整个系统的成败，其重要性无论如何强调都不过分。

光源照明应尽可能地突出物体特征量，在需要检测部分与不重要元素之间尽可能产生明显区别，增加对比度，同时保证足够的整体亮度。但是没有通用的照明系统能够适合各种场合，不同检测需求必须采用不同照明方式才能突出被测对象的特征，有时可能要采取几种方式结合，因此最佳光源照明往往需要大量的试验才能得到。

这不仅要求具有较强的理论知识，还需要一定的创造性。业界将机器视觉打光称为艺术，表明这并非单纯的技术工作。

7.3.1 光源要素

光源照明需要了解前景光、背景光以及明暗场等主要概念。

1. 前景光与背景光

机器视觉照明系统根据照明方式，大体可以分为背景照明和前景照明两个大类。

(1) 前景照明即光源位于物体的前面，主要照射物体的表面缺陷、表面划痕和重要的细节特征等；

(2) 背景照明将光源置于物体的后面，将被测物置于相机和光源中间，能够突出不透明物体的阴影或观察透明物体的内部。

因此，前景光即光源和相机位于目标同侧的照明方式，背景光则是光源和相机位于目标两侧的照明方式。

前景照明的方式有很多种，例如 75°以上的高角和 25°以下的低角，区别在于光源发射光线与被测物待测表面的夹角大小的不同。考虑使用高角度照明或低角度照明时，首先需要考查被测物表面待测部分，即背景部分机理的不同。背景照明方式相对单一，通过背景光创造出一个明亮的背景，而目标形成一个较暗的区域，两者反差强烈，适合不透明目标轮廓成像，例如机械手上料、外形尺寸测量等。

图 7-10(a)为前景光，图 7-10(b)为背景光。

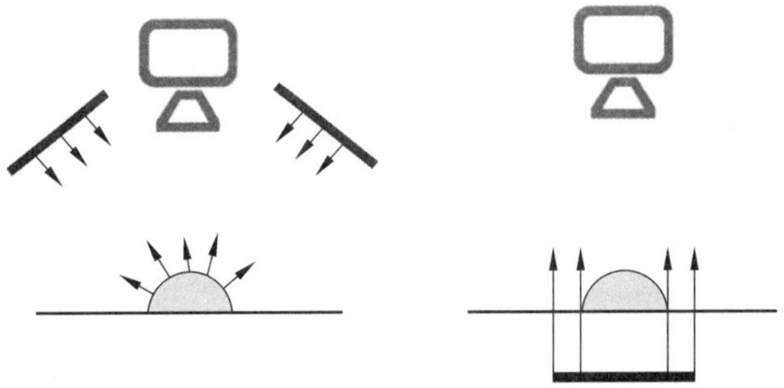

(a) 前景光　　(b) 背景光

图 7-10　前景光和背景光

2. 直射光与散射光

直射光是光源直接照射目标，照明区域集中，发散角度小，亮度高。当目标为漫反射材质时直射光可以使目标更加明亮，从而得到清晰的影像。但是如果目标为镜面反射材质，可能在目标表面形成亮点，亮点即光源在目标表明成像，这样均匀性较差。

散射光是在直射光前方覆盖漫半透明材料形成二次光源，从而提高照明的均匀性，但是也会导致亮度大幅降低。对于镜面反射材质的目标，散射光可以避免亮点形成，得到相对理想的影像。

图 7-11(a)为直射光，图 7-11(b)为散射光。

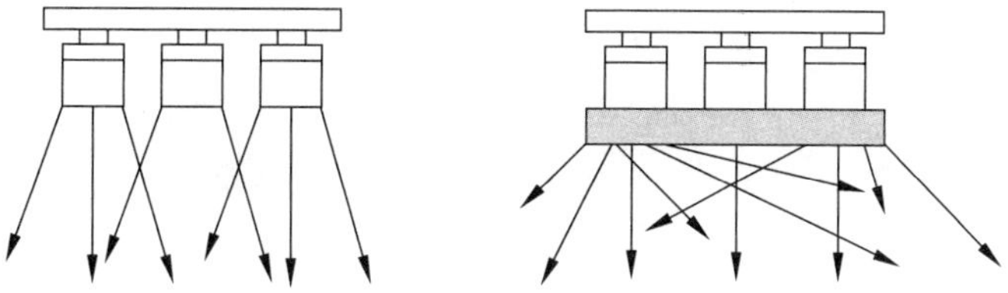

图 7-11　直射光和散射光

3. 明场光和暗场光

利用直射光观察目标时，相机搜集直射光，图像较亮；散射光远离相机，图像较暗。此时构成明视野。

如果利用散射光观察目标，相机搜集散射光，图像较亮；直射光远离相机，图像较暗。此时形成暗视野。

两种情况如图 7-12 所示。

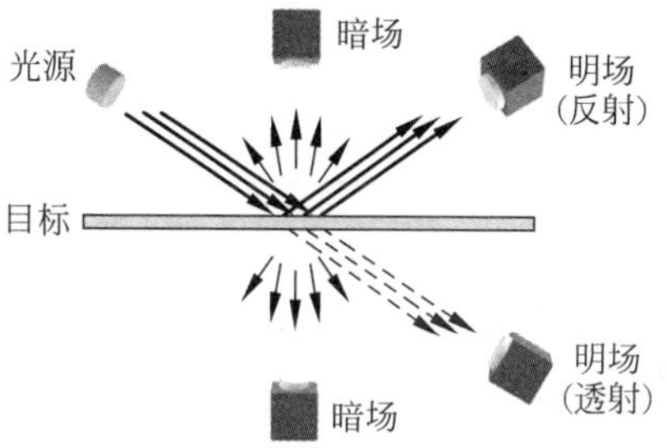

图 7-12　明场光和暗场光

4. 双暗场照明案例

了解前景照明/背景照明、直射光/散射光、明场/暗场等概念之后，作为具体示例，图 7-13 演示了双暗场照明，其可以用于检测三维的凸起和凹陷缺陷。

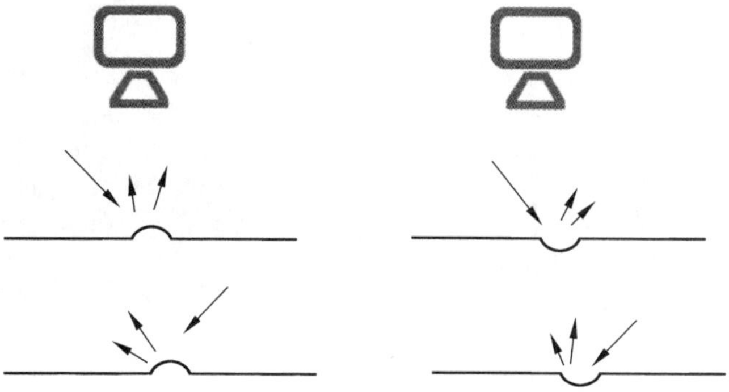

图 7-13　双暗场照明案例

对于无缺陷的工件，相机处于暗场区域，传感器收集光线较少，所得成像结果较暗。对于图 7-13(a)中的凸起缺陷和图 7-13(b)中的凹陷缺陷，图像均可以有效呈现。

5. 明暗场双摄案例

对于缺陷品类别较多而且缺陷并存的场景，为了捕捉尽量多的缺陷类型，可以采用明场和暗场组合的多摄像机方案。

图 7-14 所示的双摄方案可以实现同一部位明场和暗场图像的同步采集。

图 7-14 中，相机 C_1 采集暗场图像，相机 C_2 采集明场图像。

7.3.2　光源结构形式

实用光源包括各种不同的光源形式，例如常见的点光、条光、环光等，实际应用中通常将

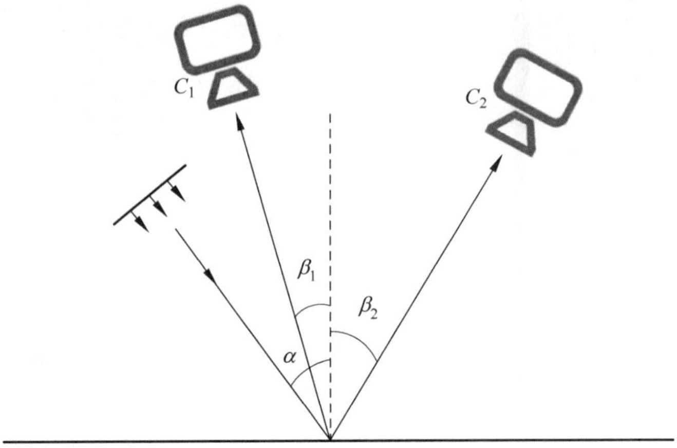

图 7-14　明暗场照明案例

其组合叠加。

1. 环形光源

环形光源适合不反光物体的检测，其光束集中，亮度高，均匀性好，照射面积相对较小，是低成本且易于集成的解决方案。

通过调节光源工作距离和角度，环形光源可以通过最低投入得到较高对比度的图像，通常用在被测物体需要均衡的表面照明并且要避免反光或耀斑的场合，例如液晶校正、塑胶容器检查、工件螺孔定位、标签检查、管脚检查、IC 芯片外观及字符检测、PCB 基板检测、产品包装缺陷检测、产品标签检测、BGA 和 QFP 位置检测、集成电路的管脚字符检测、金属表面划伤检测、通用外观缺陷检测等。高角度环形光源结构如图 7-15 所示。

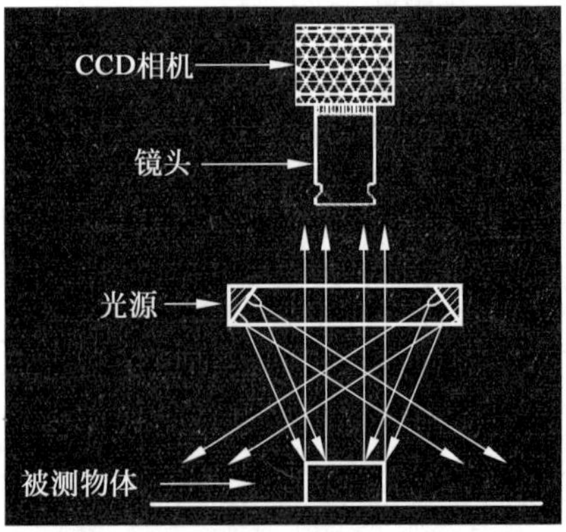

图 7-15　高角度环形光源结构

2. 穹顶光源

穹顶光源也称为球积分光源，是一种用于扩散均匀照明的经济型光源，属于散射光的一种。

穹顶光源一般通过把光珠设在球心位置，在球心位置附近形成明亮的立体照明，然后光通过拱形碗状反射，二次形成球形散射均匀光照，可以完全消除阴影甚至无阴影。其可以实现弯曲表面的均匀照明，适用于透明物体内部或立体物体表面的检测，例如曲面形状的缺陷检测、不平坦的光滑表面字符的检测、不平坦的光滑表面字符的检测以及玻璃瓶、滚珠、小工件等的表面文字和缺陷的检测。穹顶光源结构如图 7-16 所示。

3. 同轴光源

同轴光源提供比传统光源更为均匀的照明，从而提高视觉系统的准确性和重复性。其使用半透明半反光镜片形成的照明光线与镜头视角在同一轴向，能提供散射均匀照明，垂直于照相机的表面变得光亮，而标记或雕刻的区域因吸收光线而变暗；缺点是亮度较弱，照射面积不大。同轴光源结构如图 7-17 所示。

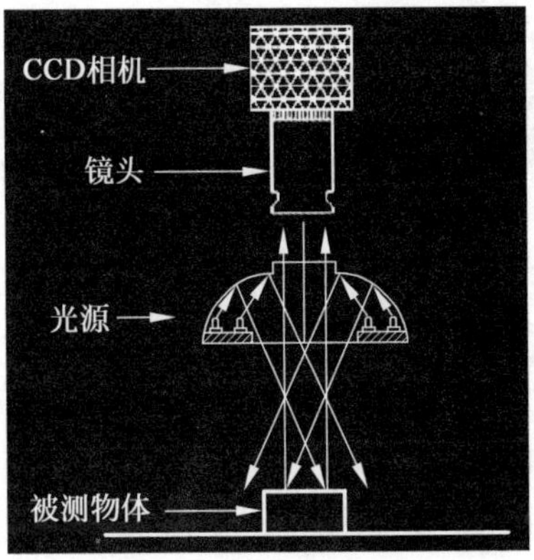

图 7-16　穹顶光源结构

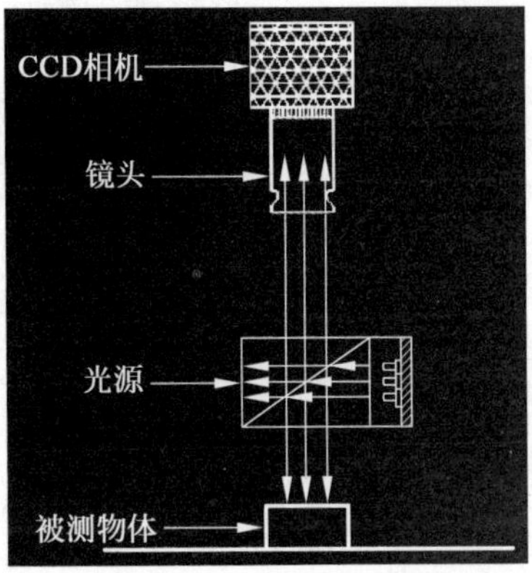

图 7-17　同轴光源结构

从图 7-17 可以看出，高亮均匀光线通过半透明半反光镜片后成为与镜头同轴的光线，用于均匀照射具有反射的工作界面，适用于金属、玻璃等光洁表面的划痕检测，以及芯片、硅片的破损检测等。同时，由于同轴光的光源位于照明光路的侧面，这种方式减少了光路的复杂性，可以避免一些不必要的麻烦，从而适用于金属、玻璃等具有光泽物体表面的缺陷检测、反光物体的表面裂痕与划伤缺陷检测、集成电路管脚字符文字检测、芯片和硅晶片破损检测、标记点定位以及微小元件的外形、尺寸测量等。

4. 柱形照明案例

以下讨论一个组合照明的案例。

机器视觉应用中经常会遇到柱形目标检测，例如玻璃酒瓶、电池壳体、圆形钢管、易拉罐、轴等；也会遇到其他形状的曲面，例如球面或不规则形状。这些曲面在照明时具有一个共同特点就是容易产生反光，类似于有风湖面杂散波产生粼粼波光。这种摄影家镜头下的美景对于机器视觉应用却是障碍和难题。

根据光学基本定律，光线的反射角等于入射角。但是柱面的法线是连续变化的，对于很多入射角度的光线，会由于光线反射到相机镜头而产生反光亮点。不论照明光源的角度如何调整总有部分光线反射到镜头内，这正是所要避免的。希望效果是能够使表面特征例如缺陷、字符等散射的光线进入镜头成像，避开直接反射的光线，从而提高对比度，并且得到均匀照明的图像。如果从侧面照明，由于曲面方向连续变化还是会有一部分光线进入视场。

对此有两种解决思路：第一种是使反射光不能直接进入镜头；第二种是控制反射光使反射光进入镜头成像的光线分布均匀。

前一种方法如图 7-18(a)所示，沿轴向使用平行光照明，适当控制光线入射角度，使反射光不能直接进入镜头，而是被柱面反射到其他方向，一般情况下入射角不应小于 45°。大多数应用中需要使用两个光源：右边光源照明左半部分，左光源照明右半部分，中间有一定重叠，这样可同时保证照明的均匀性。至于较小的目标，只使用一个光源可以满足要求，只是照明的均匀程度不如两个光源对射的照明效果。近似平行光从沿轴方向以一定角度入射，使反光不能进入镜头，只有缺陷或被测特征引起的散射光进入镜头成像。

后一种方法如图 7-18(b)所示，使用散射光照明，基本原理是如果能够使各个方向进入镜头的反射光均匀，那么反射光引起的反射斑就被消除了，这类似于积分球的工作原理。如果一个表面从任意角度观察，亮度都是一样的，用一束平行光照明，不管从哪个方向或角度

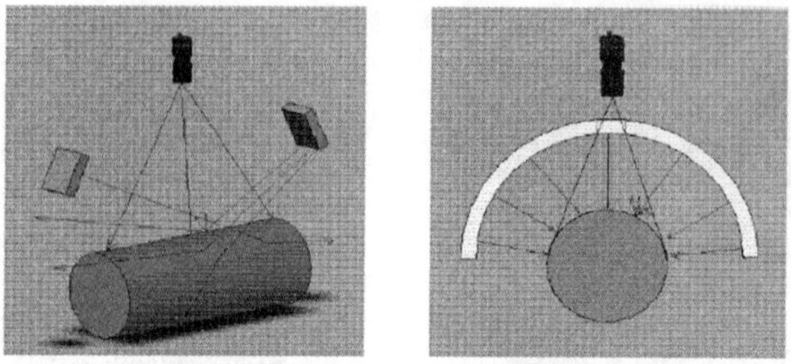

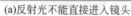

(a)反射光不能直接进入镜头　　(b)进入镜头的光线分布均匀

图 7-18　圆柱工件光源选型

入射或从哪个角度观察,该表面都是被均匀照明的,但是在现实中这种表面是很少见的。另一个极端的情况是表面是镜面,反射光方向是非常确定的。如果此时照明光线以球状分布从各个方向均匀入射,那么不管从哪一个方向观察,接收到的光线一样多,也就是说,亮度是均匀的,这种情况下也不产生反光斑。对于柱状物体,这就要求光源的发光面同样是柱面,发出均匀散射光,而且和被测物体共轴。显然这种光源设计、制造都很复杂。

需要指出,第二种散射照明方法得到的图像对比度低于第一种方法。因为尽管这些反射光的分布是均匀的,但这些光线还是直接经表面反射进入镜头成像。而在第一种方法中,只有被检缺陷产生的散射光进入镜头参与成像。

7.3.3 光源驱动器设计

7.1.2 节介绍的芯片测试机,其光源照明,经分析和实验设计为如图 7-19 所示的同轴点光和低角度条形面光组合。

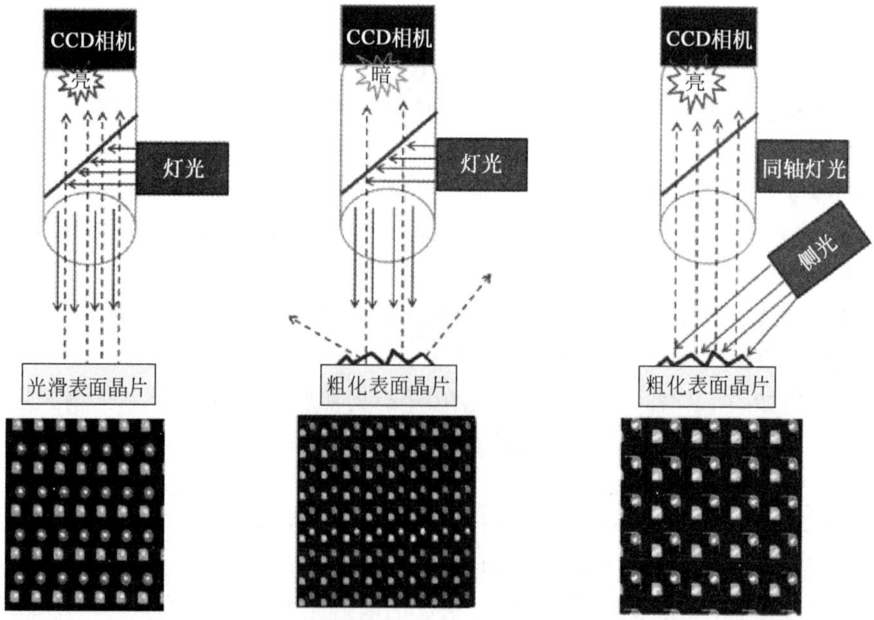

图 7-19　芯片测试机光源

芯片测试机照明光源设计四通道,三个通道保证了双侧两个 22°的低角面光源以及一个内同轴的点光源;此外预留一个调试和维护的点光源通道。

在四路输出中,通道 1 和通道 2 为高压型小电流输出,最大电流为 66mA,最高负载电压为 24V,如图 7-20 所示;通道 3 和通道 4 用于点光源的驱动,最大电流为 330mA,最高负载电压为 4V,如图 7-21 所示。

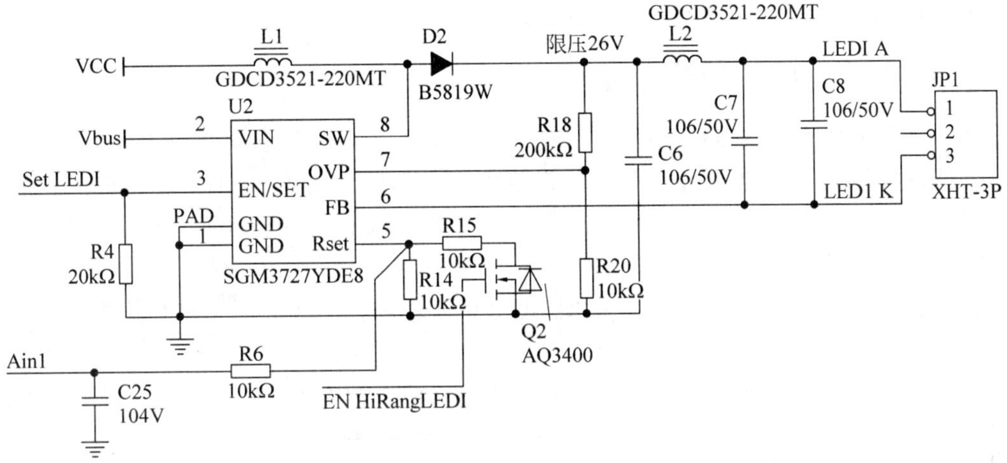

图 7-20 面光源通道

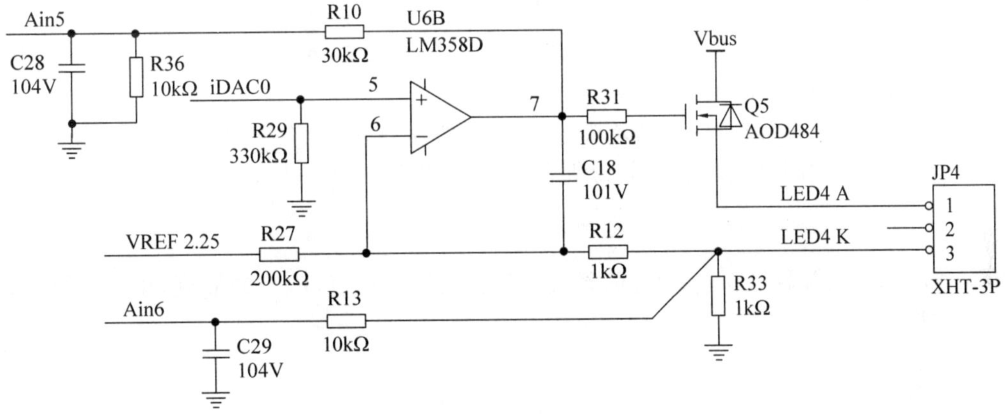

图 7-21 点光源通道

驱动器采用 USB 接口,使用全双工点对点异步串行通信。通信协议参考 IEEE 488.1 协议的 SCPI 规范,由主机发起、从机应答,如果超时则由主机负责错误处理。协议结构包括帧头、命令字、参数和帧尾,帧头表示数据帧开始,固定采用 ASCII 字符 ESC;帧尾表示数据帧结束,固定采用 ASCII 字符 END;核心指令如表 7-2 所示。

表 7-2 核心指令

序号	命令字	参数类型	参数范围	意义
1	* IDN	无参数		查询光源控制器基本信息
2	LED1	数字组成的字符串	0～64	设置指定 LED 的亮度:64 为最大亮度,0 为关闭;上电为默认值 0
3	LED2			
4	LED3			
5	LED4			
6	RVER	无参数		控制器软件版本号

例如指令“LEDx VOL”设置控制器工作电流即光源亮度，其中 LEDx 表示 LED1、LED2、LED3、LED4 四个通道之一，VOL 值为 0～64 的十进制数，64 为最大亮度，0 为关断，1～64 线性对应输出电流。

具体电路和程序，可以通过出版社资源区下载。

7.3.4 光源的均匀性评价

由于光源照明作为机器视觉的关键组成部分，事关项目成败，甚至可以解决软件算法所无法克服的问题，其重要性无论如何强调都不为过。因此，对于打光效果需要审慎评价，具体包括理论分析和现场检测两种方式。以下主要讨论常见的点光源和面光源两种案例。其中，点光源模型如图 7-22 所示。

图 7-22 中，单颗 LED 构成的点光源照度分布为余弦函数，空间某点的照度为

$$E(\alpha,\beta,d)=I_0\cdot\cos^m\alpha\cdot\cos\beta\cdot d^{-2} \tag{7-10}$$

其中，α 为光线与光轴夹角，β 为光线与目标所在平面法线的夹角，d 为点光源与目标面元的距离；超参数 m 与 LED 半衰角有关，对于朗伯体光源 $m=1$，一般光源 $m>1$。在实际操作中，可以测量光源与目标点水平距离 x、光源到目标点垂直距离 h 以及光源偏转角度 γ，然后通过计算，得到余弦照度模型的三个参数为

$$\beta=\arctan(x/h),\quad \alpha=90^\circ-\beta-\gamma,\quad d=\sqrt{h^2+x^2}\cos\alpha$$

从而获得物方平面具体某位置照度数值。

对于图 7-23 中的面光源，设侧光按照 m 行 n 列排布 $m\times n$ 个 LED 颗粒。由于 LED 为非相关光源，因此空间某点的照度即为所有 LED 颗粒照度的线性叠加：

$$e_{i,j}=\sum_k E_k(\alpha^{(i,j)},\beta^{(i,j)},d^{(i,j)}) \tag{7-11}$$

其中，k 为 LED 颗粒数量，$e_{i,j}$ 为空间经过网格化离散之后 (i,j) 点的照度，单颗 LED 采用前述余弦模型。

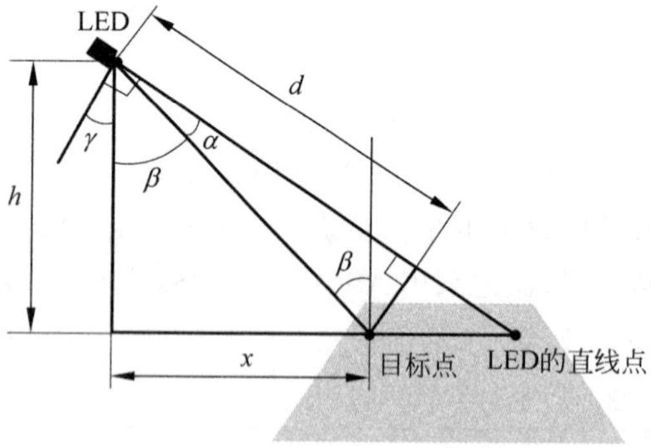

图 7-22 点光源模型

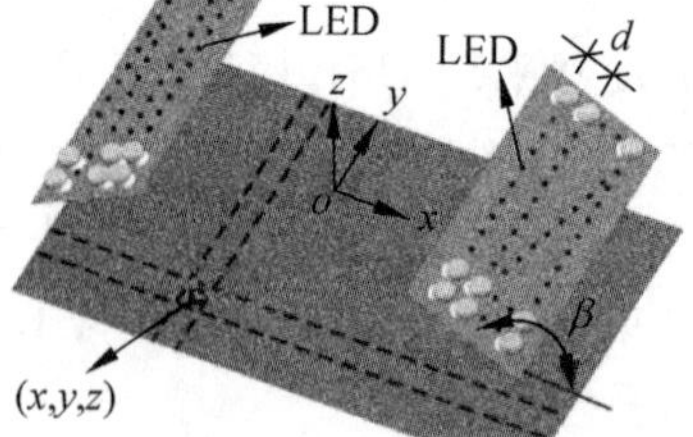

图 7-23 面光源模型

上述理论模型可以提供方向指导，对于现场应用已经安装完毕的照明，一般根据实际成像结果构造指标，基于指标调整光源距离和角度，多次调整直至指标合格。

构造的指标需要反映视场照明均匀性，均匀性是光源的主要技术参数。如果均匀性较好，则可以保证图像灰度级别与实际目标基本一致，从而降低算法设计的复杂程度；如果照明不均匀，则会形成光的不均匀反射，导致图像的灰度级别扭曲。

均匀性的评价指标基于方差构建，记图像(i,j)点亮度为$e(i,j)$，行平均值为$\bar{e}_R(i)$，列平均值为$\bar{e}_C(j)$，区域均值为$\bar{e}$，则每行的均方误差之和与区域点的总数之比 rs 为

$$\mathrm{rs}=\frac{\sum\limits_{i=1:\mathrm{Row}}\sum\limits_{j=1:\mathrm{Col}}[e(i,j)-\bar{e}_R(i)]^2}{\mathrm{Row}\cdot\mathrm{Col}} \tag{7-12}$$

以及每列的均方误差之和与区域点的总数之比 cs 为

$$\mathrm{cs}=\frac{\sum\limits_{j=1:\mathrm{Col}}\sum\limits_{i=1:\mathrm{Row}}[e(i,j)-\bar{e}_C(i)]^2}{\mathrm{Row}\cdot\mathrm{Col}} \tag{7-13}$$

从而据此定义均匀度 F 为

$$F=R\cdot\mathrm{rs}+C\cdot\mathrm{cs} \tag{7-14}$$

其中，R、C 分别为行列方向的收缩系数，数值与该方向尺寸成反比。

$$R=\frac{\mathrm{Col}}{\mathrm{Row}+\mathrm{Col}},\quad C=\frac{\mathrm{Row}}{\mathrm{Row}+\mathrm{Col}}$$

可见，视场内亮度越均匀，则 F 越小。

基于均匀度 F，设计可视化用户界面将指标图形化即可直观显示效果。在图 7-24(a)至图 7-24(c)中，均匀性越来越好。

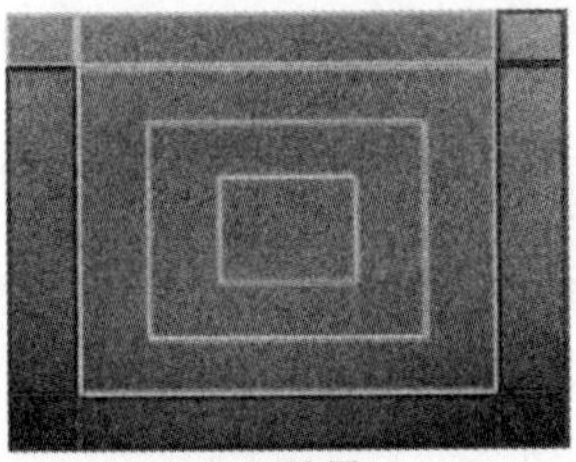

(a) 效果1

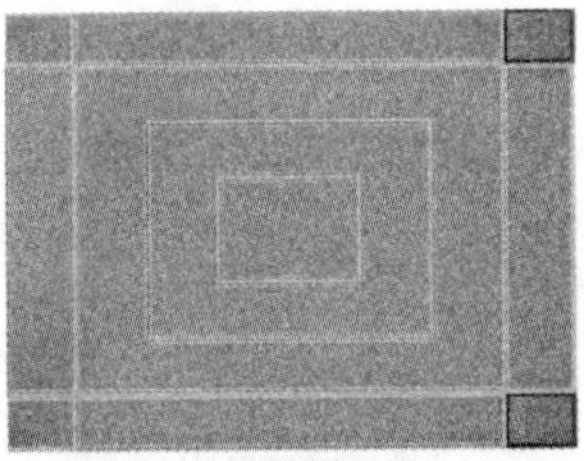

(b) 效果2

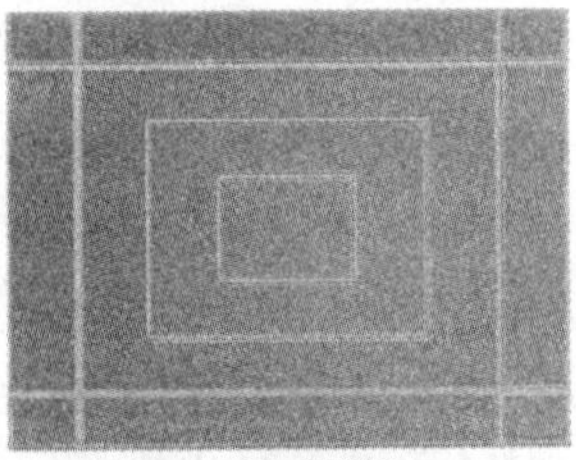

(c) 效果3

图 7-24 光源均匀性调整

附录A

关于字体和符号的约定

A.1 字体及表示约定

小写斜体表示标量，例如 k、θ。

小写斜体加黑表示向量，例如 $\boldsymbol{x}$、$\boldsymbol{\beta}$。

大写斜体表示集合，例如 V。

大写斜体加黑表示矩阵，例如 $\boldsymbol{R}$。

大写斜体加黑表示张量，例如 $\boldsymbol{A}$。

$f(\cdot)$表示数量值函数，例如 $f'(\boldsymbol{x})$为梯度向量。

$\boldsymbol{f}(\cdot)$表示向量值函数，例如 $\boldsymbol{f}'(\boldsymbol{x})$为雅可比矩阵。

标量如 k 可视作为 1×1 矩阵，即向量乘法 $\boldsymbol{x}^{n\times1}k^{1\times1}$ 成立。

向量如 $\boldsymbol{x}$ 皆指 $n\times1$ 的列向量，即矩阵乘法 $\boldsymbol{A}^{m\times n}\boldsymbol{x}^{n\times1}$ 成立。

圆括号$(\cdot,\cdot,\cdot)$表示向量，花括号$\{\cdot,\cdot,\cdot\}$表示集合。

函数 $L(x,y;\sigma,b)$中，; 表示分割前为自变量，分割后为参数。

x'表示函数$x(\cdot)$的一阶导数，$x^{(n-1)}$即函数 $x(\cdot)$的 $n-1$ 阶导数。

右下标$(\cdot)_{k_1,\cdots,k_2}$ 表示从 k_1 至 k_2 取值，右上标 $\boldsymbol{P}^{m\times n}$ 表示向量或矩阵的阶次。

$\|\cdot\|_p$ 表示向量或者矩阵的 L_p 范数，p 省略时为 L_2 范数。

$\boldsymbol{A}_{i,:}$表示矩阵 $\boldsymbol{A}$ 第 i 行的行向量，即 $\boldsymbol{A}_{i,:}=(a_{i1},a_{i2},\cdots,a_{in})$。

$\boldsymbol{A}_{:,j}$ 表示矩阵 $\boldsymbol{A}$ 第 j 列的列向量，即 $\boldsymbol{A}_{:,j}=(a_{1j},a_{2j},\cdots,a_{mj})^{\mathrm{T}}$。

$(\boldsymbol{x})_\times$表示由向量 $\boldsymbol{x}$ 确定的反对称矩阵。

$\bar{x}$ 一般表示均值。

$\hat{x}$ 一般表示预测或估计，例如 $y\leftarrow\hat{y}=\boldsymbol{w}^{\mathrm{T}}\boldsymbol{x}+b$。

x^* 一般表示优化解，例如 $x^*=\mathrm{argmin}f(x)$。

$\tilde{x}$ 一般表示由 x 关联的衍生量，例如 x 归一化为 $\tilde{x}$。

A.2 常用符号约定

$\mathbf{R}^n$	n 维实向量构成的有限维线性空间
$\mathbf{R}^{m\times n}$	$m\times n$ 维实矩阵构成的有限维线性空间
$\mathcal{L}(U,V)$	集合 U 到集合 V 的线性映射全体所成的集合
$\mathrm{sgn}(x)$	符号函数：$x<0$ 时值为 -1，$x>0$ 时值为 1；否则值为 0
δ_{ij}	克罗内克符号：如果 $i=j$，则值为 1；否则值为 0
$\mathrm{I}(x)$	指示函数：如果 x 为真，则值为 1；否则值为 0
$\boldsymbol{I}_n$	$n\times n$ 单位矩阵，$\boldsymbol{I}_n=\{\delta_{ij}\}$
$\mathrm{diag}(\lambda_1,\cdots,\lambda_n)$	$\lambda_1,\cdots,\lambda_n$ 构成的对角阵
$\mathrm{range}\boldsymbol{A}$	矩阵 $\boldsymbol{A}$ 的列空间
$\mathrm{rank}\boldsymbol{A}$	矩阵 $\boldsymbol{A}$ 的秩
$\mathrm{tr}\boldsymbol{A}$	矩阵 $\boldsymbol{A}$ 的迹
∇	梯度算子
Δ	拉普拉斯算子
$\mathit{\Pi}$	相机成像平面
$\boldsymbol{M}_{\mathrm{I}}$	相机内参矩阵
$\boldsymbol{M}_{\mathrm{E}}$	相机外参矩阵
$\boldsymbol{M}$	相机投射矩阵
$\boldsymbol{E}$	本质矩阵
$\boldsymbol{F}$	基础矩阵

附录 B

李群和李代数的代数与几何意义

B.1 李群

近世代数(抽象代数)主要研究对象是具有数学结构的集合,例如线性空间是具有线性结构的集合,定义了加法和数乘两种线性运算;距离空间是具有拓扑结构的集合,定义了正定性、对称性和三角不等式的距离概念,从而可以引入极限、连续;赋范空间既是线性空间也是距离空间,定义了具有正定性、齐次性和三角不等式的范数概念;内积空间在赋范空间基础上定义了正定性、对称性和线性的内积概念,从而可以讨论向量的方向和投影以及正交,推广了解析几何的直观概念。

数学结构主要指拓扑结构和代数结构,代数结构包括群、环和域,群就是集合加上某种运算的代数结构。给定非空集合 V 及其上的二元关系“$\cdot$”,如果 $V\cdot V\rightarrow V$ 的代数结构 $G(V,\cdot)$满足

(1) 封闭性:$\forall a,b\in V,a\cdot b\in V$;

(2) 结合律:$\forall a,b,c\in V,(a\cdot b)\cdot c=a\cdot(b\cdot c)$,

则称 $G(V,\cdot)$为半群。

如果半群 $G(V,\cdot)$还满足

(3) 单位元:$\exists e\in V,\forall a\in V,a\cdot e=e\cdot a=a$;

(4) 逆元:$\forall a\in V,\exists a^{-1},a^{-1}\cdot a=a\cdot a^{-1}=e$,

则称 $G(V,\cdot)$为群,其中 e 称为 G 的单位元,a^{-1} 称为 a 的逆元。如果运算“$\cdot$”表示乘法,则 $G(V,\cdot)$称为乘法群;如果运算“$\cdot$”表示加法,则 $G(V,\cdot)$称为加法群。

如果群 $G(V,\cdot)$又满足

(5) 交换律:$\forall a,b\in V,a\cdot b=b\cdot a$

则称 $G(V,\cdot)$为交换群,也称阿贝尔群。例如,实数集 $\mathbf{R}$ 对加法构成阿贝尔群,其单位元为 0,a 的逆元为$-a$,称为加法群。又如,$\boldsymbol{P}^n$ 对向量加法构成阿贝尔群,$\boldsymbol{P}^{m\times n}$ 对矩阵加法也构成阿贝尔群,但 $\boldsymbol{P}^{m\times n}$ 对矩阵乘法只构成群,不能构成阿贝尔群。再如,平移运动是阿贝尔群,但平移运动复合旋转运动的位姿变换则不能构成阿贝尔群。

李群(Lie Group)是一种具有局部连续光滑性质的群,对应具有微分结构的流形。所

谓流行，顾名思义就是可以流动的形状，即一种软的、滑的和连续的拓扑。物体在空间的运动，恰也是连续的、平滑的，不会出现间断或者跳跃。因此，可以使用李群描述物体运动。

2.2.2 节中的旋转矩阵 $\boldsymbol{R}$ 和位姿变换矩阵 $\boldsymbol{T}$，就构成两个李群：

$$\mathrm{SO}(3)=\{\boldsymbol{R}\in\mathbf{R}^{3\times 3}\mid \boldsymbol{R}^{-1}=\boldsymbol{R}^{\mathrm{T}},\det\boldsymbol{R}=1\}$$

$$\mathrm{SE}(3)=\left\{\boldsymbol{T}\,\middle|\,\boldsymbol{T}=\begin{pmatrix}\boldsymbol{R} & \boldsymbol{t}\\ \boldsymbol{0}^{\mathrm{T}} & 1\end{pmatrix},\boldsymbol{R}\in\mathrm{SO}(3),\boldsymbol{t}\in\boldsymbol{R}^{3}\right\}$$

分别称为特殊正交群和特殊欧氏群。

对于描述坐标系基变换或者刚体旋转运动的旋转矩阵 $\boldsymbol{R}\in\mathrm{SO}(3)$，有 $\boldsymbol{R}\boldsymbol{R}^{\mathrm{T}}=\boldsymbol{I}$，同时 $\boldsymbol{R}$ 也是关于时间 $\boldsymbol{t}$ 的时变函数，即 $\boldsymbol{R}=\boldsymbol{R}(t)$，因此将 $\boldsymbol{R}(t)\boldsymbol{R}^{\mathrm{T}}(t)=\boldsymbol{I}$ 对时间 t 求导，有

$$\dot{\boldsymbol{R}}(t)\boldsymbol{R}^{\mathrm{T}}(t)+\boldsymbol{R}(t)\dot{\boldsymbol{R}}^{\mathrm{T}}(t)=\boldsymbol{0} \tag{B-1}$$

即

$$\underbrace{\dot{\boldsymbol{R}}(t)\boldsymbol{R}^{\mathrm{T}}(t)}_{\boldsymbol{\Omega}(t)}=-(\underbrace{\dot{\boldsymbol{R}}(t)\boldsymbol{R}^{\mathrm{T}}(t)}_{\boldsymbol{\Omega}(t)})^{\mathrm{T}}$$

矩阵 $\boldsymbol{R}$ 描述甲相对乙的姿态，所以 $\dot{\boldsymbol{R}}$ 描述甲相对乙的旋转角速度，至于 $\dot{\boldsymbol{R}}(t)\boldsymbol{R}^{\mathrm{T}}(t)$ 不过增加一个因子，不会影响旋转角速度这个意义的本质，因此为其定义一个符号：

$$\boldsymbol{\Omega}(t)\triangleq\dot{\boldsymbol{R}}(t)\boldsymbol{R}^{\mathrm{T}}(t) \tag{B-2}$$

由式(B-1)即 $\boldsymbol{\Omega}(t)+\boldsymbol{\Omega}^{\mathrm{T}}(t)=\boldsymbol{0}$ 可知，$\boldsymbol{\Omega}(t)$ 为反对称矩阵。

根据 1.1.1 节所述，反对称矩阵 $\boldsymbol{\Omega}(t)\in\mathbf{R}^{3\times 3}$ 与一个向量 $\boldsymbol{\omega}(t)\in\mathbf{R}^{3}$ 关联

$$\underbrace{\begin{pmatrix}0 & -\omega_z & \omega_y\\ \omega_z & 0 & -\omega_x\\ -\omega_y & \omega_x & 0\end{pmatrix}}_{\boldsymbol{\Omega}}=\underbrace{\begin{pmatrix}\omega_x\\ \omega_y\\ \omega_z\end{pmatrix}_{\times}}_{\boldsymbol{\omega}_{\times}}$$

即

$$\boldsymbol{\Omega}=\boldsymbol{\omega}_{\times} \tag{B-3}$$

式(B-3)中的向量 $\boldsymbol{\omega}(t)=(\omega_x,\omega_y,\omega_z)^{\mathrm{T}}$ 描述了旋转 $\boldsymbol{R}\in\mathrm{SO}(3)$ 在局部空间的小量，称为李群 SO(3)的李代数，记作 so(3)。

式(B-2)可以变形为

$$\dot{\boldsymbol{R}}(t)=\boldsymbol{\Omega}(t)\boldsymbol{R}(t) \tag{B-4}$$

即只需将旋转矩阵左乘一个反对称矩阵，即得到旋转矩阵的导数。利用式(B-4)可以将 $\boldsymbol{R}(t)$ 在 $t=0$ 处进行泰勒展开，设初始时刻 $\boldsymbol{R}(0)=\boldsymbol{I}$，抛去二阶及以上成分，只保留一阶，有

$$\boldsymbol{R}(t)\approx\boldsymbol{R}(0)+\dot{\boldsymbol{R}}(0)t=\boldsymbol{I}+\boldsymbol{\Omega}(0)\boldsymbol{R}(0)t=\boldsymbol{I}+\boldsymbol{\Omega}(0)t \tag{B-5}$$

B.2 李代数

每个李群都对应一个李代数，该李代数描述该李群在单位元附近切空间的局部性质。给定集合 L、数据 F 和二元运算[·]，如果满足

(1) 封闭性：$\forall x,y\in L,[x\cdot y]\in L$；

(2) 双线性：$\forall x,y,z,w\in L,a,b,c,d\in F$；

$[ax+by,cz+dw]=ac[x,z]+bd[y,w]+ad[x,w]+bc[y,z]$；

(3) 自反性：$\forall x\in L,[x\cdot x]=0$；

(4) 雅可比恒等式：$\forall x,y,z\in L,[x,[y,z]]+[y,[z,x]]+[z,[x,y]]+=0$，

则称$(L,F,[\cdot])$为一个李代数，其中二元运算$[\cdot]$称为李括号。例如，三维向量空间的叉乘“×”就是一个李括号，从而$(\mathbf{R}^3,\mathbf{R},\times)$构成李代数。

与B.1节特殊正交群SO(3)对应的李代数为

$$\mathrm{so}(3)=\{\boldsymbol{\omega}\in\mathbf{R}^3\mid \boldsymbol{R}^{3\times3}\ni\boldsymbol{\Omega}=\boldsymbol{\omega}_\times\}$$

与前述特殊欧氏群SE(3)对应的李代数为

$$\mathrm{se}(3)=\left\{\mathbf{R}^6\ni\boldsymbol{\xi}=\begin{pmatrix}\boldsymbol{t}\\\boldsymbol{\omega}\end{pmatrix}\middle|\,\boldsymbol{t}\in\mathbf{R}^3,\boldsymbol{\omega}\in\mathrm{so}(3),\boldsymbol{R}^{4\times4}\ni\boldsymbol{\xi}_\times=\begin{pmatrix}\boldsymbol{\omega}_\times & \boldsymbol{t}\\\boldsymbol{0}^{\mathrm{T}} & 1\end{pmatrix}\right\}$$

其中，$\boldsymbol{t}\in\mathbf{R}^3$表示平移的瞬时速度，$\boldsymbol{\omega}\in\mathrm{so}(3)$表示转动的瞬时角速度。

B.3 对应关系

每个李群对应一个李代数，李代数描述该李群，李代数即李群对时间的微分。设$t=0$时边界条件为$\boldsymbol{\omega}(0)=\boldsymbol{\omega}_0$、$\boldsymbol{R}(0)=\boldsymbol{I}$，则结合式(B-4)，有

$$\left.\begin{aligned}\dot{\boldsymbol{R}}(t)&=\boldsymbol{\Omega}(0)\boldsymbol{R}(t)\\\boldsymbol{\Omega}(0)&=\boldsymbol{\omega}(0)_\times\end{aligned}\right\}\Rightarrow\dot{\boldsymbol{R}}(t)=\boldsymbol{\omega}(0)_\times\boldsymbol{R}(t)$$

上述微分方程的解为

$$\boldsymbol{R}(t)=\mathrm{e}^{\boldsymbol{\omega}(0)_\times t}=\mathrm{e}^{\boldsymbol{\Omega}(0)t}\tag{B-6}$$

这样建立了旋转矩阵$\boldsymbol{R}$和反对称矩阵$\boldsymbol{\omega}(0)_\times$的对应关系，对$\boldsymbol{R}$的优化求解可以通过$\boldsymbol{\omega}(0)_\times$进行，其中反对称矩阵$\boldsymbol{\omega}(0)_\times$由向量$\boldsymbol{\omega}$决定。

由于$\boldsymbol{R}$描述姿态，$\dot{\boldsymbol{R}}(t)=\boldsymbol{\omega}(0)_\times\boldsymbol{R}(t)$描述旋转角速度，即$\boldsymbol{\omega}$表示角速度，从而$\boldsymbol{\omega}t$描述角度增量。该角度增量可以表示为

$$\boldsymbol{\omega}t=\theta\boldsymbol{n}\tag{B-7}$$

其中，θ为模长，向量$\boldsymbol{n}$为单位向量，$\boldsymbol{\omega}t$的意义就是绕轴$\hat{\boldsymbol{n}}$转动θ角度。

根据单位向量$\boldsymbol{n}$的反对称矩阵$\boldsymbol{\Omega}_{\boldsymbol{n}}=\boldsymbol{n}_\times$，以及

$$\boldsymbol{\Omega}_{\boldsymbol{n}}\boldsymbol{\Omega}_{\boldsymbol{n}}=\boldsymbol{n}_\times\boldsymbol{n}_\times=\begin{bmatrix}-n_2^2-n_3^2 & n_1n_2 & n_1n_3\\ n_1n_2 & -n_1^2-n_3^2 & n_2n_3\\ n_1n_3 & n_2n_3 & -n_1^2-n_2^2\end{bmatrix}=\boldsymbol{n}\boldsymbol{n}^{\mathrm{T}}-\boldsymbol{I}$$

和

$$\boldsymbol{\Omega}_{\boldsymbol{n}}\boldsymbol{\Omega}_{\boldsymbol{n}}\boldsymbol{\Omega}_{\boldsymbol{n}}=\boldsymbol{n}_\times\boldsymbol{n}_\times\boldsymbol{n}_\times=\boldsymbol{n}_\times(\boldsymbol{n}\boldsymbol{n}^{\mathrm{T}}-\boldsymbol{I})=-\boldsymbol{n}_\times=-\boldsymbol{\Omega}_{\boldsymbol{n}}$$

可以将微分方程的解(B-6)进行级数展开：

$$e^{\boldsymbol{\omega}_\times t}=e^{(t\boldsymbol{\omega})_\times}=e^{(\theta\boldsymbol{n})_\times}=\sum_{n=0}^{\infty}\frac{1}{n!}((\theta\boldsymbol{n})_\times)^n=\boldsymbol{I}+\boldsymbol{n}_\times\boldsymbol{n}_\times+\sin\theta\boldsymbol{n}_\times-\cos\theta\boldsymbol{n}_\times\boldsymbol{n}_\times$$

$$=(1-\cos\theta)\boldsymbol{n}_\times\boldsymbol{n}_\times+\boldsymbol{I}+\sin\theta\boldsymbol{n}_\times=\cos\theta\boldsymbol{I}+(1-\cos\theta)\boldsymbol{n}\boldsymbol{n}^{\mathrm{T}}+\sin\theta\boldsymbol{n}_\times$$

即

$$\boldsymbol{R}(t)=e^{(t\boldsymbol{\omega})_\times}=e^{(\theta\boldsymbol{n})_\times}=\cos\theta\boldsymbol{I}+(1-\cos\theta)\boldsymbol{n}\boldsymbol{n}^{\mathrm{T}}+\sin\theta\boldsymbol{n}_\times \tag{B-8}$$

式(B-8)称为罗德里格斯旋转公式。

罗德里格斯旋转公式的物理意义是,旋转矩阵 $\boldsymbol{R}$ 可以描述为旋转轴 $\boldsymbol{n}$ 和旋转角度 θ,即轴线-角度表示。轴线-角度表示由欧拉定理保证。欧拉定理的内容是,空间旋转中总会存在直线保持固定,称为旋转轴线或转轴。即欧拉定理保证了轴角表示的存在性,而罗德里格斯旋转公式则给出了具体表示。

罗德里格斯旋转公式是刚体运动的基本公式,例如 OpenCV 的实现代码如下。

```
void Rodrigues(
    const CvMat * src,
    CvMat * dst,
    CvMat * jacobian = 0 );
```

实现的罗德里格斯函数可以将旋转向量转换为旋转矩阵,或者将旋转矩阵转换为旋转向量。其中,参数一为输入的 3×1(或者 1×3)的旋转向量或者 3×3 的旋转矩阵,参数二输出 3×3 的旋转矩阵或者 3×1(或者 1×3)的旋转向量,参数三为可选项,输出 3×9 或者 9×3 的雅可比矩阵,该雅可比矩阵是输入与输出数组的偏导数。

B.4 向量的分解

以上代数形式的推导相对抽象,罗德里格斯变换也可以从几何角度说明旋转矩阵与旋转轴的关联关系。几何方法的核心是向量分解,给定非零向量 $\boldsymbol{p}$ 和 $\boldsymbol{q}$,$\boldsymbol{p}$ 可以分解成平行于 $\boldsymbol{q}$ 的 $\boldsymbol{p}_\parallel$ 和垂直于 $\boldsymbol{q}$ 的 $\boldsymbol{p}_\perp$,如图 B-1 所示。

图 B-1 中,平行分量 $\boldsymbol{p}_\parallel$ 为

$$\boldsymbol{p}_\parallel=p_\parallel\hat{\boldsymbol{q}}$$

其中,$\hat{\boldsymbol{q}}$ 是与 $\boldsymbol{q}$ 同向的单位向量,$\hat{\boldsymbol{q}}=\boldsymbol{q}/\|\boldsymbol{q}\|$,$p_\parallel$ 为投影长度,具体为

$$p_\parallel=\|\boldsymbol{p}\|\cos\theta=\boldsymbol{p}\cdot\hat{\boldsymbol{q}}$$

其中,θ 为向量 $\boldsymbol{p}$ 和 $\boldsymbol{q}$ 的夹角。投影长度 $p_\parallel$ 可以变形为

$$p_\parallel=\boldsymbol{p}\cdot\frac{\boldsymbol{q}}{\|\boldsymbol{q}\|}=\frac{\|\boldsymbol{p}\|}{\|\boldsymbol{p}\|}\frac{\boldsymbol{p}\cdot\boldsymbol{q}}{\|\boldsymbol{q}\|}=\|\boldsymbol{p}\|\frac{\boldsymbol{p}\cdot\boldsymbol{q}}{\|\boldsymbol{p}\|\|\boldsymbol{q}\|}$$

平行分量 $\boldsymbol{p}_\parallel$ 可以变形为

$$\boldsymbol{p}_\parallel=p_\parallel\hat{\boldsymbol{q}}=\boldsymbol{p}\cdot\frac{\boldsymbol{q}}{\|\boldsymbol{q}\|}\frac{\boldsymbol{q}}{\|\boldsymbol{q}\|}=\frac{\boldsymbol{p}\cdot\boldsymbol{q}}{\|\boldsymbol{q}\|\|\boldsymbol{q}\|}\boldsymbol{q}=\frac{\boldsymbol{p}\cdot\boldsymbol{q}}{\boldsymbol{q}\cdot\boldsymbol{q}}\boldsymbol{q}$$

向量 $\boldsymbol{p}$ 和 $\boldsymbol{q}$ 的叉积(向量积)为

$$\boldsymbol{p}\times\boldsymbol{q}=(\|\boldsymbol{p}\|\|\boldsymbol{q}\|\sin\theta)\hat{\boldsymbol{n}}$$

其中,θ 为向量 $\boldsymbol{p}$ 和 $\boldsymbol{q}$ 的夹角,$\hat{\boldsymbol{n}}$ 为垂直于 $\boldsymbol{p}$ 和 $\boldsymbol{q}$ 所在平面的法向量,方向依据如图 B-2 所示的右手规则确定。

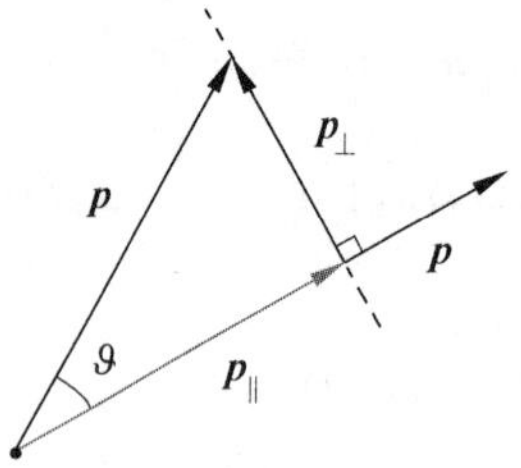

图 B-1 向量分解

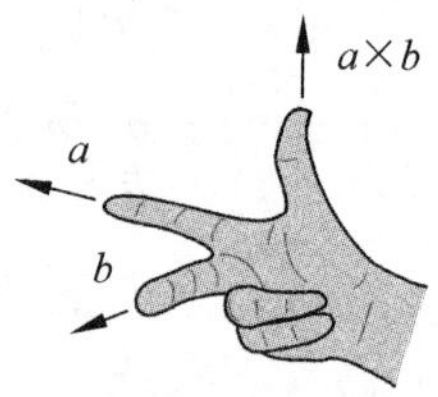

图 B-2 右手规则

向量叉积满足对加法的分配律：

$$\boldsymbol{p}\times(\boldsymbol{a}+\boldsymbol{b})=\boldsymbol{p}\times\boldsymbol{a}+\boldsymbol{p}\times\boldsymbol{b}$$

但是由于采用右手规则，决定了叉积不能满足交换律，而是符合反交换律：

$$\boldsymbol{p}\times\boldsymbol{q}=-\boldsymbol{q}\times\boldsymbol{p}$$

欧氏空间中，向量 $\boldsymbol{p}$ 和 $\boldsymbol{q}$ 可以表示为基向量 $\hat{\boldsymbol{x}},\hat{\boldsymbol{y}},\hat{\boldsymbol{z}}$ 的线性组合：

$$\boldsymbol{p}=p_x\hat{\boldsymbol{x}}+p_y\hat{\boldsymbol{y}}+p_z\hat{\boldsymbol{z}}$$

$$\boldsymbol{q}=\boldsymbol{q}_x\hat{\boldsymbol{x}}+\boldsymbol{q}_y\hat{\boldsymbol{y}}+q_z\hat{\boldsymbol{z}}$$

可得向量叉积的坐标表述为

$$\begin{aligned}\boldsymbol{p}\times\boldsymbol{q}&=(p_x\hat{\boldsymbol{x}}+p_y\hat{\boldsymbol{y}}+p_z\hat{\boldsymbol{z}})\times(q_x\hat{\boldsymbol{x}}+q_y\hat{\boldsymbol{y}}+q_z\hat{\boldsymbol{z}})\\&=(p_yq_z-p_zq_y)\hat{\boldsymbol{x}}+(p_zq_x-p_xq_z)\hat{\boldsymbol{y}}+(p_xq_y-p_yq_x)\hat{\boldsymbol{z}}\\&=\begin{vmatrix}\hat{\boldsymbol{x}}&\hat{\boldsymbol{y}}&\hat{\boldsymbol{z}}\\p_x&p_y&p_z\\q_x&q_y&q_z\end{vmatrix}\end{aligned}$$

即向量 $\boldsymbol{p}\times\boldsymbol{q}$ 的坐标形式为

$$\boldsymbol{p}\times\boldsymbol{q}=\begin{pmatrix}p_yq_z-p_zq_y\\p_zq_x-p_xq_z\\p_xq_y-p_yq_x\end{pmatrix}$$

左边的叉积可以表示为矩阵与向量相乘：

$$\boldsymbol{p}\times\boldsymbol{q}=\underbrace{\begin{pmatrix}0&-p_z&p_y\\p_z&0&-p_x\\-p_y&p_x&0\end{pmatrix}\begin{pmatrix}q_x\\q_y\\q_z\end{pmatrix}}_{(\boldsymbol{p})_\times\boldsymbol{q}}=\underbrace{\begin{pmatrix}0&q_z&-q_y\\-q_z&0&q_x\\q_y&-q_x&0\end{pmatrix}\begin{pmatrix}p_x\\p_y\\p_z\end{pmatrix}}_{(\boldsymbol{q})_\times\boldsymbol{p}}$$

其中，$(\cdot)_\times$ 为根据向量得到的反对称矩阵。

$$(\boldsymbol{\delta})_\times=\begin{pmatrix}0&-\delta_z&\delta_y\\\delta_z&0&-\delta_x\\-\delta_y&\delta_x&0\end{pmatrix}$$

这样，通过反对称矩阵，两个向量叉积表示为矩阵与向量相乘。

B.5　三维空间旋转

考虑图 B-3 的三维空间旋转，以单位向量 $\boldsymbol{k}$ 作为旋转轴，向量$\boldsymbol{v}$ 按照右手法则转过角度 θ，到达 $\tilde{\boldsymbol{v}}$。

根据向量分解可知向量$\boldsymbol{v}$ 可以分解成平行分量$\boldsymbol{v}_{\parallel}$ 和正交分量$\boldsymbol{v}_{\perp}$：

$$\boldsymbol{v}=\boldsymbol{v}_{\parallel}+\boldsymbol{v}_{\perp}$$

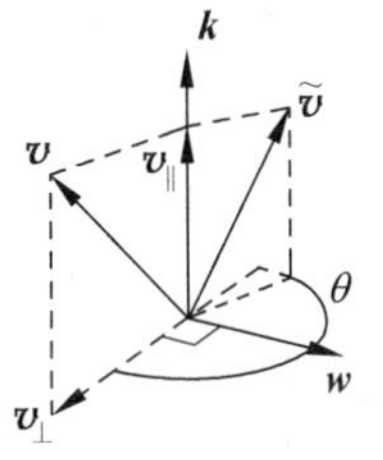

图 B-3　三维空间旋转

细化如图 B-4 所示。

由图 B-4 可见，向量$\boldsymbol{v}$ 的平行分量$\boldsymbol{v}_{\parallel}$ 不因旋转而改变，只是发生了平移，所以

$$\tilde{\boldsymbol{v}}_{\parallel}=\boldsymbol{v}_{\parallel} \tag{B-9}$$

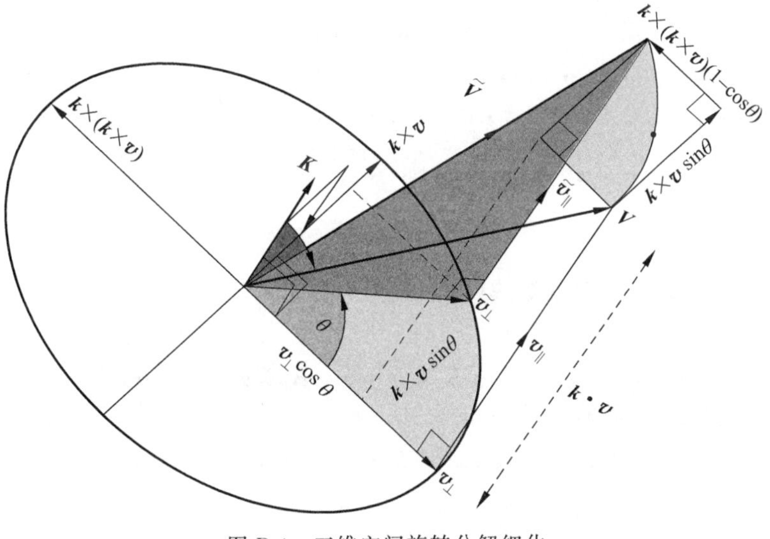

图 B-4　三维空间旋转分解细化

至于正交分量$\boldsymbol{v}_{\perp}$，经过旋转之后，其大小保持不变，$\|\tilde{\boldsymbol{v}}_{\perp}\|=\|\boldsymbol{v}_{\perp}\|$，但是方向发生了变化。根据

$$\boldsymbol{k}\times\boldsymbol{v}=\boldsymbol{k}\times(\boldsymbol{v}_{\parallel}+\boldsymbol{v}_{\perp})=\underbrace{\boldsymbol{k}\times\boldsymbol{v}_{\parallel}}_{\mathbf{0}}+\boldsymbol{k}\times\boldsymbol{v}_{\perp}=\boldsymbol{k}\times\boldsymbol{v}_{\perp}$$

可见 $\boldsymbol{k}\times\boldsymbol{v}$ 正交于$\boldsymbol{v}_{\perp}$，即$\boldsymbol{v}_{\perp}$转动 90°得到 $\boldsymbol{k}\times\boldsymbol{v}$。同样，$\boldsymbol{k}\times(\boldsymbol{k}\times\boldsymbol{v})$正交于 $\boldsymbol{k}\times\boldsymbol{v}$，即 $\boldsymbol{k}\times\boldsymbol{v}$ 转动 90°得到 $\boldsymbol{k}\times(\boldsymbol{k}\times\boldsymbol{v})$。从而$\boldsymbol{v}_{\perp}$转动 180°即为 $\boldsymbol{k}\times(\boldsymbol{k}\times\boldsymbol{v})$，即

$$\boldsymbol{v}_{\perp}=-\boldsymbol{k}\times(\boldsymbol{k}\times\boldsymbol{v})$$

在$\boldsymbol{v}_{\perp}$至 $\boldsymbol{k}\times\boldsymbol{v}$ 所成四分之一圆内，利用向量运算三角法则，结合三角函数可以解得 $\tilde{\boldsymbol{v}}_{\perp}$：

$$\tilde{\boldsymbol{v}}_{\perp}=\boldsymbol{v}_{\perp}\cos\theta+\boldsymbol{k}\times\boldsymbol{v}\sin\theta \tag{B-10}$$

将式(B-9)和式(B-10)代入 $\tilde{\boldsymbol{v}}=\tilde{\boldsymbol{v}}_{\parallel}+\tilde{\boldsymbol{v}}_{\perp}$，有

$$\tilde{\boldsymbol{v}}=\tilde{\boldsymbol{v}}_{\parallel}+\tilde{\boldsymbol{v}}_{\perp}=\boldsymbol{v}_{\parallel}+\underbrace{\boldsymbol{v}_{\perp}}_{\boldsymbol{v}_{\perp}=\boldsymbol{v}-\boldsymbol{v}_{\parallel}}\cos\theta+\boldsymbol{k}\times\boldsymbol{v}\sin\theta=\boldsymbol{v}_{\parallel}+(\boldsymbol{v}-\boldsymbol{v}_{\parallel})\cos\theta+\boldsymbol{k}\times\boldsymbol{v}\sin\theta$$

$$=\boldsymbol{v}_{\parallel}+\boldsymbol{v}\cos\theta-\boldsymbol{v}_{\parallel}\cos\theta+\boldsymbol{k}\times\boldsymbol{v}\sin\theta=\boldsymbol{v}\cos\theta+\underbrace{\boldsymbol{v}_{\parallel}}_{\boldsymbol{v}_{\parallel}=(\boldsymbol{k}\cdot\boldsymbol{v})\boldsymbol{k}}(1-\cos\theta)+\boldsymbol{k}\times\boldsymbol{v}\sin\theta$$

即得到罗德里格斯旋转公式为

$$\tilde{\boldsymbol{v}}=\boldsymbol{v}\cos\theta+(\boldsymbol{k}\cdot\boldsymbol{v})\boldsymbol{k}(1-\cos\theta)+\boldsymbol{k}\times\boldsymbol{v}\sin\theta \tag{B-11}$$

上述罗德里格斯旋转公式的一个常用变体形式为

$$\begin{aligned}\tilde{\boldsymbol{v}}&=\underbrace{\tilde{\boldsymbol{v}}_{\parallel}}_{\tilde{\boldsymbol{v}}_{\parallel}=\boldsymbol{v}_{\parallel}=\boldsymbol{v}-\boldsymbol{v}_{\perp}}+\underbrace{\tilde{\boldsymbol{v}}_{\perp}}_{\tilde{\boldsymbol{v}}_{\perp}=\boldsymbol{v}_{\perp}\cos\theta+\boldsymbol{k}\times\boldsymbol{v}\sin\theta}\\&=\boldsymbol{v}-\boldsymbol{v}_{\perp}+\boldsymbol{v}_{\perp}\cos\theta+\boldsymbol{k}\times\boldsymbol{v}\sin\theta\\&=\boldsymbol{v}+\boldsymbol{k}\times\boldsymbol{v}\sin\theta+\underbrace{\boldsymbol{v}_{\perp}}_{\boldsymbol{v}_{\perp}=-\boldsymbol{k}\times(\boldsymbol{k}\times\boldsymbol{v})}(\cos\theta-1)\end{aligned}$$

即

$$\tilde{\boldsymbol{v}}=\boldsymbol{v}+\boldsymbol{k}\times\boldsymbol{v}\sin\theta+\boldsymbol{k}\times(\boldsymbol{k}\times\boldsymbol{v})(1-\cos\theta) \tag{B-12}$$

其中，叉积 $\boldsymbol{k}\times\boldsymbol{v}$ 可以通过反对称矩阵表示为

$$\boldsymbol{k}\times\boldsymbol{v}=\underbrace{\begin{pmatrix}0&-\boldsymbol{k}_z&\boldsymbol{k}_y\\\boldsymbol{k}_z&0&-\boldsymbol{k}_x\\-\boldsymbol{k}_y&\boldsymbol{k}_x&0\end{pmatrix}}_{\boldsymbol{K}\triangleq(\boldsymbol{k})_{\times}\boldsymbol{v}}\begin{pmatrix}\boldsymbol{v}_x\\\boldsymbol{v}_y\\\boldsymbol{v}_z\end{pmatrix}=\boldsymbol{K}\boldsymbol{v}$$

即

$$\boldsymbol{k}\times\boldsymbol{v}=\boldsymbol{K}\boldsymbol{v} \tag{B-13}$$

其中，矩阵 $\boldsymbol{K}$ 为向量 $\boldsymbol{k}$ 的反对称矩阵(由于 $\boldsymbol{k}$ 为单位矩阵，因此 $\|\boldsymbol{K}\|=1$)。

将 $\boldsymbol{k}\times\boldsymbol{v}=\boldsymbol{K}\boldsymbol{v}$ 再次迭代应用，有

$$\boldsymbol{k}\times(\boldsymbol{k}\times\boldsymbol{v})=\boldsymbol{K}(\boldsymbol{k}\times\boldsymbol{v})=\boldsymbol{K}(\boldsymbol{K}\boldsymbol{v})=\boldsymbol{K}^2\boldsymbol{v} \tag{B-14}$$

将式(B-13)和式(B-14)代入式(B-12)，有

$$\begin{aligned}\tilde{\boldsymbol{v}}&=\boldsymbol{v}+\underbrace{\boldsymbol{k}\times\boldsymbol{v}}_{\boldsymbol{K}\boldsymbol{v}}\sin\theta+\underbrace{\boldsymbol{k}\times(\boldsymbol{k}\times\boldsymbol{v})}_{\boldsymbol{K}^2\boldsymbol{v}}(1-\cos\theta)\\&=\boldsymbol{v}+\boldsymbol{K}\boldsymbol{v}\sin\theta+\boldsymbol{K}^2\boldsymbol{v}(1-\cos\theta)\end{aligned}$$

这样得到罗德里格斯旋转公式的矩阵形式为

$$\tilde{\boldsymbol{v}}=\boldsymbol{R}\boldsymbol{v} \tag{B-15}$$

其中，矩阵 $\boldsymbol{R}=\boldsymbol{I}+\boldsymbol{K}\sin\theta+\boldsymbol{K}^2(1-\cos\theta)$。

参考文献

[1] 徐德.显微视觉测量与控制[M].北京：国防工业出版社，2014.

[2] 张德好.移动机器人理论与实践[M].哈尔滨：哈尔滨工业大学出版社，2021.

[3] 马颂德，张正友.计算机视觉：计算理论与算法基础[M].北京：科学出版社，1998.

[4] 葛芦生.计算机视觉测量技术及在运动控制系统中的应用研究[D].上海：上海大学出版社，2002.

[5] 谢经明，周诗洋.机器视觉技术及其在智能制造中的应用[M].武汉：华中科技大学出版社，2021.

[6] 吴福朝，于洪川，袁波，等.手眼系统自标定技术[J].机器人，1999，6(6)：690-694.

[7] 于永彦.计算机视觉：基于图像的3D重构[M].北京：北京大学出版社，2020.

[8] 鲍虎军，章国锋，秦学英.增强现实：原理、算法与应用[M].北京：科学出版社，2022.

[9] 赵阳，曲兴华.平行照明多目视觉检测技术[J].红外与激光工程，2014，39(2)：339-345.

[10] MADDEN M J. Segmentation of images with low contrast edges[D]. Morgantown：West Virginia University，2007.

[11] WANG Z，BOVIK A C，SHEIKH H R，et al. Image Quality Assessment：From Error Visibility to Structural Similarity[J]. IEEE Transactions on Image Processing，2004，13(4)：600-612.

[12] 李智慧，华云松.表面缺陷检测中工件与光源相机位置关系研究[J].电子科技，2018，31(5)：66-69.

[13] 任斌，程良伦.AOI机器视觉系统中检测光源的分析和设计[J].微计算机信息，2009，25(9)：42-45.

[14] 张从鹏，刘重阳.基于机器视觉的UVW定位系统[J].机床与液压，2018，46(14)：108-111.

[15] 金光.数据分析与建模方法[M].北京：国防工业出版社，2013.

[16] 苏盈盈.主成分分析方法及其核函数在模式识别中的应用[M].北京：中国水利水电出版社，2020.

[17] 陈黎飞，吴涛.数据挖掘中的特征约简[M].北京：科学出版社，2017.

[18] 刘波，何希平.高维数据的特征选择：理论与算法[M].北京：科学出版社，2016.

[19] 申富饶，竺涛，赵健.快速与增量式数据降维算法研究[M].北京：科学出版社，2018.

[20] 李加元，胡庆武，艾明耀.鲁棒性特征匹配与粗差剔除[M].北京：科学出版社，2020.